航天动力学与控制系列丛书

丛书主编　王　巍

航天器张拉式可展开薄膜结构

从　强　史　创　刘荣强　等著

化学工业出版社
北京航空航天大学出版社
·北　京·

内容简介

航天器张拉式可展开薄膜结构具有轻质、大折展比、比刚度高等优点，是一个新兴的研究领域，随着人类探索能力的不断提升，该领域将会出现更多创新性的理论、方法和技术。本书是面向航天器张拉式可展开薄膜结构设计与应用的专业著作，重点介绍了航天器张拉式可展开薄膜结构的设计方法和相关特性分析方法，内容包括航天器张拉式可展开薄膜结构的发展历史及现状、张拉式薄膜结构的展开与折叠方法、弹性大变形支撑结构的设计与分析、张拉薄膜结构预应力研究与分析、张拉薄膜结构动力学特性、薄膜褶皱解析模型建立及验证、薄膜结构折展过程动力学仿真分析及张拉式可展开薄膜结构的地面试验等。

本书适用于航空航天、空间工程、机械设计等相关领域科研人员，也可供相关专业高年级本科生和研究生学习使用。

图书在版编目(CIP)数据

航天器张拉式可展开薄膜结构 / 从强等著. -- 北京：化学工业出版社，2024.3

(航天动力学与控制系列丛书)

ISBN 978-7-122-45083-8

Ⅰ.①航… Ⅱ.①从… Ⅲ.①航天器-结构设计 Ⅳ.①V414.19

中国国家版本馆 CIP 数据核字(2024)第 013071 号

责任编辑：金林茹　　文字编辑：吴开亮

责任校对：王鹏飞　　装帧设计：尹琳琳

出版发行：化学工业出版社(北京市东城区青年湖南街 13 号　邮政编码 100011)

印　　装：中煤(北京)印务有限公司

710mm×1000mm　1/16　印张 19　字数 339 千字　2025 年 11 月北京第 1 版第 1 次印刷

购书咨询：010-64518888　　售后服务：010-64518899

网　　址：http://www.cip.com.cn

凡购买本书，如有缺损质量问题，本社销售中心负责调换。

定　　价：**188.00 元**

航天动力学与控制系列丛书

策划编辑工作组

丛书序

作为航天领域学科体系里的核心学科之一，航天动力学与控制学科的进步与发展，对于促进航天科技创新、推动航天事业发展、加快建设航天强国具有重要意义。

航天动力学与控制学科以空间运动体为对象，主要研究其在飞行过程中所受的力以及在力作用下的运动特性，并以此为基础开展运动规划和运动控制研究，内容涉及轨道动力学与控制、轨道设计与优化、姿态动力学与控制、机构与结构动力学与控制、刚柔液耦合动力学与控制、空间内外环境扰动分析等诸多分支。

航天动力学与控制学科以航天工程需求为牵引，具有清晰的应用背景，在融合交叉其他学科理论和方法的基础上，发展了特有的动力学建模、分析、实验和控制的理论方法与技术，并应用于评估航天器动力学特性优劣和控制系统设计有效性，为航天器总体方案设计与优化、构型选择、控制系统设计、地面测试与试验、在轨飞行故障诊断与处理等提供依据。航天动力学与控制学科在航天工程各环节均发挥着重要作用，是航天任务顺利执行的基础和支撑。

进入 21 世纪，伴随着载人航天、深空探测、空间基础设施以及先进导弹武器等一系列重大航天工程的实施，对航天动力学与控制学科的新的重大需求不断涌现，为学科发展提供了源源不断的动力；另一方面，实验观测手段的丰富和计算仿真能力的提升也为学科发展提供了有力的保障。同时，以人工智能、数字孪生、先进材料、先进测试技术等为代表的新兴学科和航天动力学与控制学科催生出新的学科交叉点，前沿创新研究不断涌现。人工智能技术基于存储、记忆、预训练的应用模式为航天动力学与控制学科传统难题的解决提供了新途径：机器学习算法可以显著提升航天任务设计优化的效率；深度学习算法用于构造智能动力学模型、求解动力学反问题、提升动力学建模效率；强化学习则提升了航天器控制的自主性和智能化水平，为实现自主智能飞行打下基础。在学科交叉创新的推动下，航天动力学与控制学科历久弥新，不断焕发出勃勃生机。

2016 年 4 月 24 日，习近平总书记在首个“中国航天日”作出了“探索浩瀚宇宙，发展航天事业，建设航天强国，是我们不懈追求的航天梦”的重要指示。党的十九大报告和二十大报告进一步强调了建设航天强国的重要性，对加快建设航天强国作出重要战略部署，为我国航天科技实现高水平自立自强指明了前进方向。

为全面提升进出空间、探索空间、利用空间的能力，我国航天重大战略任务正在有序推进，重型运载火箭研制、新一代空间基础设施建设、空间站建设、探月工程和载人登月、行星探测和太空资源开发将逐步实施，这些重大航天任务都对航天动力学与控制学科提出了更多的新问题和新挑战。

《航天动力学与控制系列丛书》面向航天强国建设的战略需求，集中梳理和总结我国航天动力学与控制领域的优秀专家学者在理论方法和重大工程的研究和实践成果，旨在为我国航天动力学与控制学科的发展和国家重大航天工程研制提供理论和技术的支持与参考。丛书基本涵盖所涉及的航天动力学与控制领域的焦点问题，聚焦于轨道动力学、轨道优化与任务设计、姿态动力学与控制、编队与集群动力学等方向，着力阐述动力学原理、演化规律和控制方法，强调理论研究与工程应用及实践相结合。纳入新材料、柔性体、弹性体等前沿技术，依托高校的创新科研成果，充分反映当前国际学术研究前沿，以“新”为特色，厘清理论方法的发展脉络，为未来技术创新提供学科新方向。同时，依托科研院所参与国家重大航天工程的一手认识和体会，系统阐述航天工程中航天动力学与控制理论方法的应用和实践案例，为未来学科发展提供技术新牵引。

当前，我国正处于全面建设航天强国的关键时期，对航天动力学与控制学科的创新发展提出了更高的要求。本丛书的出版，是对新时代航天动力学与控制领域理论发展和实践成果的一次重要梳理，也为该学科未来的理论研究和技术突破启示了可能的空间。相信本丛书可以对我国航天科技领域学术繁荣和创新发展起到良好的促进作用。

王巍

2023 年 5 月

前言

随着空间任务的复杂化和精细化，对超大型、轻量化的可展开结构的需求越来越迫切，如大容量卫星通信需要应用面积达数百平方米的超大型可展开天线；空间太阳能电站计划的大面积太阳能电池阵长度将达到公里级。而空间可展开薄膜结构是近年来国际上出现的新型可展开结构与机构，与刚性桁架可展开机构相比，其优势明显，具有尺度大、质量小、收拢体积小等优点。近年来，可展开薄膜结构在空间任务中已成功应用，如大型薄膜天线、柔性太阳能电池阵、太阳帆、遮光罩、充气防护盾等，可展开薄膜结构已成为航天器技术的重要发展方向。

空间薄膜可展开结构通常由薄膜、展开支撑结构和张拉系统组成，薄膜通过柔索与展开支撑结构相连，通过对柔索施加预张力，获得薄膜的结构刚度与型面精度。在收拢状态下，薄膜可折叠成很小的体积，以满足火箭发射的包络要求。在航天器入轨后，展开支撑结构带动薄膜展开，并为薄膜结构提供刚性支撑。因此，空间薄膜可展开结构是集薄膜、展开机构、柔索为一体的刚柔耦合系统，传统的空间可展开结构与机构的设计理论与方法并不适用，展开支撑结构一般采用复合材料弹性伸杆，而不是桁架式可展开机构。大型薄膜可展开机构具有柔性大、模态密集的特点，其动力学行为十分复杂，梁、索、膜三者的动力学特性存在相互耦合问题，因此建立空间大型可展开薄膜的刚柔耦合非线性动力学模型十分重要。薄膜在展开状态极易产生褶皱，影响薄膜工作面的型面精度，其原因在于薄膜内应力分布不均匀，张拉点布局方式、张拉约束边界形状、柔索预紧力等都对薄膜内应力分布和薄膜褶皱产生重要影响，需要建立薄膜褶皱解析模型，揭示薄膜褶皱产生机理，提出薄膜褶皱消减方法。大型可展开薄膜结构地面试验与测试方法尚不成熟，传统的接触式测量变形与振动的方法已不适用，需要采用非接触测量方法来测试其型面精度和振动响应，而且大气和地球重力对薄膜结构动力学特性的影响不容忽视，如何在真空、高低温交变、模拟微重力环境下开展可展开薄膜结构性能测试与试验是亟须解决的关键问题。

本书主要包括航天器张拉式可展开薄膜结构的展开与折叠方法、弹性伸杆设计与分析、张拉结构预应力找形分析、非线性动力学建模与仿真、褶皱解析模型、地面模拟试验与测试等内容。第1章介绍航天器张拉式可展开薄膜结构的应用、研究现状与关键技术；第2章论述张拉式薄膜结构展开方法、折叠方法与张拉设计；第3章建立弹性伸杆材料力学模型，分析弹性伸杆展开过程，实验验证弹性伸杆力学性能；第4章介绍张拉薄膜结构预应力分析方法与找形方法；第5章基于应力叠加法分析张拉薄膜结构的自由振动，建立薄膜结构刚柔耦合非线性动力学模型；第6章建立张拉薄膜结构应力场模型和薄膜褶皱解析模型，开展三角形薄膜褶皱仿真分析与试验测试；第7章对薄膜结构的折痕、径向展开过程、缠绕展开及折叠过程等进行仿真分析；第8章介绍可展开薄膜结构零重力模拟、模态测试、精度测试等内容。

本书第1、8章由从强撰写，第2、3章由史创撰写，第6章由刘荣强撰写，第4章由郭宏伟、项平撰写，第5章由从强、李冰岩、邱慧撰写，第7章由林秋红、蔡建国撰写，张静、王思聪、唐愉真、郑志刚、张月等参与了撰写工作，范小东、王浩、何宇航等完成了本书文字与图表的整理工作，在此对为本书撰写付出努力的各位专家、同事和研究生们一并表示感谢！

本书所涉及的研究工作得到了国家自然科学基金重点项目“空间大型薄膜无铰链轻质可展机构设计基础理论与方法”（项目编号：51835002）的资助，在此对资助单位表示感谢！

由于笔者水平所限，书中难免存在疏漏或不当之处，恳请读者批评指正。

著者

目录

符号表

符 号	定 义
r	半径
T_{ic}	内绳索平均张力
σ_m	薄膜平均应力
E_{ic}	内绳索弹性模量
A_{ic}	内绳索截面面积
ε_{ic}	内绳索的平均应变
E_m	薄膜弹性模量
l_{ic}	内悬线的总长
E_{oc}	外悬线弹性模量
ε_{oc}	外悬线的平均应变
A_{oc}	外悬线截面面积
δ	纤维铺设角度
μ	弹性伸杆自接触摩擦因数
N_c	卷绕段层间总接触力
L_t	弹性伸杆端部负载
$\boldsymbol{U}_b$	点 b 局部位移矩阵
$\boldsymbol{U}_e$	单元节点位移矩阵
$\overline{\boldsymbol{U}}_e$	单元节点位移向量
$\boldsymbol{I}_9$	9×9 单位矩阵

续表

符号	定义
μ_m	薄膜泊松比
$u(t)$	节点 t 时刻的位移
$\ddot{u}(t)$	节点 t 时刻的加速度
ρ_a	气流的质量密度
$\alpha(x,y)$	四边固支薄膜的模态函数
$\varphi_1(x)$	可伸展支撑杆 1 的模态函数
$\varphi_2(x)$	可伸展支撑杆 2 的模态函数
$\varphi_3(y)$	端杆的模态函数
$\boldsymbol{K}$	平面薄膜结构耦合刚度矩阵
$\boldsymbol{\Phi}$	平面薄膜结构各阶模态向量组成的模态矩阵
ω_{ti}	支撑框架的第 i 阶无阻尼固有频率
t	薄膜厚度

缩略语表

缩略语	英　文	中　文
NASA	National Aeronautics and Space Administration	美国航空航天局
JAEA	Japan Aerospace Exploration Agency	日本宇宙航空研究开发机构
ESA	European Space Agency	欧洲航天局
DLR	Deutsches Zentrum für Luft-und Raumfahrt	德国宇航中心
JPL	Jet Propulsion Laboratory	喷气推进实验室
SAR	Synthetic Aperture Radar	合成孔径雷达
AFRL	Air Force Research Laboratory	美国空军研究实验室
ANCF	Absolute Nodal Coordinate Formulation	绝对节点坐标方法
EFG	Element Free Galerkin Method	无单元伽辽金法
RKPM	Reproducing Kermel Particle Methed	再生核质点法
DIC	Digital Image Correlation	数字图像相关法
CFRP	Carbon Fiber Reinforced Plastics	碳纤维增强基复合材料
CTM	Collapsible Tubular Mast	豆荚杆
TRAC	Triangular Rollable and Collapsible	“人”字形杆
FRP	Fiber Reinforced Polymer	纤维增强基复合材料
RMSE	Root Mean Square Error	均方根误差

第1章 绪论

1.1 概述

可展开空间结构技术是解决大型航天器结构发射包络限制问题的重要技术手段。随着航天技术的发展，面积达数百平方米的超大型天线、数十米尺寸的大型空间遥感相机遮阳屏、数百米尺寸的太阳帆推进系统、公里级的空间太阳能电站等需求不断出现，如采用传统的刚性可展开结构，其收拢体积将远远超出火箭整流罩的有效容积，已经无法解决如此大尺寸系统的发射包络问题。

目前国际上的空间大型可展开结构多采用单元构架组合而成的结构形式，其技术已相对成熟，但随着展开尺寸的增大，因其包含大量的关节铰链，其质量呈2次方或3次方关系增长。比如100m口径的单元构架式可展开天线质量将超过3t，天线质量甚至远超过了卫星本体质量。

空间薄膜可展开结构是近年来国际上出现的新型可展开结构，具有超大折叠比和超轻质量的特性，与刚性桁架可展开机构相比优势明显，在大型天线、柔性太阳能电池阵、太阳帆、遮光罩、大面积减速器等产品上均得到应用，在未来空间探测中具有很好的应用前景，因而受到了越来越多的关注。如美国航空航天局(NASA)研制的薄膜太阳帆尺寸达50m×50m，而发射时折叠体积只有100cm×100cm^2。，发射质量只有80kg。然而，大型薄膜结构具有超低频率、密集模态、局部模态、强非线性、几何大变形与高柔性等一系列特点，制约了空间超大型薄膜可展开结构的发展和应用。

为提高薄膜可展开结构的型面精度和结构刚度，可将薄膜通过张拉方式连接到可展开支撑结构上。张拉式薄膜可展开结构通常由薄膜、展开支撑结构和张拉系统组成。展开支撑结构的作用是将薄膜结构从收拢状态展开成平面或空间形状，为薄膜结构提供稳定支撑；张拉系统是在薄膜与展开支撑结构之间布置一定数量的柔索构成张拉索系，通过在柔索中施加一定预张力，利用力平衡原理使薄膜型面绷紧，并使其具有足够的型面精度，因此张拉系统对于维持薄膜结构型面精度和工作稳定性十分重要。

薄膜极易产生褶皱，影响薄膜工作面的型面精度。薄膜褶皱产生的机理在于薄膜内应力分布不均匀，张拉式薄膜结构的张拉点布局方式、张拉约束边界形状、柔索预紧力等都对薄膜内应力分布和薄膜褶皱产生重要影响。通过调节柔索预张力，优化张拉点布局，使薄膜结构形成平面或空间曲面形状，可有效消除薄膜褶皱，提高薄膜型面精度和薄膜结构的刚度。

为实现空间可展开薄膜结构的轻量化，以弹性薄壁复合材料梁为代表的无铰链伸展机构近年来在可展开薄膜结构中得到大量应用，发展迅速。薄壁梁收拢时可卷曲缠绕在卷筒上，展开时依靠薄壁梁卷曲变形储存的弹性能驱动卷筒回转，带动薄膜展开，展开后的薄壁梁具有较高的结构刚度。这种弹性薄壁复合材料梁具有收拢体积小、质量轻的特点，并且没有活动部件，因此不会因为关节摩擦而出现卡死问题，展开的随机误差几乎可以忽略。

空间大型薄膜可展开结构一般是由弹性大变形薄壁梁、薄膜和大量柔索组成的复杂梁索膜系统，其特殊性表现在以下几个方面。

① 形态特殊性：薄膜通过张拉系统构成平面和空间曲面的几何形态；

② 驱动特殊性：通过无铰链弹性薄壁伸杆的弹性恢复力实现展开，轻质弹性伸杆具有展开驱动与支撑结构的一体化功能；

③ 结构特殊性：复杂梁索膜系统是一个大柔性结构系统。

1.2 航天器张拉式可展开薄膜结构应用现状

空间可展开薄膜结构在卫星通信、高分辨率对地观测、深空探测等重大航天工程中都有着重要的应用前景，如薄膜太阳能电池阵、太阳能电站、大面积太阳帆、空间薄膜天线、大型遮阳屏和遮光罩等，尺度或口径达到数十米甚至更大。

1.2.1 太阳能电池阵与空间太阳能电站

薄膜太阳能电池阵作为薄膜结构的一种，通常用于太阳能发电，因此其对于展开刚度要求相对较低，但对于展开面积及展收比的要求较高。美国Boeing公司于2006年前后开发了高功率薄膜太阳能电池阵(HPSA)体系[1]，如图1.1所示。HPSA是一种高度模块化的体系结构，由多个模块组成，展开分多级。展开后薄膜太阳毯被拉紧在精确的位置，单个模块的展开面积达到109m^2。

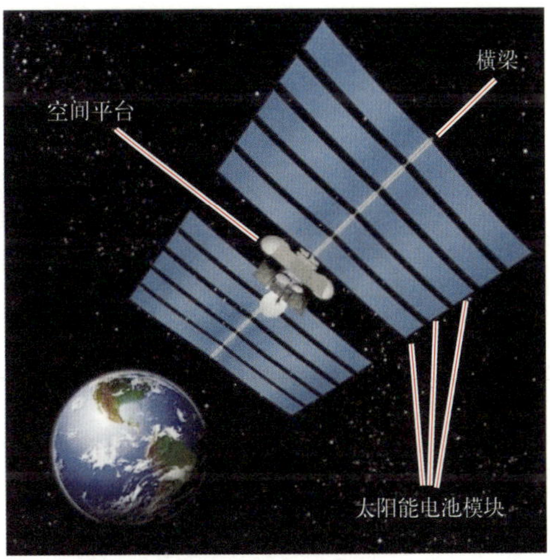

图1.1 Boeing公司的HPSA[1]

美国DSS公司于2010年前后研制出卷绕式太阳能电池阵(ROSA)原理样机[2]，如图1.2所示。ROSA是由一块柔性太阳毯、一根横梁、一根卷轴和两根可展开复合材料杆件组成的无铰链矩形框架，太阳毯安装在框架内，其根部与横梁相连，顶部与卷轴相连。收拢状态时，太阳毯和复合材料杆卷绕在卷轴上，展开的动力由两根复合材料杆收拢卷绕在卷轴上时存储的弹性应变能提供，不需要电动机，没有铰链等摩擦环节，不需要展开弹簧，展开原理简单，可靠性高。

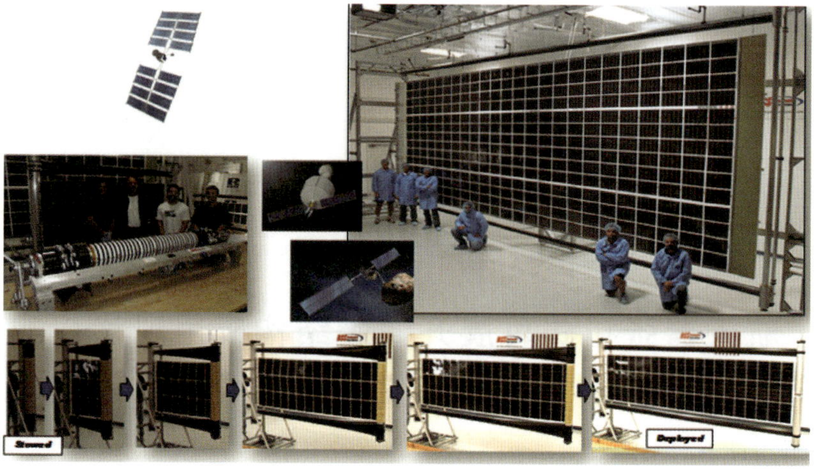

图 1.2　ROSA 工程样机[2]

2012 年，DSS 公司与 ATK 公司共同研制了高功率的 Mega-ROSA 太阳能电池阵[3]，如图 1.3 所示。Mega-ROSA 体系是将多个弹性自展开的 ROSA“小翼”集成到一个可展开的支柱结构上。该技术提供了比原有太阳能电池阵更轻、更便宜、更紧凑的收拢包装以及更高强度与刚度的设计，从而有利于提高电池阵的功率水平（从 60kW 到 300kW），提高太阳能电池阵的展开刚度和强度及运行可靠性。

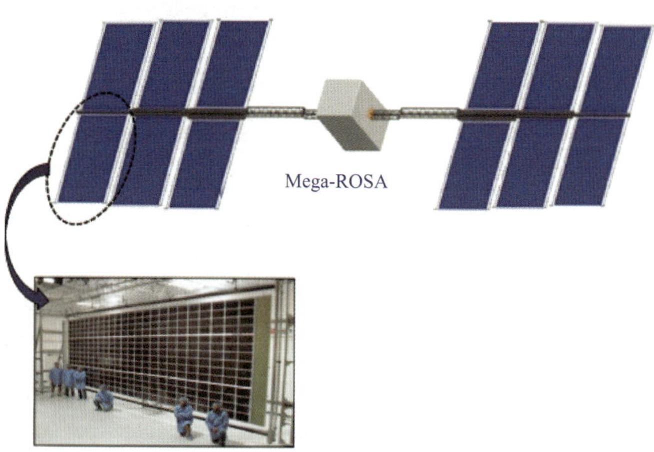

图 1.3　Mega-ROSA 太阳能电池阵[3]

美国ATK公司研制了一种超轻型三角形薄膜单元太阳能电池阵UltraFlex-175[4]，如图1.4所示。该太阳能电池阵由若干三角形薄膜单元展开后拼接成多边形，通过锁紧机构进行锁定。图1.4中原理样机的直径为5.5m。

图1.4 UltraFlex-175原理样机[4]

美国的John C. Mankins等提出了任意相控阵空间太阳能电站（SSPS-ALPHA）方案[5]，系统主要包括薄膜聚光镜和三明治结构两部分，两者通过桁架连接。薄膜聚光镜为酒杯状，系统平台整体尺寸约为ϕ3km×5km。薄膜聚光镜采用模块化设计，由上千个75～100kg的薄膜反射镜模块组成，将太阳光聚集到“酒杯”底部的电池阵上，如图1.5所示。

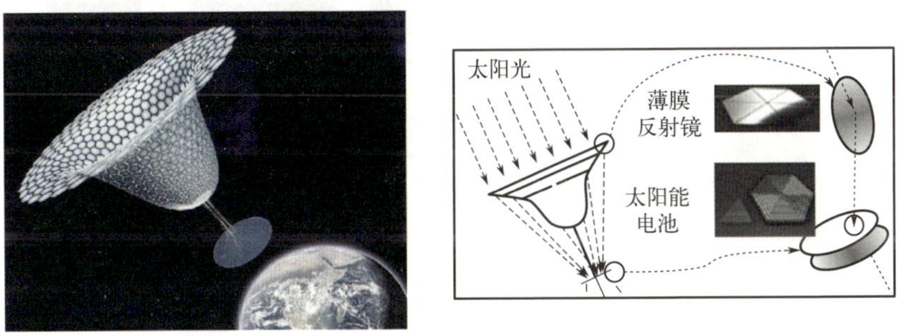

(a) 方案概念图　　(b) 聚光原理

图1.5 SSPS-ALPHA方案[5]

1.2.2 太阳帆

太阳帆飞行器是指利用太阳光压进行持续加速的航天器。从20世纪90年代开始，美国、俄罗斯和日本等国家开始进行太阳帆飞行器的研制工作，并进行了多次空间展开试验。2010年5月，日本宇宙航空研究开发机构（JAXA）成功发射了人类第一个太阳帆飞行器IKAROS，如图1.6所示[6]。该飞行器由四块大面积薄膜和位于中心的主体构成。太阳帆展开前通过折叠缠绕的方式锁定在主体上，入轨后飞行器利用自旋产生的离心力实现薄膜结构的在轨展开，展开后太阳帆形状为四方形，边长 14m、对角线长 20m。

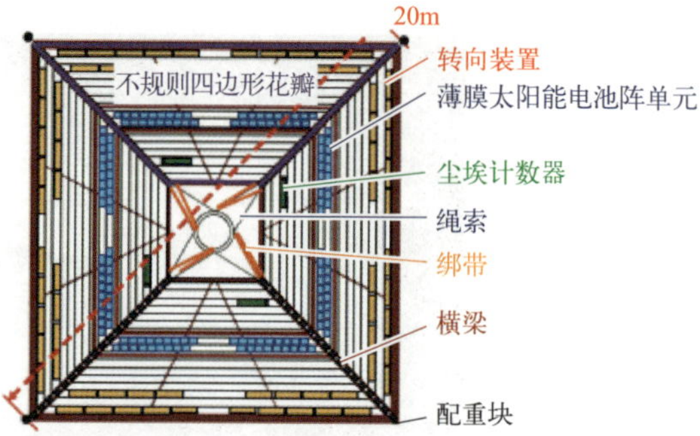

图 1.6 IKAROS 太阳帆方案构型图[6]

美国 NASA 的 NanoSail-D 太阳帆，作为 FASTSAT 卫星的有效载荷，于 2010 年 11 月 19 日发射入轨，并于次日在地球低轨道上成功展开[7]，如图 1.7 所示。NanoSail-D 太阳帆飞行阶段的任务是演示携带废弃卫星和空间碎片重返大气层并完全燃烧的脱轨能力。NanoSail-D 太阳帆由四块三角形反光聚酯薄膜构成，展开前薄膜与支撑杆折叠后装载在一个 3U 立方星内。

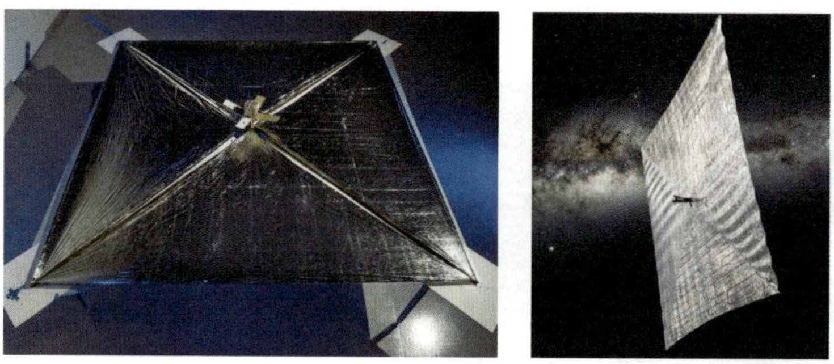

图 1.7 NanoSail-D 太阳帆[7]

欧洲航天局(ESA)和德国宇航中心(DLR)也开展了一些关于太阳帆航天器任务、关键技术验证的研究[8]。DLR 研制的太阳帆于 1999 年 12 月成功进行了太阳帆地面展开试验，如图 1.8 所示。此外，ESA 也提出了 Gossamer 太阳帆计划，太阳帆总重 2kg，收拢体积为 15cm×15cm×25cm，展开面积为 5m×5m，能够使质量为 700kg 的地球低轨道卫星加速再入大气层。

美国 ABLE 公司提出的太阳帆展开方案如图 1.9 所示，该方案通过盘绕式伸展臂驱动并支撑薄膜结构[9]。

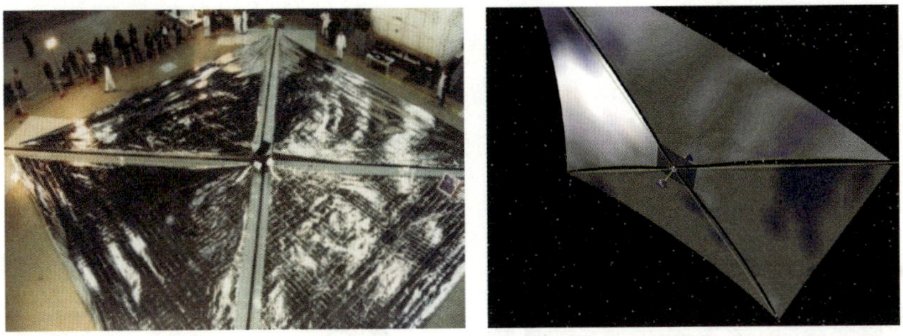

图 1.8 德国 DLR 研制的太阳帆构型方案(左图)及原理样机(右图)[8]

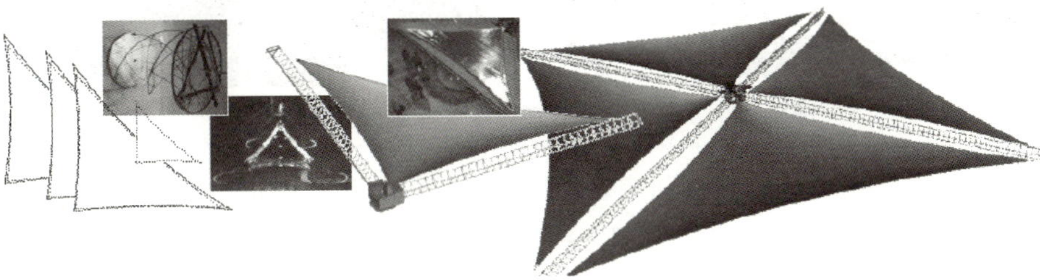

图 1.9 ABLE 太阳帆展开方案[9]

1.2.3 薄膜天线

薄膜阵面有源相控阵天线具有波束电控扫描快、功率空间合成效率高、质量轻、环境适应性好等优势，是目前天基雷达天线设计方案的首选，成为各发达国家竞相研究的热点。薄膜天线在型面精度方面有着比较严格的要求，因此同前面讲述的两种结构相比，其对支撑结构的刚度有着更高的要求。图 1.10 所示的周边索网张拉平面膜结构是目前空间薄膜有源相控阵天线的主要结构形式[10]。

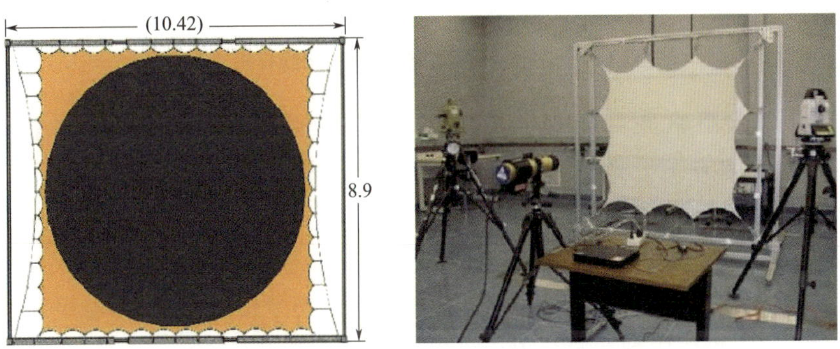

(a) 10m口径薄膜阵列天线　　(b) 薄膜平面度测试系统

图 1.10 索网张拉阵列天线原理样机[10]

美国喷气推进实验室(JPL)于 1997 年研制的薄膜阵列天线样机如图 1.11 所示。样机尺寸为 3.3m×1m,天线阵面采用三层薄膜结构,辐射单元为微带贴片天线[11]。薄膜材料由 0.13mm 厚的 Kapton 介质材料构成,涂敷的铜层厚度为 5μm。薄膜与周边支撑杆件由一系列的张力索连接。天线周边桁架采用复合充气式材料结构,天线阵面单位面积质量为 3.3kg/m^2。

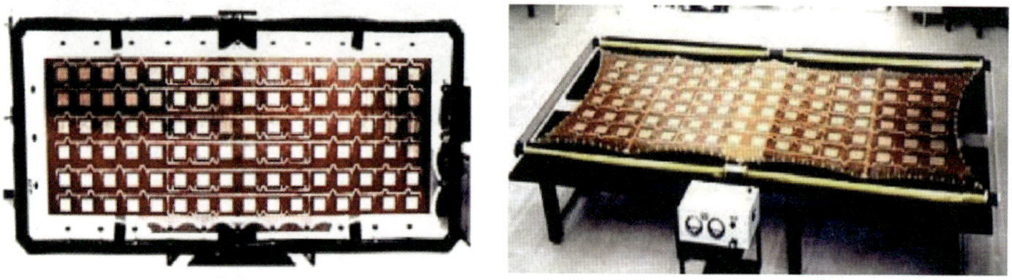

图 1.11 JPL 开发的 L 波段薄膜阵列天线样机[11]

DLR 和 ESA 开展了合作研究,并最终研制了面积为 40m^2 的天线,其总质量不超过 60kg,如图 1.12 所示,采用无铰链弹性材料伸杆(豆荚杆)作为 SAR(合成孔径雷达)天线支架。此外,豆荚杆机构还应用于小型航天器的离轨动作,以增加航天器的面积质量比,从而增加航天器的减速力[12]。

图 1.12 豆荚杆及可展开 SAR 天线样机[12]

与 DLR 太阳帆展开原理相似的还有 ESA 提出的小型 SAR 方案[12],如图 1.13 所示,该方案中驱动及支撑机构为无铰链豆荚杆。

2004 年,美国 Northrup Grumman 公司制造了 5m 口径的静电成型薄膜反射面可展开天线[13],如图 1.14 所示,论证了静电成型薄膜反射面可展开天线概念的可行性。该天线样机包括反射面、供电系统、桁架铰接式展开机构、电极和其他的辅助硬件,整个静电成型薄膜反射面可展开天线系统的面密度大约为 1kg/m^2。

NASA 兰利研究中心在 2002 年研究了 Hexapod 充气展开式张拉天线[14],如图 1.15 所示。它由多个充气展开杆件、多个充气单元组成的圆环、薄膜、张拉系统所组成，目标口径为100m，薄膜通过张拉条索连接到充气圆环上，圆环由六根充气杆支撑，形成一个三角形的孔径，并增加了压电材料进行振动控制。

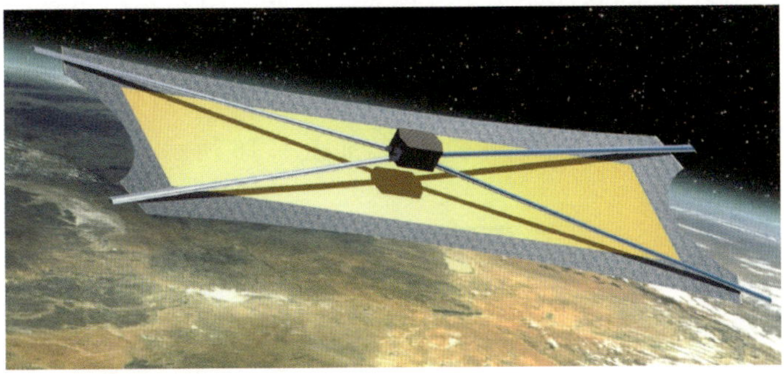

图 1.13 ESA 太阳帆展开构型图及驱动支撑机构[12]

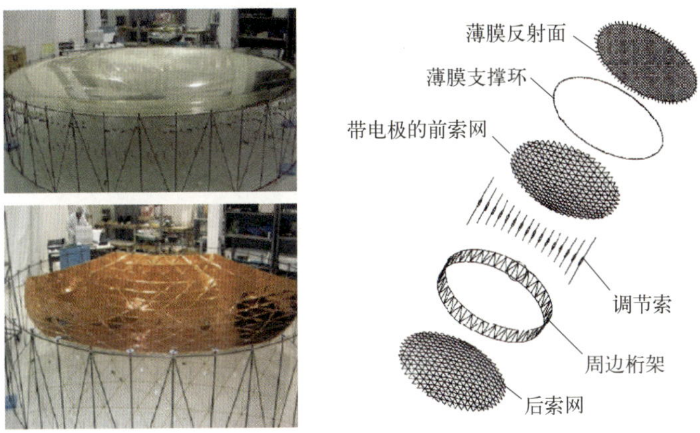

图 1.14 静电成型薄膜天线反射面(左上图)、薄膜电极(左下图)及结构组成(右图)[13]

(a) 充气天线单元 (b) 绳索预紧系统与薄膜边缘设计

图 1.15 Hexapod 充气天线[14]

1.2.4 薄膜遮阳屏与遮光罩

薄膜结构因其轻质、收拢体积小等优点不仅被应用到太阳帆、薄膜天线、太阳能电池阵上，还被应用到太空望远镜、小行星捕获飞行器、太空舱的结构与机构中。美国 James Webb 空间望远镜的遮光罩[15]在工作状态下近似为菱形，张紧机构通过绳索对遮光罩各角及各边进行张拉相连，如图 1.16 所示。

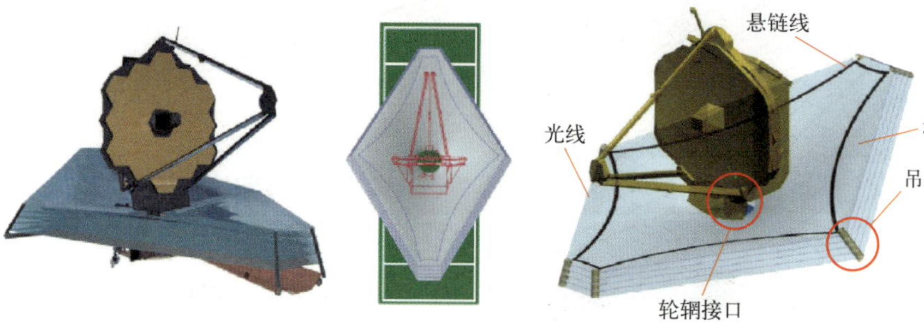

(a) 遮光罩　(b) 张拉方式

图 1.16　James Webb 空间望远镜遮光罩及张拉方式[15]

美国 NASA 外行星成像项目采用具有精确形状的薄膜屏风 Starshades 阻挡来自恒星的光，以便得到外行星的高对比度照片，从而有助于找到潜在可居住星球[16]。Starshades 边缘做成花瓣形状，展开直径为 62.6m，包含 16 根辐条杆、刚性花瓣框架和轻质覆盖层，使用石墨索对中间圆环及边缘花瓣进行张拉，以提高结构刚度和精度保持能力。其展开由位于根部的铰链和辐条杆驱动，如图 1.17 所示。

图 1.17　Starshades 项目构成[16]

2009 年，美国 Northrup Grumman 公司的 Danner 等为 IXO 望远镜设计了可展开框架位于遮光薄膜内侧、与薄膜无贴附关系的遮光罩[17,18]，如图 1.18 所示。3 组铰接杆伸展机构的动力源是 3 个驱动电机。驱动电机固连在航天器结构上。铰接杆伸展机构的另一端连接多边形法兰盘。遮光薄膜的一端与航天器结构连接，另一端与多边形法兰盘边缘连接。航天器入轨后，3组铰接杆伸展机构在电机驱动下同步展开，推动多边形法兰盘向远离航天器结构的方向运动，从而实现遮光薄膜展开。

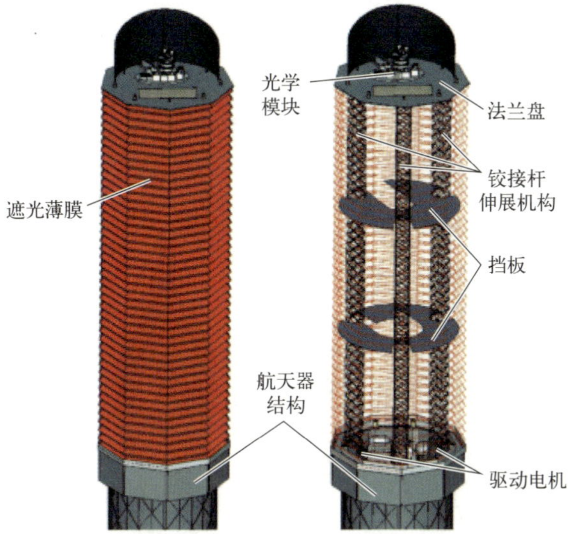

图 1.18 IXO 棱柱柱面遮光罩[17,18]

2004年，美国国家航空航天局喷气推进实验室（JPL）的Fang等设计了TPF-C（Terrestrial planet finder coronagraph）望远镜的柱面遮光罩[19]，见图1.19。该望远镜柱面遮光罩采用伸缩杆（展开机构）位于遮光罩外部的设计。遮光罩包含6层遮光薄膜，每层膜分为8瓣，最里层的遮光薄膜为正八棱柱柱面。最外层的遮光薄膜为正八棱台的侧面。在每层薄膜的末端有一条张紧薄膜的悬链。8根隔离杆将

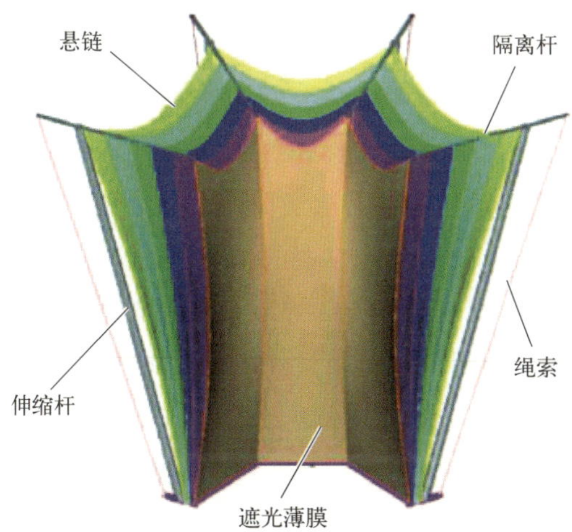

图 1.19 TPF-C 望远镜的柱面遮光罩（截面图）[19]

各层薄膜隔开。整个遮光罩呈内棱柱面、外棱台面的形状，有利于热量在薄膜间反射后从棱台底边一侧排出。8 根伸缩杆的两端分别连接航天器结构与隔离杆，每根伸缩杆底部都有一台驱动电机。

2009 年，美国普林斯顿大学的 Kasdin 等为 THEIA 望远镜设计了如图 1.20 所示的平面遮光罩[20,21]。THEIA 平面遮光罩分为花瓣区和中央区。花瓣区的每个“花瓣”由框架贴附单层遮光薄膜组成。中央区通过伸缩杆与航天器结构连接。航天器入轨后，电机驱动伸缩杆伸长，中央区的薄膜随之受拉而展开，然后伸缩杆旋转依次展开花瓣区。

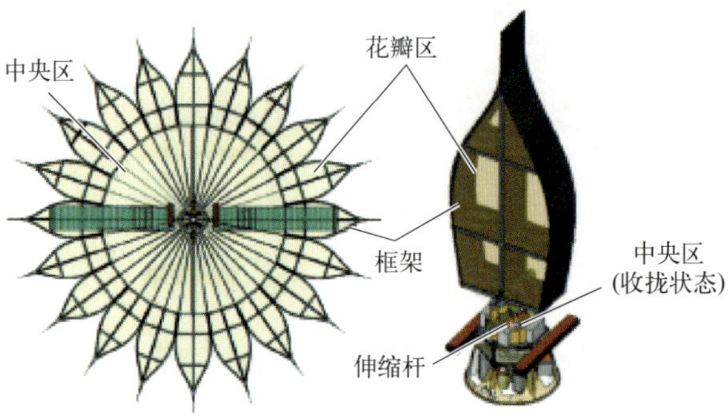

图 1.20 THEIA 平面遮光罩展开和收拢状态[20,21]

1.3 张拉式薄膜结构力学研究现状

1.3.1 薄膜结构预应力分析

薄膜对应力敏感，这会影响其作为关键功能部件的性能。当薄膜应变随着预应力的增加而变大时，在这个过程中的某个时刻，褶皱就会出现。在薄膜的力学行为中，存在两个不同阶段：前褶皱和后褶皱阶段。可以根据是否需要考虑薄膜的应变来划分这两个阶段[22]。在不忽略应变的情况下，当预应力提高到一定程度时，薄膜将发生后褶皱行为。在忽略应变的情况下，薄膜处于前褶皱状态。在过去的几十年里，人们对薄膜的后褶皱行为进行了多方面研究，主要的理论成果包括张力场理论、Föppl-von Kármán 理论和 Koiter 理论。

(1)张力场理论

张力场理论的提出是为了分析薄膜在有限变形下的褶皱行为，并应用于拉伸薄膜的各种问题中[23-29]。张力场理论忽略了弯曲刚度，在能量最小化问题的求解中考虑了褶皱的连续应力分布。Pipkin[25]通过引入与给定变形梯度相匹配的最低可能能量密度,将张力场理论并入薄膜理论。Steigmann[26]导出了张力轨迹的偏微分方程,避免了对变形的不准确假设。虽然张力场理论可以预测应力分布和褶皱位置,但其计算结果取决于对变形或拉伸轨迹假设的合理性。

(2)Föppl-von Kármán 理论

在 Föppl-von Kármán 理论的能量最小化分析中,考虑了薄膜在褶皱状态下的弯曲效应。Föppl-von Kármán 理论能够解决薄膜的波长和振幅问题[30-38]。Healey 等[34]在中性面大应变条件下利用 Föppl-von Kármán 方程进行了数值分叉分析。Fu 等[37]基于改进的 Föppl-von Kármán 板理论,提出了可压缩和不可压缩超弹性材料的建模和求解框架。利用 Föppl-von Kármán 方程,Huang 等[38]采用 Arlequin 方法将傅里叶约化薄膜模型过渡到多尺度模型,提高了薄膜不稳定性模拟计算的效率和精度。

(3)Koiter 理论

在有限应变条件下,Koiter 的板理论从三维弹性理论导出了一个阶数 h^3(h 是板厚)的模型。该方法结合了薄板的拉伸和弯曲效应,模拟了褶皱模式[39,40]。Taylor 等[41]将 Koiter 的非线性板理论应用于拉伸弹性薄板褶皱的数值模拟。Wang 等[42]研究了高度拉伸薄板的褶皱和再稳定行为,结果表明,当泊松比低于阈值时,不会出现褶皱,并基于 Koiter 稳定性理论对岛中心分叉现象进行了理论分析。Ciarlet 和 Piersanti[43]提出了半空间约束条件下线弹性壳体的自然二维 Koiter 模型。

此外,其他一些方法也可纳入后褶皱理论的范围。Ding 等[44]在泊松比中引入了一个非负变量参数,并对部分褶皱薄膜提出了参数变分原理。Jacques 和 Potier-Ferry[45]提出了一种针对长拉伸板屈曲问题的解析方法,用 Ritz 法确定了临界拉伸载荷和振型。Dadgar-Rad 和 Imani[46]提出了基于梯度的内能密度,并建立了梯度弹性膜理论,能够捕捉材料在不稳定问题中的细节行为。Huang 等[47]研究了拉伸薄膜临界载荷和屈曲模态的边界效应,并提出了一个无量纲参数化公式快速预测薄膜临界载荷。

后褶皱理论在计算中通常与有限元理论相结合。Lee 和 Youn[48]采用几何非线性有限元法,在迁移坐标系下描述了褶皱薄膜的大变形。Wong 和 Pellegrino[49]在 ABAQUS 中模拟了角点张拉方形薄膜中皱纹的产生和增长,他们发现模拟只能准确预测薄膜内部区域,而不适用于边缘区域。李刚[50]基于节点力平衡和子结构数值算法,利用非线性有限元分析了索膜结构的平衡态位形。Nayyar 等[51]基于非线性有限元分析,使用非零弯曲刚度的壳单元,研究了超弹性矩形薄板中的拉伸褶皱。

与已建立的薄膜后褶皱理论体系相比，薄膜前褶皱理论较少。Gorman等[52,53]用Airy应力函数预测了矩形薄膜中的应力分布，但该方法强制消除了边缘的非零剪切。Silvestre[54]对单向拉伸薄板的前褶皱状态进行了分析，基于模态法提出了非均匀位移场、应力场和应变场的解析解，揭示了泊松比和翘曲剪切变形都会影响褶皱的产生，为理解褶皱产生的力学根源奠定了基础。Martins等[55]基于广义梁理论的模态思想，利用势能驻值原理进行了前褶皱分析。

由于薄膜的刚度与其应力有关，应力分布的求解为研究其动态特性提供了基础。当薄膜的振动为小位移时，可以用有限元法计算薄膜的基频和振型[56-58]。Li等[59]基于薄板理论，导出了薄膜自由振动的运动方程，并研究了矩形张拉薄膜的动力响应。Kukathasan和Pellegrino[60]提出了一种替代薄膜单元的等效桁架模型，研究了预应力薄膜结构的振动特性。Liu等[61,62]研究了基于波动的薄膜结构振动主动控制方法，并采用拉索作动器进行了振动控制。为了分析任意形状膜的振动，Kang等[63-65]提出了基于配点法的理论公式。

1.3.2 张拉式薄膜结构展开过程动力学

薄膜结构大量采用薄壳、索、膜等大变形、强几何非线性结构单元，在展开过程中会发生大变形和大转动，具有强非线性、复杂接触等特点，这使得结构的动力学特性复杂且极易受到扰动。星体与附件的机动刚体运动是使空间薄膜结构产生扰动的主要因素之一，刚柔耦合效应下的结构动态响应将对空间薄膜天线等薄膜结构的正常工作产生极大影响。由于太阳帆等张拉薄膜结构的尺寸巨大，很难对其展开的动力学过程进行地面试验研究，因此，动力学建模和数值仿真具有极其重要的作用，不少学者对此进行了研究。

Miyazaki等提出将膜单元等效成以单元为边界的一维弹簧系统，与一维变形索杆单元统一建立动力学方程[66]，虽不符合薄膜单元假设，但等效后的动力学模型提高了计算效率，且数值结果表明质量弹簧模型可以足够精确地近似为膜单元模型。Shirasawa等利用多质点建模方法[67]，采用质点-弹簧系统来近似模拟太阳帆薄膜结构，建立了螺旋折叠的六边形太阳帆自旋展开动力学模型，并与IKAROS的在轨展开数据进行了比对，验证了分析方法的合理性。为精确反映太阳帆自旋展开的柔性多体系统的动力学特性，赵将等利用一种精确的非增量有限元方法——绝对节点坐标方法（absolute nodal coordinate formulation，ANCF）描述了黏弹性薄板单元[68]，并针对简化的IKAROS自旋展开太阳帆系统，采用结合自然坐标方法与绝对节点坐标方法的绝对坐标方法对其进行建模，采用广义-α方法对大规模系统动力学方程进行求解。Yang等将张拉整体系统与薄膜系统进行结合[69]，基于非线性有限元方法对系统动力学进行了研究，并导出了总拉格朗日公式;在非线性有限元模型中考虑了杆件的轴向柔性;还给出了自由振动模拟结果,并讨论了与杆件变形、刚性杆假设和膜行为有关的问题。同样地,为研究张拉整体和薄膜集成系统,Teixeira 等将杆、索做杆单元假设,将薄膜做薄壳假设,利用经典有限元方式由离散形式组合建立动力学方程[70]。邵琦等视桁架为梁单元、杆索为线弹性一维单元,基于 von Kármán 薄板非线性假设,建立薄膜的有限元形式动力学模型,并从理论模型的角度分析了几何非线性与刚柔耦合效应对结构动力学响应特性的作用,分析了刚体运动规律、结构基频与阻尼对大范围刚体运动下柔性结构的动态响应的影响,以指导卫星或附件调姿机构设计,可实现从扰动源头规避机动操作对空间薄膜结构的动态响应激励[71]。

Gardsback 等建立了解析模型和有限元模型[72,73],以描述空间索网结构的自旋展开过程,并针对相应的控制问题进行了研究。Kukathasan 等利用有限元仿真软件 ABAQUS 采用薄壳单元对方形薄膜进行了高保真的有限元仿真[74],细致模拟了薄膜结构的静态起皱过程。结合一种高度褶皱膜的非线性识别试验,表明膜的线性弹性模型能够准确地预测中度褶皱膜的振动。石广丰等研究了圆薄膜的自由振动学特性,并进行了相应的模态分析,薄膜的材料主要为聚酰亚胺,尺寸规格为 300mm。首先通过引入贝塞尔方程并对其进行求解,得到了反射镜圆薄膜的前四阶固有频率,随后又利用有限元仿真软件 ANSYS 进行了模态仿真来验证得出的结论[75]。提取了圆薄膜的前四阶频率以及对应的模态振型,研究结果表明,圆薄膜反射镜具有较低的基频,基频值仅为 9.3Hz,为反射镜在工作过程中避免受到共振的影响提供了依据。

1.3.3 张拉式薄膜结构展开态动力学

Lesieutre 等研究了挠性构件在中性面的切线方向上的预紧力作用下的横向振动,讨论了膜载荷对挠性结构不同模态阻尼的影响。研究表明拉伸载荷降低了挠性结构的模态阻尼但会提高固有频率,而压缩载荷增大了挠性结构的模态阻尼但会降低固有频率,并且这种现象主要体现在低频阶段[76]。Chakravarty 等对圆形乳胶膜和柔性薄膜机翼进行了模态分析,分析结果表明膜的固有频率与空气质量成反比,但与真空室环境压力以及振型和预应变大小成正比。较低的阻尼可以降低膜的振幅,膜的固有频率几乎不受其影响。机翼的固有频率与振动幅度和膜的应变水平成正比,在应变水平比较低的情况下,主要由膜来决定机翼的模态特性,而在应变水平比较高的情况下,外环也起着一定作用[77]。Goncalves 等分析了预应力超弹性膜在有限变形和时变侧压力作用下的非线性振动响应,通过建立有限变形下预拉伸超弹性膜非线性振动的数学模型,得到了超弹性膜的各阶固有频率和振动模态,结合 Galerkin 方法,得到了低阶近似的非线性动力响应以及拉伸比对振动频率、非线性幅频关系有较大影响的结论[78]。

Korde 等分别从理论和实验两个方面研究了膜无弯曲刚度的特性与膜出现局部模态之间的关系，并得出对于具有一定张力的膜，随着激振频率的增加，当激振区域远小于膜直径时，局部模态现象将越来越明显的结论。此外，膜张力的减小也会使这种现象放大，并由理论分析得出膜的固有刚度-惯性相关动力学特性是产生局部模态现象的主要原因[79]。Wang 等提出了一种结合直接摄动力技术的更新节点坐标法来模拟褶皱膜和膨胀梁的振动。通过对褶皱膜和膨胀梁的参数化研究来分析褶皱对结构振动特性的影响。研究结果表明，影响起皱频率和振型的因素主要有起皱区的起皱应力和有效质量[80]。林文静等利用有限元方法对平面薄膜的自由振动特性进行了研究，根据拉格朗日方程建立了平面薄膜的自由振动动力学方程，分别得到了周边固定的矩形薄膜、周边固定的等腰直角三角形薄膜以及周边固定的圆形薄膜自由振动的前几阶固有频率以及对应的振型。通过对三个典型算例的分析，表明 6 节点等腰直角三角形单元相对于 ANSYS 三角形单元理论解的接近程度高[81]。

张永杰等对具有内支撑面的充气薄膜结构进行了有限元模态分析，建立了有限元模型并对其固有频率进行了量纲分析，得到了表面压力为 1000Pa、薄膜厚度为 0.5mm 的各阶自由振动固有频率和振型，研究了无量纲参数对固有频率的影响。分析结果表明，由于内部充气造成的大变形以及预应力造成的刚度不均匀，造成薄膜各阶固有频率的大小与压力或者薄膜厚度的关系并不是呈单一的正比或反比[82]。肖薇薇等对三角形薄膜阵面预应力导入效应及影响因素进行了研究，分别分析了不同矢跨比下的阵面基频、不同矢跨比下的阵面应力波动系数以及不同矢跨比下的长跨边缘索应力波动系数。研究结果表明，若边缘悬链线型的选型合适并且矢跨比的大小适中，则薄膜阵面的导入应力分布会更均匀，而阵面的刚度也会随之变大[83]。Li 等从理论和实验两方面分别研究了均布冲击荷载作用下矩形预应力膜对强迫振动和自由振动两个运动阶段的动力响应。基于薄板理论推导了薄膜横向自由振动的数学模型，并利用伽辽金(Galerkin)法简化了数学模型。利用多尺度摄动法得到了各动力学参数的解析解，并设计了相关实验验证了理论模型的可靠性[59]。

Fang 等对薄膜阵列天线进行了振动分析，通过使用双参数法建立薄膜模型，系统地表征了薄膜的张紧、起皱和松弛三种状态，在膜框架组件横向振动的动力学方程中引入所得的微分刚度，利用分布式传递函数法的半解析方法来求解这个动力学方程，最后得到薄膜天线的固有频率和振型。在大气环境中对薄膜进行了振动特性的测试，验证了理论分析的准确性[84]。Li 等分析了正交各向异性张紧膜结构的非线性振动中的对称模态和非对称模态的耦合效应。为了定量预测幅频特化行为和确定非对称分布的模态空间，利用 Galerkin 法得到一个包含一组耦合方程的简化模型，然后用四阶 Runge-Kutta 法进行数值求解，进而得出各几何参数和材料参数对非线性动力学的影响，并设计实验，通过与实验数据的对比，验证了该简化模型的准确性[85]。Tatematsu 等研究了大尺寸空间薄膜结构的大比例尺模型的地面试验与仿太空环境中试验的相似准则，首先建立了薄膜展开的相似准则，提取了诸如折痕处的回弹力和旋转速率等主要参数，通过与不同参数大尺寸空间薄膜结构的地面试验对比，并分别对真空环境和微重力环境中的试验数据进行比较，验证了所提出的相似准则的正确性[86]。

Brew 等采用基于 Young-Laplace 方程的三次样条曲线拟合函数来表达曲面形态[87]，研究了自由悬挂边界条件的薄膜的力学特性，首先假设所研究的薄膜不可拉伸，再借鉴悬挂法对曲面进行造型的方法，将表面积看作约束条件，对薄膜进行了找形分析[88]。Noguchi 和 Kawashima 为了求解索膜滑移问题，将 EFG (element free Galerkin method)与 ALE 法结合在一起，分析了较为简单的索膜滑移问题[89]。刘英贤等创新性地利用再生核质点法(reproducing kermel particle method，RKPM)研究薄膜结构，但这种方法在效率和计算精度上不及传统的非线性有限元法[90]。Reese 等研究了充气薄膜结构的大柔度问题，首先建立了微观力学模型，并根据此模型得到了足够的试验数据，在考虑膜表面的褶皱和涂层所表现出的材料各向同性的基础上，建立了广义应变能函数，用来表征各向异性薄膜材料的非线性[91]。

Goncalves 等利用薄壳单元来分析薄膜结构的大变形，将各向同性应变能用于膜材的弯曲，将正交异性应变能用于薄膜变形，从而建立了表达效果更好的具有正交异性的膜材料模型[92]。Johnston 等采用动力松弛法将薄膜划分成三角单元来分析薄膜在轨工作时产生的褶皱以及由于圆柱面扭转所产生的褶皱[93]。Pimprikar 等利用张力场理论构造了一种八节点的 Cosserat 单元，并利用准静态比拟法模拟了薄膜褶皱处的几何特征。但准静态比拟法的不足之处是求解过程中计算的准确性高度依赖于迭代时所选择的时间步长[94]。Wang 等研究了薄膜褶皱过程中的计算收敛问题，将修正位移分量法和直扰力技术结合，大大提高了薄膜褶皱计算的收敛性，从而得到薄膜褶皱过程的演化特性，最后通过试验验证了理论分析的正确性[95]。

郑志刚以四边固支的薄膜为研究对象，将薄膜看作连续性系统，建立了薄膜自由振动的偏微分动力学方程，分别推导出薄膜线性、非线性有阻尼和无阻尼自由振动的基频理论界，从理论、仿真和试验三个方面着重研究了薄膜的非线性。此外，他还研究了空气对薄膜自由振动特性的影响，但其研究的对象过于局限在薄膜四边固支的边界条件上，并且没有根据薄膜结构的实际工况研究框架与薄膜耦合振动的动力学特性[96]。张华等利用温度的变化可以改变薄膜阵面预应力的思路建立了张紧的薄膜阵面的非线性平衡方程，并由此得到大尺寸可展开薄膜结构的动力学模型，通过简化框-索-膜耦合关系，采用耦合自由度的方式连接节点，实现了位移边界协调，并忽略连接处局部应力对整体结构应力的影响，分析了材料性能参数、薄膜厚度以及薄膜阵面张紧力这三个参数对薄膜结构动力学特性的影响。通过分析仿真结果，他们发现基频几乎不受材料弹性模量和厚度的影响，厚度增加20%时，薄膜结构的基频仅提高了0.12%，薄膜阵面局部模态的提高最大也仅有0.53%，但薄膜阵面张紧力对基频影响较大[97]。

1.3.4 张拉式薄膜结构褶皱分析

薄膜褶皱是空间薄膜结构不可避免的主要问题，几十年来阻碍了可展开薄膜结构的工程应用，尤其是在一些对表面精度有严格要求的特定空间应用中[98,99]。鉴于薄膜的抗压性较差，以及外部载荷的复杂性，薄膜褶皱会干扰结构性能并降低结构稳定性。因此，许多学者在薄膜褶皱方面开展了研究，主要方法包括分析模型、数值模拟以及试验测试。在薄膜褶皱的理论研究方面，最早的分析模型是由Wagner提出的张力场理论[18]，假设薄膜弯曲刚度可以忽略不计，随后由Reissner[100]进行了修正以补充更一般的公式，但未能提供平面外变形和褶皱细节，随后又引入了两种修正方法，分别是对变形梯度和本构矩阵的修正。另一种适用于薄膜褶皱研究的理论方法基于褶皱和屈曲之间的相似性的稳定性理论，该理论方法主要与数值分析方法结合使用。在数值模拟分析中，基于非线性屈曲分析的ABAQUS和ANSYS商业有限元软件已被广泛用于进行薄膜褶皱有限元分析并预测面内和面外变形。由于薄膜的轻质和柔性，传统的测试方法不能用于薄膜的褶皱测试，但非接触薄膜测量方法可以借助DIC(digital image correlation)技术来测量位移场和面内应变场[101]，以实现基于光学方法的准确的薄膜褶皱测量，其测试装置如图1.21所示。

由于薄膜结构抗压和抗弯刚度很小，只能承受面内拉力，国内外学者对张拉薄膜的预应力分布及找形分析进行了大量研究，分析了薄膜结构在外载荷作用下的力学特性(变形、褶皱、振动等)。目前对薄膜结构的张拉成型分析方法主要有力密度法、动态松弛法及非线性有限元法。此外，浙江大学的杨超与美国普渡大学的E. C. Ting提出了有限质点法，并用于薄膜结构的分析[102]，从褶皱和应力分布方面研究了薄膜结构的张拉成型方法、构型和参数设计与分析。2006年，美国JPL的Fang等将双重索网张拉系统应用到薄膜天线上，以支撑框架受力最小为目标对花边数量、跨距进行了优化[103]。Sakamoto[104]从理论上证明了薄膜外形为圆弧状时膜内应力为最佳张紧状态，能有效避免褶皱产生，并研究了该结构在膜索给定

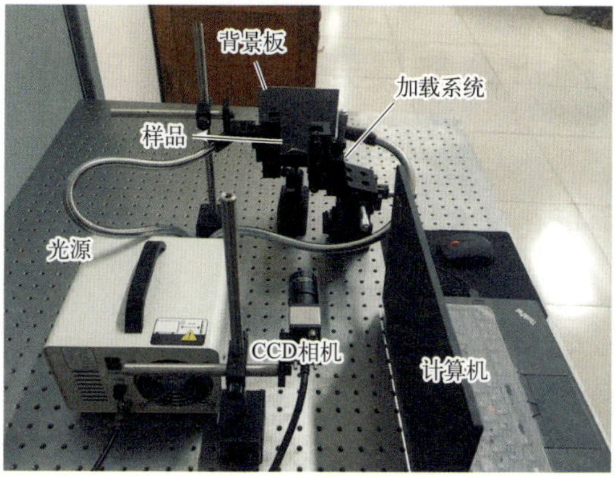

图 1.21 薄膜褶皱测试装置[101]

应变条件下内外悬索截面积、索膜总质量随圆弧数目变化的函数关系，对索膜结构进行了优化设计。Gyula 等[105]在薄膜边界增加拉力，并且分析了当施加沿拉索径向的拉力时，不同形状的拉索上载荷的分布情况和应力分布状态，认为圆弧状边界可以得到双轴等值应力，实现薄膜结构的最佳张紧状态。

1.3.5 薄膜结构热变形分析

不均匀的温度变化会使空间薄膜结构产生较大的热变形或热颤，导致天线反射器信号失真，无法正确接收或发送信息和指令，甚至使航天器失效。精确分析空间薄膜结构的温度场及其变化以及空间环境的热载荷所引起的结构变形是非常重要的。许多国家在这方面开展了大量的研究工作，美国和欧洲航天局采用了各种分析技术和分析软件对薄膜结构在空间环境中的热变形进行了仿真分析。Surya 等对薄膜天线进行了设计评估，研究了几种重要的薄膜天线的优缺点以及不同的薄膜材料结构和热分析的差异。Vaughn、Hart-Simth 与 Crisp 通过改变结构厚度的方法来被动地消除型面误差，Maker 和 Jenkins 通过边缘径向位移来控制型面精度。

在型面精度测量方面，大面积薄膜展开结构多采用非接触式测量技术，但由于薄膜易产生褶皱和折痕，且具有随机性，一般摄影测量方法难以有效测取这类变形信息，需选择合适的测量手段对膜面纹理进行扫描测量，以准确测取型面精度。此外，由于薄膜结构一体化程度高，系统尺寸链封闭，需在薄膜结构制备、装配和展开等多个阶段对部件和结构系统进行多次形状精度测量。因此，需要研究大面积薄膜结构的标定方法、测量方法和数据处理方法，研制专用测量工具和装备，以实现型面精度的有效测量。

1.4 薄膜结构折叠与展开技术研究现状

1.4.1 薄膜结构折叠技术

研究空间薄膜结构折叠和展开技术的目的是在减小结构折叠体积的同时，使结构可以实现稳定可靠的展开。目前折叠方式主要有四种：Z形折叠、卷曲折叠、喷出式折叠和多边形折叠。

日本学者 Watanabe 等对手风琴式折叠的各种典型方法进行研究[106]，折叠后的形状侧观呈手风琴状，主要的折叠方法有四边形折叠、六边形折叠和八边形折叠，如图 1.22 所示；应用手风琴式折叠，所有的薄膜可以紧密地折叠在一起，以获得很高的折叠效率；随着多边形边数的增加，折痕也随之增加，即薄膜折叠数量增加，折叠高度也增加，所以折叠效率随着折叠的多边形边数的增加而减小。

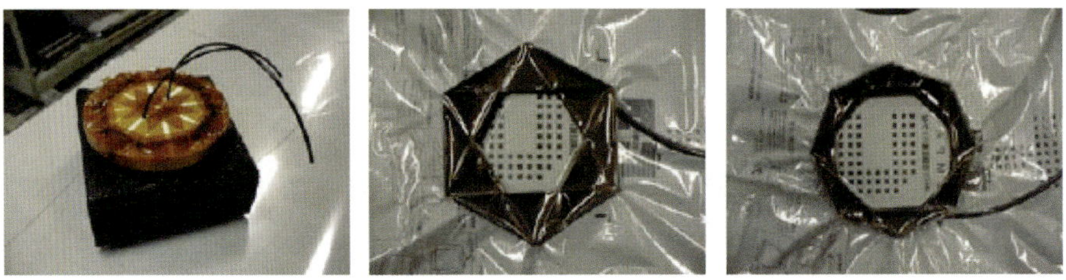

图 1.22 四边形、六边形、八边形折叠[106]

对于充气管，通常是将管抽气后压平再进行卷曲，如图 1.23 所示。而对于平面式充气天线，是直接将反射面卷起的[107]。如图 1.24 所示为一充气管的 Z 形折叠情况。由图中可以看出，用 Z 形折叠具有很高的折叠效率，是因为管的所有单元能够紧密地折叠在一起，几乎没有闲置空间。2002 年，David 等对太阳能阵列中的充气支撑管采用了 Z 形折叠[108]。Z 形折叠方式虽然有很高的折叠效率，但至今其展开只能采用直接充气的方法，这种展开过程是很难控制的，所以 Z 形折叠展开的可靠性和稳定性较低。

Quest 和 Defocatiis 基于仿生学的单叶折叠结构提出了叶外折叠、叶内折叠、倾斜旋转折叠等方式，如图 1.25 所示[109]。

Miura 折纸模型又称为 Miura-ori 模型，它是于 1985 年由 Miura 和 Natori 共同设计的一种折纸形式[110]。Miura 和 Natori 设计的二维可展开结构 Miura-ori 折叠法(三浦折叠法)已经应用到了太阳能电池板中。利用这种折叠法可将太阳能板折叠到足够小的尺寸。日本发射的IKAROS太阳帆的薄膜采用叶内折叠的方式,如图1.26所示。

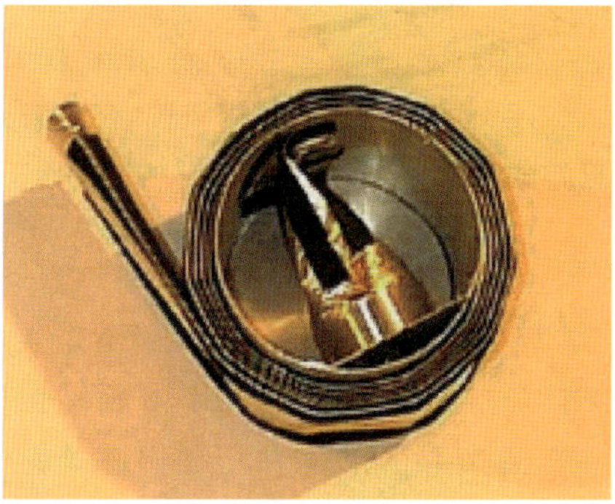

图1.23 充气管的卷曲式折叠[107]

图1.24 充气管的Z形折叠[107]

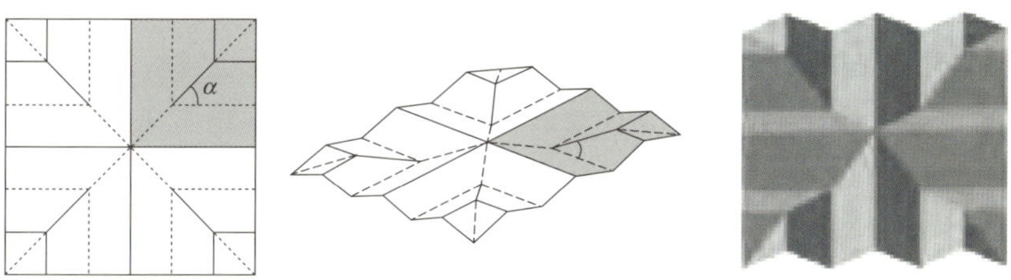

(a) 叶外折叠方式

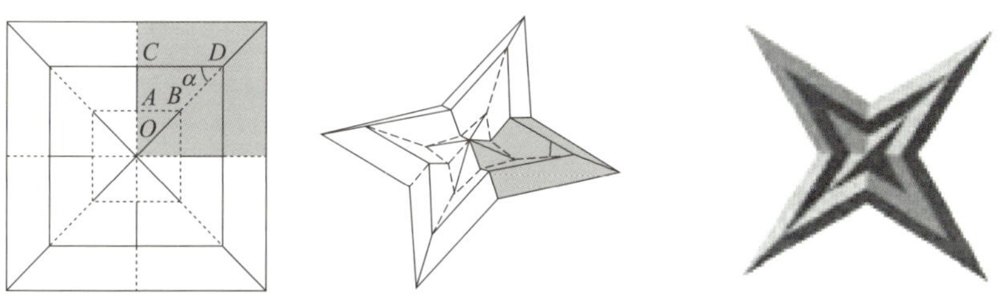

(b) 叶内折叠方式

(c) 倾斜旋转折叠方式

图1.25 薄膜折叠方式[109]

图 1.26 采用叶内折叠方式的 IKAROS 太阳帆[110]

1.4.2 轻质弹性展开驱动技术

空间薄膜结构的展开是其关键技术之一。目前空间可展开薄膜结构的展开驱动方式主要有弹性伸杆展开、充气展开、自旋离心力展开和桁架展开等。弹性薄壁伸杆作为空间可展开薄膜结构的主要展开支撑，其展开可分为根部展开、端部展开两种。伸杆横截面形状主要有薄壁开口圆管状、豆荚状两种。

这类伸杆的截面通常是一个或多个圆柱状薄壳，常采用高比强度、高韧性、高弹性、高热导率、热胀系数小的铜铍合金、钼、钨和碳纤维复合材料(CFRP)等材料制造。薄壁弹性伸杆主要利用弹性变形、弹性恢复和电机卷绕实现伸展臂收展，其结构形式如图 1.27 所示。

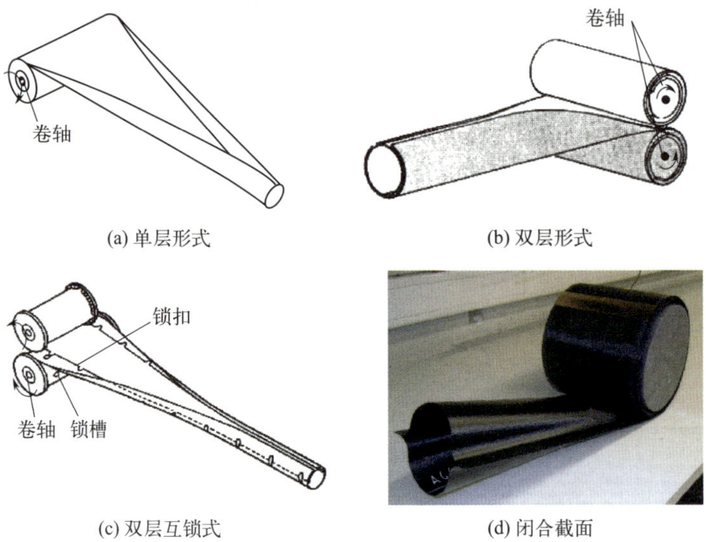

图 1.27 薄壁弹性伸杆的结构形式[111,112]

1990 年发射升空的 Hubble 太空望远镜及其太阳能电池阵[113]如图 1.28 所示。Hubble 太空望远镜的伸展臂在收拢状态下卷绕于根部卷轴上，展开过程中，卷轴在电机作用下原地转动并逐渐释放弹性伸杆，两伸杆末端共同推动末端横梁运动，从而拉动太阳毯运动，最终实现太阳能电池阵系统的完全展开。

图 1.28 Hubble 太空望远镜及其太阳能电池阵[113]

美国 Boeing 公司的 HPSA 是一种高度模块化的体系结构[1]。首先,连接架和多个模块由折叠状态展开成一个细长的刚性管状结构,从而组成展开式太阳能电池阵的刚性结构脊骨;然后,各模块的薄膜太阳毯向两侧展开,如图 1.29 所示。每个展开模块的中心有一个刚性管状主结构,两组双稳态薄壁圆管伸展臂安装在太阳毯的两侧,整翼刚性管状梁展开固定后,通过电机驱动伸展臂实现各模块的薄膜太阳毯展开。

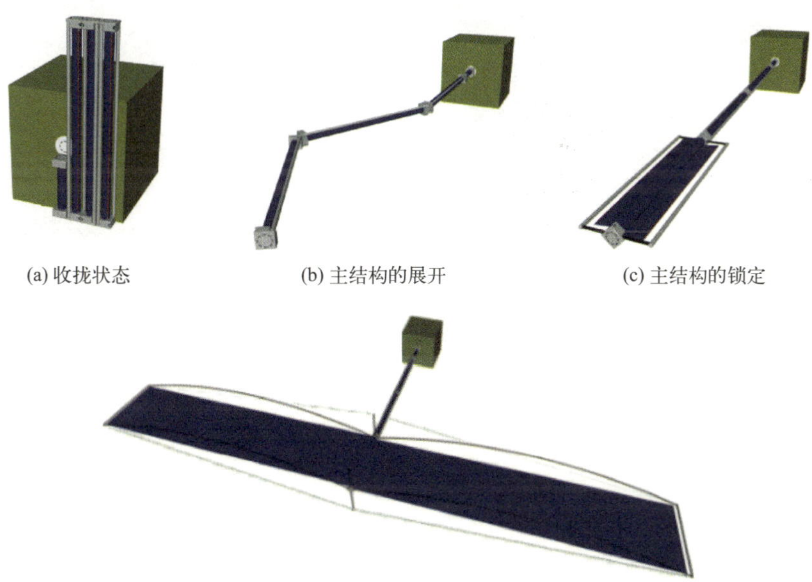

(a) 收拢状态　(b) 主结构的展开　(c) 主结构的锁定

(d) 模块单元的展开

图 1.29 HPSA 在轨展开过程示意图[1]

欧洲航天局提出的 GOSSAMER 太阳帆方案[114]展开过程如图 1.30 所示。该方案的展开方式为端部展开,不同于前述方案中的根部展开过程。4 个端部卷轴在驱动电机控制作用下向外滚动展开,带动薄膜逐渐展平。当端部结构完全展开后，薄膜的四角通过约束机构固定于支撑杆末端，卷轴及电机同时脱离太阳帆，完成展开过程。

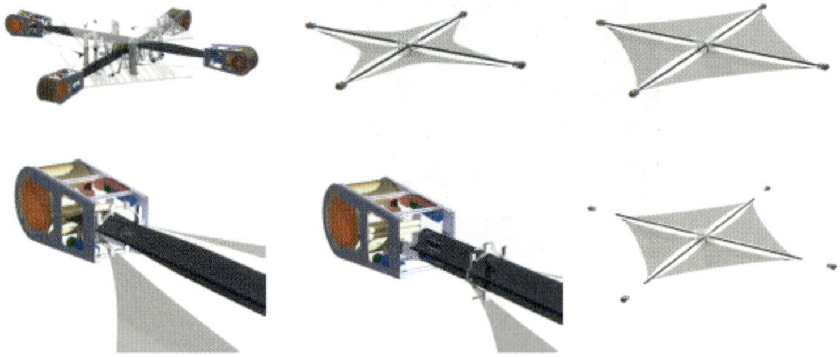

图 1.30 GOSSAMER 太阳帆展开方式[114]

德国 DLR 太阳帆通过卷绕于中心卷轴上的薄壁带簧的弹性力驱动展开[12]。展开过程中，中心卷轴在带簧弹性力的作用下自转，4 根带簧同时向外伸出并带动薄膜展开，如图 1.31 所示。

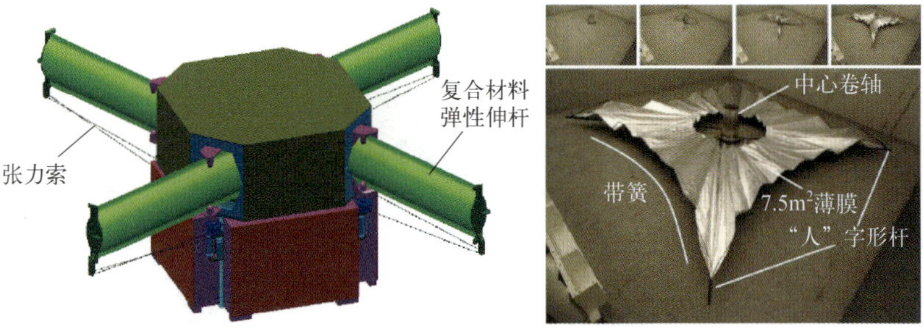

图 1.31 DLR 太阳帆展开原理[12]

国外在薄壁圆管开口式伸展臂、双稳态薄壁伸展臂、双稳态壳结构等领域的研究已较为深入，研究内容包括伸展臂展开过程、展开态的理论分析、有限元仿真分析、试验验证等。Stickinger 等对弹性伸杆在轴压、组合弯矩作用下结构失效的包络图进行了研究。Irwin 等通过四点纯弯试验分析了弹性伸杆纯弯结构响应。Marco Straubel 等在失重条件下对弹性伸杆展开过程进行了试验研究。美国喷气推进实验室(JPL)针对上述结构的稳健性进行了深入研究，认为结构中最为薄弱的环节是结构中刚化支撑受压杆件；分析了卫星运行轨道的温度变化范围及载荷分布形式、压杆变形、屈曲受力情况；分析了载荷对反射面表面精度的影响。Pau Mallol 等建立了弹性伸杆展开过程的动力学方程，分析了展开时长、各时刻展开形态及能量、末端冲击力等指标，并对计算结果进行了试验验证。

充气展开方式也被应用于空间薄膜结构，包括支撑框架的充气展开、薄膜反射面的充气展开、一维充气展开、二维充气展开等方式，但与弹性伸杆展开相比，需要气源、表面固化、密封等辅助设施，增加了机构的质量。

1.4.3 薄膜结构张拉成型技术

薄膜边界连接方式对薄膜成型有显著影响。图 1.32 展示了加拿大国家航天局对采用三角形板与张拉绳索的薄膜边界连接方式和非对称边界构型张拉系统对薄膜天线平面度的影响进行的研究[115]。不同的边界连接方式与边界构型会不同程度地影响薄膜天线的平面度，从而影响天线的电性能，所以薄膜边界张拉连接方式与边界构型对薄膜天线平面度的影响是热点研究内容。

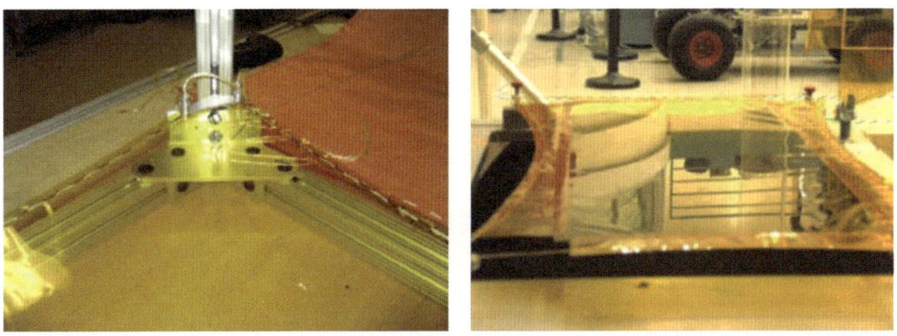

图 1.32 空间薄膜结构张拉边界[115]

薄膜天线的边界需要和刚性较大的结构相连接，保证连接时薄膜张拉应力均匀对于提升薄膜天线的平面度和防止薄膜结构发生结构失效有很大的影响[116,117]。

目前主要的薄膜边界连接方法之一是薄膜边界张拉结构[118]。图 1.33 所示为目前典型的五种张拉结构形式。如图 1.33(a)所示，薄膜边界连接采用了满足剪切相容性边界条件的粘接方法，达到消除边界连接处剪切应力的效果；图 1.33(b)采用了悬链线边界构型，能够从理论上保证薄膜平面应力的均匀性；图 1.33(c)采用了单张紧边界张拉结构，提升了薄膜对被动振动的抑制能力，但未采用悬链线薄膜边界；图 1.33(d)所示的单层索网张拉结构，相较于传统张拉结构而言，其优点是能够有效减小绳索的横截面尺寸和质量以及减小薄膜由绳索的摄动带来的平面度影响；图 1.33(e)所示的双层索网设计，相较于单层索网张拉结构而言，其优点是能够进一步增强被动隔振效果。

抛物线悬链线结构可以保证薄膜张拉的均匀性。出于对连接方式和设计因素的考虑，也有一些学者对张拉系统的形式进行了进一步的改进。例如，反向支撑拱结构弥补了悬链线薄膜边界的小曲率范围内引起的膜与索之间的运动不相容性；薄膜边界的不同几何构型(圆角连接、悬链线构型连接等)对应的连接方法为设计提供了参考。

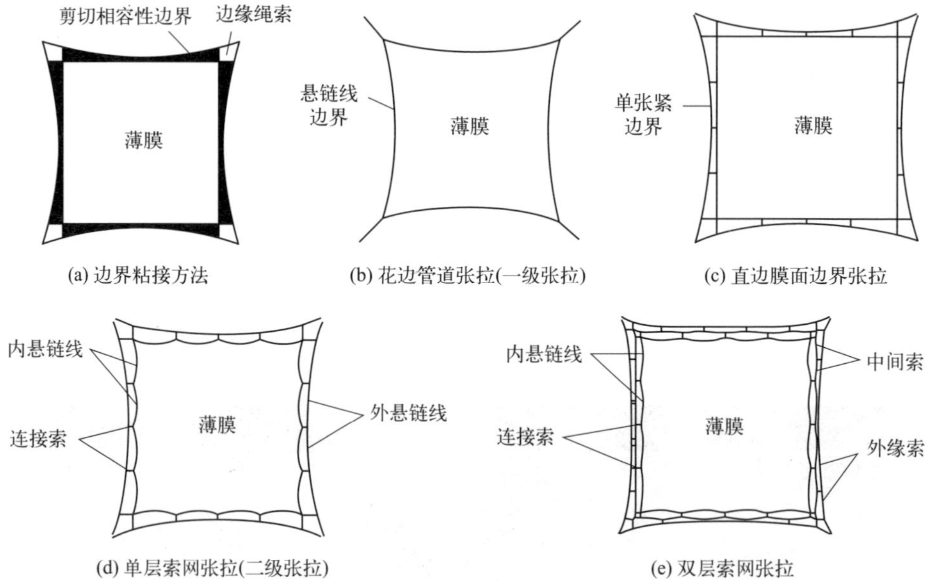

图 1.33 五种典型的张拉结构[118]

1.5 薄膜结构地面测试技术研究现状

薄膜结构等大型可展开结构，在太空环境中应用前，需进行地面动力学验证测试，包含自振频率及振型的辨识、外部扰动下结构动力响应的预测等[119]。由于地面环境与太空环境有很大区别，所以在对薄膜机构进行样机测试时，测试结果可能会与真实情况有较大差别，需要考虑地面上的重力与空气对薄膜结构的动力学特性影响。进行地面测试试验主要采用近似太空装置的测试和动力学等效测试。

Kukathasan 等通过 ABAQUS 软件对直角三角形薄膜进行了扫频分析，得到了真空与大气两种环境中薄膜结构的动力学特性的相关数据，并利用大气试验，与仿真分析结果进行比对，如图 1.34 所示[60]。由于采用的扫频分析方法是基于线性模态分析方法的，因此缺少对薄膜非线性动力学特性的相关研究。

Taleghani 等[111]通过对太阳帆进行模态测试与仿真分析，测试太阳帆的动态特性，采用 ANSYS 的模态分析法进行仿真分析，而模态测试是基于线性振动假设进行的，因此缺少对薄膜非线性动力学特性的相关研究。如图 1.35 所示，试验采用磁激振进行激励，利用激光测振仪收集响应数据，试验环境为真空[120]。Gaspar 等对同样的 10m 级三角形太阳帆进行了不同激励方式下薄膜动力学特性的差异试验，旨在为未来在轨测试提供设计基础。在真空环境中使用了两种不同的激励方式对薄膜进行激励，分别为MFC（宏观纤维复合材料）贴片式与磁激励，并得出不同激励方法得到的动力学特性结果不一致、不同位置激励得到的基频存在差异的结论[121]。

图 1.34 空气对三角薄膜模态的影响试验[60]

图 1.35 三角形太阳帆模态试验与仿真分析[120]

Sleight 等进行了20m级的太阳帆模态测试与仿真分析，使用ABAQUS软件进行线性模态仿真分析，并利用悬挂系统抵消重力影响[122]。他们在真空室中对20m级太阳帆进行动力学特性测试试验，以验证仿真模型的准确性。试验图片与结果如图1.36所示。

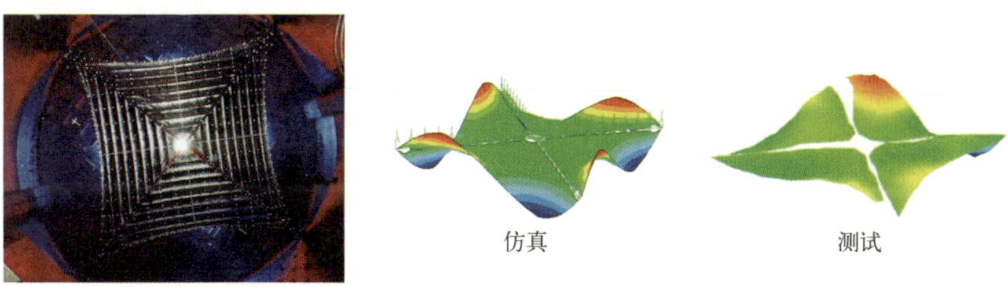

图 1.36 20m 级三角形太阳帆动力学特性试验[122]

Zhang 等提出了用高功率脉冲激光器产生等同于声激励的理想脉冲对薄膜进行激励的方法,并利用试验验证了该方法的可行性[123]。如图 1.37 所示,试验使用脉冲锤击式与脉冲激光器两种形式给予薄膜振动激励,并利用激光测振仪收集响应数据。脉冲激光器测试结果与脉冲锤击式试验所测结果基本一致。锤击式只能激发 100Hz 以下的振型,而激光式没有限制。

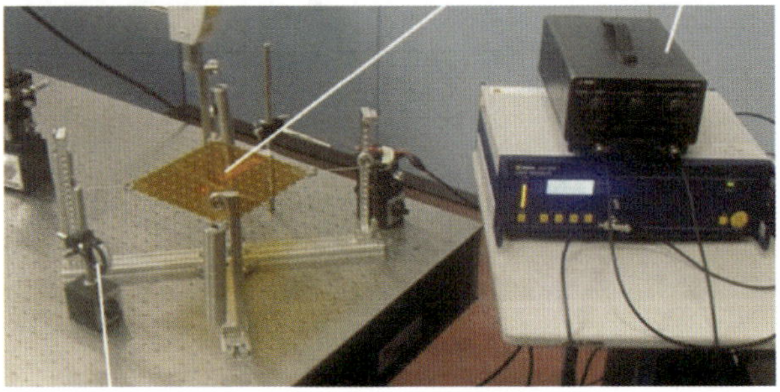

图 1.37 高功率脉冲激光器为激励源的薄膜动力学特性试验[123]

Gaspar 等利用两种压电贴片——MFC(宏观纤维复合材料)与 PVDF(聚偏二氟乙烯)对 1m^2 的预张紧 Kapton 薄膜进行了动力学测试,如图 1.38 所示[124]。结果表明,PVDF 和 MFC 压电贴片致动器可提供足够的激发能量,以获得模态频率和模态形状,但难以获得良好的振型,并且试验得到的振型依赖于激励位置的选择。

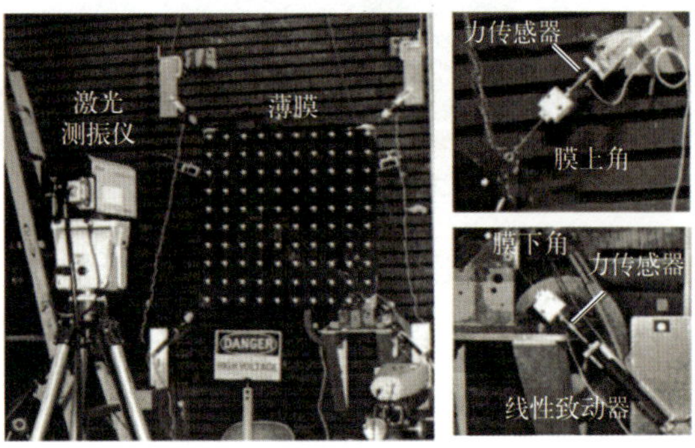

图 1.38 PVDF 和 MFC 为激励源的薄膜动力学特性试验[124]

Fang 等使用双变量参数建立大面积空间可展开薄膜天线的有限元模型,以此确定了不同张紧力产生的刚度情况[84],并结合试验验证了该方法的准确性。如图 1.39 所示为采用声激励、激光测振仪对薄膜进行动态特性测试,试验环境为大气环境。

Kukathasan 等针对存在褶皱的薄膜结构的非线性振动进行了相应的研究,对如图 1.40 所示的高度褶皱的薄膜结构进行了仿真建模与动力学测试,结果表明,具有褶皱的薄膜结构存在明显的非线性现象，且褶皱幅度越大，产生的阻尼系数越大[74]。

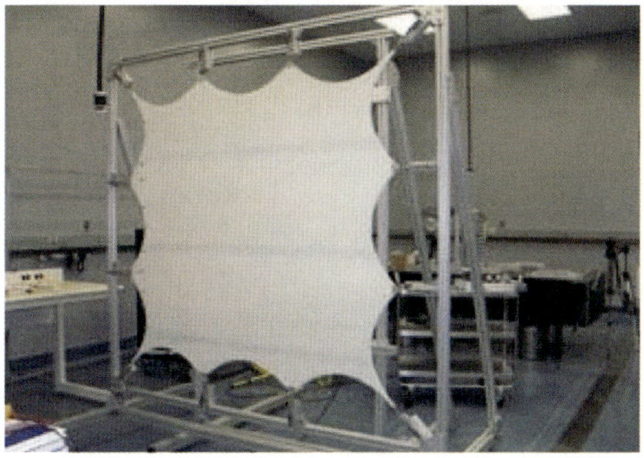

图 1.39 平面薄膜天线动态测试[84]

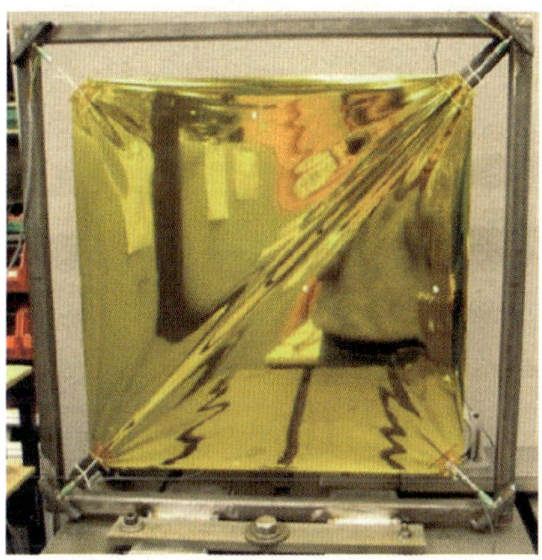

图 1.40 有褶皱的薄膜动力学特性试验[74]

邱慧等通过建模并采用 ABAQUS 进行仿真分析，对加索薄膜结构振动特性进行了研究，且在大气环境中开展了振动试验。测试中采用激振器对薄膜某一点施加激振，测量采用激光测振仪[125]，如图 1.41 所示。对薄膜在大气环境中进行振动测试，所测得的结果与仿真分析结果的误差范围为 5%～10%。

胡宇等通过建模和仿真，分析了索膜结构、框结构、整体结构的基频信息，并对小尺寸薄膜进行了试验验证。采用不同重量砝码提供不同预紧力，采用声波激振，利用激光测振仪收集振动数据，并与同尺寸的有限元模型分析结果进行了对比。对于试验模型，仿真得到的一阶基频为 14.69Hz，而试验测得的一阶基频为 3.38Hz，这是因为未考虑空气影响致使误差较大[126]。框-索-膜结构与薄膜动力学特性试验如图 1.42 所示。

图 1.41 加索薄膜结构振动特性仿真试验[125]

图 1.42 框-索-膜结构与薄膜动力学特性试验[126]

美国 Ball Aerospace & Technologies 公司研制的薄膜材料在测试时，使用了近似空间环境的物理设备，如图 1.43 所示[127]，包含了真空、高温及各类辐射环境。该公司于 2014 年提出薄膜光学成像仪的实时开发(MOIRE)结构，其地面测试设置在隔振的地板上，温差波动±0.5℃，湿度波动±1.57%RH，如图 1.44 所示[128]，以此来测试薄膜光学成像仪的精度。

在动力学测试技术方面，大尺寸薄膜结构受重力和空气阻尼影响明显，难以准确测量其在微重力、真空环境中的动力学特性。NASA 曾利用其设在 Glenn 研究中心(GRC)的 30m 直径热真空罐对 ATK 和 LGarde 公司研制的边长 20m 的太阳帆进行展开和振动测试[129]，对 ATK 和 DSS 公司研制的 MegaFlex 和 ROSA 太阳能电池翼进行了展开测试[130,131]。它不仅为真空环境中的薄膜结构动力学研究创造了条件，还提升了产品的技术成熟度。

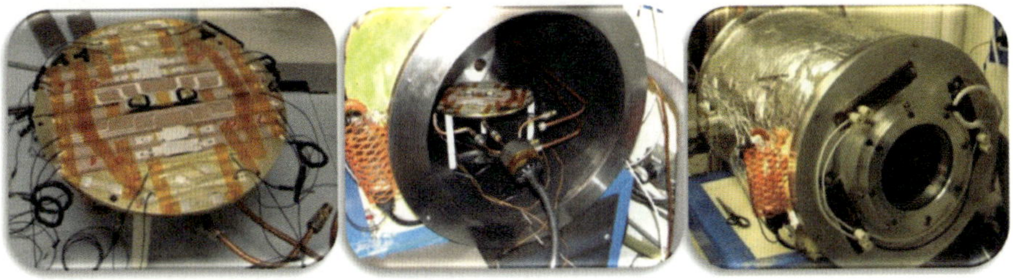

图 1.43 薄膜材料的空间环境测试[127]

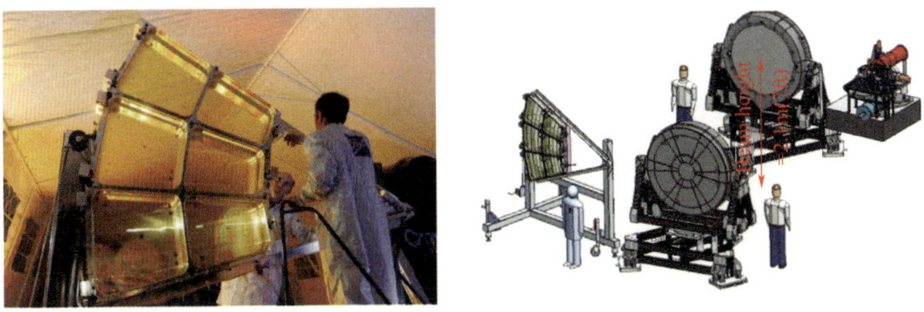

图 1.44 MOIRE 地面测试系统[128]

参 考 文 献

[1] Stribling R. Boeing high power thin film solar array[C]//4th International Energy Conversion Engineering Conference and Exhibit (IECEC). 2013. DOI:10. 2514/6. 2006-4013.

[2] Hoang B, White S, Spence B, et al. Commercialization of deployable space systems' roll-out solar array (ROSA) technology for space systems loral (SSL) solar arrays[C]//2016 IEEE Aerospace Conference, F, 2016.

[3] Talley C, Clayton W, Gierow P, et al. Advanced membrane materials for improved solar sail capabilities[C]//43rd AIAA/ASME/ASCE/AHS/ASC Structures, Structural Dynamics, and Materials Conference, F, 2002.

[4] Trautt T, White S. ST8 ultraflex-175 solar array-deployed dynamics analytical modeling and comparison to validation criteria[C]//48th AIAA Aerospace Sciences Meeting Including the New Horizons Forum and Aerospace Exposition, F, 2010.

[5] Mankins J C. SPS-ALPHA: The first practical solar power satellite via arbitrarily large phased array (a 2011-2012 NASA NIAC phase 1 project) [C]. Artemis Innovation Management Solutions LLC, Santa Maria, CA. 2012:17.

[6] Dell'elce L, Kerschen G. Probabilistic assessment of lifetime of low-earth-orbit spacecraft: Uncertainty propagation and sensitivity analysis [J]. Journal of Guidance, Control, Dynamics, 2015, 38(5): 886-899.

[7] Johnson L, Whorton M, Heaton A, et al. NanoSail-D: A solar sail demonstration mission [J]. Acta Astronautica. 2011, 68(5/6): 571. D01: 10. 1016/j. actaastro. 2010. 02. 008.

[8] Banik J A, Murphey T, Dumm H-P. Synchronous deployed solar sail concept demonstration [C]//49th AIAA/ASME/ASCE/AHS/ASC Structures, Structural Dynamics, and Materials Conference, 16th AIAA/ASME/AHS Adaptive Structures Conference, 10th AIAA Non-Deterministic Approaches Conference, 9th AIAA Gossamer Spacecraft Forum, 4th AIAA Multidisciplinary Design Optimization Specialists Conference, F, 2008.

[9] Murphy D M, Murphey T W, Gierow P A. Scalable solar-sail subsystem design concept [J]. Journal of Spacecraft and Rockets, 2003, 40(4): 539-547.

[10] Fang H , Quijano U , Knarr K , et al. Experimental and analytical studies of a large in-space deployable dual-band membrane reflectarray antenna [J]. The Interplanetary Network Progress Report, 2007, 42-169: 1-15.

[11] Moussessian A , Del Castillo L , Huang J , et al. An active membrane phased array radar [C]//Microwave Symposium Digest, 2005 IEEE MTT-S International. IEEE, 2005. DOI: 10. 1109/MWSYM. 2005. 1517047.

[12] Leipold M, Widani C, Groepper P, et al. The European solar sail deployment demonstration mission[C]//57th International Astronautical Congress, F, 2006.

[13] Chodimella S, Moore J, Otto J, et al. Design evaluation of a large aperture deployable antenna [C]//47th AIAA/ASME/ASCE/AHS/ASC Structures, Structural Dynamics, and Materials Conference, 14th AIAA/ASME/AHS Adaptive Structures Conference 7th, F, 2006.

[14] Berger K T , Horta L G , Taleghani B K . Static testing of an inflatable/rigidizable hexapod structure[J]. 2019. DOI: 10. 2514/6. 2004-1801.

[15] Nella J, Atcheson P D, Atkinson C B, et al. James Webb Space Telescope (JWST) observatory architecture and performance [C] // Optical, Infrared, and Millimeter Space Telescopes, F, 2004.

[16] Webb D , Hirsch B , Bach V , et al. Starshade mechanical architecture & technology effort [C]//Aiaa Spacecraft Structures Conference. 2015. DOI: 10. 2514/6. 2016-2165.

[17] Robinson D W, et al. Mechanical over view of the international X-ray observatory [C]// 2009 IEEE Aerospace Conference, Big Sky, USA, March 7-14, 2009.

[18] Wilson L, Pellegrino S, Danner R. Origami sunshield concepts for space telescopes [C]// 54th AIAA/ASME/ASCE/AHS/ASC Structures, Structural Dynamics, and Materials Conference, Boston, USA, 2013.

[19] Fang H, et al. Development of the terrestrial planet finder coronagraph membrane V-groove sunshield [C] // 45th AIAA/ASME/ASCE/AHS/ASC Structures, Structural

Dynamics, and Materials Conference, Palm Springs, USA, 2004.

[20] Kasdin N J. THEIA: Telescope for habitable exoplanets and interstellar/intergalactic astronomy[C]//214th American Astronomical Society Meeting, Pasadena, USA, 2009.

[21] Kasdin N J, Cady E J, Dumont P J, et al. Occulter design for THEIA[C]//Techniques and Instrumentation for Detection of Exoplanets Ⅳ, San Diego, USA, 2009.

[22] Luo Y, Xing J, Niu Y, et al. Wrinkle-free design of thin membrane structures using stress-based topology optimization [J]. Journal of the Mechanics and Physics of Solids, 2017, 102: 277-293.

[23] Wagner H. Flat sheet metal girders with very thin metal web [J]. Zeitschrift Flugtechnik and Motorluftschiffahrt, 1929, 20: 200-314.

[24] Mansfield E H. Load transfer via a wrinkled membrane [J]. Proceedings of the Royal Society A: Mathematical, Physical and Engineering Sciences, 1970, 316(1525): 269-289.

[25] Pipkin A C. The relaxed energy density for isotropic elastic membranes [J]. IMA Journal of Applied Mathematics, 1986, 36(1): 85-99.

[26] Steigmann J D. Tension-field theory [J]. Proceedings of the Royal Society A: Mathematical, Physical and Engineering Sciences, 1990, 429(1876): 141-173.

[27] Haseganu E, Steigmann J D. Analysis of partly wrinkled membranes by the method of dynamic relaxation [J]. Computational Mechanics, 2004, 14(6): 596-614.

[28] Akita T, Natori M. Sensitivity analysis method for membrane wrinkling based on the tension-field theory [J]. AIAA Journal, 2008, 46(6): 1516-1527.

[29] Iwasa T. Approximate estimation of wrinkle wavelength and maximum amplitude using a tension-field solution [J]. International Journal of Solids and Structures, 2017, 121: 201-211.

[30] Cerda E, Mahadevan L. Geometry and physics of wrinkling [J]. Physical Review Letters, 2003, 90(7): 074302.

[31] Friesecke G, James R D, Müller S. A hierarchy of plate models derived from nonlinear elasticity by gamma-convergence [J]. Archive for Rational Mechanics and Analysis, 2006, 180: 183-236.

[32] Wong W P, Pellegrino S. Wrinkled membranes Ⅱ: Analytical models [J]. Journal of Mechanics of Materials and Structures, 2006, 1(1): 27-61.

[33] Puntel E, Deseri L, Fried E. Wrinkling of a stretched thin sheet [J]. Journal of Elasticity, 2011, 105: 137-170.

[34] Healey T J, Li Q, Cheng R B. Wrinkling behavior of highly stretched rectangular elastic films via parametric global bifurcation [J]. Journal of Nonlinear Science, 2013, 23(5): 777-805.

[35] Li Q, Healey T J. Stability boundaries for wrinkling in highly stretched elastic sheets [J]. Journal of the Mechanics and Physics of Solids, 2016, 97: 260-274.

[36] Liu F, Xu F, Fu C. Orientable wrinkles in stretched orthotropic films [J]. Extreme Mechanics Letters, 2019, 33: 100579.

[37] Fu C, Wang T, Xu F, et al. A modeling and resolution framework for wrinkling in hyperelastic sheets at finite membrane strain [J]. Journal of the Mechanics and Physics of Solids, 2019, 124: 446-470.

[38] Huang Q, Kuang Z, Hu H, et al. Multiscale analysis of membrane instability by using the Arlequin method [J]. International Journal of Solids and Structures, 2019, 162: 60-75.

[39] Koiter W T. On the nonlinear theory of thin elastic shells [J]. Proc. Koninkl. Ned. Akad van Wetenschappen, Series B, 1966, 69: 1-54.

[40] Steigmann D J. A well-posed finite-strain model for thin elastic sheets with bending stiffness [J]. Mathematics and Mechanics of Solids: MMS, 2013, 18(1): 103-112.

[41] Taylor M, Bertoldi K, Steigmann D J. Spatial resolution of wrinkle patterns in thin elastic sheets at finite strain [J]. Journal of the Mechanics and Physics of Solids, 2014, 62: 163-180.

[42] Wang T, Fu C, Xu F, et al. On the wrinkling and restabilization of highly stretched sheets [J]. International Journal of Engineering Science, 2019, 136: 1-16.

[43] Ciarlet P G, Piersanti P. A confinement problem for a linearly elastic Koiter′s shell [J]. Comptes Rendus Mathematique, 2019, 357(2): 221-230.

[44] Ding H, Yang B, Lou M, et al. New numerical method for two-dimensional partially wrinkled membranes [J]. AIAA Journal, 2003, 41(1): 125-132.

[45] Jacques N, Potier-Ferry M. On mode localisation in tensile plate buckling [J]. Comptes Rendus Mecanique, 2005, 333(11): 804-809.

[46] Dadgar-Rad F, Imani A. Theory of gradient-elastic membranes and its application in the wrinkling analysis of stretched thin sheets [J]. Journal of the Mechanics Physics of Solids, 2019, 132: 103679.

[47] Huang Q, Yang J, Huang W, et al. The boundary effects on stretch-induced membrane wrinkling [J]. Thin-Walled Structures, 2020, 154: 106838.

[48] Lee E-S, Youn S-K. Finite element analysis of wrinkling membrane structures with large deformations [J]. Finite Elements in Analysis Design, 2006, 42(8-9): 780-791.

[49] Wong W, Pellegrino S. Wrinkled membranes Ⅲ: Num erical sim ulations [J]. Journal of Mechanics of Materials Structures, 2006, 1(1): 63-95.

[50] 李刚. 空间可展天线结构的设计分析与索膜结构分析 [D]. 杭州:浙江大学, 2004.

[51] Nayyar V, Ravi-Chandar K, Huang R. Stretch-induced stress patterns and wrinkles in hyperelastic thin sheets [J]. International Journal of Solids and Structures, 2011, 48(25-26): 3471-3483.

[52] Gorman D J, Singhal R K, Graham W B, et al. Investigation of the stress distributions in corner tensioned rectangular membranes [J]. AIAA Journal, 1993, 31(12): 2361-2366.

[53] Gorman D J, Singhal R K. A superposition-Rayleigh-Ritz method for free vibration analysis of non-uniformly tensioned membranes [J]. Journal of Sound Vibration, 1993, 162(3): 489-501.

[54] Silvestre N. Wrinkling of stretched thin sheets: Is restrained Poisson's effect the sole cause? [J]. Engineering Structures, 2016, 106: 195-208.

[55] Martins A, Silvestre N, Bebiano R. A new modal theory for wrinkling analysis of stretched membranes [J]. International Journal of Mechanical Sciences, 2020, 175: 105519.

[56] Young L, Ramanathan S, Hu J, et al. Numerical and experimental dynamic characteristics of thin-film membranes [J]. International Journal of Solids and Structures, 2005, 42(9-10): 3001-3025.

[57] Liu X, Cai G, Peng F, et al. Dynamic model and active vibration control of a membrane antenna structure [J]. Journal of Vibration Control: JVC, 2018, 24(18): 4282-4296.

[58] Liu X, Cai G, Peng F, et al. Nonlinear vibration control of a membrane antenna structure [J]. Proceedings of the Institution of Mechanical Engineers, Part G: Journal of Aerospace Engineering, 2019, 233(9): 3273-3285.

[59] Li D, Zheng Z, Liu C, et al. Dynamic response of rectangular prestressed membrane subjected to uniform impact load [J]. Archives of Civil and Mechanical Engineering, 2017, 17(3): 586-598.

[60] Kukathasan S, Pellegrino S. Vibration of prestressed membrane structures in air [C]//43rd AIAA/ASME/ASCE/AHS/ASC Structures, Structural Dynamics, and Materials Conference, F, 2002.

[61] Liu X, Zhang H, Lv L, et al. Vibration control of a membrane antenna structure using cable actuators [J]. Journal of the Franklin Institute, 2018, 355(5): 2424-2435.

[62] Liu X, Zhang H, Lv L, et al. Wave based active vibration control of a membrane antenna structure [J]. Meccanica, 2018, 53(11-12): 2793-2805.

[63] Kang S, Lee J W, Kang Y. Vibration analysis of arbitrarily shaped membraned using non-dimensional dynamic influence function [J]. Journal of Sound Vibration, 1999, 221(1): 117-132.

[64] Kang S, Lee J M. Application of free vibration analysis of membranes using the non-dimensional dynamic influence function [J]. Journal of Sound Vibration, 2000, 234(3): 455-470.

[65] Kang S, Lee J M. Free vibration analysis of arbitrarily shaped plates with clamped edges using wave-type functions [J]. Journal of Sound Vibration, 2001, 242(1): 9-26.

[66] Miyazaki Y, Iwai Y. Dynamics model of solar sail membrane[C]//14th Workshop on Astrodynamics and Flight Mechanics, F, 2004.

[67] Shirasawa Y, Mori O, Miyazaki Y, et al. Analysis of membrane dynamics using multi-particle model for solar sail demonstrator "IKAROS" [C]// 52nd AIAA/ASME/ASCE/AHS/ASC Structures, Structural Dynamics, and Materials Conference 19th AIAA/

ASME/AHS Adaptive Structures Conference 13th,F,2011.

[68] 赵将,刘铖,田强,等. 黏弹性薄膜太阳帆自旋展开动力学分析 [J]. 力学学报,2013,45(05):746-754.

[69] Yang S,Sultan C. Modeling of tensegrity-membrane systems [J]. International Journal of Solids and Structures,2016,82:125-143.

[70] Teixeira L,Izuka J,Gonzalez P,et al. A numerical analysis of the dynamics of a tensegrity-membrane structure [C]//31st Congress of the International Council of the Aeronautical Science F,2018.

[71] 邵琦,陆一凡,史创,等. 空间薄膜结构刚柔耦合非线性动力学分析 [J]. 中国空间科学技术,2022,42(01):47-56.

[72] Gardsback M, Tibert G, Izzo D. Design considerations and deployment simulations of spinning space webs [C]//48th AIAA/ASME/ASCE/AHS/ASC Structures, Structural Dynamics, and Materials Conference, F, 2007.

[73] Gardsback M, Tibert G. Optimal deployment control of spinning space webs and membranes [J]. Journal of Guidance, and Control, and Dynamics, 2009, 32(5): 1519-1530.

[74] Kukathasan S, Pellegrino S. Nonlinear vibration of wrinkled membranes[C]//44th AIAA/ASME/ASCE/AHS/ASC Structures, Structural Dynamics, and Materials Conference, F, 2003.

[75] 石广丰,金光,齐迎春. 空间薄膜反射镜圆薄膜模态分析 [J]. 长春理工大学学报(自然科学版),2010,33(01):60-62.

[76] Lesieutre G A. How membrane loads influence the modal damping of flexural structures [J]. AIAA Journal, 2009, 47(7): 1784-1787.

[77] Chakravarty U K, Albertani R. Modal analysis of a flexible membrane wing of micro air vehicles [J]. Journal of Aircraft, 2011, 48(6): 1960-1967.

[78] Goncalves P B, Soares R M, Pamplona D. Nonlinear vibrations of a radially stretched circular hyperelastic membrane [J]. Journal of Sound and Vibration, 2009, 327(1-2): 231-248.

[79] Jenkins C H, Korde U A. Membrane vibration experiments: An historical review and recent results [J]. Journal of Sound and Vibration, 2006, 295(3-5): 602-613.

[80] Wang C, Xie J, Tan H. The modal analysis and modal behavior investigations on the wrinkled membrane inflated beam [J]. Acta Astronautica, 2012, 81(2): 660-666.

[81] 林文静,陈树辉. 平面薄膜自由振动的有限元分析[J]. 动力学与控制学报,2010,8(3):202-206.

[82] 张永杰,赵威,王喆,等. 基于量纲分析的充气薄膜结构动态特性分析[J]. 强度与环境,2016,43(1):35-40.

[83] 肖薇薇,陈务军,付功义. 空间薄膜阵面预应力导入效应及影响因素[J]. 宇航学报,2010,31(3):845-849.

[84] Fang H, Yang B, Ding H, et al. Dynamic analysis of large in-space deployable membrane antennas [C]//13th International Congress on Sound and Vibration, January 1, 2006.

[85] Li D, Zheng Z, Todd M D. Nonlinear vibration of orthotropic rectangular membrane structures including modal coupling [J]. Journal of Applied Mechanics, 2018, 85(6): 61004.

[86] Tatematsu Y, Suzuki T, Yamazaki M, et al. Verification of the similarity rules for spin deployment membrane in the ground experiment[C]//4th AIAA Spacecraft Structures Conference, F, 2017 .

[87] Brew J S, Lewis W J. Computational form-finding of tension membrane structures-non-finite element approaches: Part 1. Use of cubic splines in finding minimal surface membranes [J]. International Journal for Numerical Methods in Engineering, 2003, 56(5): 651-668.

[88] Brew J S, Lewis W J. Free hanging membrane model for shell structures [J]. International Journal for Numerical Methods in Engineering, 2007, 71(13): 1513-1533.

[89] Noguchi H, Kawashima T. Meshfree analyses of cable-reinforced membrane structures by ALE - EFG method [J]. Engineering Analysis with Boundary Elements, 2004, 28(5): 443-451.

[90] 刘英贤．应用无网格法分析膜结构找形问题的初步研究 [D]. 昆明:昆明理工大学, 2006.

[91] Reese S, Raible T, Wriggers P. Finite element modelling of orthotropic material behaviour in pneumatic membranes [J]. International Journal of Solids and Structures, 2001, 38(52): 9525-9544.

[92] Gonçalves F R, Campello E M. Orthotropic material models for the nonlinear analysis of structural membranes [J]. Journal of the Brazilian Society of Mechanical Sciences Engineering, 2014, 36: 887-899.

[93] Johnston J. Finite element analysis of wrinkled membrane structures for sunshield applications [C]//43rd AIAA/ASME/ASCE/AHS/ASC Structures, Structural Dynamics, and Materials Conference, F, 2002.

[94] Pimprikar N A, Banerjee B, Roy D, et al. New computational approaches for wrinkled and slack membranes [J]. International Journal of Solids and Structures, 2010, 47(18-19): 2476-2486.

[95] Wang C, Du X, Tan H, et al. A new computational method for wrinkling analysis of gossamer space structures [J]. International Journal of Solids and Structures, 2009, 46(6): 1516-1526.

[96] 郑志刚．空间薄膜结构自由振动非线性效应研究 [D]. 哈尔滨:哈尔滨工业大学, 2019.

[97] 张华, 刘汉武, 李东颖, 等．大型空间可展薄膜结构动力学仿真分析 [J]. 空间科学学报, 2018, 38(1): 101-108.

[98] Li M, Li Y, Zhang C, et al. Stiffness modulation-driven wrinkle-free membrane [J].

Applications in Engineering Science, 2022, 9: 100087.

[99] Zhang Q, Zhong Y, Wang Z, et al. Analytical model and general calculation procedure for wrinkled membrane parameters [J]. International Journal of Mechanical Sciences, 2022, 221: 107168.

[100] Reissner E. On tension field theory [C]//5th Int. Congr. for Applied Mechanics. Harvard Univ., MIT, 1938, 88-92.

[101] Dai X, Yuan T, Zu Z, et al. Experimental study of wrinkling behavior of membrane structures via visual method [J]. Thin-Walled Structures, 2020, 149: 106537.

[102] 杨超．薄膜结构的有限质点法计算理论与应用研究 [D]. 杭州：浙江大学，2015.

[103] Fang H, Lou M, Hsia L-M, et al. Catenary systems for membrane structures[C]//19th AIAA Applied Aerodynamics Conference, F, 2001.

[104] Sakamoto H. Dynamic wrinkle reduction strategies for membrane structures [D]. University of Colorado at Boulder, 2004.

[105] Greschik G, White C, Salama M. On the precisely uniform and uniaxial tensioning of a film sheet via integrated catenary[C]//44th AIAA/ASME/ASCE/AHS/ASC Structures, Structural Dynamics, and Materials Conference, F, 2003.

[106] Watanabe A, Kubomura K, Senbokuya Y, et al. A study of triaxial woven fabrics for the space inflatable structure[C]//JISSE-7: Seventh Japan International SAMPE Symposium, F, 2001.

[107] Fang H, Lou M, Huang J, et al. Development of a three-meter Ka-band reflectarray antenna [C]//43rd AIAA/ASME/ASCE/AHS/ASC Structures, Structural Dynamics, and Materials Conference, F, 2002.

[108] Turcotte J, Henderson J, Holmes M. Transient mechanical/optical response of a rigidized inflatable solar thermal orbit transfer vehicle[C]//19th AIAA Applied Aerodynamics Conference, F, 2001.

[109] Natori M, Katsumata N, Yamakawa H. Membrane modular space structures and deployment characteristics of their inflatable tube elements[C]//51st AIAA/ASME/ASCE/AHS/ASC Structures, Structural Dynamics, and Materials Conference 18th AIAA/ASME/AHS Adaptive Structures Conference 12th, F, 2010.

[110] Koryo M. Method of packaging and deployment of large membranes in space[J]. The Institute of Space and Astronautical Science Report, 1985, 618: 1-9.

[111] Viquerat A D. Polynomial continuation in the design of deployable structures[J]. University of Cambridge, 2012. DOI: 10.17863/CAM.14012.

[112] Leipold M, Sickinger C, Runge H. Large SAR membrane antennas with lightweight deployable booms[C]//28th ESA Antenna Workshop on Space Antenna Systems and Technologies. DLR, 2005. DOI: doi: Leipold, Manfred und Sickinger, Christoph und Runge, Hartmut.

[113] Francis W H, Davis B L, Lake M S. Robust, highly scalable solar array system [C]//3rd AIAA Spacecraft Structures Conference, F, 2016.

[114] Straubel M, Block J, Sinapius M, et al. Deployable composite booms for various gossamer space structures [C] // 52nd AIAA/ASME/ASCE/AHS/ASC Structures, Structural Dynamics, and Materials Conference 19th AIAA/ASME/AHS Adaptive Structures Conference 13th, F, 2011.

[115] Potvin M J, Montminy S , Brunels, et al. Testing of a deployable SAR membrane antenna mechanical prototype [C] // AIAA/ASME/ASCE/AHS/ASC Structures, Structural Dynamics, & Materials Conference AIAA/ASME/AHS Adaptive Structures Conference 10t. 2013. DOI: 10. 2514/6. 2008-2208.

[116] Sakamoto H, Park K C. Advanced cable boundary layer design in membrane structures for dynamic wrinkle reduction[C]//46th AIAA/ASME/ASCE/AHS/ASC Structures, Structural Dynamics, and Materials Conference, F, 2005.

[117] Sakamoto H, Park K C. Active vibration suppression strategy for a membrane reflector/mirror undergoing slewing maneuvers [C] // 47th AIAA/ASME/ASCE/AHS/ASC Structures, Structural Dynamics, and Materials Conference 14th AIAA/ASME/AHS Adaptive Structures Conference, F, 2006.

[118] Sakamoto H , Park K C , Miyazaki Y . Evaluation of membrane structure designs using boundary web cables for uniform tensioning[J]. Acta Astronautica, 2007, 60(10-11): 846-857. DOI: 10. 1016/j. actaastro. 2006. 10. 008.

[119] 张祎贝，陈务军，谢超，等．大尺度空间薄膜地面振动试验网格膜等效理论分析与数值模拟 [J]. 载人航天，2019，25(4)：419-424.

[120] Taleghani B, Lively P S, Gaspar J L, et al. Dynamic and static shape test/analysis correlation of a 10 meter quadrant solar sail [C] // 46th AIAA/ASME/ASCE/AHS/ASC Structures, Structural Dynamics, and Materials Conference, F, 2005.

[121] Gaspar J, Mann T, Behun V, et al. Development of modal test techniques for validation of a solar sail design [C]//45th AIAA/ASME/ASCE/AHS/ASC Structures, Structural Dynamics and Materials Conference, F, 2004.

[122] Sleight D, Mann T, Lichodziejewski D, et al. Structural analysis and test comparison of a 20-meter inflation-deployed solar sail [C] // 47th AIAA/ASME/ASCE/AHS/ASC Structures, Structural Dynamics, and Materials Conference 14th AIAA/ASME/AHS Adaptive Structures Conference, F, 2006.

[123] Zhang Y, Hiruta T, Kajiwara I, et al. Active vibration suppression of membrane structures and evaluation with a non-contact laser excitation vibration test [J]. Journal of Vibration and Control, 2017, 23(10): 1681-1692.

[124] Gaspar J L, Pappa R S. Membrane vibration tests using surface-bonded piezoelectric patch actuation [M]. National Aeronautics and Space Administration, Langley Research

Center,2003.

[125] 邱慧,李潇,樊俊峰,等. 航天器平面薄膜结构模态分析和试验 [J]. 航天器工程,2017,26(3):43-49.

[126] 胡宇. 空间薄膜阵面预应力及结构特性分析 [D]. 上海:上海交通大学,2012.

[127] Beasley D. Large area membrane apertures for space applications,fabrication and mechanical testing[C]//4th AIAA Spacecraft Structures Conference,F,2017.

[128] Domber J L,Atcheson P D,Kommers J. MOIRE:Ground test bed results for a large membrane telescope[C]//Spacecraft Structures Conference,F,2014.

[129] Young R,Montgomery E,Adams C. TRL assessment of solar sail technology development following the 20-meter system ground demonstrator hardware testing[C]//48th AIAA/ASME/ASCE/AHS/ASC Structures,Structural Dynamics,and Materials Conference,F,2007.

[130] Mercer C R,Kerslake T W,Scheidegger R J,et al. Solar electric propulsion technology development for electric propulsion[C]//Annual Space Power Workshop,F,2015.

[131] Murphy D M,Eskenazi M I,Mceachen M E,et al. Ultraflex and megaflex-advancements in highly scalable solar power[C]//3rd AIAA Spacecraft Structures Conference,F,2016.

第 2 章

张拉式薄膜结构的展开与折叠方法

2.1 概述

空间张拉式可展开薄膜结构一般由薄膜、展开支撑结构、张拉柔索等组成。展开支撑结构通常有弹性伸杆式、套筒式、铰接桁架式等形式，提供展开驱动力，带动薄膜同步展开，展开后为薄膜提供刚性支撑，是薄膜结构系统的核心组成部分，要求具有轻量化、高展开刚度、大展收比等特点；薄膜分为单层薄膜、双层薄膜和多层薄膜，应根据其用途选择不同的结构形式；张拉柔索连接在薄膜和展开支撑结构之间，在展开过程中处于松弛状态，展开后处于绷紧状态，通过预设的张紧力使薄膜张成平面或需要的几何形状，张拉柔索的张紧力、布局、安装位置等影响薄膜结构的型面精度和力学特性。

本章主要介绍薄膜展开支撑结构的结构形式和工作原理，论述平面薄膜、圆柱形薄膜、圆台形薄膜、抛物面形薄膜的折叠方法与折痕参数设计，提出薄膜结构的角点张拉、传统悬线张拉、Miura-ori 张拉和剪切边界张拉等多种张拉方案，并给出张拉设计参数的计算方法。

2.2 张拉式薄膜结构展开方法

目前，张拉式薄膜结构展开驱动机构主要包括弹性伸杆驱动可展开支撑桁架、套筒驱动可展开支撑桁架、串并联铰接式桁架等，本节将对典型的驱动机构进行介绍。

2.2.1 弹性伸杆驱动可展开支撑桁架

弹性伸杆是一种类似于钢卷尺的卷绕-回弹机构(如图 2.1 所示)，其在卷绕过程中储存弹性应变能，释放能量时回弹展开并驱动所带负载。

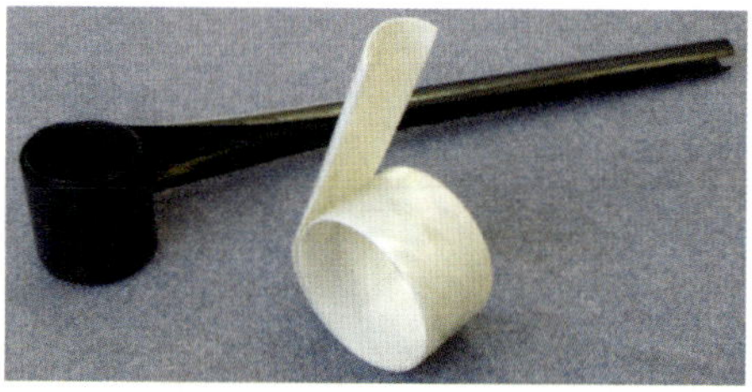

图 2.1 弹性伸杆样件

近些年来，弹性伸杆除了在展开方式上不断革新，在截面形式上也进行着改进，其中较为常用的形式除 Alouette 卫星上采用的薄壁圆管式弹性伸杆（图 2.2）外，通常还有豆荚杆（collapsible tubular mast，CTM）及“人”字形杆（triangular rollable and collapsible，TRAC）两种，这两种伸杆均由两个单片结构相互粘接而成，如图 2.3(a)、(b)所示[1,2]。同时，薄壁圆管式弹性伸杆也进一步发展为开口、闭口两种结构形式，其中闭口式的搭接部分能够在薄膜结构展开后的振动过程中产生阻尼，以改善薄膜结构的振动性能，如图 2.3(c)所示，但其制作工艺相对复杂[3,4]。

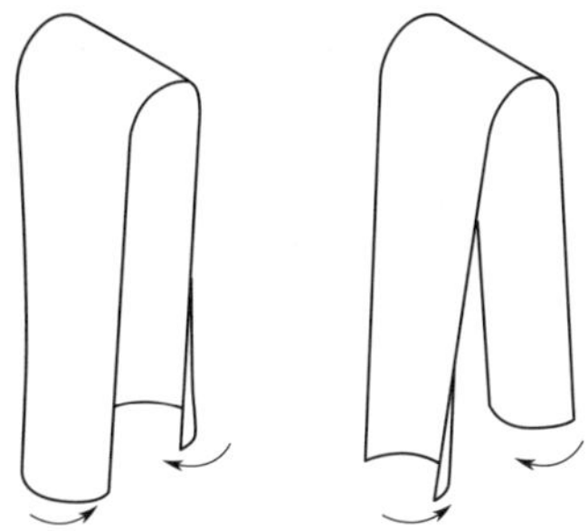

(a) 正向弯曲　　(b) 反向弯曲

图 2.2　薄壁圆管式弹性伸杆正向弯曲与反向弯曲示意图

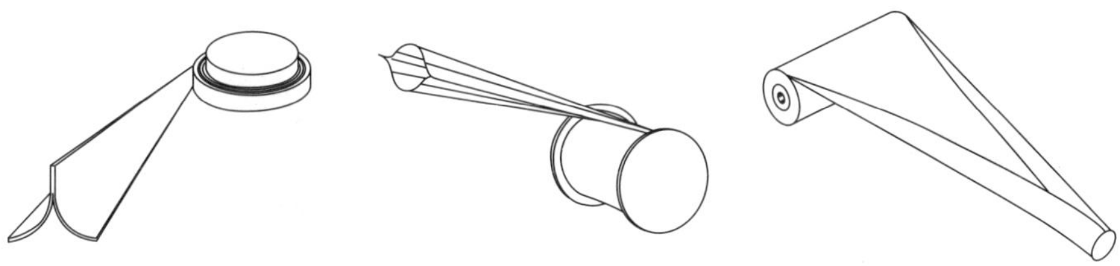

(a)“人”字形杆　　(b) 豆荚杆　　(c) 闭口式薄壁圆管

图 2.3　弹性伸杆典型横截面形式

早期的弹性伸杆杆壁材料主要以金属为主，如钢、铍、铜等。金属弹性伸杆具有制作成本低、韧性好、强度高等优点。随着航天器构件对质量、强度等性能的要求不断提升以及复合材料相关技术的进一步发展，近年来由纤维增强复合材料 FRP(fiber reinforced polymer)制成的弹性伸杆因在刚度、强度等方面具有较高的设计灵活性，为弹性伸杆的应用拓展了广阔的空间。制作弹性伸杆的复合材料目前主要为碳纤维、玻璃纤维与相应基质融合后的层合材料，如图 2.4 所示[5-8]。

随着复合材料引入弹性伸杆的设计当中，双稳态弹性伸杆应运而生[9,10]。一般地，弹性伸杆只有在完全展开状态下才能够稳定，即具有单稳态性质。然而，对于复合材料弹性伸杆，通过合理设计伸杆材料的铺层结构可以使伸杆变为双稳态结构，即在初始展开状态及完全收拢状态下均可自行保持稳定，如图 2.5 所示。另外，某些各向同性材料经过预变形处理后也可以具备双稳态特性，但由于其可靠性较差而极少使用；而且不是所有复合材料弹性伸杆都具有双稳态特性，大部分复合材料伸杆仍是单稳态的。对于双稳态弹性伸杆，当其通过滚动的方式展开时，在移除约束机构的情况下仍然保持顺畅展开，但此时由于没有控速装置的约束（如电机），弹性伸杆在展开末端将遭遇较大冲击，其展开稳定性不易保证；若单稳态弹性伸杆在移除约束机构的情况下自由展开，将发生展开过程混乱无序的失效情况[11,12]。

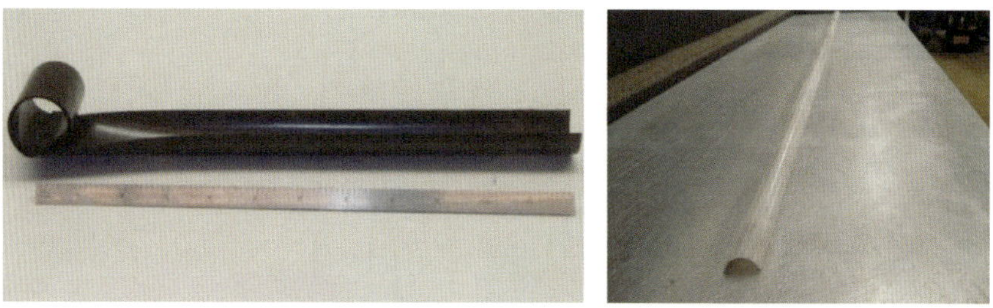

(a) 碳纤维　　(b) 玻璃纤维

图 2.4　由碳纤维及玻璃纤维制成的纤维增强复合材料弹性伸杆

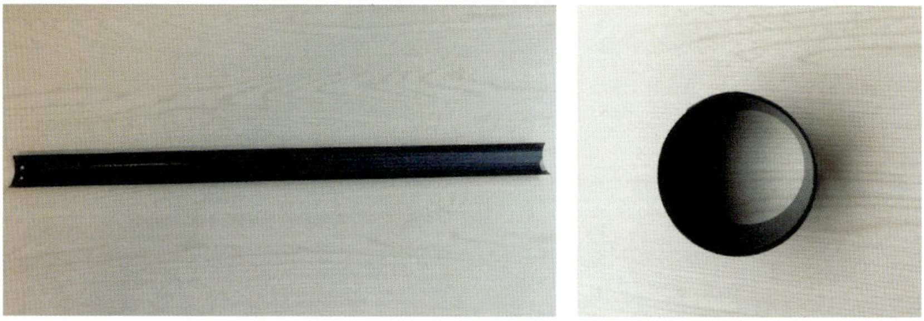

(a) 第一稳态　　(b) 第二稳态

图 2.5　英国萨里大学双稳态弹性伸杆

2.2.2　套筒驱动可展开支撑桁架

近些年，在一些小型柱状遮光罩的展开中，套筒式伸展臂的使用越来越频繁。本小节对驱动体积较小、质量较小的绳索驱动式可重复展收套筒式伸展机构进行介绍。

可重复展收套筒式伸展机构采用绳索驱动，由套筒、导轨、电机、展收驱动机构、顺序锁紧机构等组成，整个机构质量小、系统简单、可靠性高。

整个机构处于收拢状态时，所有内筒收拢于底筒之中，各筒通过导轨定向，顺序锁紧机构固定，底筒固定，内筒可动，各个套筒的上下端均装有滑轮。展收驱动机构原理如图 2.6(a)所示，该装置可为每个内筒提供展开的动力，可实现将所有套筒展开的功能。顺序锁紧机构布置如图 2.7 所示，使用多套该机构可实现套筒在展收状态下的锁紧功能以及展开过程中的顺序展开功能。

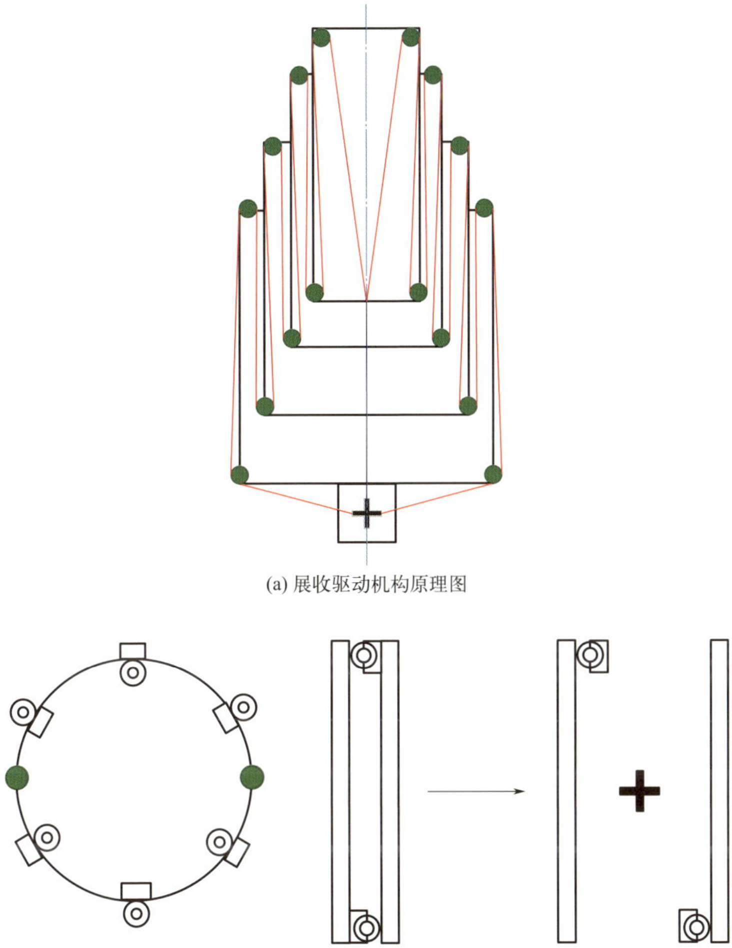

(a) 展收驱动机构原理图

(b) 3组直线导轨和2个驱动滑轮周向布置　　(c) 导轨滚动原理

图 2.6　可重复展收套筒式伸展机构设计方案

为了保证内筒在展开时的直线运动精度，底筒的内表面、内筒的内外表面以及最内筒的外表面同样均匀布置 3 组直线导轨。为了避免削弱法兰的强度，内表面导轨和外表面导轨错位安装，如图 2.6(b)所示。为防止导轨过长造成轨道卡死、摩擦力过大等问题，在轨道的根部安装轴承，通过轴承在轨道上的滚动实现轨道的移动，如图 2.6(c)所示。驱动滑轮需要周向均匀布置 2 个，为避免与导轨发生干扰，与导轨错位安装，如图 2.6(b)所示。

顺序锁紧机构初始状态如图 2.7(a)所示。向上驱动竖杆 l_{21}，内部机构整体向上移动。当内部机构移动到位，如图 2.7(b)所示，通过斜面接触，横杆 l_{13} 受力将向右侧移动，如图 2.7(c)所示。由于斜杆 l_{12} 连接横杆 l_{13} 和竖杆 l_{11}，横杆 l_{13} 右移时，竖杆 l_{11} 将向上移动，如图 2.7(d)所示。相反，向下驱动竖杆 l_{21}，竖杆 l_{21} 与竖杆 l_{11} 上部接触，竖杆 l_{11} 受力向下移动。由于斜杆 l_{12} 连接横杆 l_{13} 和竖杆 l_{11}，竖杆 l_{11} 下移时，横杆 l_{13} 受力将向左侧移动。

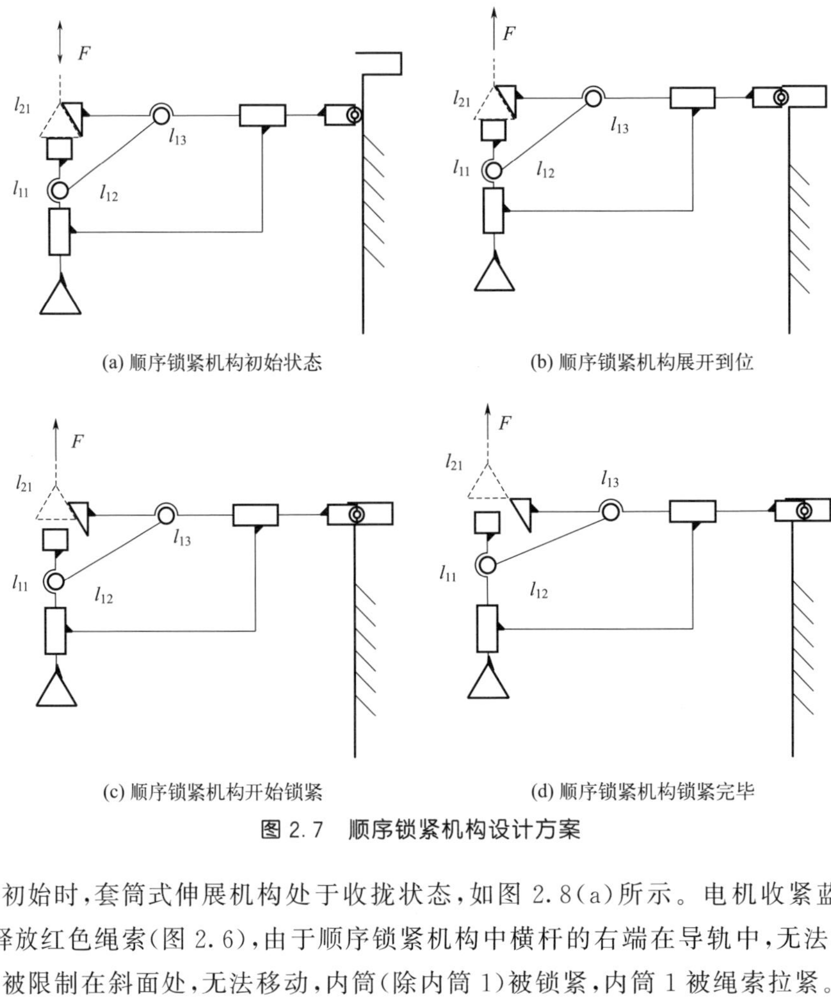

图 2.7 顺序锁紧机构设计方案

初始时，套筒式伸展机构处于收拢状态，如图 2.8(a)所示。电机收紧蓝色绳索，释放红色绳索(图 2.6)，由于顺序锁紧机构中横杆的右端在导轨中，无法右移，竖杆被限制在斜面处，无法移动，内筒(除内筒 1)被锁紧，内筒 1 被绳索拉紧。

(1)展开过程

步骤一：电机收紧红色绳索，释放蓝色绳索，内筒 1 可以移动，其他内筒由于顺序锁紧机构中横杆无法移动依旧被锁紧。内筒 1 带着所有内筒展开。

步骤二：内筒 1 展开到位，内筒 1 下端的顺序锁紧机构中横杆到位，由于受到内筒 2 竖杆的作用力，横杆向右移动，插入底筒的锥形孔中，锁紧内筒 1 和底筒，如

图 2.8(b)所示。此时，内筒 1 的竖杆上移，为防止随机解锁，竖杆都承受向上的弹簧力作用。内筒 1 的横杆右移后，内筒 2 的竖杆获得释放，内筒 2 可以继续展开。

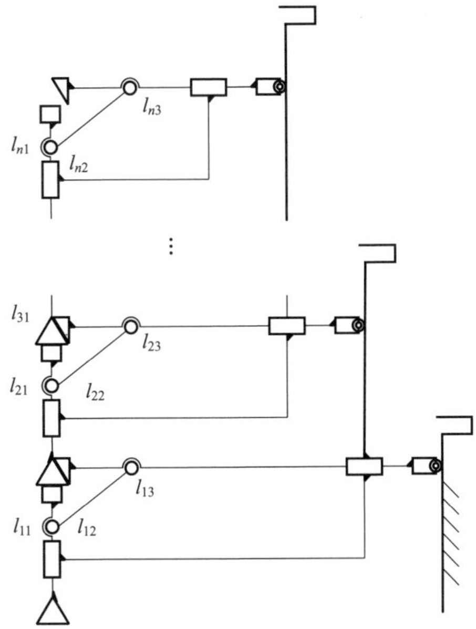

(a) 所有内筒收拢状态

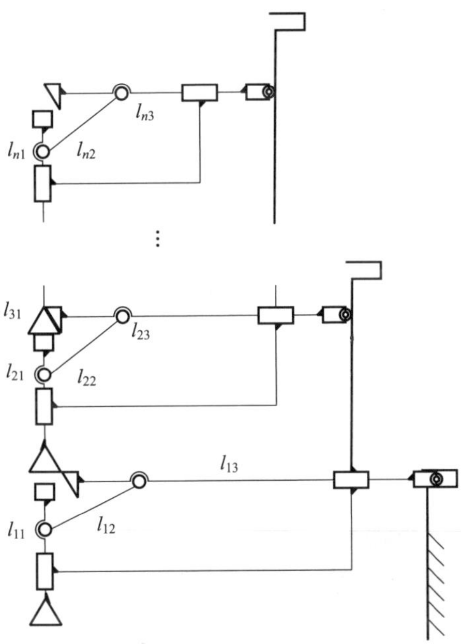

(b) 内筒1展开到位

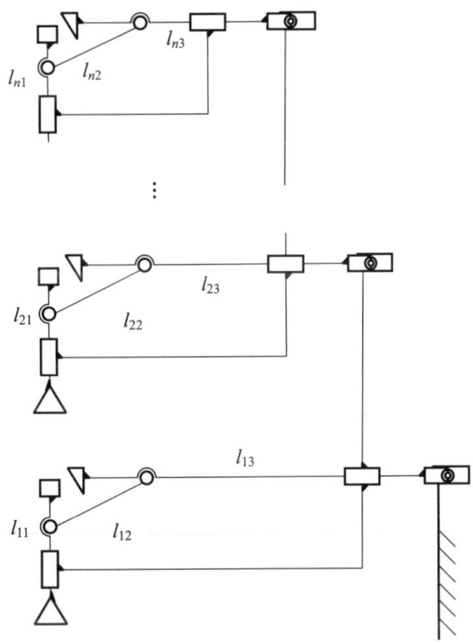

(c) 所有内筒展开到位

图 2.8　套筒式伸展机构展开过程

步骤三：内筒 2 展开到位后，重复步骤二，内筒 2 将和内筒 1 锁紧，内筒 3 可以继续展开。同理，可以依次展开所有内筒，如图 2.8(c)所示。

(2)收拢过程

步骤一：电机收紧蓝色绳索，释放红色绳索，内筒 n(最内筒)的竖杆受拉力下移，横杆左移，内筒 n 和内筒 $n-1$ 解锁，内筒 n 可以收拢。

步骤二：内筒 n 收拢到位，内筒 n 的竖杆向下压紧内筒 $n-1$ 的竖杆，克服弹簧力后，内筒 $n-1$ 的竖杆受拉力下移，横杆左移，内筒 $n-1$ 和内筒 $n-2$ 解锁，内筒 $n-1$ 可以收拢。

步骤三：内筒 $n-1$ 收拢到位，重复步骤二，内筒 $n-2$ 和内筒 $n-3$ 解锁，内筒 $n-2$ 可以收拢。同理，可以依次收拢所有内筒。

根据设计方案，在 CATIA 软件中举例建立套筒式伸展机构的模型，所设计的机构主要包括套筒总成、顺序锁紧机构总成、轴承总成、导轨轮总成、滑轮总成和卷扬机构总成等零部件，其整体三维模型如图 2.9 所示。

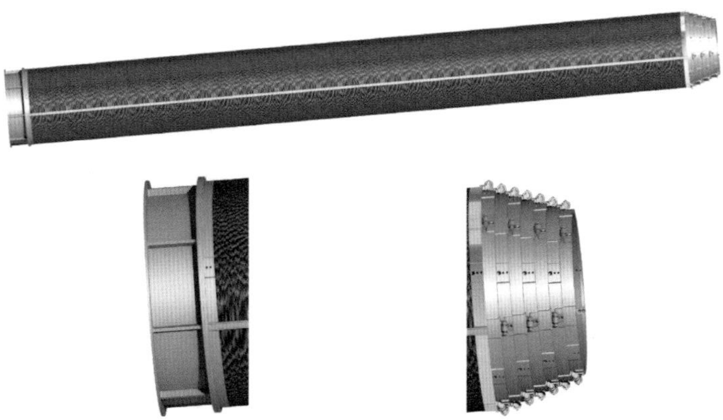

图 2.9 套筒式伸缩机构整体三维模型

底筒是套筒式伸展机构直径最大的筒，其为内筒提供存放及运动空间。其底部法兰内侧通过螺钉与光学系统次镜紧固，外侧通过螺钉与卫星本体连接。底筒装配体主要包括筒体、直线导轨、轴承总成、滑轮总成等零部件。其装配体结构形式如图 2.10 所示。

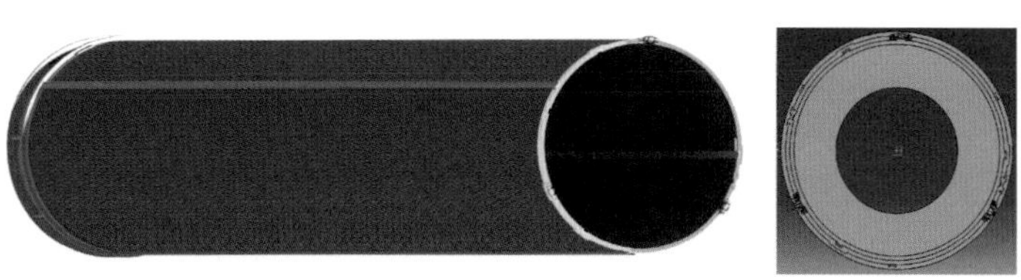

图 2.10 底筒三维模型

内筒一共由 7 个筒组成，每个筒外径减小 13mm，套装组合，相邻两个筒间依靠轴承滑动配合连接，其三维模型如图 2.11 所示，相邻两个内筒展开后依靠锥面配合。

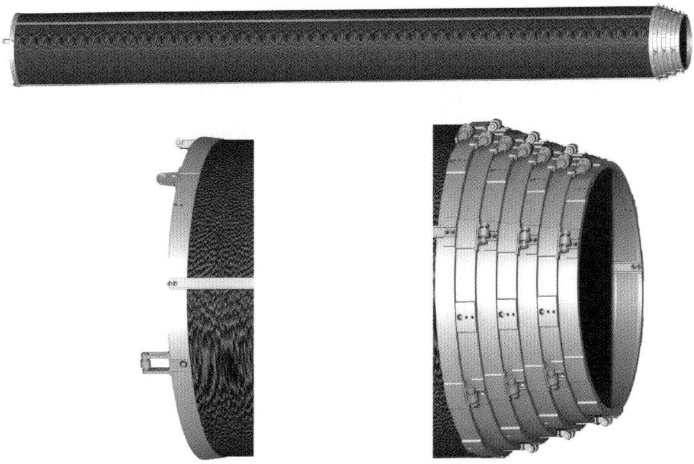

图 2.11　内筒三维模型

顺序锁紧机构由主支撑框架、连动杆、锁定凸轮、锁销等组成，安装在内筒筒臂上，每个内筒上安装的解锁机构为独立单元。其三维模型如图 2.12、图 2.13 所示。

图 2.12　顺序锁紧机构三维模型(一)

图 2.13　顺序锁紧机构三维模型(二)

2.2.3　串并联铰接式桁架

对于展开长度和展开面积较大的张拉式薄膜结构，常用的展开机构为串并联铰接式桁架，根据使用需求，其主要可以分为一维桁架式伸展臂、环形可展开桁架机构、支撑肋式桁架机构，本小节分别对这几种机构进行介绍。

(1)一维桁架式伸展臂

为了满足未来大口径空间光学遥感器主次镜之间高精度支撑的需要，本小节设计了由涡卷弹簧驱动展开、由拉索解锁收拢的新型可重复展收三棱柱伸展臂。图 2.14 为所设计的可重复展收三棱柱伸展臂的侧面示意图，伸展臂主要由横梁、纵杆、连接铰链、偏置铰链、张力索、拉索等构成。伸展臂采用侧面折展的方式；在偏置铰链上装有涡卷弹簧；在上下横梁和偏置铰链之间绕有拉索，拉索一端固定在伸展臂顶端的横梁上，另一端缠绕在由电机驱动的卷筒上。所设计的可重复展收三棱柱伸展臂，通过弹簧驱动展开，由电机带动拉索实现控速展开和解锁收拢，仅需一台电机即可实现伸展臂的重复展收，无需质量庞大的驱动筒，同时可对各连接铰链和驱动铰链进行高精度设计，实现了面向空间光学遥感器的高精度可重复展收三棱柱伸展臂的轻量化设计。

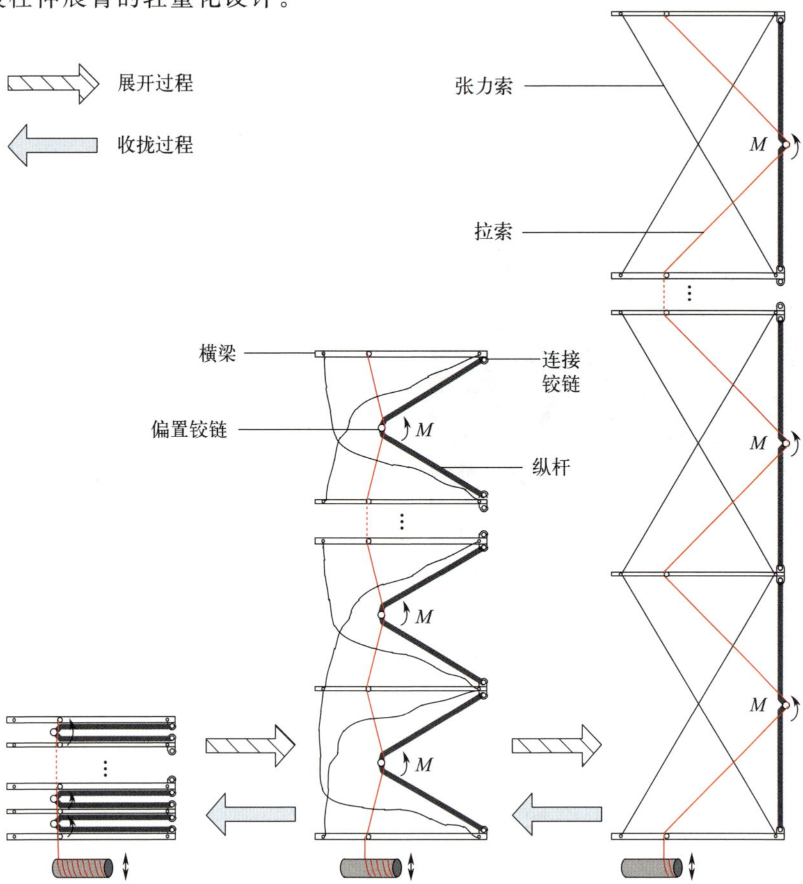

图 2.14 可重复展收三棱柱伸展臂原理示意图

伸展臂单元的重复锁紧及解锁原理如图 2.15 所示。伸展臂单元收拢状态下纵杆平行，但由于偏置铰链的存在，两个连接铰链和偏置铰链之间存在初始夹角 θ_0；伸展臂完全展开状态下，纵杆之间的夹角为 π，但此时连接铰链和偏置铰链之间的夹角为 $\theta_0+\pi$。因此，伸展臂单元展开时，横梁的展开末端首先会达到最高点，然后会有轻微的回落；伸展臂单元收拢时，首先要达到最高点，然后逐渐收拢，如图 2.15(b)所示。

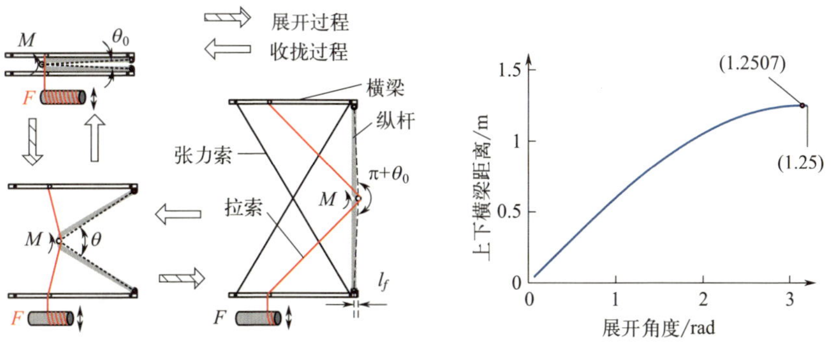

(a) 伸展臂单元展收过程　　(b) 伸展臂单元展收过程横梁距离变化

图 2.15　伸展臂单元锁定及解锁原理图

伸展臂单元展开时，拉索作为控速索首先释放，伸展臂单元在涡卷弹簧驱动转矩 M 的作用下展开，展开末端张力索张紧，伸展臂单元需克服张力索的作用力矩使横梁先达到最高点然后回落，伸展臂在定位机构的作用下展开到位，此时涡卷弹簧的剩余驱动转矩以及张力索的作用力矩作为锁紧力矩使伸展臂单元锁定刚化。

伸展臂单元收拢时，拉索收拢，横梁的展开末端首先要回到最高点，然后收拢，横梁的展开末端在展开位置至回到最高点时，张力索的作用力矩不断增大，此时拉索的作用力矩需克服张力索的作用力矩及涡卷弹簧的转矩，使伸展臂解锁收拢。由于偏置铰链的存在，伸展臂可实现自动锁定及解锁，同时利用最高点可有效保证伸展臂单元锁定的可行性以及避免误解锁，保证了伸展臂重复展收的可靠性。通过上述设计，在不需要驱动筒以及复杂锁定解锁装置的前提下，即可有效保证伸展臂实现重复锁定及解锁的功能，在保证可靠性的同时，减小了伸展臂的质量，降低了伸展臂锁定、解锁的复杂性，实现了可重复展收三棱柱伸展臂的轻量化设计。

伸展臂展开时，电机带动卷筒正转，拉索释放，伸展臂各单元在涡卷弹簧的驱动转矩 M 作用下同步展开，并由拉索控制展开速度；伸展臂展开到位后，张力索张紧，拉索松弛，电机停止转动，此时张力索的张紧力矩和涡卷弹簧的剩余转矩使驱动铰链锁紧，进而使整个伸展臂锁定刚化。

伸展臂收拢时，电机带动卷筒反转，拉索收回，此时拉索的作用力矩克服偏置铰链的锁紧力矩，伸展臂各单元解锁收拢，同样由拉索控制收拢速度；直至伸展臂各单元完全收拢后，拉索的拉力起到压紧的作用，然后电机停止转动，伸展臂完全收拢并压紧。

如图 2.16 所示为空间可重复展收三棱柱伸展臂原理样机的三维模型，整个机构由伸展臂和在底部由电机驱动的绕筒构成。

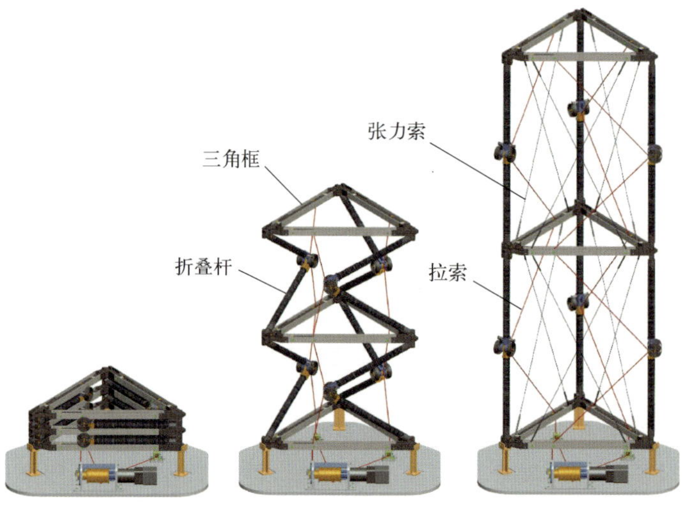

图 2.16　三棱柱伸展臂原理样机

伸展臂的整个工作过程如下：发射时，三棱柱伸展臂处于收拢状态，此时电机不工作，拉索张紧，伸展臂在拉索拉力的作用下处于压紧状态；入轨后，电机工作，绕筒在电机驱动下转动，拉索释放，三棱柱伸展臂各单元在涡卷弹簧的驱动作用下同步展开，并由拉索控制展开速度，展开到位后驱动铰链的偏置量在张力索张紧力的作用下产生锁紧力矩，同时在涡卷弹簧的剩余转矩的联合作用下使整个伸展臂锁定刚化，电机停止工作，拉索处于松弛状态，整个伸展臂完全展开；三棱柱伸展臂收拢时，电机反转，伸展臂在拉索拉力的作用下越过最高点，克服由张力索的作用力矩及涡卷弹簧的剩余转矩联合组成的锁紧力矩完成解锁，并在拉索拉力的作用下逐渐收拢并压紧，然后电机停止工作，整个伸展臂处于收拢压紧状态。

(2)环形可展开桁架机构

目前，环形桁架是大口径可展开机构的理想构型形式。环形可展开桁架机构的基本单元如图 2.17 所示。

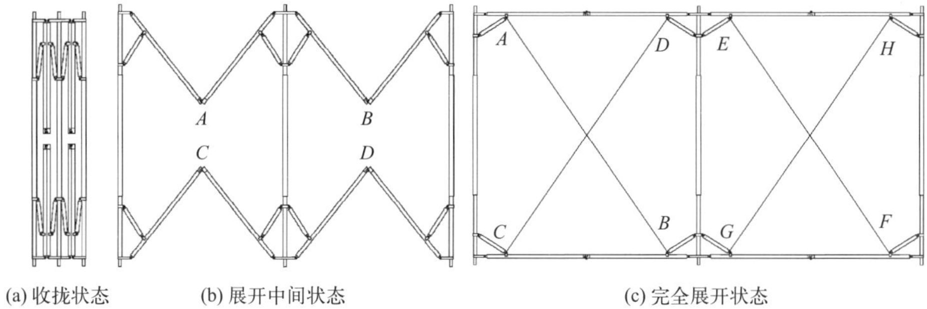

图 2.17 环形可展开桁架机构的基本单元折展原理图

基本单元是利用平行四边形横边折叠构成 V 形结构，从而实现平行四边形的展开与收拢。该种平行四边形桁架单元包括两根纵向平行布置的支撑竖杆，支撑竖杆的上端和下端具有向内垂直弯折形成的弯折部，4 根相同的弦杆通过转动副连接于弯折部的末端。弦杆的另一端通过弹性铰链互相连接。每根弦杆均通过滑块曲柄机构与相邻的支撑竖杆连接，滑块套在支撑竖杆上，曲柄的一端通过转动副连接于弦杆，另一端通过转动副连接于滑块。相邻的两个基本单元共用一根支撑竖杆以及该支撑杆上的滑块。为了加强展开后机构的整体刚度，可以在 A 点与 B 点、C 点与 D 点、E 点与 F 点、G 点与 H 点之间加装张紧拉索以实现整体刚度的增加。

环形可展开桁架机构的基本单元的展开运动有三种不同的驱动方式，分别如图 2.18～图 2.20 所示。

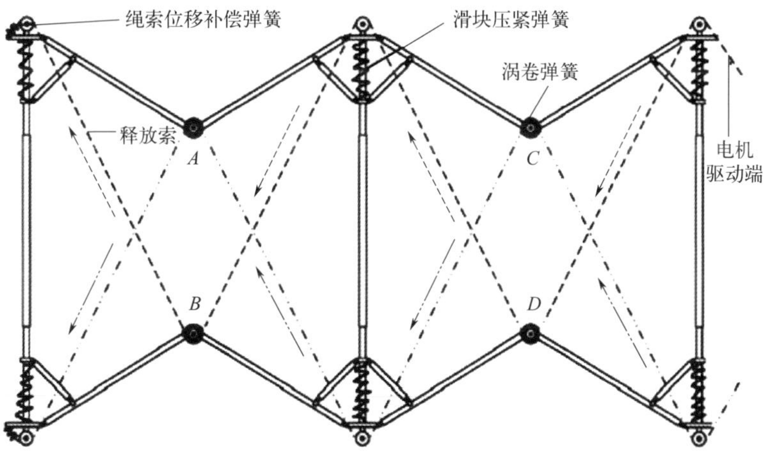

图 2.18 基本单元的驱动方式一

如图 2.18 所示，第一种驱动方式是利用涡卷弹簧驱动实现所有单元的同步展开，在机构的转动关节 A、B、C、D 处分别安装大转矩涡卷弹簧。两条绳索如

图 2.18 中所示交叉布置，其一端连接位移补偿弹簧，另一端与电机的驱动端相连接。当整个机构处于收拢状态时，大转矩涡卷弹簧处于压紧状态。当机构解除锁定后，上下弦杆在涡卷弹簧转矩的作用下展开，同时通过对两条释放索的释放速度进行控制，从而避免了因涡卷弹簧转矩过大而造成冲击碰撞，实现了整个机构的平稳展开。空间展开机构的各单元杆件的运动同步性由双滑块曲柄机构来保证。滑块压缩弹簧提供驱动展开阻力，避免展开过程中释放索松弛。绳索位移补偿弹簧在机构展开锁定完成后，可以通过补偿绳索伸长的位移来避免绳索松弛。当机构完全展开后，上下弦杆之间的关节实现锁定，同时电机反转，对绳索施加一定的预紧力，从而提高整个桁架机构的刚度。

如图 2.19 所示，第二种驱动方式是通过弹性铰链驱动，通过单根释放索控制展开速度。

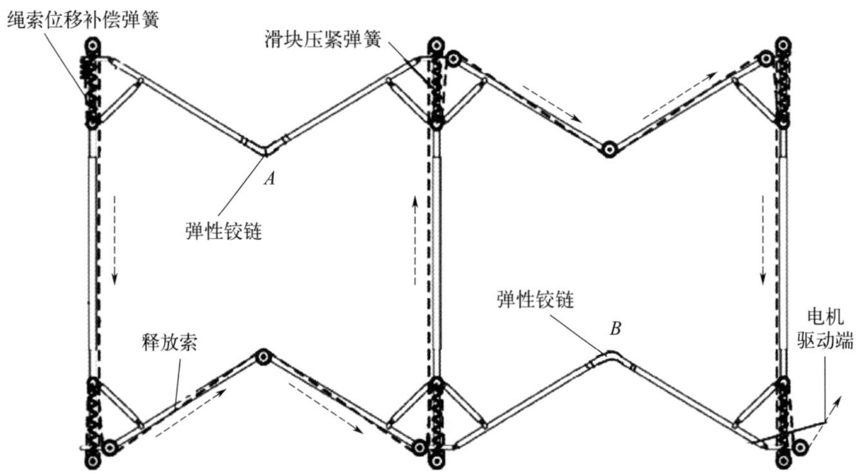

图 2.19 基本单元的驱动方式二

如图 2.20 所示，第三种驱动方式是通过弹性铰链驱动实现所有可展开单元的同步展开。在机构弦杆之间的所有转动关节处都安装弹性铰链，弹性铰链的两端分别固定于关节两侧的杆件上。除释放索的布置形式不同外，其他机构设置及功能与方式一相同。本方式展开末端由于弹性铰链的自锁特性而不需其他的锁定装置。

对比分析三种具体的驱动方式，方式三的整个机构具有小质量、高刚度、高展开可靠性等优点，因此选用驱动方式三作为由基本单元组成的单层天线机构的驱动方式。

整个环形可展开桁架机构的折展可通过单元构架的展收实现。折展机构的各项性能决定于单元构架的刚度、强度及展收的可靠性，故其结构设计非常重要。下面分别介绍单层环形可展开桁架机构的单元构架关键部件的结构设计。

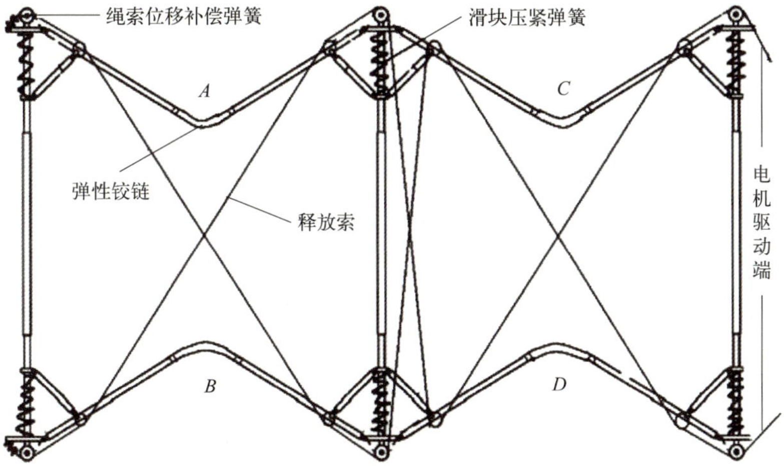

图 2.20 基本单元的驱动方式三

图 2.21 所示为一个功能完整的、由基本单元组成的内外层环形可展开桁架单元结构。每个桁架单元是由曲柄滑块机构、自锁分度铰链、弹性铰链及其所连接的横杆和竖杆所组成的平行四边形单元，其中包含竖杆 2 根、横杆 4 根、弹性铰链 2 个、自锁分度铰链 4 个、曲柄滑块机构 4 个、过线滑轮 8 组、滑动套杆 4 组。

图 2.22 中所示的自锁分度铰链主要用来连接相邻杆件，同时实现单元间的分度处理，在展开终了时实现锁定。如图 2.23 所示，曲柄滑块机构通过在竖杆上滑

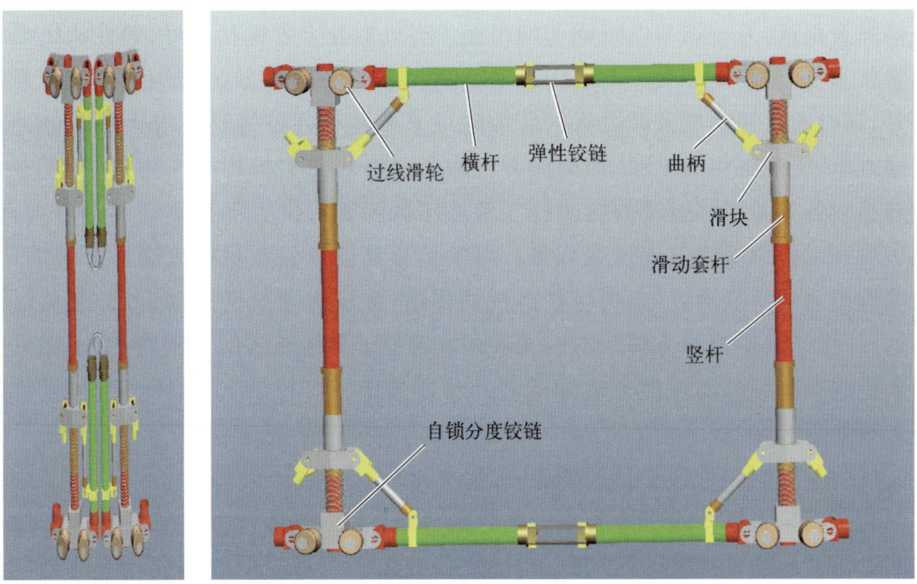

图 2.21 可展开桁架单元结构示意图

动带动曲柄连杆运动，实现相邻横杆组件的同步折展，其为一腔体构造。为了实现弹性铰链的轻量化设计目标，采用图 2.24 所示的已经较为成熟的弹性铰链结构。

图 2.22 自锁分度铰链

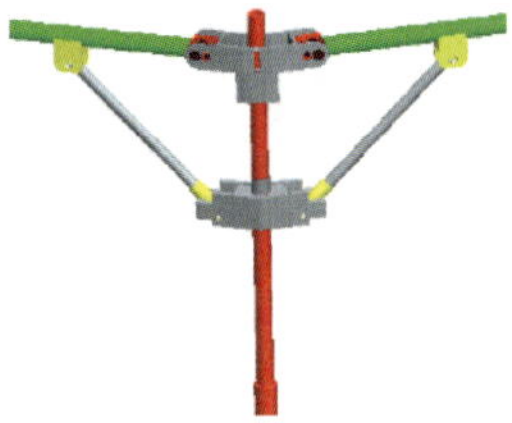

图 2.23 曲柄滑块机构

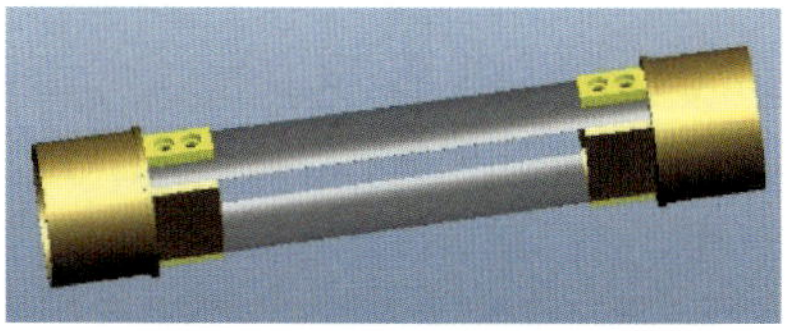

图 2.24 弹性铰链结构

将已经建立的折展单元机构沿周向阵列组装即可得到环形桁架式可展开天线。环形桁架式可展开天线由 24 个折展单元构成，每两个单元之间共用一根竖杆。环形桁架式可展开天线的展开是通过弹性铰链驱动，以实现所有可展开单元的同步展开。在机构弦杆之间的转动关节处分别安装大转矩弹性铰链，弹性铰链的两端分别固定于关节两侧的杆件上。两条控速绳索交错布置，一端与绳索位移补偿弹簧相连，另一端与电机驱动端相连。当机构处于收拢状态时，弹性铰链处于压紧状态，输出转矩最大。当机构解锁后，上下弦杆在弹性铰链转矩的作用下开始展开，同时通过控制两条释放索的释放速度来避免弹性铰链转矩过大造成的冲击碰撞现象，实现机构的平稳、均匀展开。由于双滑块曲柄机构的作用，保证了空间展开机构各单元杆件运动的同步性。滑块压紧弹簧提供了部分驱动展开阻力，避免了展开过程中绳索出现松弛现象。绳索位移补偿弹簧在机构完全展开瞬间，避免绳索拉力的突然增大，起到保护电机的作用；在机构完全展开锁定后，避免绳索松弛，补偿绳索伸长的位移。本方式展开末端由于弹性铰链的自锁特性，不需其他的锁定装置就可以实现整个机构的展开可靠锁定。口径 20m 的环形桁架式可展开天线如图 2.25 所示。

(3) 支撑肋式（索肋张拉式折展）桁架机构

为了满足未来空间折展天线大型化的需求，本小节结合传统折叠肋式折展天线和建筑领域的张拉整体结构的设计思想，提出了一种新型的大口径索肋张拉式折展桁架机构。

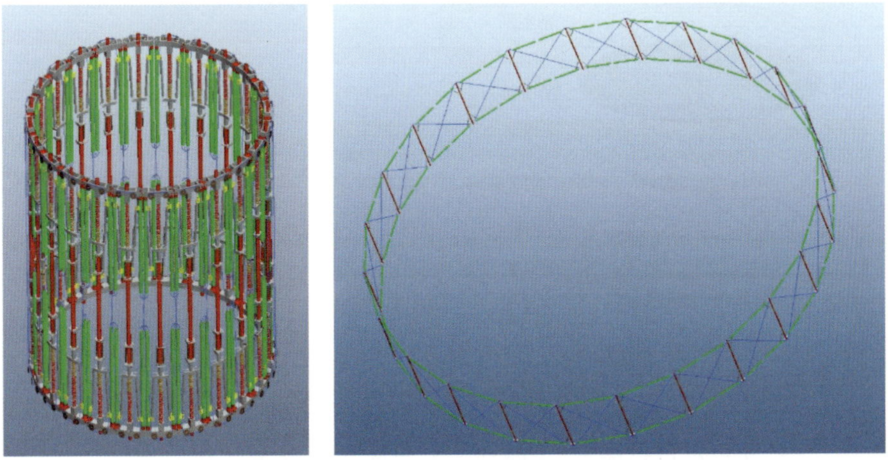

图 2.25　双层环形桁架式可展开天线的外层环形机构示意图

该桁架机构采用径向肋模块化设计，要求其径向肋单元能够实现折展功能。如图 2.26 所示，径向肋展开单元由中心支撑杆、主肋杆、上肋杆、下肋杆及铰链 1、2 组成。初始状态时，各肋杆收拢在一起，形成一束；在展开时，首先铰链 2 处的扭簧驱动上、下肋杆展开，并在展开到设计角度时，通过铰链内的锁定机构锁死形成剪刀结构；然后通过电机驱动实现主肋杆的展开，当展开到水平位置后，实现关节锁定、拉索张紧和电机自锁，从而实现径向肋单元的定位锁死，形成一个稳定的结构。该径向肋单元展开机构具有大展收比、质量小、结构简单的特点。

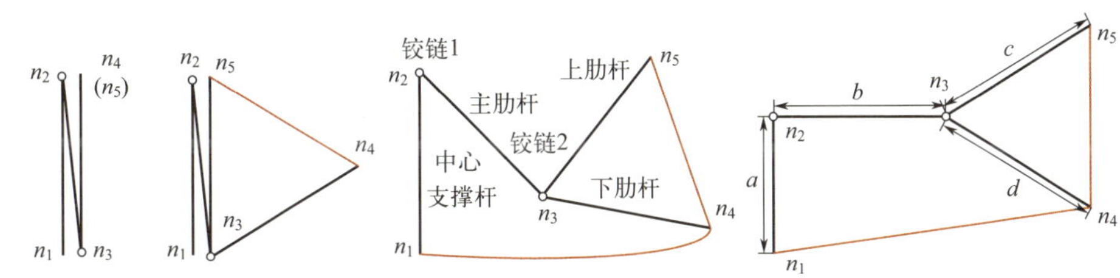

图 2.26　径向肋单元展开原理示意图

通过径向肋单元的周向阵列即可形成支撑桁架，支撑桁架径向展开，在圆周方向呈辐射状均匀布置，如图 2.27 所示。同时，为了提高机构的刚度和稳定性，借鉴张拉整体构型的思想，通过柔性拉索连接各径向肋单元肋杆端点，形成索肋张拉系统，使各支撑杆之间相互连接，形成统一的整体，提高机构的刚度，构成索肋张拉式折展桁架机构。折展桁架机构可用于支撑在其上端的薄膜结构，以保证薄膜反射面的反射精度。

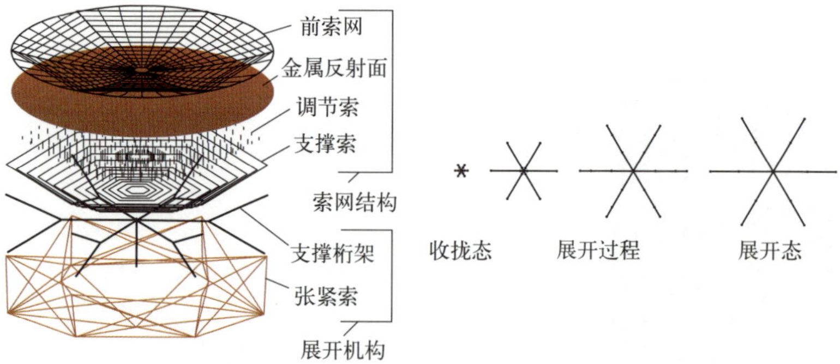

(a) 天线系统 (b) 展开过程

图 2.27 索肋张拉式折展天线

索肋张拉式折展机构的上、下肋杆通过扭簧铰链驱动展开，并在展开到位后，通过铰链内部的锁定机构锁死，形成剪刀结构，通过中心支撑杆上的丝杠螺母推动连杆机构实现主肋杆的展开，同时通过四连杆机构实现主肋杆与剪刀结构之间的展开。最终可以实现各径向肋之间的同步展收功能。

折叠肋展开驱动机构如图 2.28 所示，给出了在收拢状态和展开状态的机构简图，通过中心支撑杆上的滑块移动驱动连杆机构实现主肋杆的展开，主肋杆展开的同时通过连杆机构联动实现上肋杆的同步展开。可以将图中的机构分为三部分：①$ABCDEL$ 是滑块连杆机构部分；②$MNFJ$ 是平行四边形机构部分；③$FJIGH$ 是连杆链板机构部分。

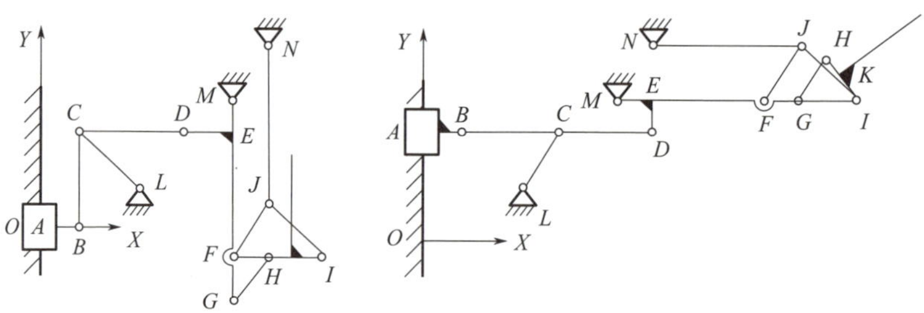

(a) 收拢状态 (b) 展开状态

图 2.28 折叠肋展开驱动方案

该机构在展开的过程中，滑块的行程较小，机构的展开可靠性高，通过单一电机驱动丝杠转动，使螺母滑块做直线运动，螺母滑块带动 6 个肋机构同步展开，最终展开结束后通过锁定机构实现了机构的锁定。该折叠肋展开机构锁定后也能够满足天线展开口径和焦径比的要求。

为了得到较大的展收比，本小节通过锁紧铰链的设计实现上、下肋杆之间的展开。上、下肋杆展开铰链机构如图 2.29 所示。

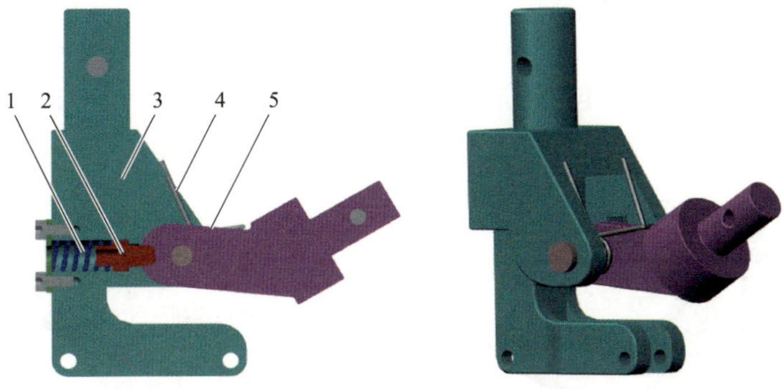

图 2.29　上、下肋杆展开铰链机构

1—弹簧；2—圆柱销；3—上肋铰链；4—扭簧；5—下肋铰链

本小节设计的锁紧铰链由上肋铰链、下肋铰链、弹簧、圆柱销和扭簧等组成。上、下肋杆间的展开驱动选择扭簧驱动，锁定方式为弹簧锁销形式，在下肋展开过程中，圆锥销位置的弹簧一直处于压缩状态，弹簧一端压在挡板处，另一端压在圆锥销上。当下肋展开到位后，弹簧推动圆锥销运动，与下肋铰链的圆锥孔配合，并完成下肋的锁定。该锁定结构可靠，在展开时能够使下肋可靠地锁定。

在上肋杆和下肋杆由扭簧限位铰链展开锁止限位后，为了实现主肋杆的展收功能，本小节设计了主肋杆展收机构，如图 2.30 所示，主要由驱动电机、减速器、滚珠轴承、丝杠、滑块螺母、滑块限位筒、四连杆机构和转动销轴等组成。其中驱动电机及其组件安装在中心支撑杆内。

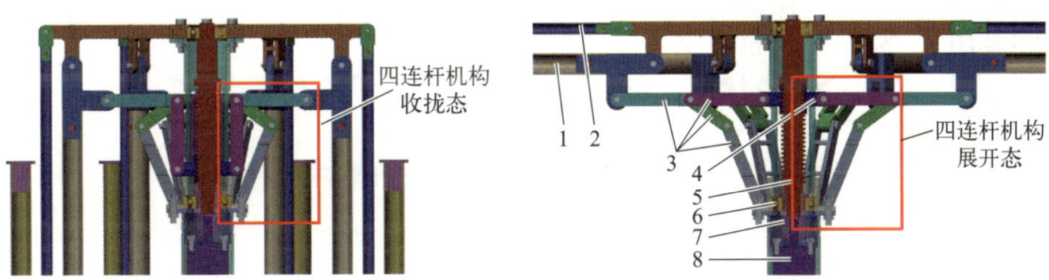

图 2.30　主肋杆展收机构

1—主肋杆；2—联动杆；3—连杆；4—滑块螺母；5—丝杠；6—轴承；7—联轴器；8—驱动电机

在主肋杆展开过程时，电机驱动丝杠转动，滑块螺母向上移动，推动四连杆机构从收拢态运动到展开态，实现天线的整体展开。由于四连杆机构本身的特性，当滑块螺母向上移动时，主肋杆转动逐渐展开，并且主肋杆水平展开在该四连杆机构的死点位置，起到稳定和提高机构刚度的作用。丝杠和电机具有自锁性，保证了天线展开后的刚度。

为实现主肋杆和上、下肋杆间的同步运动，如图 2.31 所示，设计了四连杆铰链联动机构。该四连杆铰链包括主肋杆铰链、连接链板、短连杆、上/下肋杆铰链。该铰链联动机构能够实现主肋杆和上/下肋杆之间的收拢和展开。

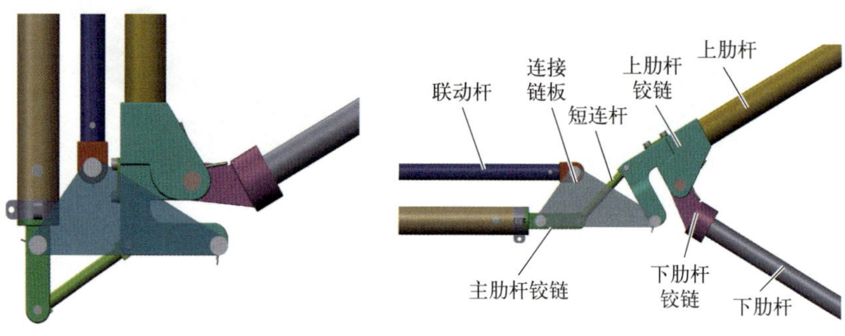

(a) 收拢状态　(b) 展开状态

图 2.31　四连杆铰链联动机构

当滑块螺母驱动连杆向外推开主肋杆时，由于联动杆和主肋杆通过连接链板构成了平行四边形连杆机构，最终把主肋杆的转动通过四连杆铰链联动机构实现为剪刀结构的展开运动。

由此，可以得到 6 个径向肋机构相连时的结构实体模型，如图 2.32 所示为索肋张拉式折展桁架机构三维模型展开过程示意图。

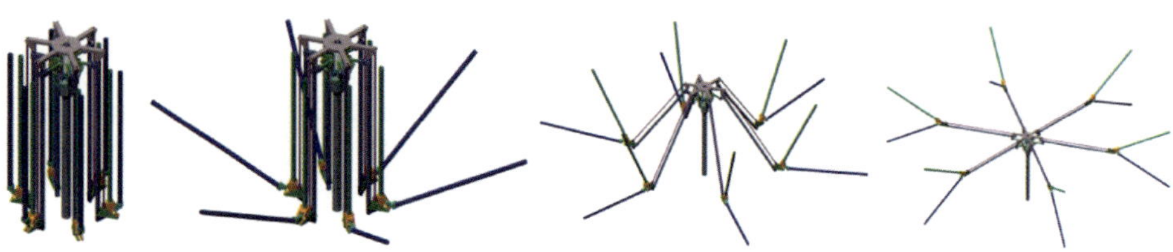

图 2.32　索肋张拉式折展桁架机构同步展开过程图

2.3　张拉式薄膜结构折叠方法

基于折纸原理的薄膜折叠方法在众多专著和论文里面有所介绍[13,14]，本节针对常用的六边形模块单元，对其平面折叠方法、圆柱形折叠方法及抛物面折叠方法等内容进行介绍，为读者利用其他单元构建不同型面提供参考。

2.3.1 平面薄膜折叠与张拉

用多个相同单元填充一个平面有多种方案，其中六边形以最少的材料占有最大面积。因此，空间可展开机构（如天线等）常采用六边形为基本单元。

为缩小六边形单元占用面积，并使其易于展开，参考图 2.33(a)所示 Flasher 折纸折痕的设计方式设计出单个六边形单元的折痕，如图 2.33(b)所示，细实线代表峰痕，虚线代表谷痕。该折痕的设计过程如下。

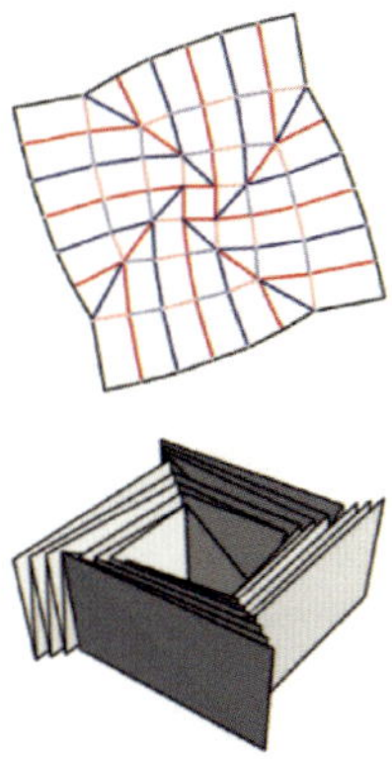

(a) Flasher折纸

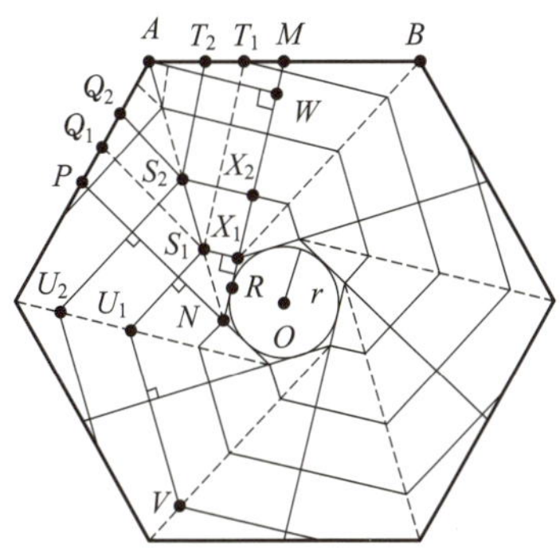

(b) 单个六边形单元折痕设计

图 2.33　折痕设计过程

首先在边长为 m 的六边形中心 O 处建立半径为 r 的圆，分别过六条边的中点 M、P 等作中心圆的切线 MN 等，形成中心圆的外切正六边形，这六条边为峰痕。再如图 2.33 中 AN 所示，分别连接六边形端点与中心圆外切六边形端点。则中心六边形边长 l_{NX_1} 为

$$l_{NX_1}=\frac{2r}{\sqrt{3}} \tag{2.1}$$

中点 M 到中心 O 的距离 l_{MO} 为

$$l_{MO}=\frac{m\times\sqrt{3}}{2} \tag{2.2}$$

作 MN 切圆 O 于 R 点，直角△MOR 中，l_{MR} 为

$$l_{MR}=\sqrt{l_{MO}^2-r^2} \tag{2.3}$$

l_{MN} 长度为

$$l_{MN}=l_{MR}+\frac{r}{\sqrt{3}} \tag{2.4}$$

连接 AN 可知

$$\angle ANM=\angle ANP=30^\circ \tag{2.5}$$

$\triangle AMN$ 中

$$\angle AMN=90^\circ-\angle NMO \tag{2.6}$$

$\angle NMO$ 可由直角三角形 MRO 求得

$$\angle NMO=\arctan\frac{r}{l_{MR}} \tag{2.7}$$

过内部小六边形一点 X_1，作 $X_1S_1\perp MN$，并向外延伸可得呈螺旋形的折线 $X_1S_1U_1V$，h_{AW} 为不考虑 S_1Q_1、S_1T_1 等折痕时折叠后的高度，其值为

$$h_{AW}=\frac{\frac{1}{2}ml_{MN}\sin\angle AMN}{l_{MN}}=\frac{1}{2}m\sin\angle AMN \tag{2.8}$$

过 S_1 点作 $S_1Q_1/\!/PN$，$S_1T_1/\!/MN$，依次在 AN 上各 S_n（n 为正整数）点作 PN、MN 的平行线，可得图示折痕，此时折叠后高度可用 $h_{S_nX_n}$ 表示，在$\triangle S_1NX_1$ 中 $h_{S_1X_1}$ 为

$$h_{S_1X_1}=\frac{l_{NX_1}}{\sqrt{3}}=\frac{2r}{3} \tag{2.9}$$

当多个六边形连接时，折痕不仅需要满足六边形单元可折叠的条件，还要能使六边形单元之间的部分可以折叠，即图 2.34 中粗实线表示的三角形部分。观察图 2.34(a)可知，该三角形有部分折痕交错而使得该三角形不能折叠，需要对折痕进行调整，以使其形成图 2.34(b)所示的折痕，避免折痕交错。

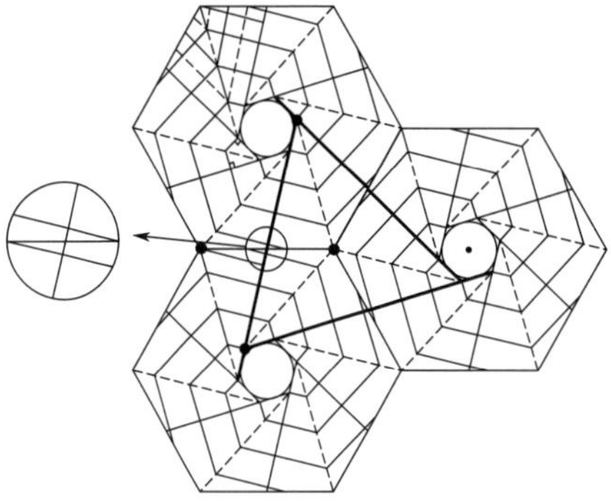

(a) 调整前的六边形间折痕

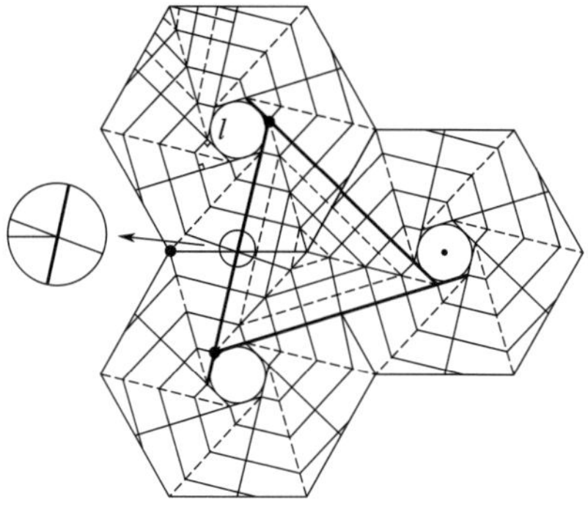

(b) 调整后的六边形间折痕

图 2.34 折痕示意图

对于该三角形，折痕交错的原因是边长 l_{AB} 不是中心六边形边长 l 的整数倍，所以在六边形结合处产生了折痕交错。解决方案为调整中心圆的半径 r 使式(2.10)成立。

$$l_{AB}=n\frac{2r}{\sqrt{3}} \tag{2.10}$$

式中，n 为任意正整数；l_{AB} 之前已得，根据式(2.10)可得合适的中心圆半径 r。对于多个单元组成的结构，每个单元的折痕需满足本节中的条件。取六边形单元边长为 m，边中点为 M，中心圆半径为 r，该折叠方式折痕需满足以下条件，式中 n_1、n_2 为正整数。

$$r=\frac{\sqrt{3}m}{2n_1} \tag{2.11}$$

$$\angle NMO=\arctan\frac{r}{\sqrt{\frac{3m^2}{4}-r^2}} \tag{2.12}$$

$$\angle ANM=\angle ANP \tag{2.13}$$

$$S_{n_2}X_{n_2}\perp MN \quad S_{n_2}U_{n_2}\perp PN \tag{2.14}$$

对于多单元折叠，中心圆半径还需满足本节所得条件。取六边形边长 m 为 5cm，可以计算合适的中心圆半径，式中 n_1 取为 3，可得中心圆半径 r 约为 1.44cm。确定中心圆的切线及切线间形成的角的角平分线，在此基础上向外扩展，可得完整的折痕，如图 2.35(a)所示，折叠过程如图 2.35(b)所示，折叠后如图 2.35(c)所示，验证了所建立数学模型是正确的，可用于折痕的设计。

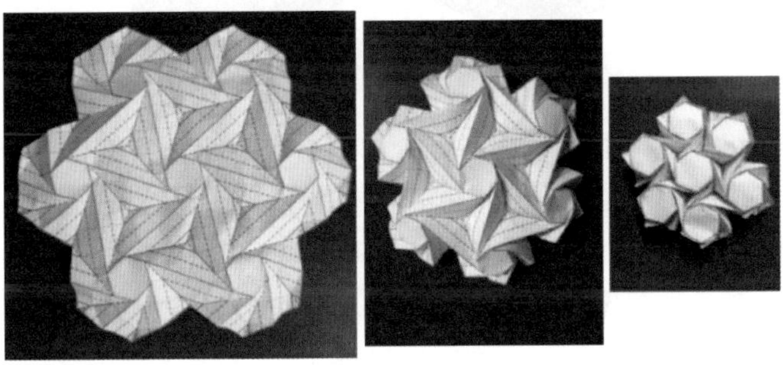

(a) 展开状态　(b) 折叠过程　(c) 折叠状态

图 2.35　实例折叠过程

2.3.2　圆柱形薄膜折叠与张拉

要将纸折叠成一个二维图形，要满足以下规则[15-17]。

川崎定理：每个交点相交的边数必须是偶数，且每隔一个角度的总和必须等于180°，如图 2.36 左所示。

$$\angle 1+\angle 3+\angle 5=\angle 2+\angle 4+\angle 6=180^\circ \tag{2.15}$$

前川定理：每个交点处的折痕中，峰的数量必须与谷的数量相差 2，如图 2.36 所示的图案中折痕顶点都满足这个条件，其中实线和虚线分别表示峰痕和谷痕。

对于具有多个顶点的完整折纸设计，图案中的所有小区块可以仅用两种颜色着色，而在任何边界处没有相同的颜色。如图 2.36 所示，所有区块可以用灰色和白色着色，而且边界处没有相同的颜色。这也是多顶点设计的可折叠性的必要条件。

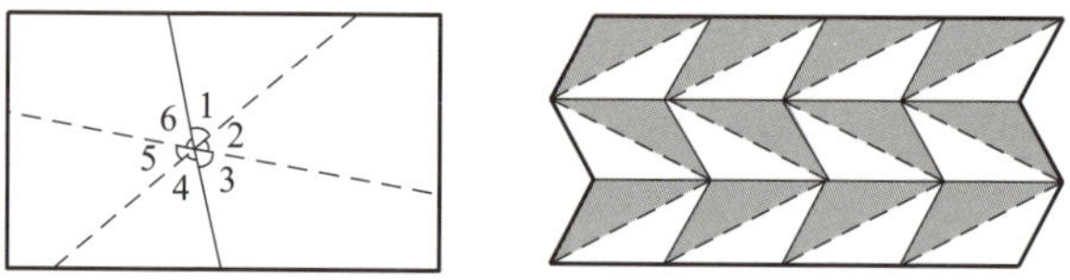

图 2.36　折叠规则示意图及圆柱面折痕设计图

在满足折纸基本规则的基础上，设计出如图 2.37 右所示圆柱面折痕，其内部每个交点都满足以上规则，折叠后发现并不能将其折成平面，即折痕还需满足一定的约束条件，才能实现从圆柱面折叠成平面。

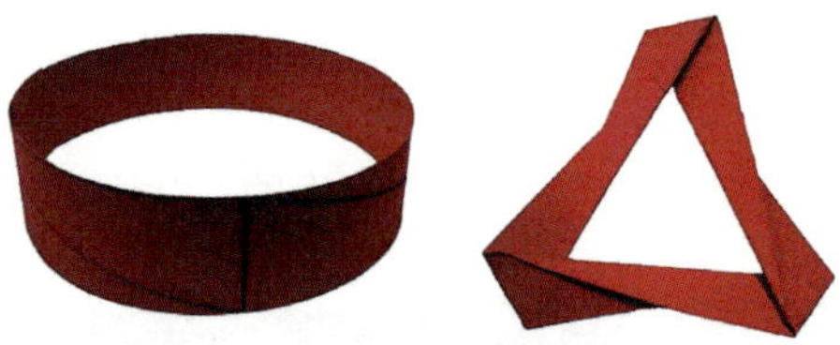

图 2.37　圆柱面折叠图

因各层结构相同，可取其中一层分析如何折叠成平面。首先对圆柱面进行分析，要将圆柱面折叠成平面多边形，需要将其圆周分为 n 段，n 至少为 3，才能形成多边形。考虑到各段长度相同时容易加工和计算，将圆周均分为 n 段。将圆柱面单层折叠，折叠角分析如图 2.38 所示，其中粗实线为薄膜边界，细实线为折痕。当圆柱面折叠成平面时，A、B、C 三点组成了等边三角形，对其中一个角进行分析：$\angle ABC=60°$，从 B 点展开，可知 $\angle ABC$ 由 $\angle 1$、$\angle 2$、$\angle 3$ 折叠后形成，即

$$\angle ABC=\angle 1-\angle 2+\angle 3 \tag{2.16}$$

$\angle ABC$ 作为正多边形内角，其大小由正 n 边形决定，可用正 n 边形内角和公式表示

$$\angle ABC=\frac{(n-2)\times 180°}{n} \tag{2.17}$$

同时，由于 $\angle ABC$ 展开后为平角，可得

$$\angle 1+\angle 2+\angle 3=180° \tag{2.18}$$

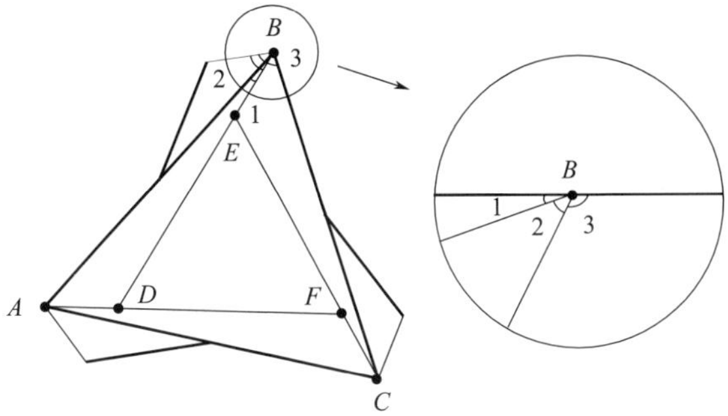

图 2.38 折叠角分析

在对圆柱面进行折叠时发现，在满足以上约束条件的情况下，随着$\angle 3$减小，折叠后中间空隙(图 2.38 左$\triangle DEF$)将不断减小，直至成一个交点，此时$\angle 3$固定为 90°，与 n 边形边数无关，当$\angle 3$再减小，中间各边相互干涉导致各面扭曲无法折叠成平面，即$\angle 3$限制条件为

$$\angle 3 \geqslant 90^\circ \tag{2.19}$$

可得

$$\angle 1+\angle 3=180^\circ-\frac{180^\circ}{n} \tag{2.20}$$

$\angle 1$的最小值为无限接近但不等于 0°，因为等于 0°时折痕将不再满足折纸的基本规则，可得$\angle 3$的最大值为 $180^\circ-180^\circ/n$。同理，$\angle 3$取最小值 90°时，$\angle 1$可取最大值 $90^\circ-180^\circ/n$。

$$90^\circ \leqslant \angle 3<180^\circ-\frac{180^\circ}{n} \tag{2.21}$$

$$0^\circ<\angle 1<90^\circ-\frac{180^\circ}{n} \tag{2.22}$$

先确定$\angle 1$或$\angle 3$，然后可求得剩余两角。

本节将分析圆柱面折叠的高度约束。首先，通过临界状态(图 2.39)确定能将其折叠成平面的临界高度 h_0，在圆柱半径 r 确定、多边形边数 n 确定的情况下，临界状态圆柱面的高度 h_0 可以通过$\triangle ABC$的三角函数求解

$$h_0=\frac{2\pi r}{n\tan\angle 2} \tag{2.23}$$

当圆柱面折痕没有到达临界状态时，即交点处的$\angle 3>90^\circ$时，随着$\angle 3$增加，$\angle 1-\angle 2$需更小才能满足，即$\angle 1$减小或者$\angle 2$增大，这会使谷痕(虚线部分)沿图 2.40 箭头所示方向移动，使圆柱面的高度降低，形成虚线所示的新折痕。从图中可以看出，临界高度 h_0 为高度最大值，随着$\angle 3$增加，高度 h 将不断降低，直至

接近 0，即 h 的取值范围为

$$0<h\leqslant\frac{2\pi r}{n\tan\angle 2} \tag{2.24}$$

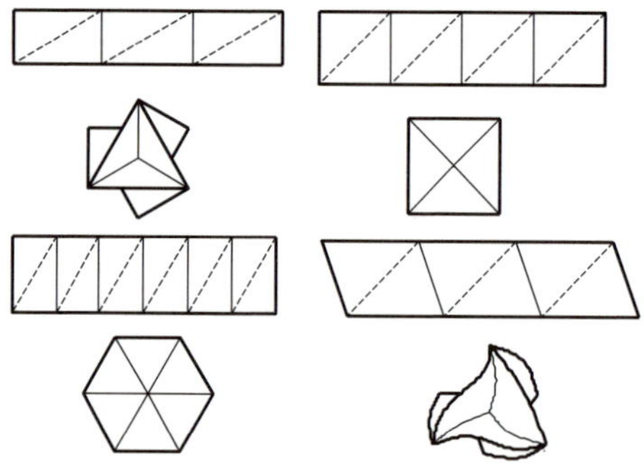

图 2.39 临界状态折叠

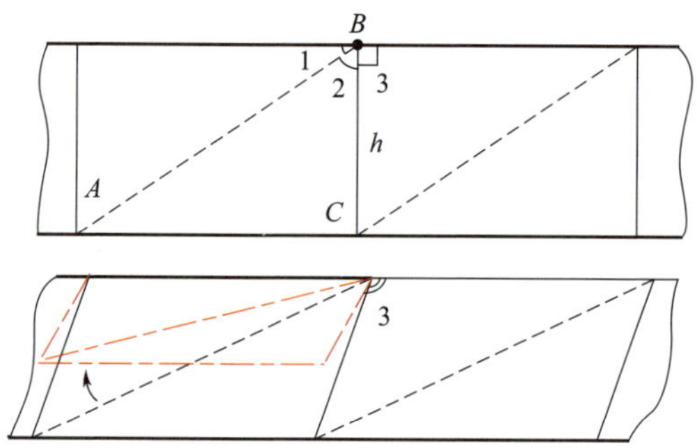

图 2.40 临界高度

综合以上圆柱面折痕的约束条件并整理，可得半径为 r 的圆柱面单层折叠截面为正 n 边形时的折痕数学模型为[18]

$$\begin{cases}\angle 1-\angle 2+\angle 3=\dfrac{(n-2)\times 180^\circ}{n}\\ \angle 1+\angle 2+\angle 3=180^\circ\\ 90^\circ\leqslant\angle 3<180^\circ-\dfrac{180^\circ}{n}\\ 0^\circ<\angle 1\leqslant 90^\circ-\dfrac{180^\circ}{n}\\ 0<h\leqslant\dfrac{2\pi r}{n\tan\angle 2}\end{cases} \tag{2.25}$$

另外，在折叠过程中还发现，如图 2.40 所示，当圆柱面半径 r 不变时，随着多边形边数 n 的增加，可折叠的临界高度也在增加。根据以上折痕数学模型即可设

计出将半径为 r 的圆柱面折叠成平面图形的折痕，还可通过调整角度获得所需单层高度 h 或调整单层高度 h 获得对应角度。

对底面周长为 20cm 的圆柱侧面，取 n 为 4，由式(2.25)可得$\angle 1$ 取值范围 0°～45°，取$\angle 1$ 为 23°，所得折痕如图 2.41 左所示，对其进行折叠后如图 2.41 右所示，通过该实例可验证所建立的圆柱面折痕数学模型是正确的。

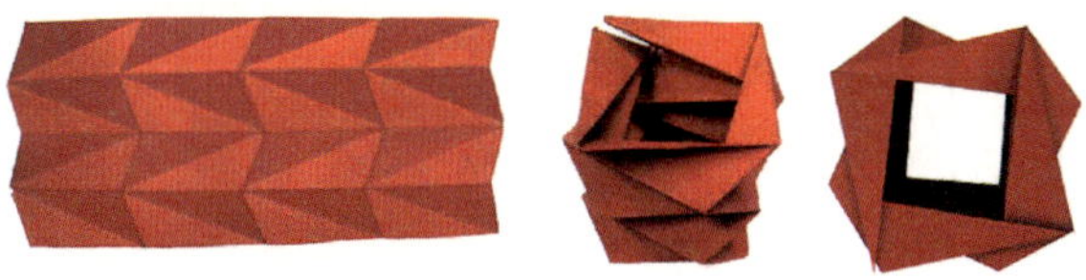

图 2.41　圆柱面折痕实例

2.3.3　圆台面薄膜折叠与张拉

圆台侧面展开为扇环，要将其折叠成平面，首先要满足之前章节中提到的基本规则，在此基础上，对一个圆心角为$\angle BAC$、内径为 r、外径为 R 的扇环，类比之前已建立的圆柱面折痕，可得如图 2.42 右侧所示折痕，周向上将其分为 n 段，可取其中部分作为研究对象，分析能折叠成平面需满足的约束条件。

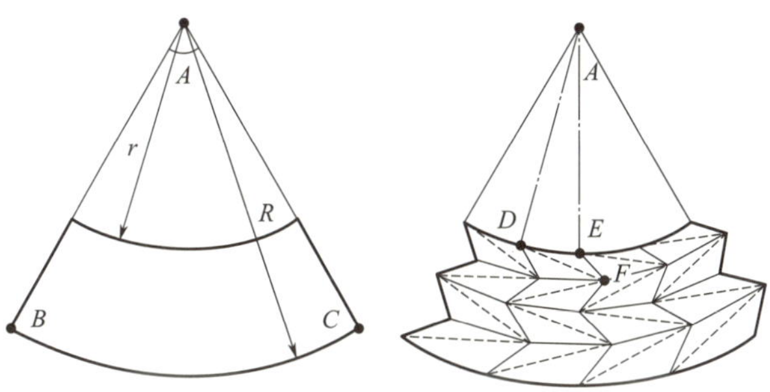

图 2.42　扇环及其折痕设计

类比圆柱面，可取圆台面折痕的一小块区域，如图 2.43 所示，粗实线为薄膜边界，点画线为一个单元对应的圆心角$\angle DAE$，其大小为$\angle BAC/n$，虚线部分为谷痕，细实线为峰痕。取折叠后的一角进行分析。等腰三角形 ADE 中，$\angle DAE$ 已知，则$\triangle ADE$ 的底角为

$$\angle ADE=\angle AED=90°-\frac{\angle BAC}{2n} \tag{2.26}$$

因每段边对应的等腰三角形是相同的，可得

$$\angle\alpha+\angle\beta+\angle\gamma=360°-2\times\angle AED \tag{2.27}$$

参考圆柱面折叠的要求，将其与圆柱面折痕角度所满足的条件进行比较可以

发现,两者折叠原理是一样的,即需要通过折叠使 DE 与 EG 在折叠后形成目标多边形的一个内角,即

$$\angle\alpha-\angle\beta+\angle\gamma=\frac{(n-2)\times180^{\circ}}{n} \tag{2.28}$$

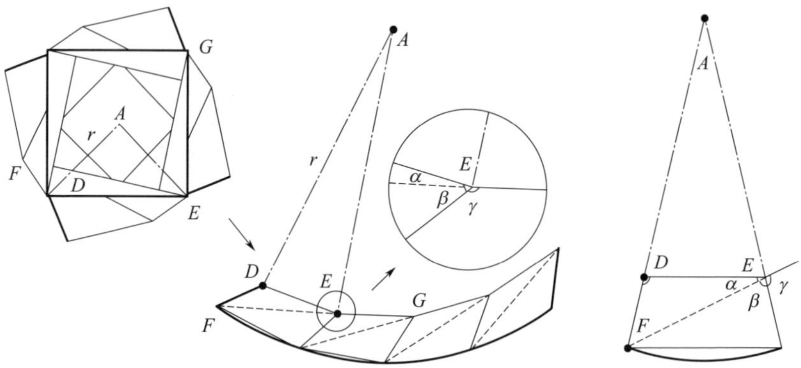

图 2.43 圆台面折痕展开及临界高度示意图

化简可得

$$\angle\alpha+\angle\gamma=180^{\circ}+\frac{\angle BAC-360^{\circ}}{2n} \tag{2.29}$$

对圆台面进行折叠时发现,类似于圆柱面,随着$\angle\gamma$ 的减小,折叠后其中间部分也不断减小,直至$\angle\gamma=180^{\circ}-\angle AED$ 时,中间各边刚好交于一点,处于临界状态,此时$\angle\gamma$ 再减小将使各边干涉而导致无法折叠成平面,则使圆台面能够折叠成平面的$\angle\gamma$ 限制条件为

$$\angle\gamma\geqslant90^{\circ}+\frac{\angle BAC}{2n} \tag{2.30}$$

类比圆柱面中$\angle1$ 和$\angle3$ 的限制条件,在圆台面中,$\angle\alpha$ 最小值无限接近 0°但不等于 0°,此时$\angle\gamma$ 取得最大值,可得

$$90^{\circ}+\frac{\angle BAC}{2n}\leqslant\angle\gamma<180^{\circ}+\frac{\angle BAC-360^{\circ}}{2n} \tag{2.31}$$

同理可得$\angle\alpha$ 的限制条件为

$$0^{\circ}<\angle\alpha\leqslant90^{\circ}-\frac{360^{\circ}}{2n} \tag{2.32}$$

确定$\angle\alpha$ 或$\angle\gamma$,然后可求得剩余两角。

参考圆柱面折叠的高度条件,圆台面折叠临界状态下的 h_0 即为 h 的最大值。因圆台面展开为扇环,设一个小单元内侧圆弧对应的半径为 r,在$\triangle ADE$ 中通过余弦定理可得 l_{DE} 长度

$$l_{DE}=\sqrt{l_{AD}^2+l_{AE}^2-2l_{AD}l_{AE}\cos\frac{\angle BAC}{n}} \tag{2.33}$$

则

$$\angle DFE=180^\circ-\angle\alpha-\angle\gamma \tag{2.34}$$

通过正弦定理可求得临界高度 h_0 为

$$h_0=\frac{l_{DE}\sin\angle\alpha}{\sin\angle DFE} \tag{2.35}$$

即单层折叠的高度 h 限制为

$$0<h\leqslant\frac{l_{DE}\sin\angle\alpha}{\sin\angle DFE} \tag{2.36}$$

可得

$$0<h\leqslant\frac{\sqrt{2r^2-2r^2\cos\frac{\angle BAC}{n}}\times\sin\angle\alpha}{\sin(180^\circ-\angle\alpha-\angle\gamma)} \tag{2.37}$$

综上所述，整理可得对内径为 r、外径为 R、圆心角为$\angle BAC$ 的圆台面，单层折叠截面为正 n 边形时，其折痕数学模型为

$$\begin{cases}\angle\alpha+\angle\beta+\angle\gamma=180^\circ+\dfrac{\angle BAC}{n}\\ \angle\alpha-\angle\beta+\angle\gamma=\dfrac{(n-2)\times180^\circ}{n}\\ 90^\circ+\dfrac{\angle BAC}{2n}\leqslant\angle\gamma<180^\circ+\dfrac{\angle BAC-360^\circ}{2n}\\ 0^\circ<\angle\alpha\leqslant90^\circ-\dfrac{180^\circ}{n}\\ 0<h\leqslant\dfrac{\sqrt{2r^2-2r^2\cos\frac{\angle BAC}{n}}\times\sin\angle\alpha}{\sin(180^\circ-\angle\alpha-\angle\gamma)}\end{cases} \tag{2.38}$$

根据以上折痕数学模型即可设计出将圆台面折叠成截面为正 n 边形的平面的折痕，还可以通过调整角度获得所需单层高度 h 或者调整单层高度 h 获得对应角度。

对一圆台侧面，取 n 为 3，可得$\angle\alpha$ 取值范围 0°～30°，取$\angle\alpha$ 为 21°，联立解得$\angle\beta$ 为 70°，$\angle\gamma$ 为 109°，可得临界高度 h_0，实际 h 小于 h_0。所得折痕如图 2.44 左所示，折叠后如图 2.44 右所示，通过该实例可验证所建立圆台面折痕数学模型是正确的。

图 2.44 圆台面折痕实例

2.3.4 抛物面薄膜折叠与张拉

2.3.4.1 独立单元对抛物面薄膜的拟合

要通过单个单元来拟合抛物面可采用图 2.45 所示方案，在六边形单元每个角处截掉楔形部分，再进行接合，使其从平面变成曲面。该折叠方式设计的关键是使图 2.45(b)所示的关键点能与抛物面上对应点重合。

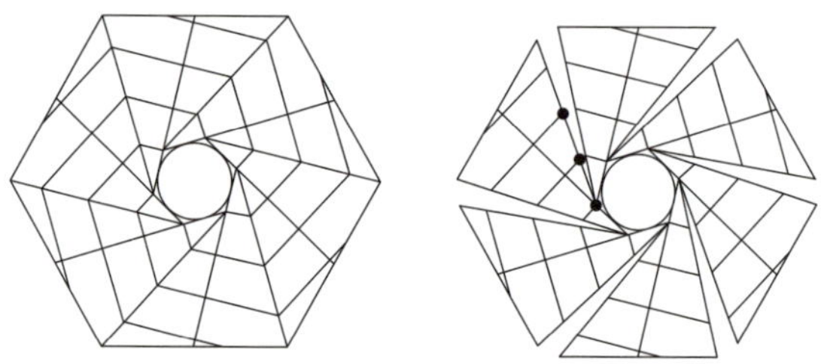

(a) 初始折痕　　(b) 调整后的折痕

图 2.45 折痕示意图

对图 2.46 所示中间的 AB 边所在的六边形进行分析。该六边形边 MN 长为 m，中心圆半径为 r，目标抛物面由以下抛物线旋转形成：

$$y = ax^2 \tag{2.39}$$

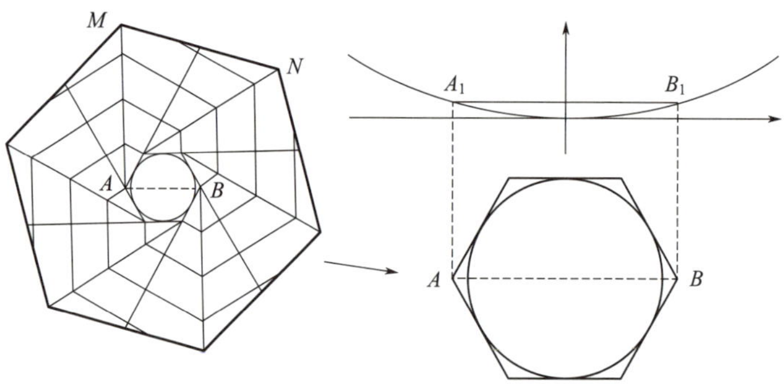

图 2.46 独立单元可展开抛物面折痕的拟合

要使 A、B 两点位于抛物面上，AB 应为对应抛物线的割线或切线。采用割线方便计算。由中心圆半径 r 可得 AB 的长度 l_{AB} 为

$$l_{AB}=\frac{4\sqrt{3}}{3}r \tag{2.40}$$

可知对应 A_1B_1 的坐标 $A_1\left(-\frac{2\sqrt{3}}{3}r,\frac{4}{3}ar^2\right)$、$B_1\left(\frac{2\sqrt{3}}{3}r,\frac{4}{3}ar^2\right)$，对图 2.47 所示 CD 可类比图 2.46 进行分析。

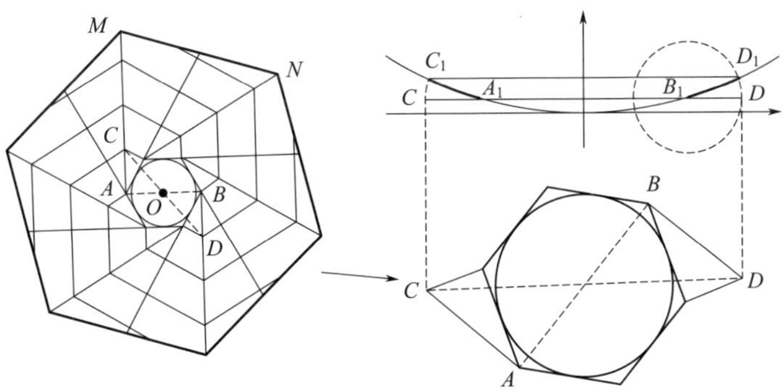

图 2.47　独立单元可展开抛物面折痕拟合的扩展

AC 的长度 l_{AC} 为

$$l_{AC}=\frac{4}{3}r \tag{2.41}$$

CD 长度 l_{CD} 为

$$l_{CD}=2\times\sqrt{\left(\frac{4}{3}r\right)^2+\left(\frac{2\sqrt{3}}{3}r\right)^2} \tag{2.42}$$

CD 对应圆周周长 L_{CD} 为

$$L_{CD}=\pi l_{CD} \tag{2.43}$$

通过裁剪后，A_1C 接合成抛物线的割线 A_1C_1，从而实现对抛物线的拟合，A_1C_1 的长度 $l_{A_1C_1}$ 为

$$l_{A_1C_1}=l_{A_1C}=\frac{1}{2}(l_{CD}-l_{AB}) \tag{2.44}$$

结合抛物线方程和 A_1C_1 长度可求出 C_1 坐标(x_C,y_C)，此时 C_1D_1 对应长度为 $2x_C$，对应圆周周长为

$$L_{C_1D_1}=2\pi x_C \tag{2.45}$$

与 CD 对应周长之差 $L_{CD-C_1D_1}$ 为

$$L_{CD-C_1D_1}=\pi l_{CD}-2\pi x_C \tag{2.46}$$

每个角需要裁掉周长差的六分之一，该长度对应的圆心角 α 为

$$\angle\alpha=\frac{\frac{1}{6}(\pi l_{CD}-2\pi x_C)}{\pi l_{CD}}\times 2\pi(\text{rad}) \tag{2.47}$$

$\angle\alpha$ 直接裁剪掉$\angle EAF$ 后会导致E、F 两点不能重合，使折痕交错，因此需要将$\angle\alpha$ 旋转，使E、F 关于AC 对称以避免交错。旋转前/后的E、F 分别如图 2.48 右侧上/下所示。红虚线AE、AF 所示为实际折痕，黑虚线AE、AF 为理论折痕。

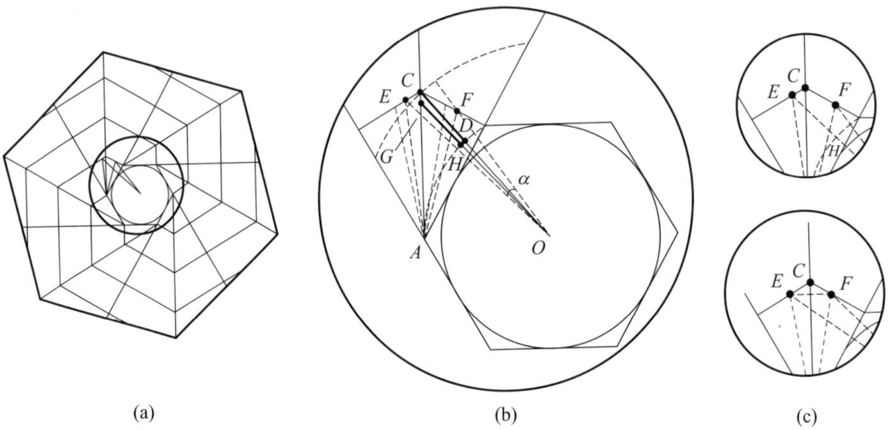

图 2.48 圆心角示意图

图 2.48(b)所示C_1(图 2.47)理想状况下应由C 点旋转形成，但由于在拟合曲面过程中要对C 点所在区域进行裁剪(红虚线AE、AF 所示)，使得C_1 实际是由图 2.48 所示E、F 连接形成的G 点旋转获得的。理想的C_1A_1 应为CA，由于C 点的改变，使得实际的C_1A_1 为GA。误差δ_1 为

$$\delta_1=\frac{l_{CG}}{l_{AC}} \tag{2.48}$$

取单个六边形的边长为 5cm、n_1 为 3，则中心圆半径r 为 1.443cm，目标抛物面为$y=0.05x^2$，需要截取的角度α 为

$$\angle\alpha=\frac{\frac{1}{6}(\pi\times 5.09-2\times\pi\times 1.929)}{\pi\times 5.09}\times 2\pi=14.513° \tag{2.49}$$

误差δ_1 为

$$\delta_1=\frac{l_{CG}}{l_{AC}}\approx\frac{0.182}{1.924}=9.46\% \tag{2.50}$$

折叠前如图 2.49(a)所示，折叠过程如图 2.49(b)所示，折叠后如图 2.49(c)所示。

图 2.49 独立单元可展开抛物面折痕数学模型的实例

2.3.4.2 多单元抛物面薄膜的折痕设计

对于多单元平面薄膜，在同一直线上的 A、B、C 各点对应图 2.50 中 A_1、B_1、C_1，要使其拟合成球面，即使 B_1C_1 靠近 FG 等抛物面的割线来实现。分析后发现，可以通过截去图 2.50 所示楔形部分，使外侧六边形顶点 B、C 等拟合为抛物面上的点，来达到拟合曲面的效果。

截去对应楔形部分后，多单元薄膜整体被分为六个相同的部分。其中，沿直线的六边形发生了变形。设小六边形边长为 m，拟合抛物线的函数表达式为

$$y=ax^2 \tag{2.51}$$

EF 长度 l_{EF} 对应 AB 长度，F 点坐标为 $\left(\frac{\sqrt{3}m}{2},\frac{3am^2}{4}\right)$，$l_{FG}$ 对应 $\sqrt{3}m$，G 点又在圆弧上，设 G 点坐标为 (x_1,y_1)，可得

$$y_1=ax_1^2 \tag{2.52}$$

$$\left(x_1-\frac{\sqrt{3}m}{2}\right)^2+\left(y_1-\frac{3am^2}{4}\right)^2=3m^2 \tag{2.53}$$

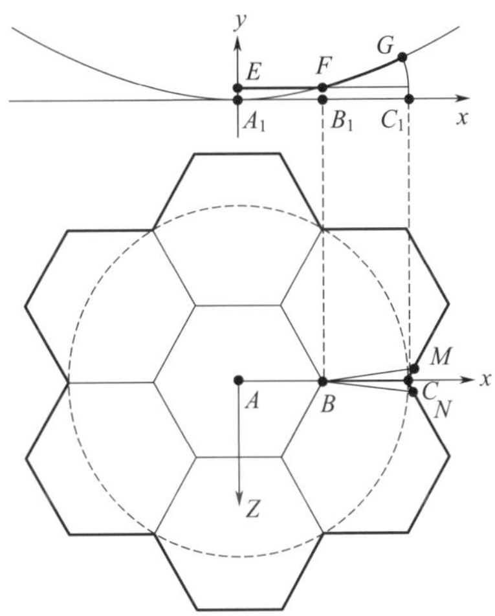

图 2.50 球面拟合示意图

联立两式可解得 G 点坐标 (x_1,y_1)，可以将该割线 FG 向外延伸。

当在平面上时，图 2.50 所示 A、B、C 在同一直线上，长度为 l_{AC}，要使 BC 折叠后与割线 FG 重合，需要对其进行裁剪，使 BC 贴近 FG。当在同一平面时，C 点所在圆的周长为

$$L_C=\frac{3\sqrt{3}}{2}m\times 2\pi \tag{2.54}$$

裁剪后所需要达到的周长为

$$L_G = x_1 \times 2\pi \tag{2.55}$$

周长差 L_{C-G} 为

$$L_{C-G} = \left(\frac{3\sqrt{3}}{2}m - x_1\right) \times 2\pi \tag{2.56}$$

周长差通过截去图 2.50 所示楔形部分来实现,每个六边形应截取长度 l_C 为

$$l_C = \frac{\left(\frac{3\sqrt{3}}{2}m - x_1\right) \times \pi}{3} \tag{2.57}$$

在截去的三角形中楔形角 β 为

$$\angle\beta = \frac{\left(\frac{3\sqrt{3}}{2}m - x_1\right) \times \pi}{3 \times \frac{3\sqrt{3}}{2}m}(\mathrm{rad}) = \frac{\frac{3\sqrt{3}}{2}m - x_1}{3 \times \frac{3\sqrt{3}}{2}m} \times 180° \tag{2.58}$$

截去图 2.51 所示红色楔形部分后可形成变形后的新六边形,对边缘的六边形进行调整后可得如图 2.51 所示的整体六边形分布图,对边缘的六边形进行变形以拟合对应的割线,中心六边形不变,如图 2.52 所示。

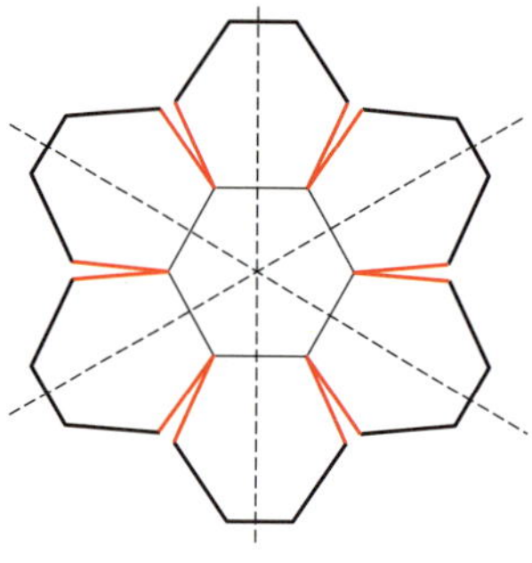

图 2.51 整体示意图

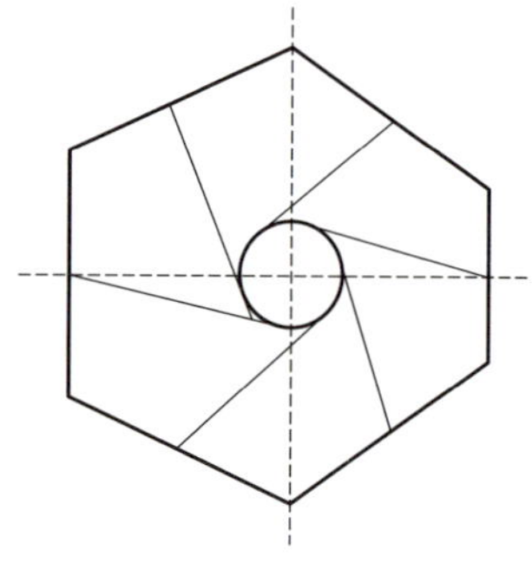

图 2.52 变形后的新六边形

当六边形单元变形后,由于部分六边形发生了变形,单元之间的部分形状不全是等边三角形,其对应折痕也需要做出改变。

如图 2.53 所示,取相邻的三个六边形中心圆切线形成的三角形部分,再分别作三角形各个角的平分线,所得即为基本的折痕。

在 BC 边上截取 D_1D_2、D_2D_3 等,使 $l_{D_1D_2} = l_{D_1F}$、$l_{D_2D_3} = l_{FG}$,分别过 D_1、D_2、D_3 作 BC 的垂线,交角平分线于 I_n(n 为正整数),再过 I_n 作 AC 垂线,垂足为 E_n,连接角平分线上的 I_nJ_n,可得完整的折痕。

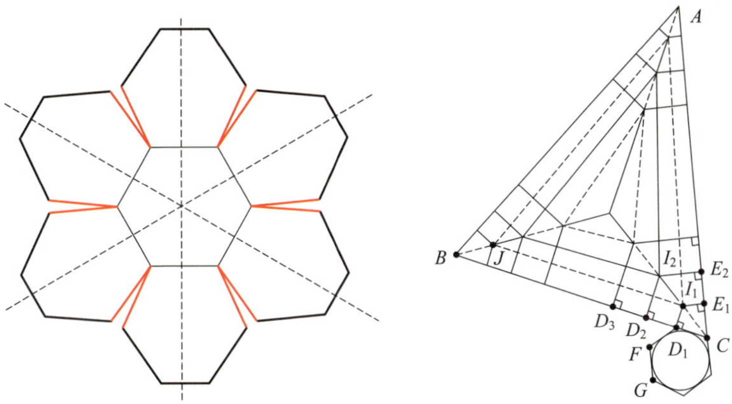

图 2.53 变形后的单元间折痕的设计

由图 2.54 左可知，理想状态下应用 BC 拟合抛物线上的 FG，但将六边形截掉一部分后，实际如图 2.54 右所示，截掉楔形部分后由 M、N 重合形成的 D 点来替代 C 点，即用 BD 拟合 FG，其中产生的误差可以用误差 l_{CD} 与理论长度 l_{BC} 的比值 δ_2 来衡量

$$\delta_2=\frac{l_{CD}}{l_{BC}} \tag{2.59}$$

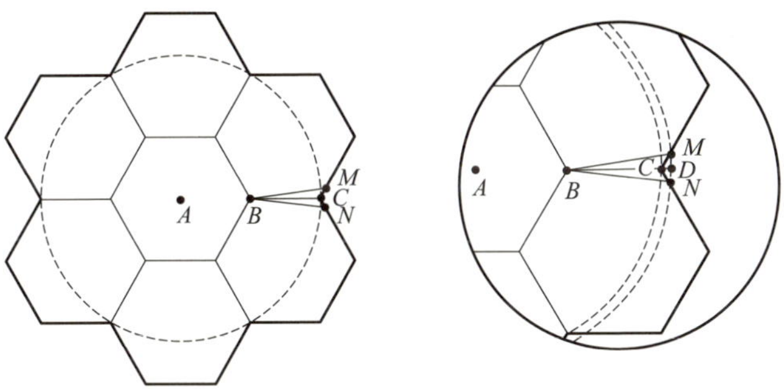

图 2.54 折痕的误差

当取中间小六边形边长为 5cm，要拟合的抛物线为 $y=0.05x^2$ 时，整理可得

$$\frac{1}{400}x^4+\frac{29}{32}x^2-5\sqrt{3}x+\frac{75}{4}+\frac{225}{256}-75=0 \tag{2.60}$$

解得四组根分别为

$$\begin{cases}x_1=11.174\\y_1=6.243\end{cases},\begin{cases}x_2=-4.33\\y_2=0.937\end{cases},$$

$$\begin{cases}x_3=3.422+21.119\mathrm{i}\\y_3=-21.714+7.227\mathrm{i}\end{cases},\begin{cases}x_4=3.422-21.119\mathrm{i}\\y_4=-21.714-7.227\mathrm{i}\end{cases} \tag{2.61}$$

其中，只有第一组解为合理解，将其代入式(2.58)可得应截取的楔形角 β 为

$$\angle\beta=\frac{\frac{3\sqrt{3}}{2}\times5-11.174}{3\times\frac{3\sqrt{3}}{2}\times5}\times180°=8.39° \tag{2.62}$$

可得拟合点处的误差 δ_2 如下

$$\delta_2=\frac{l_{CD}}{l_{BC}}\approx\frac{4.703}{54.703}=8.6\% \tag{2.63}$$

根据所得的拟合点坐标及楔形角度数可得如图 2.55(a)所示的折痕模型，折叠过程如图 2.55(b)所示，折叠后如图 2.55(c)所示，通过该模型验证了所建立数学模型是正确的。

(a) 展开状态　(b) 折叠过程　(c) 折叠状态

图 2.55　多单元可展开抛物面折痕数学模型的实例验证

2.4　张拉式薄膜结构张拉方法

2.4.1　大尺寸薄膜结构张拉成型方案设计

大型遮光罩、太阳帆、天线等机构需要将大型薄膜通过绳索张拉到支撑杆上，对此大尺寸的薄膜，需要设计新型的张拉成型方法，以消除褶皱，从而保证薄膜表面精度和平整度。通常，在航天器中的薄膜结构需要预先张拉以获得几何刚度。目前常用的张拉方法是将薄膜与桁架等抗压元件相结合，此外还可依靠离心力或充气薄膜内部压力来将薄膜张拉成型，消除褶皱。对于大尺寸的薄膜，本节设计了新型的张拉成型方法，以进一步消除褶皱，提高薄膜表面精度和平整度。

常用的张拉单元有三角形、四边形和六边形，本节以三角形单元的张拉为例，对空间大型薄膜结构的张拉成型方法进行介绍。

针对等边三角形薄膜，基于表面精度和平整度的要求，设计了如图 2.56 所示的可展开模块薄膜张拉成型方案。三角形薄膜的中心角点固定在可展开模块的中心，另外两个角点连接在弹性伸杆机构的自由展开端，因此在三角形薄膜的三个角点提供了张力。如图 2.56 所示，分别为三角形薄膜的角点张拉、传统悬线张拉、Miura-ori 张拉和剪切边界张拉。但此四种张拉方案都存在褶皱，且所需绳索的横截面积很大，导致绳索质量过大。

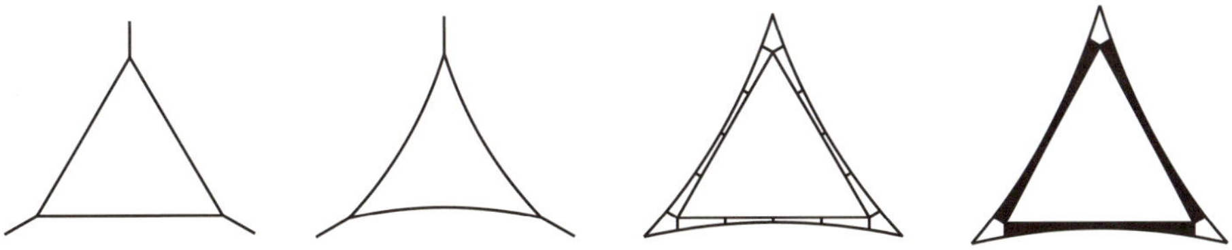

(a) 角点张拉　(b) 传统悬线张拉　(c) Miura-ori张拉　(d) 剪切边界张拉

图 2.56　三角形薄膜张拉成型方案

为此，设计了网状悬线张拉方案，如图 2.57 所示，通过内外悬线以及连线的合理配置，有效减少了绳索总质量，并极大程度地消除了褶皱，提高了薄膜的表面精度和平整度[19]。所以，采用网状悬线张拉方案的可展开薄膜结构如图 2.58 所示。

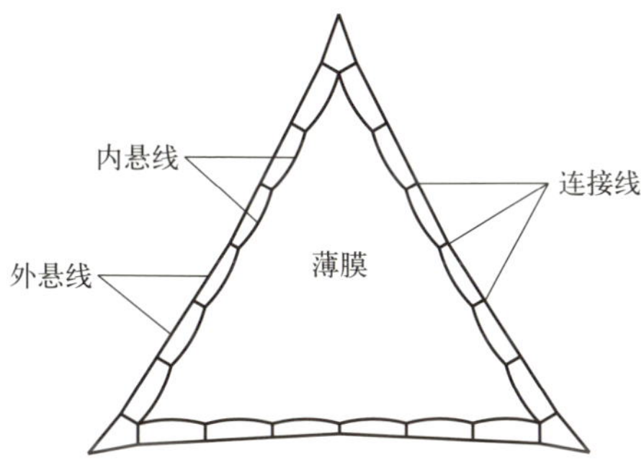

图 2.57　网状悬线张拉方案

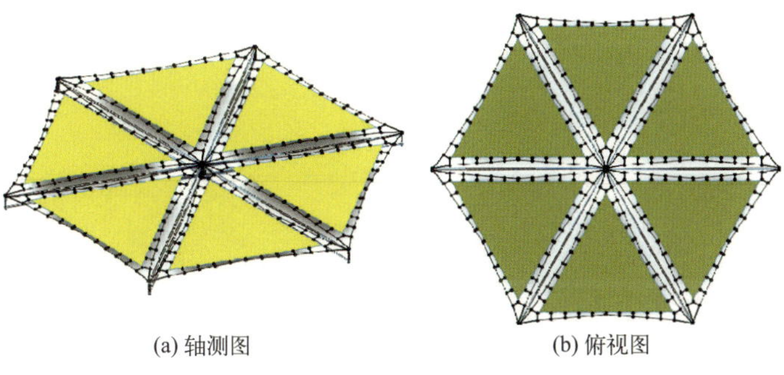

(a) 轴测图　(b) 俯视图

图 2.58　网状悬线张拉可展开薄膜结构

2.4.2 传统悬线张拉方案

张力膜结构的形状不能随意选择，设计时首先要确定满足平衡条件和结构要求的表面形状。其依靠一定的预张应力及曲面弯曲应力来抵抗垂直于膜面的外载。薄膜结构中预张应力的大小和分布以及与之相应的初始平衡表面形状将决定这个结构能否承受住外载对它的作用。预张应力首先必须为结构提供足够的刚度来抵抗外载，保证结构在整个使用期内不会产生过多的褶皱。就这个意义而言，预张应力越大越好。但是过大的预张应力会使结构在较小的外载作用下达到材料允许的强度值。一般情况下，薄膜结构中膜的允许应力是其单轴抗拉极限强度的25%左右，薄膜的预张应力控制在允许应力的30%以内。确定预张应力后，找出结构的初始平衡形状，然后进行载荷组合作用下的分析，判断结构是否出现褶皱或结构中的应力是否超过材料的允许应力。实际设计中，预张应力的确定需要经过多次试设和反复试算才能最终确定。三角形薄膜张拉成型方案如图 2.59 所示。

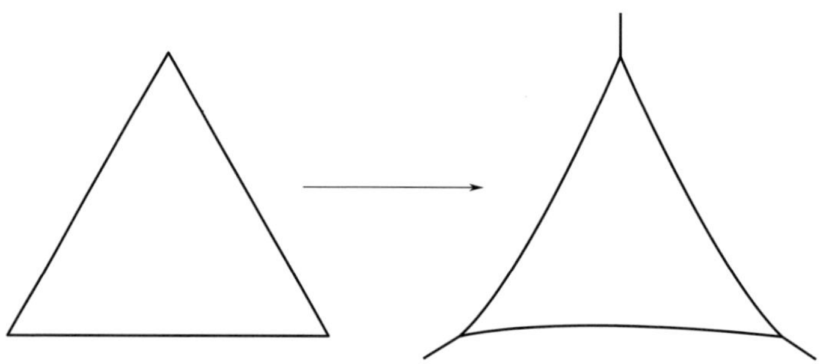

图 2.59 三角形薄膜张拉成型方案一

如图 2.60 所示，传统悬线张拉方案的平衡状态可以表示为

$$T_{ic}=r_{cc}\sigma_m \tag{2.64}$$

式中 T_{ic}——内绳索平均张力；

σ_m——薄膜平均应力；

r_{cc}——内绳索的曲率半径。

内绳索的平均张力与应变表达式为

$$T_{ic}=E_{ic}A_{ic}\varepsilon_{ic} \tag{2.65}$$

式中 E_{ic}——内绳索弹性模量；

A_{ic}——内绳索截面面积；

ε_{ic}——内绳索的平均应变。

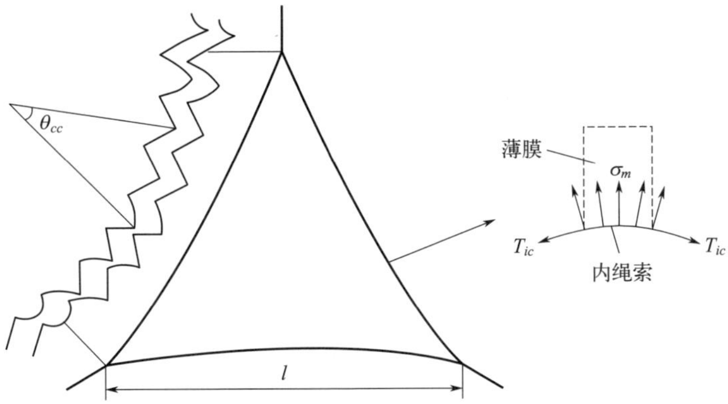

图 2.60 三角形薄膜张拉成型方案二

薄膜的应力与应变关系表达式如下

$$\sigma_m = \frac{E_m t}{1-\nu}\varepsilon_m \tag{2.66}$$

式中 E_m——薄膜弹性模量；

t——薄膜的厚度；

ν——薄膜的泊松比；

ε_m——薄膜的平均应变。

假设内绳索的平均应变等于薄膜的平均应变，即 $\varepsilon_{ic}=\varepsilon_m$，将式(2.65)和式(2.66)代入式(2.64)，整理可得

$$A_{ic} = r_{cc}\frac{E_m t}{E_{ic}(1-\nu)} \tag{2.67}$$

如图 2.60 所示，内绳索的曲率半径可由所对应的圆心角和薄膜边长确定

$$r_{cc} = \frac{l}{2\sin(\theta_{cc}/2)} \tag{2.68}$$

式中 l——三角形薄膜边长；

θ_{cc}——内绳索所对应的圆心角。

将式(2.68)代入式(2.67)，整理可得

$$A_{ic} = \frac{lE_m t}{2E_{ic}(1-\nu)\sin(\theta_{cc}/2)} \tag{2.69}$$

因此，在传统悬线张拉方案中，当绳索的弹性模量固定，绳索的截面尺寸随薄膜尺寸的增大而成比例增大。确定了薄膜的初始形状和绳索的初始长度，使结构在施加张力后具有要求的形状和型面精度。

2.4.3 网状悬线张拉方案

如前所述，由于薄膜尺寸的大型化，支撑点之间的跨度越来越大，传统悬线张拉方案需要连接到薄膜上截面尺寸大、质量大的绳索。此外，在传统悬线张拉方案中，支撑点的位移扰动会直接传播到薄膜上，从而导致薄膜产生褶皱。针对传统悬线张拉方案的不足之处，人们设计了网状悬线张拉方案，如图 2.61 所示，薄膜通过三个弯曲边缘与内悬线连接，内、外悬线通过连接线进行连接，而外悬线端点连接到弹性杆件的端部。

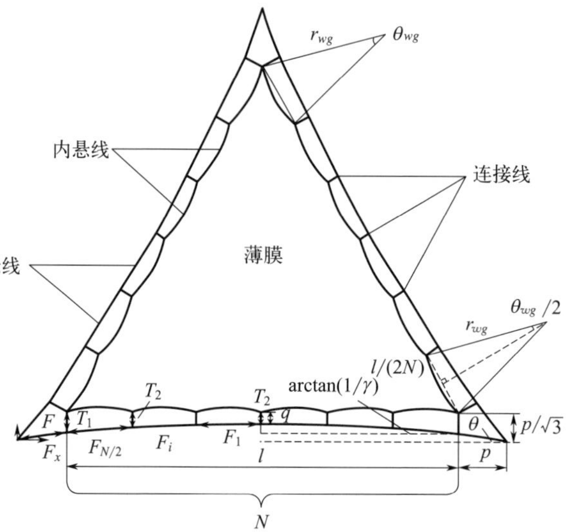

图 2.61 三角形薄膜网状悬线张拉方案

每个三角形边由 N 段半径为 r_{wg} 的圆弧组成，进而 r_{wg} 的表达式可以根据图中的几何关系推导，如下所示：

$$r_{wg}=\frac{l}{N}\times\frac{1}{2\sin(\theta_{wg}/2)} \tag{2.70}$$

式中 θ_{wg}——一段圆弧所对圆心角。

网状悬线张拉方案的平衡状态可以表示为

$$T_{ic}=r_{wg}\sigma_m \tag{2.71}$$

结合上式及传统悬线张拉方案推导过程，可得此时 A_{ic} 的表达式为

$$A_{ic}=\frac{lE_m t}{2NE_{ic}(1-\nu)\sin(\theta_{wg}/2)} \tag{2.72}$$

结合几何关系，可计算内悬线的总长 l_{ic} 为

$$l_{ic}=3Nr_{wg}\theta_{wg} \tag{2.73}$$

如图 2.61 所示，T_1 和 T_2 代表连接线的张力，根据平衡关系和式(2.65)，其表达式如下：

$$\begin{cases} T_1 = 2\cos\left(\dfrac{\pi}{6} - \dfrac{\theta_{wg}}{2}\right) E_{ic} A_{ic} \varepsilon_{ic} \\ T_2 = 2\sin\dfrac{\theta_{wg}}{2} E_{ic} A_{ic} \varepsilon_{ic} \end{cases} \tag{2.74}$$

进而，外悬线张力 F（后续简称为绳索张力）可根据分力合成为

$$F = \sqrt{F_x^2 + F_y^2} = T_2 \sqrt{\frac{\gamma^2}{4} + \left(\frac{T_1}{T_2} + \frac{N-1}{2}\right)^2} \tag{2.75}$$

$\dfrac{1}{\gamma}$为外悬线梯度，且

$$\frac{1}{\gamma} = \frac{\dfrac{1}{2}(p/\sqrt{3} - q)}{\dfrac{l}{4} + \left(\dfrac{T_1}{T_2} + \dfrac{N-1}{2}\right)p} \tag{2.76}$$

连接线的总长 l_{tie} 和外悬线的总长 l_{oc} 可以分别求得

$$\begin{cases} l_{tie} = \dfrac{3(N+2)}{4\gamma} l + 3(N+1)q \\ l_{oc} = 6p\sqrt{\dfrac{\gamma^2}{4} + \left(\dfrac{T_1}{T_2} + \dfrac{N-1}{2}\right)^2} + \dfrac{3l\sqrt{\gamma^2+1}}{\gamma} \end{cases} \tag{2.77}$$

与式(2.65)类似，绳索张力为

$$F = E_{oc} A_{oc} \varepsilon_{oc} \tag{2.78}$$

式中　E_{oc}——外悬线弹性模量；

ε_{oc}——外悬线的平均应变；

A_{oc}——外悬线截面面积，假设其与连接线截面面积 A_{tie} 相等。

参考文献

[1] Suliga A, Jakubczyk E, Hamerton I, et al. Analysis of atomic oxygen and ultraviolet exposure effects on cycloaliphatic epoxy resins reinforced with octa-functional POSS [J]. Acta Astronautica, 2018, 142: 103-111.

[2] Cox K, Davis B, VanHalle R, et al. Flight build of a furled high strain composite antenna for CubeSats [C]// 2018 AIAA Spacecraft Structures Conference, 2018.

[3] Martin E T, Hassan R A, Crossley W A. Comparing the N-branch genetic algorithm and the

multi-objective genetic algorithm [J]. AIAA Journal,2004,42(7)1496-1500.

[4] Santer M J, Pellegrino S. An asymmetrically-bistable monolithic energy-storing structure [C]//45th AIAA/ASME/ASCE/AHS/ASC Structures, Structural Dynamics, and Materials Conference,2004.

[5] Zhang Z, Yang L, et al. Bistable morphing composite structures: A review[J]. Thin-Walled Structures,2019,142:74-97.

[6] Pellegrino S. Bistable shell structures [C]// 46th AIAA/ASME/ASCE/AHS/ASC Structures, Structural Dynamics and Materials Conference,2005.

[7] 张展智,赵国伟,焦景勇,等. 空间薄壁式伸展臂的展开仿真与卷曲方式研究[J]. 宇航学报,2013,34(3):299-307.

[8] 张展智,赵国伟,黄海,等. 轴压开口圆柱薄壳屈曲分析与试验[J]. 北京航空航天大学学报,2012,38(4):557-562.

[9] Guest S D, Pellegrino S. Analytical models for bistable cylindrical shells [J]. Proceedings of the Royal Society A: Mathematical, Physical and Engineering Sciences,2006,462:839-854.

[10] Iqbal K, Pellegrino S, Daton-Lovett A. Bi-stable composite slit tubes [C]// IUTAM-IASS Symposium on Deployable Structures: Theory and Applications, Springer,2000.

[11] Cui Y, Santer M. Highly multistable composite surfaces [J]. Composite Structures,2015,124:44-54.

[12] Iqbal K, Pellegrino S. Bi-stable composite shells [C]//41st Structures, Structural Dynamics, and Materials Conference and Exhibit. American Institute of Aeronautics and Astronautics,2000.

[13] Lang R J, Tolman K A, Crampton E B, et al. A review of thickness-accommodation techniques in origami-inspired engineering [J]. Applied Mechanics Reviews, 2018, 70(1):016003.

[14] Morgan J, Magleby S P, Howell L L. An approach to designing origami-adapted aerospace mechanisms [J]. Journal of Mechanical Design,2016,138(5):052301.

[15] Lang R J. Mathematical algorithms for origami design [J]. Symmetry: Culture and Science,1994,5(2):115-152.

[16] Nojima T. Origami modeling of functional structures based on organic patterns [D]. Tyoto University,2002.

[17] Turner N, Goodwine B, Sen M. A review of origami applications in mechanical engineering [J]. Proceedings of the Institution of Mechanical Engineers, Part C: Journal of Mechanical Engineering Science,2016,230(14):2345-2362.

[18] 杨振,张静,李盘浩,等. 基于折纸的圆柱及圆台薄膜折叠设计及分析 [J]. 机械设计,2020,37(04):45-49.

[19] 唐愉真,刘超,肖洪,等. 可展薄膜的 Miura 弹性折痕建模与分析 [J]. 哈尔滨工业大学学报,2023,55(01):1-11.

第 3 章

弹性大变形支撑结构的设计与分析

3.1 概述

弹性伸杆近些年作为薄膜结构的支撑展开驱动组件，得到了越来越广泛的应用，其理论设计、仿真分析及实验验证得到广泛关注。本节对弹性大变形支撑结构的设计与分析过程进行讲解，为弹性大变形支撑结构的设计奠定理论基础。

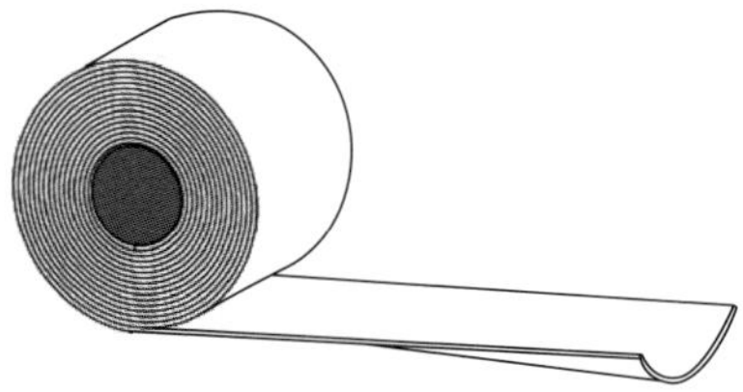

图 3.1 弹性伸杆卷绕-展开方式

弹性伸杆卷绕-展开方式如图 3.1 所示，其在收拢-展开过程中储存-释放弹性应变能，以驱动所带负载的展开。

弹性伸杆的展开过程可以看作伸杆上各个位置处的横截面微元依次释放应变能推动负载运动的过程，展开过程中横截面微元的变形可分为以下 3 个阶段，如图 3.2(a)所示(图中以薄壁圆管式弹性伸杆为例)：

① 横截面微元贴附于卷轴或卷绕段相邻层上，并随卷轴一同转动，微元的曲率取决于卷轴半径、杆壁厚度以及卷绕圈数(卷绕段)；

② 横截面微元随卷轴的转动逐渐回弹，先恢复至近似平面的状态，而后逐渐向微元的初始形态过渡(过渡段)；

③ 当横截面微元逐渐远离卷轴时，微元逐渐恢复至自由的初始状态(自由段)。

弹性伸杆的展开通常伴随着相应机构的约束作用，而在实际应用中被广泛采用的约束机构的示意图如图 3.2(b)所示，本节将以该类机构为对象进行研究。图中弹性伸杆以近似阿基米德螺旋线的形式缠绕在卷轴上，其根部固定于卷轴，卷轴与步进电机(在卷轴下方，图中未画出)相连以控制卷轴的转动速度。图中弹性伸杆卷绕段受到压紧弹簧/压紧轮的径向压紧作用，压紧轮数量越多，压紧力将分布越均匀，压紧效果越好，但综合考虑约束机构的复杂程度和压紧效果，图中的 4 个压紧轮结构最为常用。图中的导向轮用于约束弹性伸杆端部的运动方向。当图中的卷轴顺时针转动时，弹性伸杆将逐渐展开并释放所储存的应变能。

薄壁圆管、“人”字形杆及豆荚杆等不同截面形式的弹性伸杆优势各异，其应变能建立过程类似，本书选取薄壁圆管作为范例，对弹性伸杆的力学特性进行建模研究。将多根弹性伸杆缠绕于同一根卷轴上可以更好地发挥弹性伸杆高展收比的特性。多根弹性伸杆同时展开的应变能模型与单根弹性伸杆展开的应变能模型建模方法类似，仅螺距 a 的取值有所不同，故本节只针对单根弹性伸杆建模。另外，由于各向同性材料可以看作复合材料的特殊形式，其材料属性均可以由复合材料模

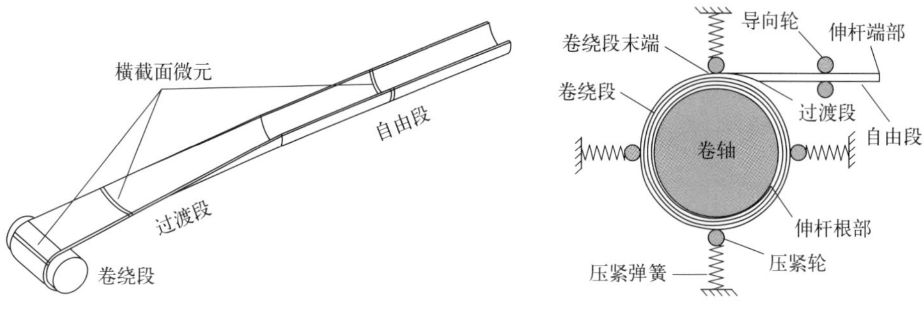

(a) 展开过程中的微元变形　　(b) 弹性伸杆典型展开机构

图 3.2　弹性伸杆的微元变形及典型展开机构示意图

型描述，因此本章将针对复合材料弹性伸杆建模，同时给出通过复合材料模型描述各向同性材料弹性伸杆的方法。

3.2　弹性伸杆材料力学模型建立

为建立弹性伸杆的应变能模型，应首先分析弹性伸杆的材料力学特性。

复合材料弹性伸杆通常由纤维增强基复合材料制成，按照功能和力学特性可以将杆壁上的铺层分为两类：一致方向层（unidirectional layer）和纤维层（fiber layer）。一致方向层由 0°纤维结构构成，位于各铺层的中间位置，且仅有一层，用于提高弹性伸杆的展开驱动力及展开态工作刚度；纤维层一般以对称或反对称的方式分布于一致方向层两侧，用于为杆壁提供复合材料特性，如双稳态特性等。一致方向层和纤维层均由纤维（碳纤维或玻璃纤维）和基质（环氧树脂或聚丙烯）融合而成。由于铺设方式的不同，二者之间力学特性相差较大，但各纤维层一般采取相同的方式铺设。下面分别针对弹性伸杆材料的一致方向层和纤维层进行建模。建模过程中，纤维铺设角度为纤维方向与杆长方向的夹角，如图 3.3(a)所示（图中以薄壁圆管为例）。

首先对一致方向层建模。根据混合物标准计算规则，一致方向层力学特性可表示为

$$E_{1UD}=E_fV_{UD}+(1-\phi_{UD})E_m(1-V_{UD}) \tag{3.1}$$

$$E_{2UD}=\frac{E_f(1-\phi_{UD})E_m}{(1-\phi_{UD})E_mV_{UD}+E_f(1-V_{UD})} \tag{3.2}$$

$$\nu_{12UD}=\nu_fV_{UD}+\nu_m(1-V_{UD}) \tag{3.3}$$

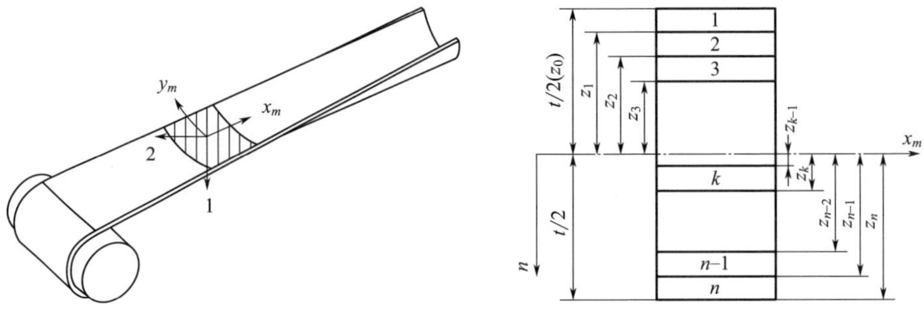

(a) 纤维铺设方向　　(b) 层合材料参数

图 3.3　弹性伸杆材料几何参数

$$G_{12UD}=\frac{1}{\dfrac{V_{UD}}{G_f}+\dfrac{1-V_{UD}}{(1-\phi_{UD})G_m}} \tag{3.4}$$

式中　E_{1UD}，E_{2UD}——一致方向层沿 1、2 方向的弹性模量，Pa；

E_f，E_m——纤维、基质的弹性模量，Pa；

V_{UD}——一致方向层纤维体积分数；

ϕ_{UD}——一致方向层基质多孔系数；

ν_{12UD}——一致方向层的泊松比；

ν_f，ν_m——纤维、基质的泊松比；

G_{12UD}——一致方向层的面内剪切模量，Pa；

G_f，G_m——纤维、基质的面内剪切模量，Pa。

同理，纤维层力学特性可表示为

$$E_{1f}=E_fV_f+(1-\phi_f)E_m(1-V_f) \tag{3.5}$$

$$E_{2f}=\frac{E_f(1-\phi_f)E_m}{(1-\phi_f)E_mV_f+E_f(1-V_f)} \tag{3.6}$$

$$\nu_{12f}=\nu_fV_f+\nu_m(1-V_f) \tag{3.7}$$

$$G_{12f}=\frac{1}{\dfrac{V_f}{G_f}+\dfrac{1-V_f}{(1-\phi_f)G_m}} \tag{3.8}$$

式中　E_{1f}，E_{2f}——纤维层沿 1、2 方向的弹性模量，Pa；

V_f——纤维层纤维体积分数；

ϕ_f——纤维层基质多孔系数；

ν_{12f}——纤维层的泊松比；

G_{12f}——纤维层的面内剪切模量，Pa。

式(3.1)～式(3.8)中的 1、2 方向分别为沿纤维方向、垂直于纤维方向，如

图 3.3(a)所示，图中 x_m、y_m 方向分别为沿杆长方向、沿杆宽方向；图 3.3(b)中呈现了弹性伸杆材料中各铺层的几何结构。由于弹性伸杆壁厚远小于伸杆的其他截面尺寸，故可将弹性伸杆视为薄壳结构，因此各铺层的面外剪切模量均为 0。另外，式(3.5)～式(3.8)所表示的为每层仅有一个纤维角度的铺层结构，而在实际应用中，一个铺层内具有两个相反铺设角度的织物型(fabric)铺层亦较为常见，如图 3.4(a)所示。此时纤维层在模型中应被处理为两个具有相反方向的单一角度铺层相重合(即两个角度相反的单一角度铺层在中性面同侧且与中性面距离相等)，并令每个单一角度铺层的弹性模量 E_{1f}、E_{2f} 以及剪切模量 G_{12f} 的值均为式(3.5)、式(3.6)及式(3.8)中数值的一半，而式(3.7)中的泊松比 ν_{12f} 不变。如图 3.4(b)所示，图中 x_m 轴、y_m 轴的定义与图 3.3(a)中的相同，n 轴为垂直于 x_my_m 平面方向。

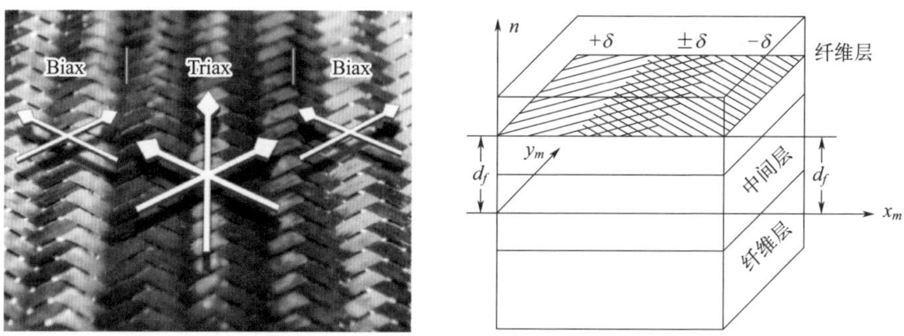

(a) 织物型铺层结构[1]　　(b) 织物型铺层结构等效模型

图 3.4　织物型铺层结构及等效模型

对比式(3.1)～式(3.4)与式(3.5)～式(3.8)可知，纤维层与一致方向层力学参数虽不同，但二者具有相同的表达形式，因此在以下分析中将二者统一表示为单层板结构，将纤维层与一致方向层的角标省去。

根据复合材料力学理论[1,2]，各单层板面内工程弹性常数 $\boldsymbol{Q}$ 为

$$\boldsymbol{Q}=\begin{bmatrix} Q_{11} & Q_{12} & 0 \\ Q_{12} & Q_{22} & 0 \\ 0 & 0 & Q_{66} \end{bmatrix} \tag{3.9}$$

其中

$$\begin{cases} Q_{11}=\dfrac{E_1}{1-\nu_{12}\nu_{21}}, Q_{22}=\dfrac{E_2}{1-\nu_{12}\nu_{21}}, Q_{12}=\dfrac{\nu_{12}E_1}{1-\nu_{12}\nu_{21}} \\ Q_{66}=G_{12}, \dfrac{\nu_{12}}{E_2}=\dfrac{\nu_{21}}{E_1} \end{cases} \tag{3.10}$$

将单层板沿 1、2 方向的力学特性转换到沿 x_m、y_m 方向上，其转角公式为

$$\boldsymbol{T}=\begin{bmatrix}\cos^2\delta & \sin^2\delta & 2\sin\delta\cos\delta\\ \sin^2\delta & \cos^2\delta & -2\sin\delta\cos\delta\\ -\sin\delta\cos\delta & \sin\delta\cos\delta & \cos^2\delta-\sin^2\delta\end{bmatrix}\tag{3.11}$$

式中 δ——纤维铺设角度，rad。

转角后各单层板工程弹性常数为

$$\overline{\boldsymbol{Q}}=\begin{bmatrix}\overline{Q}_{11} & \overline{Q}_{12} & \overline{Q}_{16}\\ \overline{Q}_{12} & \overline{Q}_{22} & \overline{Q}_{26}\\ \overline{Q}_{16} & \overline{Q}_{26} & \overline{Q}_{66}\end{bmatrix}=\boldsymbol{T}^{-1}\boldsymbol{Q}(\boldsymbol{T}^{-1})^{\mathrm{T}}\tag{3.12}$$

3.3 弹性伸杆展开应变能模型建立

在材料力学特性分析的基础上，结合弹性伸杆的几何结构及微元变形，建立薄壁圆管的展开应变能模型。

3.3.1 薄壁圆管应力-应变分析

薄壁圆管通常分为开口、闭口两种形式，二者的差异仅体现在尺寸参数（横截面半径 R、路径长度 b）的选取上，而在展开应变能模型的建模方法上无差别，为便于阐述，下面的图示均以开口结构表示。应用经典层合材料理论将式(3.12)中各单层板的力学特性进行整合，因此弹性伸杆材料的力学特性可由复合材料 **ABD** 矩阵表示为[2]

$$\begin{bmatrix}N_x\\ N_y\\ N_{xy}\\ M_x\\ M_y\\ M_{xy}\end{bmatrix}=\begin{bmatrix}A_{11} & A_{12} & A_{16} & B_{11} & B_{12} & B_{16}\\ A_{12} & A_{22} & A_{26} & B_{12} & B_{22} & B_{26}\\ A_{16} & A_{26} & A_{66} & B_{16} & B_{26} & B_{66}\\ B_{11} & B_{12} & B_{16} & D_{11} & D_{12} & D_{16}\\ B_{12} & B_{22} & B_{26} & D_{12} & D_{22} & D_{26}\\ B_{16} & B_{26} & B_{66} & D_{16} & D_{26} & D_{66}\end{bmatrix}\begin{bmatrix}\varepsilon_x\\ \varepsilon_y\\ \gamma_{xy}\\ \kappa_x\\ \kappa_y\\ \kappa_{xy}\end{bmatrix}\tag{3.13}$$

式中 N_x, N_y, N_{xy}——微元沿横截面路径单位长度上的拉压载荷，N/m；

M_x, M_y, M_{xy}——微元沿横截面路径单位长度上的弯矩，N；

$\varepsilon_x, \varepsilon_y$——微元沿 x_m、y_m 轴方向上的应变；

γ_{xy}——微元面内切应变；

κ_x, κ_y——微元绕 x_m、y_m 轴的曲率(m^{-1})；

κ_{xy}——微元扭转曲率(m^{-1})。

式(3.13)中 **ABD** 矩阵的各元素为

$$\begin{cases} A_{ij} = \sum_{k=1}^{n} (\overline{Q}_{ij})_k (m_k - m_{k-1}) \\ B_{ij} = \dfrac{1}{2} \sum_{k=1}^{n} (\overline{Q}_{ij})_k (m_k^2 - m_{k-1}^2) \\ D_{ij} = \dfrac{1}{3} \sum_{k=1}^{n} (\overline{Q}_{ij})_k (m_k^3 - m_{k-1}^3) \end{cases} \tag{3.14}$$

式中　n——位于中性面一侧的铺层个数(不含一致方向层)，如图 3.3(b)所示；

m_k——第 k 层外侧到中性面的距离，m。

式(3.14)中 m_k 可表示为

$$m_k = kt_f + \frac{t_{UD}}{2} \tag{3.15}$$

式中　t_{UD}——一致方向层厚度，m；

t_f——纤维层厚度，m。

式(3.13)可以表示为简化形式

$$\begin{bmatrix} \boldsymbol{N} \\ \boldsymbol{M} \end{bmatrix} = \begin{bmatrix} \boldsymbol{A} & \boldsymbol{B} \\ \boldsymbol{B} & \boldsymbol{D} \end{bmatrix} \begin{bmatrix} \boldsymbol{\varepsilon} \\ \boldsymbol{\kappa} \end{bmatrix} \tag{3.16}$$

由简化后的式(3.16)可以看出，伸杆的材料变形包含了弯扭 $\boldsymbol{\kappa}$、拉压 $\boldsymbol{\varepsilon}$ 两个方面的因素，相应受力示意图如图 3.5 所示。

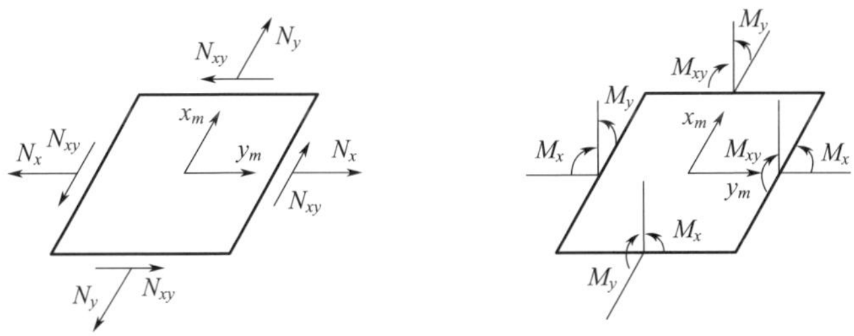

(a) 弹性伸杆拉伸　　(b) 弹性伸杆弯曲

图 3.5　弹性伸杆变形过程受力示意图

下面结合弹性伸杆展开过程中的变形方式，分析式(3.16)在弹性伸杆展开过程中的具体表现形式。薄壁圆管式弹性伸杆的展开过程变形示意图如图 3.6 所示，其中图 3.6(a)、(b)分别表示薄壁圆管的正向、反向卷绕。

首先分析弹性伸杆的弯扭变形 $\boldsymbol{\kappa}$。

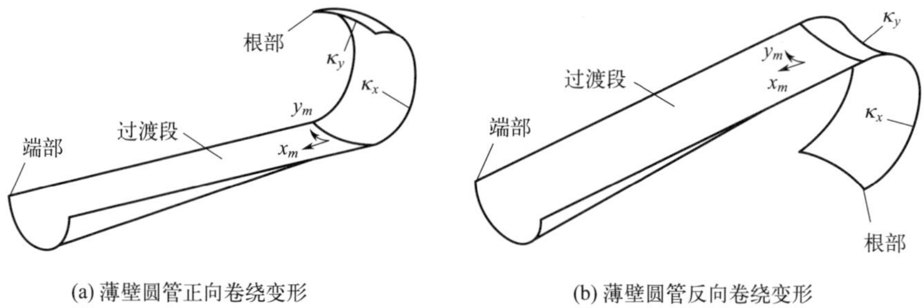

图 3.6 薄壁圆管式弹性伸杆展开过程变形示意图

由于几何关系的限制，弹性伸杆的弯曲变形仅发生在绕 x_m、y_m 轴两个相互垂直的方向上(参见图 3.6)，而扭转变形则仅由弹性伸杆材料内部单层板间的耦合作用引起。在实际应用中，纤维层一般以对称或反对称的方式铺设在一致方向层两侧，由于展开过程中弹性伸杆的变形受到约束机构的限制，根据复合材料力学相关理论，式(3.16)中描述材料弯扭变形的矩阵 $\boldsymbol{D}$ 可依照以下原则进行简化：

① 当弹性伸杆材料铺层关于中性面对称时，弹性伸杆材料的弯曲与拉伸解耦，即有 $\boldsymbol{B}=\boldsymbol{0}$；此时 D_{16}、D_{26} 不为 0，即弹性伸杆材料的弯曲与扭转耦合，但该耦合可被约束控制机构抵消，故 D_{16}、D_{26} 可以被忽略。

② 当弹性伸杆材料铺层关于中性面反对称时，$D_{16}=D_{26}=0$；此时 $\boldsymbol{B}\neq\boldsymbol{0}$，但此种耦合作用影响程度较弱，因此 $\boldsymbol{B}$ 可以被忽略。

③ 对于对称或反对称铺层结构，由于约束机构的限制作用，扭转变形 κ_{xy} 在展开过程中的影响均较小，因此与 κ_{xy} 相乘的 D_{66} 可以被忽略。

根据上述简化原则，对于对称或反对称铺层的杆壁结构，计算中可以认为 $D_{16}=D_{26}=D_{66}=0$ 且 $\boldsymbol{B}=\boldsymbol{0}$，于是此时式(3.16)中关于弯扭变形 $\boldsymbol{D}$ 的计算式可以简化为

$$\begin{bmatrix} M_x \\ M_y \end{bmatrix}=\begin{bmatrix} D_{11} & D_{12} \\ D_{12} & D_{22} \end{bmatrix}\begin{bmatrix} \kappa_x \\ \kappa_y \end{bmatrix} \tag{3.17}$$

另外，对于图 3.4 所示的织物型铺层结构，由于其每层包含正反两个铺设角度，其弯曲与扭转耦合以及扭转变形趋势在各单层板内均已被相互抑制，因此由该类铺层制成的弹性伸杆弯曲变形计算式亦可简化为式(3.17)的形式。

下面分析弹性伸杆的拉压变形 $\boldsymbol{\varepsilon}$。

由于弹性伸杆在展开过程中不存在使其发生拉压变形的外力，因而能够引起弹性伸杆产生拉压变形的原因是：当弹性伸杆绕 y_m 轴弯曲时，其横截面并非直线段，而是保留着一定弧度的曲线段(根据相关研究，这一曲线段可等效为一段曲率恒定的圆弧[3-6]，见图 3.6 中的 κ_y)，这一残留曲率的存在使弹性伸杆卷绕段在沿

杆长方向上受到拉压，而在其他任何方向上均无拉压(由于 κ_y 的值很小，因此认为残留弧度并不影响卷绕段横截面微元上各个位置处 κ_x 的值)，因此式(3.16)中描述材料拉压变形的 **A** 矩阵可以简化为$[A_{11}]$，相应的计算式则可简化为

$$N_x = A_{11}\varepsilon_x \tag{3.18}$$

通过式(3.17)、式(3.18)可知，在弹性伸杆展开过程分析中，***ABD*** 矩阵中仅 A_{11}、D_{11}、D_{12}、D_{22} 对弹性伸杆的展开性能存在影响，因此对于各向同性材料弹性伸杆的建模，通过获取上述 4 个参量与同性材料相应参数之间的关系，即可将各向同性材料模型包含到复合材料模型中。这一关系为

$$A_{11} = \frac{Et}{1-\nu^2} \tag{3.19}$$

$$D_{11} = D_{22} = \frac{Et^3}{12(1-\nu^2)} = D_i \tag{3.20}$$

$$D_{12} = \nu D_i \tag{3.21}$$

式中　E——各向同性材料弹性模量，Pa；

ν——各向同性材料泊松比；

D_i——各向同性材料弯曲刚度，N・m；

t——弹性伸杆杆壁厚度，m。

3.3.2　薄壁圆管横截面微元应变能分析

下面结合薄壁圆管的几何参数，计算弹性伸杆横截面微元的弹性应变能。根据图 3.7，薄壁圆管有且仅有两个相互独立的尺寸参数：横截面半径 R(中径)与路径长度 b(杆壁厚度 t 作为材料参数已被包含在 ***ABD*** 矩阵中)。

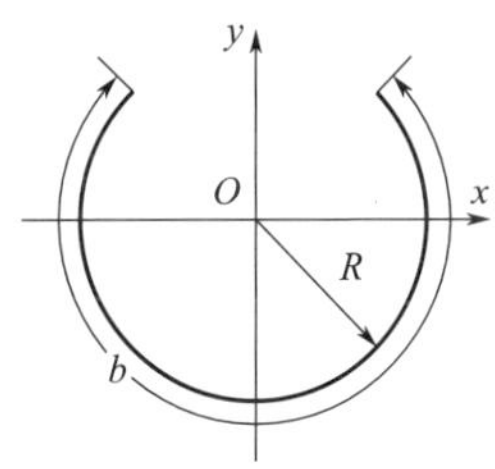

图 3.7　薄壁圆管横截面几何结构

根据 Calladine 的研究理论[7]，并结合图 3.6、图 3.7 中薄壁圆管变形前后的几何形态，薄壁圆管卷绕段横截面微元的弯曲、拉伸应变能可分别表示为

$$U_{B\text{-}STEM} = \frac{b}{2}\begin{bmatrix}\kappa_x & \kappa_y & \kappa_{xy}\end{bmatrix}\boldsymbol{D}\begin{bmatrix}\kappa_x \\ \kappa_y \\ \kappa_{xy}\end{bmatrix} = \frac{b}{2}(D_{11}\Delta\kappa_x^2 + 2D_{12}\Delta\kappa_x\Delta\kappa_y + D_{22}\Delta\kappa_y^2) \tag{3.22}$$

$$U_{S\text{-}STEM} = \frac{b}{2}\begin{bmatrix}\varepsilon_x & \varepsilon_y & \gamma_{xy}\end{bmatrix}\boldsymbol{A}\begin{bmatrix}\varepsilon_x \\ \varepsilon_y \\ \gamma_{xy}\end{bmatrix} = \frac{b}{2}A_{11}\varepsilon_x^2 \tag{3.23}$$

式中 $U_{B\text{-}STEM}$——薄壁圆管卷绕段横截面微元弯曲应变能，J；

$U_{S\text{-}STEM}$——薄壁圆管卷绕段横截面微元拉伸应变能，J。

首先根据式(3.22)及相应几何关系计算弹性伸杆卷绕段横截面微元储存的弯曲应变能。

根据图3.6、图3.7，$\frac{1}{R}$为卷绕段横截面微元的初始曲率，而κ_y为横截面微元残存的绕x轴方向弯曲的曲率，且二者的弯曲方向相同，因此$\kappa_y-\frac{1}{R}$为横截面微元由卷绕段变化至自由段的曲率变化量。同时对比图3.6(a)、(b)可知，由于弹性伸杆无论正向、反向卷绕，初始曲率与残余曲率的弯曲方向均相同，因此薄壁圆管正向或反向卷绕的横截面微元应变能表达式均为

$$U_{B\text{-}STEM}=\frac{b}{2}\left[D_{11}\kappa_x^2+2D_{12}\kappa_x\left(\kappa_y-\frac{1}{R}\right)+D_{22}\left(\kappa_y-\frac{1}{R}\right)^2\right] \tag{3.24}$$

而后根据式(3.23)计算弹性伸杆卷绕段横截面微元储存的拉伸应变能。

拉伸应变能的计算需结合弹性伸杆卷绕段横截面的几何结构，如图3.8所示。图中，将卷绕段横截面等效为一段圆弧，O点为圆弧的圆心，P点为圆弧上任意一点，G点为P点在对称面上的投影，1轴为过O点且与中性轴平行的轴。由于卷绕段横截面微元的弯曲可以看作是绕中性轴的纯弯曲，因此需首先寻找中性轴的位置。根据图3.8中几何关系，1轴与中性轴间的距离d_O为

$$d_O=\frac{2\int_0^{\frac{b\kappa_y}{2}}\frac{1}{\kappa_y^2}\cos\lambda\mathrm{d}\lambda}{b}=\frac{2\sin\left(\frac{b\kappa_y}{2}\right)}{b\kappa_y^2} \tag{3.25}$$

P点与中性轴的距离d_P为

$$d_P=|\overline{O}G\cos\lambda-d_O|=\left|\frac{\cos\lambda}{\kappa_y}-\frac{2\sin\left(\frac{b\kappa_y}{2}\right)}{b\kappa_y^2}\right| \tag{3.26}$$

式中 λ——OP与OG之间的夹角，rad。

薄壁圆管卷绕段横截面微元的拉伸应变能为

$$\begin{aligned}U_{S\text{-}STEM}&=bA_{11}\int_0^{\frac{b\kappa_y}{2}}d_P^2\mathrm{d}\lambda\\&=\frac{1}{\kappa_y}\times\frac{A_{11}}{2}\left[\frac{b}{2}\times\frac{\kappa_x^2}{\kappa_y}+\frac{\sin(b\kappa_y)}{2}\times\frac{\kappa_x^2}{\kappa_y^2}-\frac{4\sin^2\left(\frac{b\kappa_y}{2}\right)}{b}\times\frac{\kappa_x^2}{\kappa_y^3}\right]\end{aligned} \tag{3.27}$$

结合式(3.24)和式(3.27)，薄壁圆管卷绕段横截面微元的应变能为

$$e_{STEM}=U_{B\text{-}STEM}+U_{S\text{-}STEM} \tag{3.28}$$

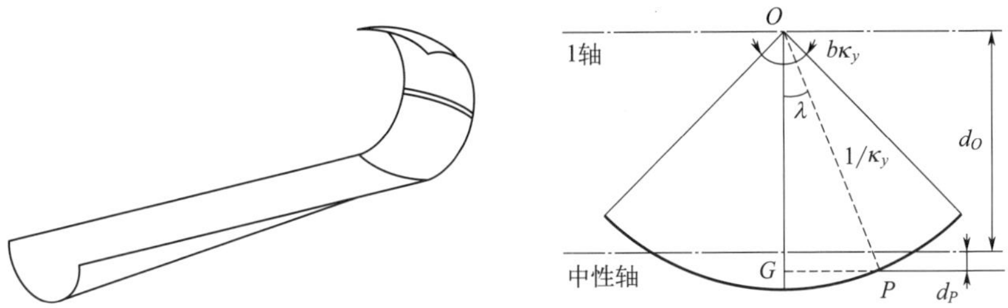

图 3.8　薄壁圆管卷绕段横截面几何结构

3.3.3　薄壁圆管应变能模型

由于在弹性伸杆展开过程中，过渡段仅随伸杆的展开而平移，理想情况下过渡段各位置处横截面微元的能量密度、几何形态均不随伸杆展开长度的变化而改变，因而应变能模型中过渡段的能量可以被忽略[6]；同时弹性伸杆的自由段为完全展开的初始状态，不存在应变能。因此，在建模过程中，弹性伸杆卷绕段的总应变能可以被看作弹性伸杆的总应变能。

式(3.28)所计算的结果为当 κ_x、κ_y 取任意值时卷绕段横截面微元的应变能。然而在弹性伸杆展开过程中，κ_x、κ_y 不是自由变量，κ_x 的值由弹性伸杆根部卷绕半径、卷绕圈数及杆壁厚度共同决定。若将弹性伸杆卷绕段纵截面看作阿基米德螺旋线，则 κ_x 的值可表示为

$$\kappa_x=\frac{1}{r_i+a\theta},\quad a=\frac{t}{2\pi} \tag{3.29}$$

式中　r_i——弹性伸杆根部卷绕半径，m；

a——弹性伸杆卷绕段螺距，m；

t——弹性伸杆壁厚，m；

θ——弹性伸杆卷绕角度，rad。

κ_y 是卷绕段横截面微元的残存曲率，其值与 κ_x 相关。根据最小能量原理，κ_y 的取值必然使卷绕段横截面微元在给定的 κ_x 下能量最小，因此在给定的 κ_x 值下使 e_{STEM} 取极小值的曲率，即为 κ_y 的取值。因此通过求解

$$\frac{\mathrm{d}e_{STEM}}{\mathrm{d}\kappa_y}=0\ 且\ \frac{\mathrm{d}^2e_{STEM}}{\mathrm{d}\kappa_y^2}>0 \tag{3.30}$$

得到 κ_y 的值。

当 κ_x、κ_y 取由式(3.29)、式(3.30)求得的值时，式(3.28)所得结果为横截面微元在某一卷绕位置时的应变能(最小值)，用 $e_{\min\text{-}STEM}$ 表示。应用极坐标下的弧长

公式，通过在卷绕段纵截面上的角度积分求得薄壁圆管卷绕段的总应变能

$$E_{B\text{-}STEM}=\int_{0}^{\theta_{\omega}-\theta_{h}}(r_{i}+a\theta)e_{\min\text{-}STEM}(\theta)\mathrm{d}\theta \tag{3.31}$$

式中　θ_{ω}——初始状态下弹性伸杆卷绕的总角度，rad；

θ_{h}——卷轴自初始状态转动的角度，rad。

式(3.31)即为薄壁圆管式弹性伸杆的应变能模型。

3.4　弹性伸杆展开过程分析

本节将基于弹性伸杆展开应变能模型分析伸杆在展开过程中的运动方式、失效机理以及失效产生的临界条件，并求解当弹性伸杆卷绕至某一圈数后开始展开或松脱失效的端部力。

3.4.1　弹性伸杆展开机理分析

实际上图 3.2(b)中弹性伸杆展开应变能的释放存在两种方式：一种为在卷绕段末端逐渐释放，即正常展开，如图 3.9(a)所示；另一种为在卷绕段内部同时释放，即松脱失效，如图 3.9(b)所示。下面将对两种释放方式的变形过程及产生机理进行详细分析。由于卷轴匀速运动且转速较慢，因此，分析中可将正常展开、松脱失效过程均视为准静态过程，不考虑加速度因素的影响。

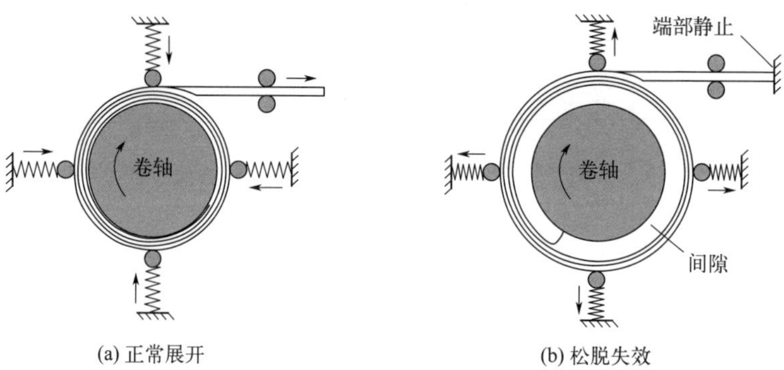

图 3.9　弹性伸杆的正常展开与松脱失效

图 3.9(a)所示为弹性伸杆的正常展开过程。正常展开过程中，卷轴在电机的带动下顺时针匀速转动，同时弹性伸杆端部以同卷轴转速相匹配的速度向外伸出，在此过程中卷轴与卷绕段之间、卷绕段各层之间均紧密贴合，不出现缝隙。此时，弹性伸杆有序展开，通过减小卷绕段的长度来逐渐释放应变能，而暂未展开部分的横截面微元的形状、能量保持不变。

弹性伸杆的松脱失效过程如图 3.9(b)所示。松脱失效产生的原因在于：当弹性伸杆端部所带负载过大时，由于伸杆回弹产生的推力不足以克服所带负载，弹性伸杆将停止向外伸出，但由于卷轴并不与弹性伸杆的端部相连（而是与弹性伸杆的根部相连），因而此时卷轴在电机的带动下仍然可以继续转动，于是将造成卷绕段在约束机构内的不断扩张，并同卷轴之间产生明显的间隙，这一过程即为松脱失效。在松脱过程中，卷绕段的总长度并未改变，其应变能的释放是通过减小卷绕段的曲率来实现的。若使用电机持续转动卷轴，卷绕段将在约束机构内不断扩张直至填满整个约束机构，继续转动卷轴将出现弹性伸杆在约束机构内阻塞、卡死的现象，进一步强制转动卷轴最终将导致弹性伸杆根部的折断。因此，松脱失效是一种普遍、严重的展开失效现象，在展开过程中必须严格禁止，即必须保证弹性伸杆卷绕段与卷轴之间、卷绕段各层之间在展开过程中任何时刻始终紧密贴合。

下面分别从力学和几何学的角度，进一步揭示松脱失效的产生机理及松脱趋势与端部力之间的关系。

首先从力学的角度进行分析。如前所述，弹性伸杆的能量释放存在正常展开与松脱失效两种方式，而对于给定的展开机构，这两种释放方式将产生两种相反的运动趋势——正常展开趋势与松脱失效趋势。这两种趋势中哪一种占主导就将导致哪一种能量释放方式的出现，而这两种趋势的强弱关系直接决定弹性伸杆在正常展开状态下所能承受的端部负载的大小。当正常展开趋势大于松脱失效趋势时，弹性伸杆将正常展开，此时伸杆端部还可承受更大的负载；当正常展开趋势小于松脱失效趋势时，弹性伸杆将发生松脱；当正常展开趋势等于松脱失效趋势时，弹性伸杆将处于松脱失效的边缘，此时弹性伸杆端部所能承受的负载已达到极限。

再从几何学的角度进行分析。从松脱失效的产生机理可以看出：一方面，电机转速必须与弹性伸杆端部展开运动的速度相匹配，而当电机转速高于伸杆端部速度时，卷绕段与卷轴间将出现间隙，弹性伸杆的展开过程将面临失效；另一方面，由于几何结构所限，弹性伸杆端部的展开运动速度不可能高于电机转速。因此在展开过程中，电机不能起到驱动弹性伸杆展开的作用，但能起到限制伸杆展开速度的作用。综上所述，对于给定的展开机构，弹性伸杆的端部力与电机的输出转矩无关。换言之，在弹性伸杆的展开过程中，电机的转矩是一种约束条件而非驱动力。这一规律似乎有些反常识，究其根源是电机仅能控制弹性伸杆根部的运动，却不能直接驱动伸杆的端部，而弹性伸杆的根部与端部之间则是通过卷绕段相连接的，因此弹性伸杆的端部力取决于卷绕段的性质而非电机的输出转矩，同时电机转矩的增大也不能使已经开始松脱的弹性伸杆摆脱松脱失效。

综上所述，弹性伸杆的端部力并不直接取决于弹性伸杆中所储存的总应变能，而是取决于两种能量释放方式释放能量之差，至于哪种趋势能占主导地位则取决于弹性伸杆及展开机构的几何形状、材料属性等因素，同时电机的输出转矩并不会对弹性伸杆的端部力产生影响。下面将根据弹性伸杆的展开应变能模型，分别求解与两种能量释放方式相对应的运动趋势的大小，从而得到弹性伸杆卷绕至某一圈数后开始展开或松脱时的端部力。

3.4.2 弹性伸杆正常展开分析

弹性伸杆正常展开或松脱失效过程中的几何参数定义如图 3.10 所示。其中，图 3.10(a)为弹性伸杆的展开初始状态，图 3.10(b)、(c)分别为弹性伸杆的正常展开、松脱失效过程，为使表达简洁，图中省略了压紧机构。图 3.10 中，x_dOy_d 为固定坐标系，不随卷轴转动。其 x_d 轴穿过弹性伸杆根部(即卷绕段根部)初始状态下的位置；θ 为从卷绕段根部位置(并非 x_d 轴位置，该位置随卷轴转动)到卷绕段某点 P_d 的积分变量；θ_h 为卷轴转角(即 x_d 轴位置到卷绕段根部位置的夹角)；θ_w 为初始状态下卷绕段的总包络角度；r_h 为卷轴半径；r_i(图中未标出)为卷绕段根部位置处的中径，r_i 在正常展开状态下记为 r_{in}，在松脱失效状态下记为 r_{ib}，分别如图 3.10(b)、(c)中所示。同时，在松脱过程中，弹性伸杆的端部力与固定位置的支撑力(即伸杆所承受的负载)大小相等且方向相反，如图 3.10(c)所示。

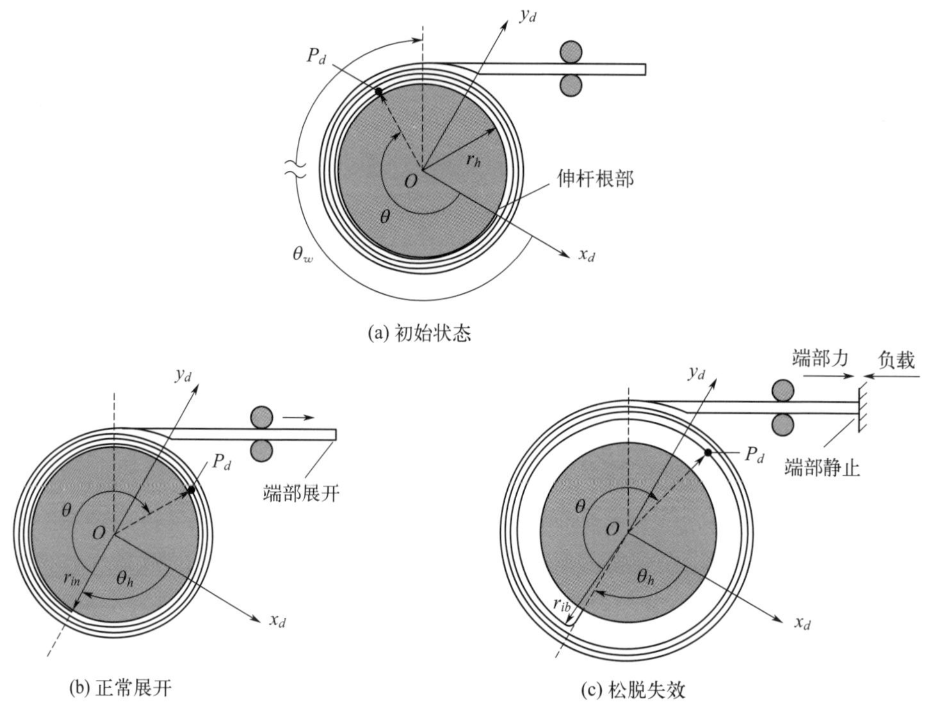

图 3.10 弹性伸杆正常展开或松脱失效过程中的几何参数(省略压紧机构)

首先，分析弹性伸杆的正常展开过程。

对比图 3.10(a)、(b)可知，弹性伸杆正常展开过程中卷绕段总包络角度($\theta_\omega-\theta_h$)逐渐减小，而 r_i(此时写作 r_{in})不变。根据式(3.31)，弹性伸杆正常展开趋势的力矩为

$$T_{coil}=\frac{\mathrm{d}E_b}{\mathrm{d}(\theta_\omega-\theta_h)}=[r_{in}+a(\theta_\omega-\theta_h)]e_{\min}(\theta_\omega-\theta_h) \tag{3.32}$$

式中

$$r_{in}=r_h+\frac{t}{2} \tag{3.33}$$

另外，随着弹性伸杆的正常展开，卷绕段总厚度将随卷绕圈数的减少而减小，压紧弹簧将因此逐渐回弹，而弹簧上应变能的释放促进了弹性伸杆的正常展开，故能够提升弹性伸杆的正常展开力矩。但由于弹性伸杆杆壁很薄，压紧弹簧的长度变化率很小(每圈 1 个壁厚)，因此该提升作用可以忽略。

3.4.3 弹性伸杆松脱失效分析

当松脱失效发生时，弹性伸杆的卷绕部分将出现间隙。由于松脱过程中卷绕段各圈都将尽量扩大其半径以实现能量最小(最小能量原理)，因此这一间隙将仅出现在卷绕段最内圈与卷轴之间，而卷绕段各层间将仍然保持紧密贴合，即图 3.11(b)所示的形态，本书中将这种现象称为“均匀松脱”。在松脱过程中随着卷轴的转动，卷绕段相邻层之间将产生相对滑动。根据图 3.11 中的几何关系，卷绕段各层的绝对运动速度由内向外依次递减，各相邻层之间的相对运动速度相等。

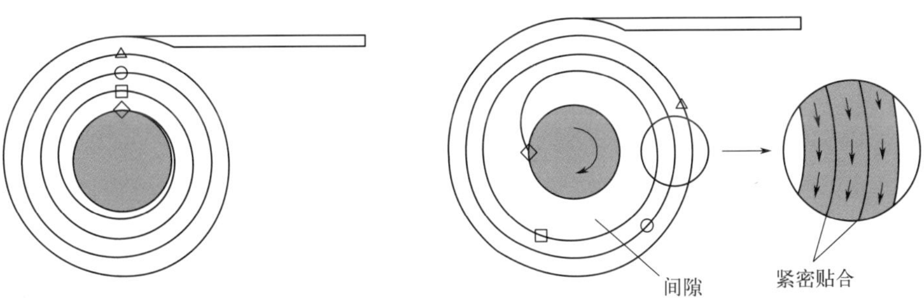

(a) 松脱前　　(b) 松脱后

图 3.11　松脱过程中卷绕段相邻层间相对运动方式

在松脱过程中，除弹性伸杆自身诱发的抑制松脱力矩外，压紧弹簧在卷绕段扩张的过程中被压缩，因此其提供了抑制松脱的力矩；同时，由于卷绕段各层间紧密贴合且相对运动，卷绕段相邻层间的摩擦也起到了抑制松脱的作用。因此，抑制松脱力矩与弹性伸杆自身抑制松脱、压紧弹簧抑制松脱、卷绕段层间摩擦力有关，即

$$T_{root}=\frac{\mathrm{d}(E_b+E_s+W_f)}{\mathrm{d}\theta_h}=T_b+T_s+T_f \tag{3.34}$$

式中 T_{root}——弹性伸杆松脱过程中抑制松脱的力矩，N·m；

E_s——松脱过程中压紧弹簧释放的总应变能，J，负值；

W_f——松脱过程中摩擦力做的功，J，正值；

T_b，T_s，T_f——由弹性伸杆、压紧弹簧、卷绕段层间摩擦引起的抑制松脱的力矩，N·m。

需要说明的是：在式(3.34)中，为便于同式(3.32)中正常展开力矩的计算过程整合，故定义$-T_{root}$为引起松脱的力矩，因而T_{root}则为抑制松脱的力矩；另外，在松脱过程中，压紧弹簧储存了能量，弹性伸杆释放了能量，摩擦力耗散了能量，因此式(3.34)中E_s为负值，E_b、W_f为正值。

下面将分别计算由弹性伸杆、压紧弹簧、卷绕段层间摩擦引起的抑制松脱的力矩。

(1)弹性伸杆产生的力矩

松脱过程中，弹性伸杆卷绕段总长度不变，始终等于初始状态下的长度。根据极坐标下的弧长公式，将卷绕曲线视为阿基米德螺旋线，卷绕段初始状态下的总长度为

$$l_{coil}=\int_0^{\theta_\omega}\sqrt{(r_i+a\theta)^2+\left[\frac{\mathrm{d}(r_{in}+a\theta)}{\mathrm{d}\theta}\right]^2}\,\mathrm{d}\theta \tag{3.35}$$

由于卷绕段总长度恒定且卷绕层间紧密贴合，r_i则成为关于卷轴转角θ_h的函数，记作$r_{ib}(\theta_h)$。将$r_{ib}(\theta_h)$代入式(3.35)可得

$$l_{coil}=\int_0^{\theta_\omega-\theta_h}\sqrt{[r_{ib}(\theta_h)+a\theta]^2+a^2}\,\mathrm{d}\theta \tag{3.36}$$

进而可以反解出$r_{ib}(\theta_h)$的表达式。

根据式(3.36)解出的$r_{ib}(\theta_h)$进行计算，则可得到由弹性伸杆自身引起的抑制松脱的力矩为

$$T_b=\frac{\mathrm{d}E_b}{\mathrm{d}\theta_h}=\frac{\mathrm{d}}{\mathrm{d}\theta_h}\int_0^{\theta_\omega-\theta_h}[r_{ib}(\theta_h)+a\theta]e_{\min}(\theta,\theta_h)\,\mathrm{d}\theta \tag{3.37}$$

(2)压紧弹簧产生的力矩

由于约束机构的作用，压紧弹簧在工作过程中仅沿卷轴径向运动，因此在卷绕段扩张过程中弹簧应变能的变化量为

$$E_s=n_r\left[\frac{1}{2}kr^2-\frac{1}{2}k(r_{pre}+\Delta r)^2\right]=-n_r\left(F_{pre}\Delta r+\frac{1}{2}k\Delta r^2\right) \tag{3.38}$$

式中 n_r——压紧弹簧数量；

k——压紧弹簧刚度，N/m；

r_{pre}——单个压紧弹簧的松脱前变形量，m；

F_{pre}——单个压紧弹簧的松脱前压紧力，N；

Δr——松脱过程中压紧轮/卷绕段最外层的径向平均位移，m。

由于松脱过程中卷绕段最外层在各个方向上的扩张程度可能不同，因此式(3.38)中的 Δr 表示压紧轮的平均位移。Δr 具体可表示为

$$\Delta r(\theta_h)=r_{ib}(\theta_h)+a(\theta_\omega-\theta_h)-(r_{in}+a\theta_\omega) \tag{3.39}$$

将式(3.39)代入式(3.38)，再代入式(3.34)，可得由压紧弹簧引起的抑制松脱的力矩为

$$T_s=\frac{\mathrm{d}E_s}{\mathrm{d}\theta_h}=-n_rF_r\frac{\mathrm{d}\Delta r(\theta_h)}{\mathrm{d}\theta_h} \tag{3.40}$$

结合式(3.39)，式(3.40)中的导数项可表示为

$$\frac{\mathrm{d}\Delta r(\theta_h)}{\mathrm{d}\theta_h}=\frac{\mathrm{d}r_{ib}(\theta_h)}{\mathrm{d}\theta_h}-a \tag{3.41}$$

同时，式(3.40)中单个压紧弹簧的压紧力 F_r 可表示为卷轴转角 θ_h 的函数 $F_r(\theta_h)$

$$F_r(\theta_h)=F_{pre}+k\Delta r(\theta_h) \tag{3.42}$$

最后将式(3.41)、式(3.42)代入式(3.40)，由压紧弹簧引起的抑制松脱的力矩 T_s 可解。

(3)弹性伸杆卷绕段层间摩擦产生的力矩

为计算由弹性伸杆卷绕段层间摩擦引起的力矩，首先需要知道卷绕段接触部分的总长度。根据极坐标下的弧长公式，松脱过程中卷绕段接触部分总长度随卷轴转角的变化关系 $l_{con}(\theta_h)$ 为

$$l_{con}(\theta_h)=\int_0^{\theta_\omega-\theta_h-2\pi}\sqrt{\left[r_{ib}(\theta_h)+a\theta+\frac{t}{2}\right]^2+a^2}\,\mathrm{d}\theta \tag{3.43}$$

式(3.43)中所得结果为卷绕段最内圈至倒数第二外圈的长度。

通过分析松脱过程中摩擦力的做功，由摩擦引起的抑制松脱的力矩 T_f 为

$$T_f=\frac{\mathrm{d}W_f}{\mathrm{d}\theta_h}=\frac{\mathrm{d}W_f}{\mathrm{d}l_{con}(\theta_h)}\times\frac{\mathrm{d}l_{con}(\theta_h)}{\mathrm{d}\theta_h}=N_c\mu\frac{\mathrm{d}l_{con}(\theta_h)}{\mathrm{d}\theta_h} \tag{3.44}$$

式中 μ——弹性伸杆自接触摩擦因数；

N_c——卷绕段层间总接触力，N。

若要得到式(3.44)中总接触力 N_c 的值，则式(3.44)中的各个参量均已知。再将式(3.43)代入式(3.44)中，则可得到由摩擦引起的抑制松脱的力矩 T_f。

综上所述，将式(3.37)、式(3.40)、式(3.44)代入式(3.34)，最终可以得到抑制松脱的力矩 T_{root}。

3.4.4 弹性伸杆端部力分析

为获取弹性伸杆的端部力，将式(3.32)与式(3.34)整合，并将伸杆及整个展开机构看作一个整体，将电机转矩作为约束条件。在弹性伸杆的准静态展开或松脱过程中，展开机构内部力矩将与所带负载之间保持平衡，因此

$$L_t[r_{ib}(\theta_h)+a(\theta_\omega-\theta_h)]=T_{coil}-(-T_{root}) \tag{3.45}$$

式中 L_t——弹性伸杆端部负载，指向端部展开运动的相反方向，N。

因此，弹性伸杆在卷绕至某一圈数后开始展开或松脱的端部力可表示为

$$F_t=L_t=\frac{T_{coil}+T_{root}}{r_{ib}(\theta_h)+a(\theta_\omega-\theta_h)} \tag{3.46}$$

至此，除卷绕段总接触力 N_c 未知以外，弹性伸杆的端部力可解。

由于弹性伸杆的展开驱动力来源于其展开过程中的端部力，因此在驱动力的分析过程中应首先使弹性伸杆强制松脱，进而寻找其即将松脱时的端部力。图 3.12 所示为迫使弹性伸杆松脱的示意图，图中弹性伸杆卷绕于卷轴上，其根部完全固定于卷轴，压紧轮在弹簧的作用下对卷绕段实施压紧。松脱开始前将弹性伸杆端部固定，然后将卷轴反向转动(图中为顺时针转动)一周，强制使弹性伸杆松脱，在此过程中，弹性伸杆的端部力与固定端的支撑力(即伸杆所受载荷)大小相等、方向相反。在此过程中定义：当卷轴刚刚开始转动时，固定端所承受的端部力为弹性伸杆的临界松脱力；当卷轴继续转动时，固定端的端部力为弹性伸杆的后松脱力。

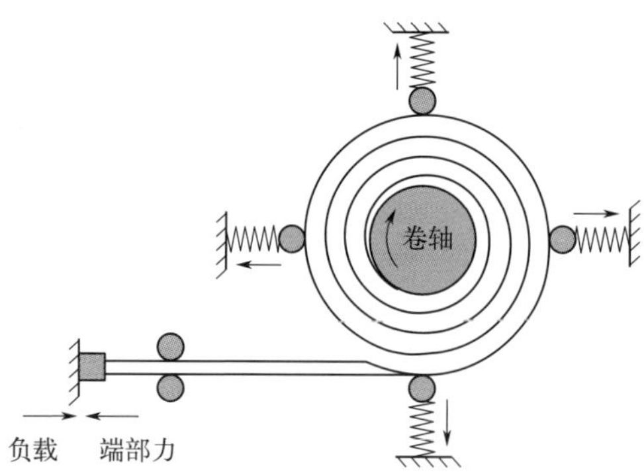

图 3.12 弹性伸杆强制松脱示意图

弹性伸杆最大驱动力需要将弹性伸杆及约束机构的具体参数值代入展开应变能模型中进行运算。薄壁圆管的材料参数、横截面尺寸参数以及约束机构参数的

选取分别如表 3.1～表 3.3 所示(已标注在图 3.13～图 3.15 中的参数则以图中参数为准),该参数以 InflateSail CubeSat 中采用的参数作为参考[8]。根据相应制造工艺,弹性伸杆材料的常用铺设角度为 35°至 50°,由于表 3.1 中参数选取的目的是进一步研究弹性伸杆的展开性能和驱动力的变化规律,因此表中首先选取铺设角度为 50°进行分析,而在后面完成对弹性伸杆相应性能的参数分析后可进一步确定铺设角度的取值。表 3.2 中 R、b 为薄壁圆管尺寸参数,二者相互独立,其中 b 弧所对应的包络角约为 315°。根据表 3.1～表 3.3 中的参数取值及文献[9-11]中的相关理论,该弹性伸杆在完全收拢状态下不会发生局部收缩失效,因此伸杆材料可选用恒定的纤维铺设角度。

表 3.1 弹性伸杆材料参数

E_m/GPa	G_m/GPa	ν_m	E_f/GPa	G_f/GPa	ν_f	t_{UD}/mm
4	2.7	0.35	240	95	0.22	0.057
V_{UD}/%	ϕ_{UD}/%	t_f/mm	V_f/%	ϕ_f/%	铺层方式	μ
31	15	0.096	53	15	$[\pm50°F/0°]_s^*$	0.1

*:F 表示织物型铺层结构(±50°为一层),s 表示对称铺层结构。

表 3.2 弹性伸杆横截面尺寸参数

R/mm	b/mm
20	110

表 3.3 弹性伸杆约束机构参数

r_h/mm	F_{pre}/N	n_r	k/(N/m)	n_t/圈
35	1,2,3,4	4	20	15,10,5

各类弹性伸杆自 15 圈开始松脱的过程中,端部力的变化曲线如图 3.13～图 3.15 所示(F_{pre} 分别取 1N、2N、3N 及 4N),图中纵坐标为弹性伸杆的端部力,横坐标为卷轴的转动角度。图中曲线所表达的意义为:在松脱过程中,当卷轴转动至某一位置时,若将弹性伸杆端部的约束去除,改为施加一端部载荷(方向与展开方向相反),当该载荷的值位于曲线下方时,弹性伸杆将正常展开或停止松脱,而当该负载位于曲线上方时,弹性伸杆将开始松脱或继续扩大松脱。同时,为揭示弹性伸杆端部力在整个展开过程中的变化规律,图中还展示了当卷绕段圈数分别为 10 圈和 5 圈时弹性伸杆的端部力,以研究当弹性伸杆由 15 圈展开至 10 圈、5 圈的过程中端部力的变化规律。在这一展开过程中,由于展开时卷绕圈数不断减少,压紧弹簧会有一定程度的回弹,该回弹将导致压紧轮压力的削弱,图中的曲线已将这一削弱作用包含。

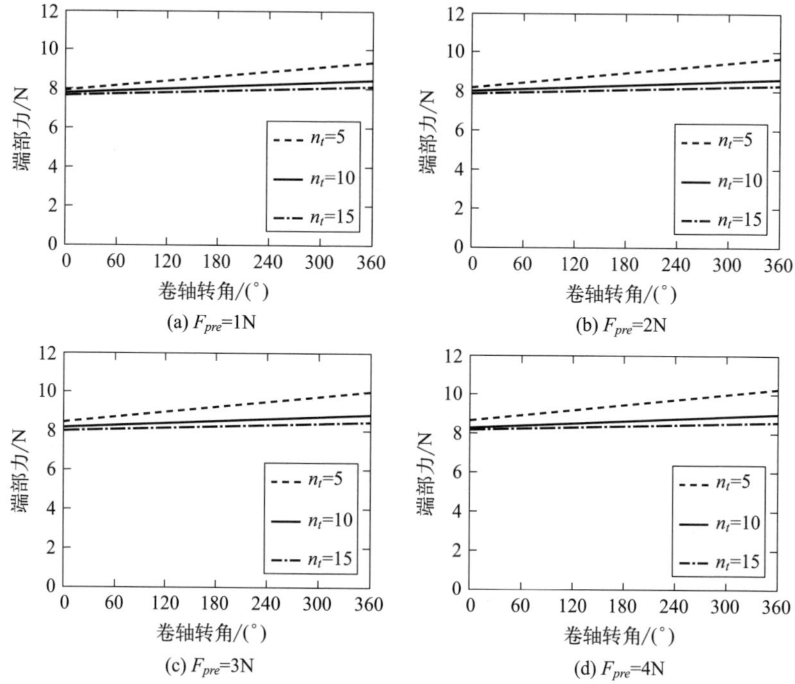

图 3.13 薄壁圆管强制松脱过程端部力分析

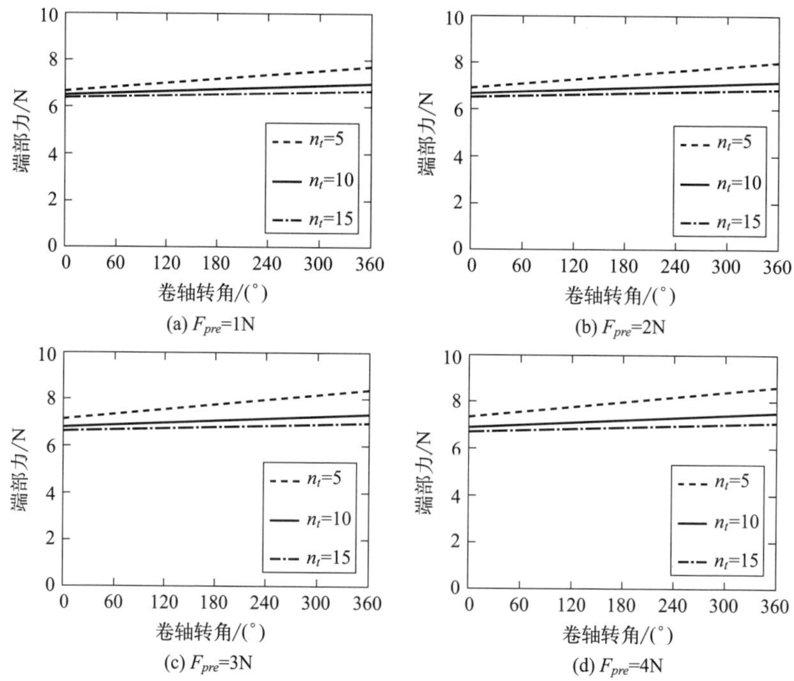

图 3.14 豆荚杆强制松脱过程端部力分析

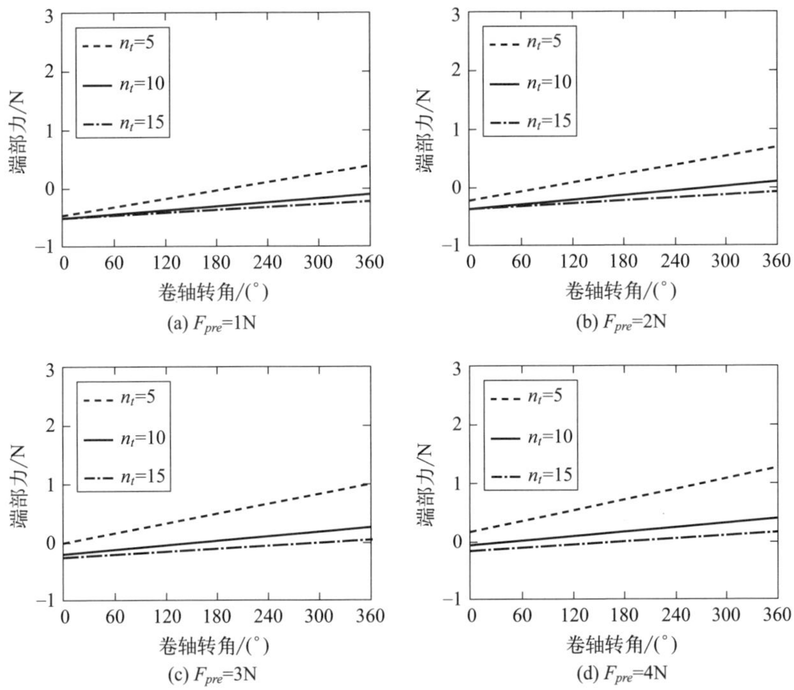

图 3.15　"人"字形杆强制松脱过程端部力分析

由图可知，弹性伸杆卷绕至 15 圈后开始松脱的端部力曲线趋势十分相似，其端部力均随着卷轴转动角度的增大而升高。由于弹性伸杆端部载荷必须小于诱发松脱的最小负载，因此弹性伸杆的临界松脱力即为其在该位置处的展开驱动力。由图还可知，展开过程中随着弹性伸杆卷绕圈数的减少，弹性伸杆抵御松脱失效的能力稍有增强，即端部力略有升高。由于展开过程中弹性伸杆在各个展开位置处均不允许出现松脱，因此弹性伸杆在初始展开位置处的临界松脱力作为其整个展开过程的最大驱动力。

3.5　弹性伸杆展开应变能模型建立

本节将通过弹性伸杆展开过程实验验证展开应变能模型、展开过程分析以及展开驱动力分析的正确性。

3.5.1　实验样机研制与测试系统搭建

弹性伸杆展开及松脱过程实验的目的在于验证最大驱动力理论计算结果的准确性。根据 3.4 节中的分析结论，弹性伸杆的最大驱动力是弹性伸杆即将松脱时所提供的端部力。然而"即将松脱"属于理论上的临界值,在实验中不易界定,但弹性伸杆的最大驱动力大小包含在弹性伸杆的端部力范围之中,而弹性伸杆在松脱过程中的端部力较易测量。因此本节将参照图 3.16 中端部力的产生原理制作展开机构的原理样机,并开展弹性伸杆的松脱过程实验,测量伸杆开始松脱及松脱过程中的端部力,并同理论端部力结果进行对比,验证弹性伸杆展开应变能模型的正确性。而后,将开展弹性伸杆的展开过程实验,以验证当作用于伸杆端部上的载荷未达到松脱临界值时伸杆能否正常展开。

弹性伸杆展开及松脱过程实验原理分别如图 3.16(a)、(b)所示。图中,压紧轮压力的施加是通过压紧臂和扭簧共同实现的,同时导向轮安装在压紧臂上以约束弹性伸杆端部的运动方向。电机(在卷轴下方,图中未画出)与卷轴相连以在实验过程中带动弹性伸杆根部的运动。为实现电机的闭环控制,实验中将电机通过横臂与相应力学传感器相连接以实时监测电机的输出转矩。

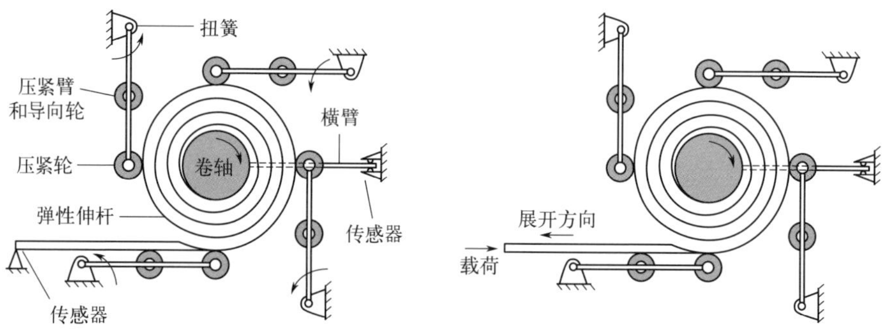

(a) 松脱过程实验原理　　(b) 展开过程实验原理

图 3.16 弹性伸杆展开及松脱过程实验原理

图 3.16(a)中的松脱过程实验对弹性伸杆端部力的测量分为以下四个步骤:

① 将弹性伸杆根部固定于卷轴上并通过电机驱动卷轴旋转使弹性伸杆缠绕在卷轴上,压紧轮在扭簧及压紧臂的作用下对卷绕段实施压紧,导向轮用于控制弹性伸杆末端的指向;

② 当弹性伸杆缠绕在卷轴上达到某一圈数时,停止转动卷轴并提供一段时间间隔使弹性伸杆及展开机构稳定;

③ 将卷轴端部固定于力学传感器处,使用电机反向转动卷轴使弹性伸杆松脱,同时采用力学传感器监测电机的输出转矩;

④ 每当卷轴转过 36°时停止转动且使弹性伸杆自行稳定,输出并记录力学传感器的读数,而后继续转动卷轴直至转过一整周(360°)为止。

图 3.16(b)中的展开过程实验分为以下两个步骤:

① 在电机的作用下将弹性伸杆缠绕于卷轴上,并在弹性伸杆端部施加与其展

开方向相反的载荷，该载荷的值应略低于弹性伸杆最大驱动力的理论结果；

② 保持载荷恒定，顺时针转动卷轴使弹性伸杆展开，观察伸杆端部是否能够持续向外伸出，观察伸杆卷绕段各层之间、卷绕段内层与卷轴之间是否出现间隙。

根据图 3.16 中的实验原理建立弹性伸杆展开机构的原理样机及相应测试系统，如图 3.17 所示。展开机构原理样机的框架由 2 块面板和 4 根支撑杆组成，卷轴通过两个轴承分别与上下 2 块面板相连并可自由转动，如图 3.17(a)、(b)所示。

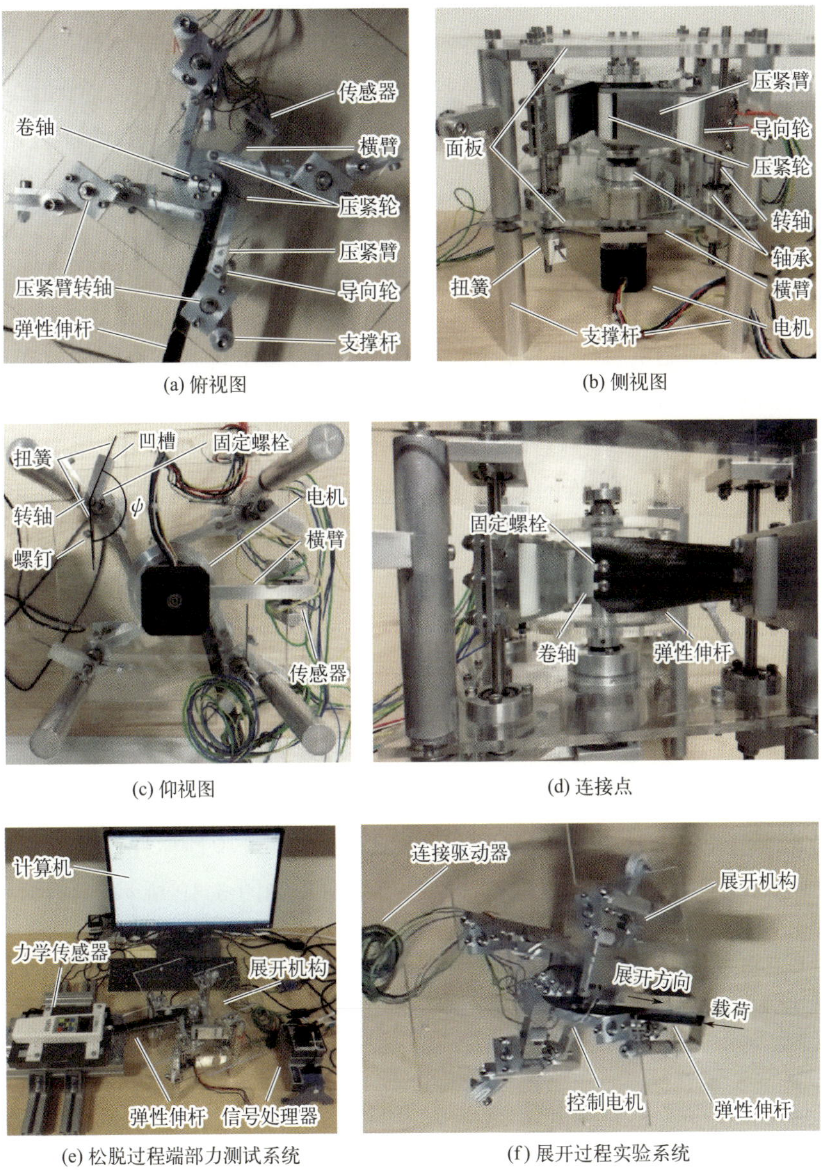

(a) 俯视图　(b) 侧视图

(c) 仰视图　(d) 连接点

(e) 松脱过程端部力测试系统　(f) 展开过程实验系统

图 3.17　弹性伸杆展开机构原理样机及相应测试系统

卷轴下端与电机转子刚性连接，而电机定子部分(外壳)通过横梁连接传感器以监测电机转动过程中的反向转矩，如图 3.17(c)所示(卷轴中心至横梁上传感器位置的长度 $l_t=80\text{mm}$)。

图 3.17(c)展示了扭簧对压紧臂的作用原理。4 个压紧轮对卷绕段的压紧力分别通过 4 个压紧臂及扭簧实现，每个压紧臂根部有一根转轴(转轴与压紧臂刚性连接)，转轴通过一对轴承分别与上下面板相连接，见图 3.17(b)。扭簧一侧固定于下层面板上的螺钉处，另一侧固定于同压紧臂转轴相连接的凹槽处(未预紧固定螺栓时凹槽可绕转轴转动)，当预紧固定螺栓后凹槽将同转轴(连同压紧臂)刚性连接。因此，通过调节初始状态下凹槽与螺钉处的夹角 ψ 的值可使扭簧提供不同的预压紧转矩，从而使压紧轮处获得不同的预压紧力 F_{pre}，如图 3.17(c)所示。压紧臂回转中心距压紧轮中心距离 $l_a=85\text{mm}$，扭簧刚度 $k_t=140\text{N}\cdot\text{mm/rad}$，故当压紧轮上的预压紧力分别为 1N、2N、3N 及 4N 时，夹角 ψ 的取值依次为 35°、69°、104°及 138°。

图 3.17(d)所示为弹性伸杆根部同卷轴间的固定方式。图 3.17(e)展示了松脱实验中弹性伸杆端部力的测试系统。系统中电机通过驱动器与计算机相连，应用 Python 语言控制电机的启停、转速、转角等参数；力学传感器通过信号处理器将测量结果反馈到计算机中，力学传感器固定于弹性伸杆端部并保持与弹性伸杆的展开段呈一条直线。图 3.17(f)所示为弹性伸杆展开过程实验系统，图中的端部载荷通过与弹性伸杆端部相连的绳索施加，系统中对电机的控制方式与图 3.17(e)中的方式相同。

3.5.2 弹性伸杆松脱过程实验

下面通过弹性伸杆松脱过程实验测量弹性伸杆在松脱前后的端部力，并同通过 3.4.4 节中方法求得的端部力进行对比。实验前首先测得弹性伸杆展开过程样件的自接触摩擦因数 $\mu=0.1$。实验中测量卷绕圈数分别为 15 圈、10 圈、5 圈，压紧轮预压紧力分别为 1N、2N、3N、4N 时弹性伸杆在松脱过程中的端部力。实验过程中每组实验重复 3 次以保证所得数据的可靠性。部分弹性伸杆松脱过程实验如图 3.18 所示，所得实验数据与理论计算结果的对比如图 3.19 所示，理论结果同实验结果的平均偏差及相对偏差如表 3.4 所示。

表 3.4 弹性伸杆松脱过程端部力理论值的平均偏差及相对偏差

卷绕圈数/圈	$F_{pre}=1\text{N}$	$F_{pre}=2\text{N}$	$F_{pre}=3\text{N}$	$F_{pre}=4\text{N}$
$n_t=5$	−0.61(−22%)	−1.57(−37%)	−0.39(−11%)	−0.09(−2%)
$n_t=10$	−0.75(−32%)	−1.23(−38%)	−0.67(−22%)	−0.38(−12%)
$n_t=15$	−0.38(−28%)	−0.38(−22%)	−0.36(−17%)	−0.18(−8%)

(a) 卷绕5圈、预压紧力为1N时，分别松脱至0°、180°、360°

(b) 卷绕5圈、预压紧力为4N时，分别松脱至0°、180°、360°

(c) 卷绕15圈、预压紧力为1N时，分别松脱至0°、180°、360°

(d) 卷绕15圈、预压紧力为4N时，分别松脱至0°、180°、360°

图 3.18 弹性伸杆松脱过程实验

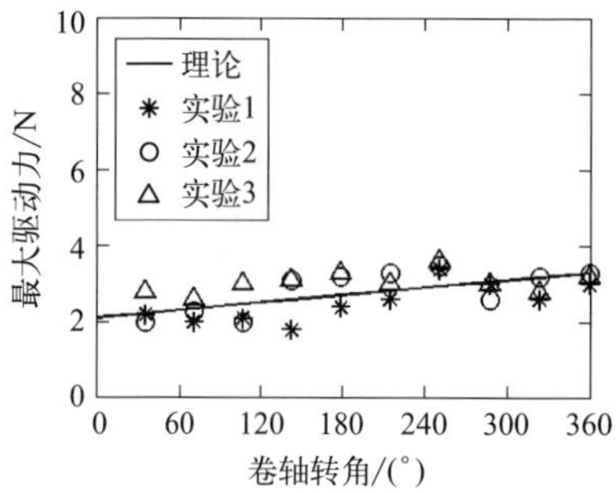

(a) 卷绕5圈、预压紧力为1N

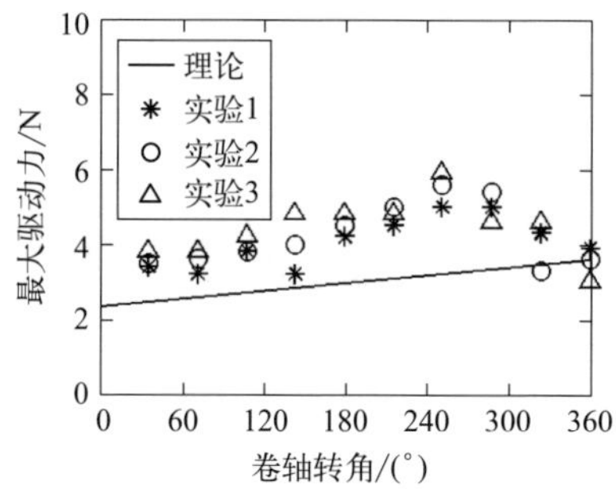

(b) 卷绕5圈、预压紧力为2N

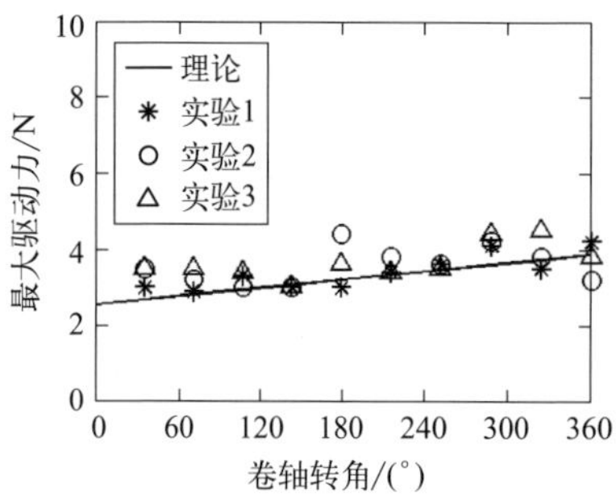

(c) 卷绕5圈、预压紧力为3N

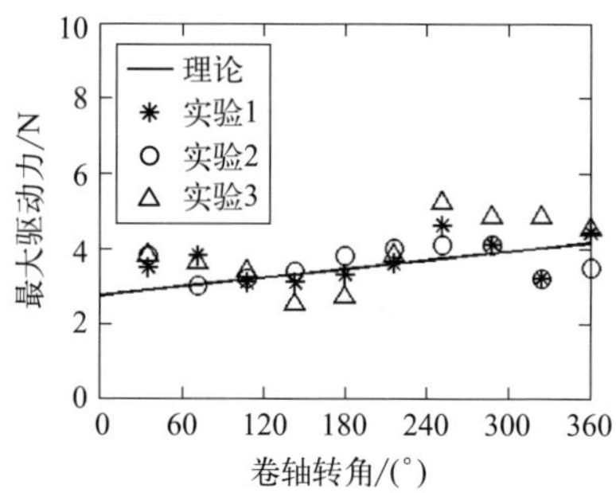

(d) 卷绕5圈、预压紧力为4N

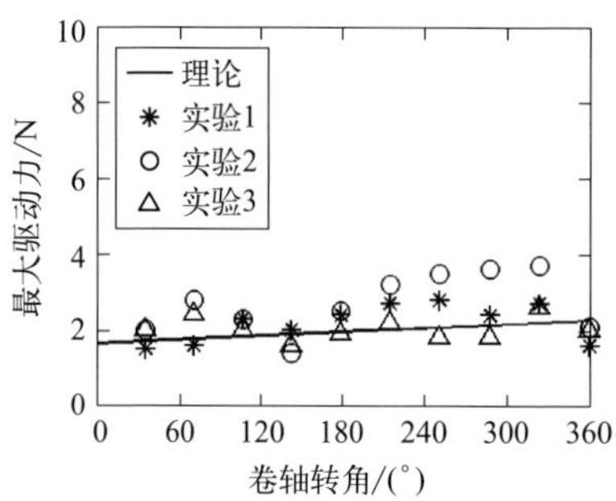

(e) 卷绕10圈、预压紧力为1N

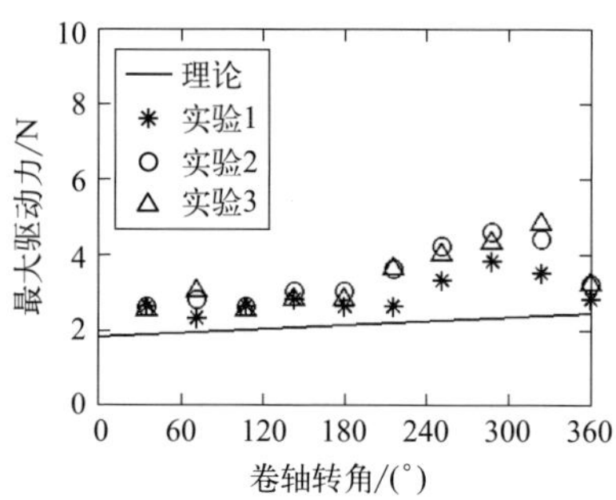

(f) 卷绕10圈、预压紧力为2N

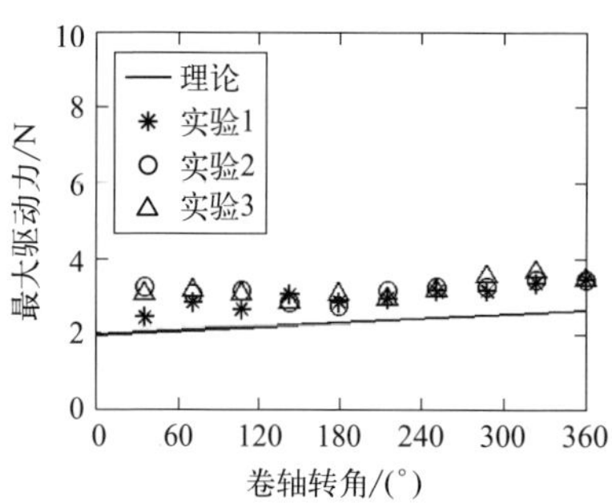

(g) 卷绕10圈、预压紧力为3N

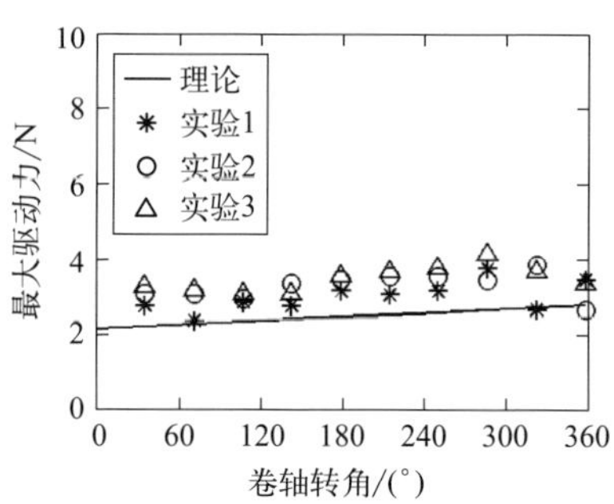

(h) 卷绕10圈、预压紧力为4N

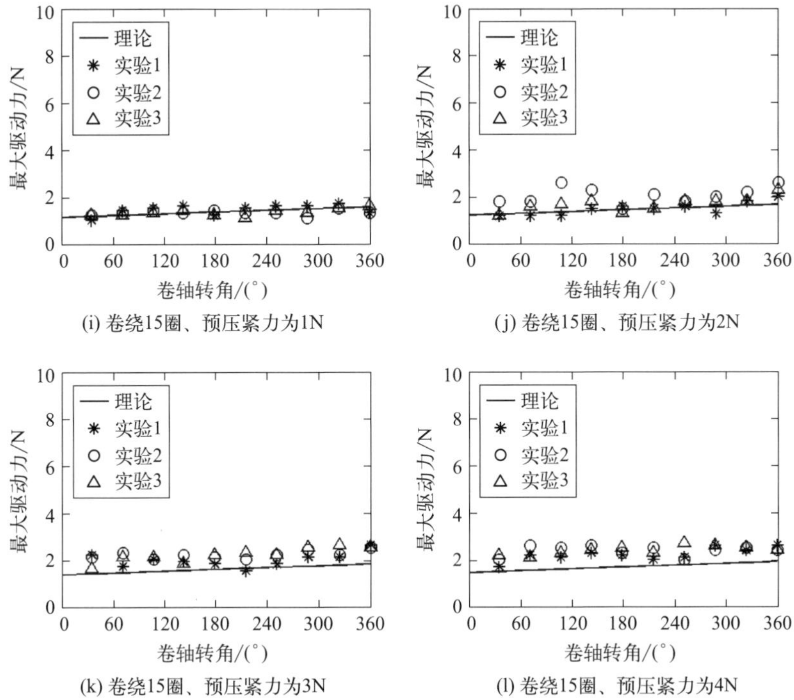

图 3.19　弹性伸杆松脱过程端部力理论与实验结果对比

由图 3.19 及表 3.4 可知，弹性伸杆展开过程的实验结果与理论结果总体上吻合较好。同时可以看出，当压紧轮上预压紧力较大或/且卷绕段圈数较多时，理论结果与实验结果吻合更好，理论算法的预测精度更高。这是由于较高的预压紧力和较多的卷绕圈数能够使弹性伸杆卷绕段在松脱过程中紧密贴合、均匀扩张，从而更符合“均匀松脱”的假设，如图 3.18(d)所示；而当卷绕圈数较少或预压紧力较小时，松脱间隙将不仅出现在卷轴与卷绕段最内层之间，也能够出现在卷绕段各层之间，如图 3.18(a)所示，这一现象也是导致对应的各组实验数据相对分散的原因。

综上所述，本节中关于弹性伸杆松脱过程分析的理论计算方法切实可行，所得端部力及最大驱动力值准确，且当压紧轮上预压紧力较大或/且卷绕段圈数较多时，理论计算结果更加精确。

3.5.3　弹性伸杆展开过程实验

下面通过弹性伸杆展开过程实验验证前面章节中关于弹性伸杆展开过程及最大驱动力分析的正确性。

在开展弹性伸杆展开过程实验前，首先计算当弹性伸杆的初始卷绕圈数 n_t 分别为 5、10 及 15 时，以及当约束机构上的弹簧预压紧力 F_{pre} 分别为 1N、2N、3N 及 4N 时，弹性伸杆的最大驱动力 F_{max} 的值，并在预留 40%的安全裕度的情况下确定能够施加在弹性伸杆端部上的载荷 L_t 的值，所得结果如表 3.5 所示。实验过程中，在弹性伸杆端部施加与展开方向相反的负载，而后释放弹性伸杆端部使其在电机的控制作用下匀速展开。展开过程中，观察弹性伸杆端部是否能够持续向外伸出、卷轴是否以同端部运动相匹配的速度进行转动、卷轴与弹性伸杆卷绕段以及卷绕段各层之间是否产生了间隙。

表 3.5 弹性伸杆展开过程实验最大驱动力与端部施加载荷

卷绕圈数/圈	驱动力	$F_{pre}=1N$	$F_{pre}=2N$	$F_{pre}=3N$	$F_{pre}=4N$
$n_t=5$	最大驱动力 F_{max}/N	2.11	2.33	2.54	2.76
	端部施加载荷 L_t/N	1.27	1.40	1.52	1.66
$n_t=10$	最大驱动力 F_{max}/N	1.65	1.79	1.93	2.07
	端部施加载荷 L_t/N	0.99	1.07	1.16	1.24
$n_t=15$	最大驱动力 F_{max}/N	1.13	1.23	1.34	1.45
	端部施加载荷 L_t/N	0.68	0.74	0.80	0.87

弹性伸杆的展开过程实验如图 3.20 所示，图中展示了当 $n_t=15$、$F_{pre}=4N$ 时，弹性伸杆自 15 圈展开至 10 圈的过程。弹性伸杆展开过程实验表明，弹性伸杆在表 3.5 中所列的各个初始卷绕圈数下以及各个弹簧预压紧力作用下，均能够正常展开，因此本节有关弹性伸杆最大驱动力的分析方法正确，所得计算结果准确。

(a) 初始状态

(b) 展开1圈

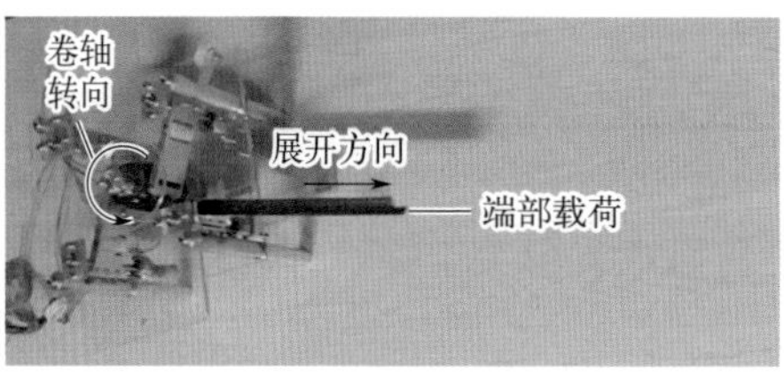

(c) 展开2圈

(d) 展开3圈

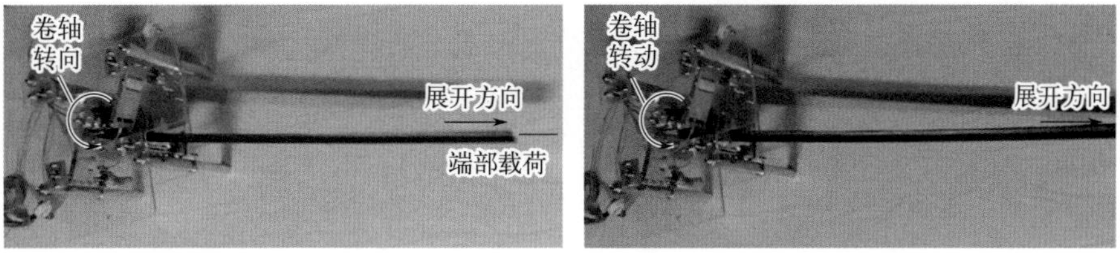

(e) 展开4圈　　(f) 展开5圈

图 3.20 弹性伸杆展开过程实验($n_t = 15$、$F_{pre} = 4N$)

参 考 文 献

[1] Hyer M W, White S R. Stress analysis of fiber-reinforced composite materials[M]. DEStech Publications, Inc, 2009.

[2] 沈观林,胡更开,刘彬. 复合材料力学[M]. 2 版. 北京:清华大学出版社,2013.

[3] Timoshenko S, Woinowsky-Krieger S. Theory of plates and shells [M]. New York: McGraw-hill, 1959.

[4] 徐芝纶. 弹性力学[M]. 4 版. 北京:高等教育出版社,2006.

[5] Galletly D A, Guest S D. Bistable composite slit tubes. I. A beam model [J]. International Journal of Solids and Structures, 2004, 41(16-17): 4517-4533.

[6] Viquerat A, Hutt T, Guest S D. A plane symmetric 6R foldable ring [J]. Mechanism and Machine Theory., 2013, 63: 73-88.

[7] Calladine C. The theory of thin shell structures 1888-1988 [J]. Proceedings of the Institution of Mechanical Engineers, Part A: Journal of Power and Energy, 1988, 202(3): 141-149.

[8] Schenk M, Viquerat A D, Seffen K A, et al. Review of inflatable booms for deployable space structures: Packing and rigidization [J]. Journal of Spacecraft and Rockets, 2014, 51(3): 762-778.

[9] Iqbal K, Pellegrino S. Bi-stable composite shells[C]//41st Structures, Structural Dynamics, and Materials Conference and Exhibit. 2000.

[10] Kebadze E, Guest S D, Pellegrino S, et al. Bistable prestressed shell structures [J]. International Journal of Solids and Structures, 2004, 41(11-12): 2801-2820.

[11] Leclerc C, Pellegrino S. Ultra-thin composite deployable booms[C]//International Association for Shell and Spatial Structures Annual Symposium. Hamburg Germany, 2017.

第 4 章

张拉薄膜结构预应力研究与分析

4.1 概述

张拉薄膜结构一般在多个点同时受到拉力作用，薄膜预应力决定面内的应力分布，应力分布差异是导致薄膜发生褶皱的主要因素，因此需要分析张拉薄膜结构面内应力分布，揭示应力传播方式及耦合规律。找形分析的目的是寻找一种使索膜结构能够通过张拉保持平整、不出现褶皱的几何形状，通过找形确定一个满足边界条件和预应力分布的初始平衡形状。找形分析方法是研究张拉薄膜结构几何型面精度的重要手段。

本章从单个角点拉力作用下的应力计算公式出发，提出张拉薄膜结构应力叠加计算方法，推导角点张拉矩形薄膜的应力分布计算公式，进而拓展到多点张拉矩形薄膜应力计算。本章介绍的常用找形方法包括力密度法、动力松弛法、非线性有限元法，还利用 ANSYS 有限元软件对某一尺寸的大型平面薄膜天线进行找形分析。

4.2 基于应力叠加法的张拉薄膜结构预应力分析

对张拉薄膜应力分布的计算是薄膜力学特性分析的基础，张拉薄膜结构一般在多个点同时受到拉力作用，应力传播过程中存在耦合，虽然有限元法可以通过数值计算得到应力分布，但无法揭示应力传播方式及耦合规律，目前尚缺少针对此问题的解析求解方法，因此，需要一种张拉薄膜结构面内应力分布的解析计算方法。

本章首先从单个角点拉力作用下的应力计算公式出发，对角点张拉薄膜结构的应力分布计算采用应力叠加的方式进行解耦，并基于此建立应力叠加组，随后将多点张拉矩形薄膜解耦成多个应力叠加组进行计算，建立薄膜在角点拉力、长边点拉力和宽边点拉力作用下不同的应力区域划分方式和应力计算方程，形成张拉薄膜结构应力叠加计算方法。

4.2.1 角点张拉矩形薄膜的应力叠加

当物体由于外界因素（挤压、拉伸、温度场变化等）而发生变形时，会在物体内部产生应力。如果在同一物体上施加多个载荷，内部应力将是外部因素共同作用的耦合结果。外载荷与内部应力的平衡是计算应力分布的主要条件。在两端张紧的绳索中，如图 4.1(a)所示，绳索内任何一点的应力值和方向都相同。假设拉伸载荷为 P，绳索的截面积为 A_c，绳索应力 σ_c 可表示为 P/A_c。这种绳索应力的表达式也可以通过叠加方式求解得到，图 4.1(a)中绳索的张拉状态等于图 4.1(b)和(c)中绳索张拉状态的叠加。图 4.1(b)和(c)中的叠加是一条绳索的两种张拉状态的叠加，而非两条绳索的叠加，叠加前后，绳索内任意一点的应力值相等。此外，如果绳索左侧载荷被视为主动荷载，右侧载荷被视为被动约束，则图 4.1(b)中的张拉绳索可以转换为图 4.1(d)中的张拉绳索。同样地，在右主动载荷和左被动约束条件下，图 4.1(c)中的张拉绳索可以转化为图 4.1(e)中的张拉绳索。因此，两端受拉伸载荷 P 的绳索可以看作一端施加 $P/2$ 而另一端受约束的两种受拉状态的叠加。然而，这种转换需要保证一个条件：绳索中的应变应是可忽略的。否则，叠加变换后的绳索长度将无法保证相同。

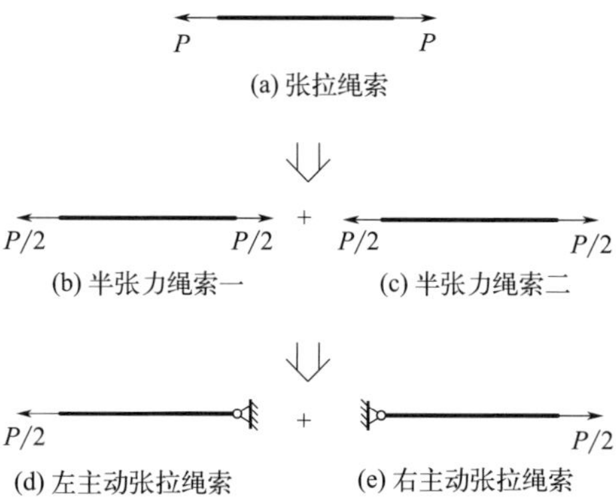

图 4.1　绳索应力叠加方式

对于二维张拉的薄膜，其受力特点与一维绳索有所不同。薄膜结构一般受面内多点对称张拉力的作用，面外不受力，薄膜不与支撑结构直接固接，而是通过边界拉力装置间接连接到支撑机构上，并保持预应力状态，薄膜面外刚度随面内预应力的增加而提高，且薄膜结构的力学特性对边界条件敏感。

考虑薄膜结构的应力计算，图 4.2 描绘了矩形薄膜在四个角点沿对角线拉伸状态下的叠加变换。此外，为了提高薄膜的性能，一般在薄膜上设计花边。花边可以指定为薄膜的先验变形。在对称的薄膜上，两个相对花边的弧度值相同，如果薄膜的边是直线，则花边的曲率为零。与张拉绳索的叠加变换类似，在每个角点处受拉伸载荷 P 的矩形薄膜状态可以看作四种受拉状态的叠加，在每种受拉状态下，一个角点施加了 $P/2$ 的载荷，其余角点受约束。为了实现这种叠加变换，薄膜中的应变要求可忽略。由于本研究中薄膜的厚度小、弹性模量大，因此在分析中可以忽略应变。在图 4.2(f)中角点 1 处的主动拉伸载荷 $P/2$ 在角点 3 处产生一个 $P/2$ 的被动拉伸载荷，而角点 2 和 4 处的载荷为零，因为当忽略薄膜上的应变时，角点 2 和 4 不发生位移。图 4.2(a)中薄膜的张拉状态等于图 4.2(b)～(e)或(f)～(i)中薄膜张拉状态的叠加。本节提出的这种计算对称张拉薄膜结构应力场的叠加变换方法称为应力叠加法，其定义是：对称预应力结构在多个对称载荷固定支撑下的应力分布场是每个载荷的一半在该结构中产生的应力分布场的叠加。该方法将张拉薄膜结构在多点张拉状态下的应力分布解耦为单点张拉状态的叠加，从而使张拉薄膜结构的应力场可以用解析方法求解。在本节中使用应力叠加法求解应力分布时，薄膜需要满足以下条件：

① 当薄膜刚度较大、张拉作用力较小时，薄膜应变可以忽略；

② 薄膜受对称张拉作用力；

③ 花边为圆弧形，相对花边的弧度相同；

④ 角点拉力沿矩形薄膜对角线方向。

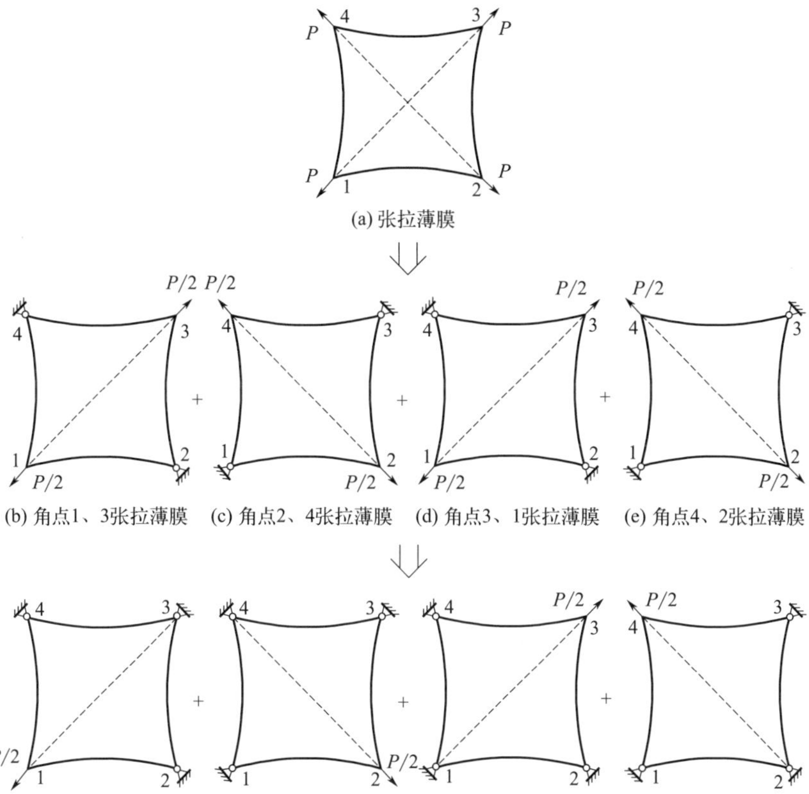

(a) 张拉薄膜

(b) 角点1、3张拉薄膜 (c) 角点2、4张拉薄膜 (d) 角点3、1张拉薄膜 (e) 角点4、2张拉薄膜

(f) 角点1张拉薄膜 (g) 角点2张拉薄膜 (h) 角点3张拉薄膜 (i) 角点4张拉薄膜

图 4.2 角点张拉薄膜应力叠加方式

根据应力叠加法，角点支撑的矩形薄膜可以转化为四个单点张拉状态的叠加。根据 Timoshenko 和 Goodier[1] 的单位厚度角点拉力的计算公式，在极坐标系中，与角点 $i(i=1,2,3,4)$ 相关的随机点 a 处的应力可以描述为

$$\sigma_r = \frac{k^* P\cos\theta}{2r_i}, \sigma_\theta = 0, \tau_{r\theta} = 0 \tag{4.1}$$

式中 θ——从点 i 到点 a 的直线与点 i 所在的对角线之间的角度；

r_i——从点 i 到点 a 的距离，m；

σ_r——径向正应力分量，Pa；

σ_θ——周向正应力分量，Pa；

$\tau_{r\theta}$——剪切应力分量，Pa；

k^*——σ_r 的常数系，m^{-1}。

式(4.1)表示应力值相同的点在薄膜中形成应力弧，在图 4.3(a)中，应力弧的直径表示为 $2r_0$，从角点 1 到点 a 的距离表示为 r_1。因此，r_1 可以用 $2r_0\cos\theta$ 表示，代入式(4.1)得到 σ_r 在同一应力弧上为一个常数 $k^*P/(4r_0)$。

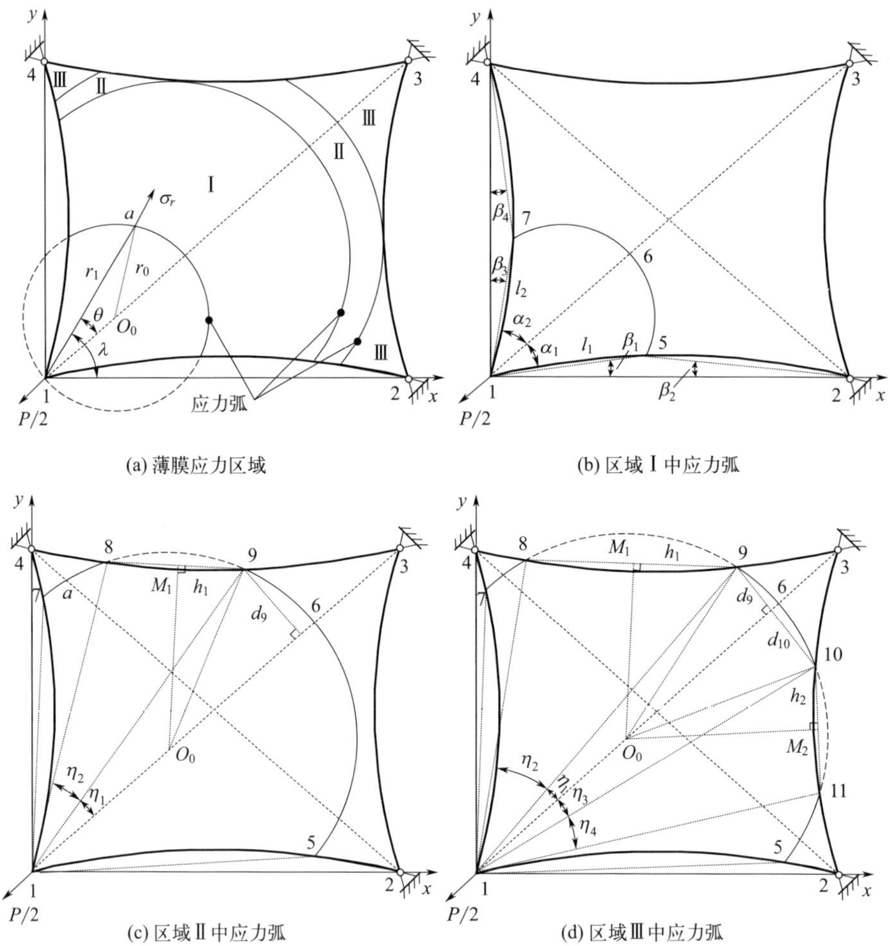

图 4.3 单角点受拉薄膜的应力分布

接下来计算在角点 1 处拉伸载荷作用下的薄膜应力分布。应力弧的圆经过点 a 和角点 1，对应的圆心记为 O_0，圆心处于角点 1 和角点 3 之间的对角线上，半径记为 r_0。σ_r 的方向与正 x 轴之间的角度记为 λ。根据应力弧的连续性，薄膜可以分为三个区域。在区域Ⅰ中，应力弧是连续的一段，如图 4.3(b)中的弧 5-7 所示。在区域Ⅱ中，应力弧在薄膜中被分成两段连续的弧，如图 4.3(c)中的弧 5-9 和弧 7-8。在区域Ⅲ中，应力弧被分成三段连续的弧，即弧 5-11、弧 9-10 和弧 7-8，如图 4.3(d)所示。在正方形薄膜中，区域Ⅱ不存在，因为图 4.3(c)中的弧 5-9 将被分成两个弧，因此归属于区域Ⅲ。

如图 4.3(b)所示，从角点 1 到点 5 的距离记为 l_1，从角点 1 到点 7 的距离记为 l_2。线段 1-6 和线段 1-5 之间的夹角记为 α_1，线段 1-6 和线段 1-7 之间的夹角记为 α_2。图 4.3(c)区域Ⅱ中的弧 6-7 包括三个弧段：弧 7-8、弧 6-9 和弧 8-9。弧 6-9 和弧 8-9 的圆周角分别记为 η_1 和 η_2。在图 4.3(c)中，线段 8-9 的中点记为 M_1，从点 M_1 到点 9 的距离记为 h_1，从点 9 到对角线 1-3 的距离记为 d_9。类似地，在图 4.3(d)中定义并标记 M_2、h_2、d_{10}、η_3、η_4。根据薄膜内相同应力弧上的应力与角点 1 处拉力的平衡条件，得到如下力平衡方程。

$$
\begin{cases}
\int_0^{\alpha_1} \dfrac{k^* P\cos^2\theta}{2r_1} r_1\,\mathrm{d}\theta + \int_0^{\alpha_2} \dfrac{k^* P\cos^2\theta}{2r_1} r_1\,\mathrm{d}\theta = \dfrac{P}{2}, a \in \Omega_{\mathrm{I}} \\
\int_0^{\alpha_1} \dfrac{k^* P\cos^2\theta}{2r_1} r_1\,\mathrm{d}\theta + \int_0^{\eta_1} \dfrac{k^* P\cos^2\theta}{2r_1} r_1\,\mathrm{d}\theta + \int_{\eta_1+\eta_2}^{\alpha_2} \dfrac{k^* P\cos^2\theta}{2r_1} r_1\,\mathrm{d}\theta = \dfrac{P}{2}, a \in \Omega_{\mathrm{II}} \\
\int_0^{\eta_1} \dfrac{k^* P\cos^2\theta}{2r_1} r_1\,\mathrm{d}\theta + \int_{\eta_1+\eta_2}^{\alpha_2} \dfrac{k^* P\cos^2\theta}{2r_1} r_1\,\mathrm{d}\theta + \int_0^{\eta_3} \dfrac{k^* P\cos^2\theta}{2r_1} r_1\,\mathrm{d}\theta + \\
\int_{\eta_3+\eta_4}^{\alpha_1} \dfrac{k^* P\cos^2\theta}{2r_1} r_1\,\mathrm{d}\theta = \dfrac{P}{2}, a \in \Omega_{\mathrm{III}}
\end{cases}
\tag{4.2}
$$

式中　$\Omega_{\mathrm{I}}, \Omega_{\mathrm{II}}, \Omega_{\mathrm{III}}$——应力区域Ⅰ、Ⅱ、Ⅲ。

求解式(4.2)得到每个区域中关于 k^* 的表达式如下

$$
\begin{cases}
k^* = 4[2\alpha_1 + 2\alpha_2 + \sin(2\alpha_1) + \sin(2\alpha_2)]^{-1}, a \in \Omega_{\mathrm{I}} \\
k^* = 4\{2\alpha_1 + 2\alpha_2 - 2\eta_2 + \sin(2\alpha_1) + \sin(2\alpha_2) + \sin(2\eta_1) - \sin[2(\eta_1 + \eta_2)]\}, a \in \Omega_{\mathrm{II}} \\
k^* = 4\{2\alpha_1 + 2\alpha_2 - 2\eta_2 - 2\eta_4 + \sin(2\alpha_1) + \sin(2\alpha_2) + \sin(2\eta_1) \\
\qquad + \sin(2\eta_3) - \sin[2(\eta_1 + \eta_2)] - \sin[2(\eta_3 + \eta_4)]\}^{-1}, a \in \Omega_{\mathrm{III}}
\end{cases}
\tag{4.3}
$$

将弧 1-2 的半径和圆心角分别记为 R_1 和 φ_1，在图 4.3(b)中的 β_2 可以表示为 $\arcsin[l_1/(2R_1)]$，而 β_1 可以表示为 $\beta_1 = \varphi_1/2 - \beta_2$。类似地，$\beta_3$ 和 β_4 可以用弧

1-4 的半径 R_2 和圆心角 φ_2 表示。求解 α_1 和 α_2 得到：

$$\alpha_1=\xi_1+\arcsin\frac{l_1}{2R_1},\alpha_2=\xi_2+\arcsin\frac{l_2}{2R_2} \tag{4.4}$$

式中

$$\xi_1=\arctan\frac{R_2\sin(\varphi_2/2)}{R_1\sin(\varphi_1/2)}-\frac{\varphi_1}{2},\xi_2=\arctan\frac{R_1\sin(\varphi_1/2)}{R_2\sin(\varphi_2/2)}-\frac{\varphi_2}{2} \tag{4.5}$$

由于同一应力弧上每个点处 σ_r 的值相同，因此存在以下方程

$$\frac{k^* P\cos\theta}{2r_1}=\frac{k^* P\cos\alpha_1}{2l_1},\frac{k^* P\cos\theta}{2r_1}=\frac{k^* P\cos\alpha_2}{2l_2} \tag{4.6}$$

将式(4.4)和式(4.5)代入式(4.6)中求解得到

$$\begin{aligned}l_1&=2r_1R_1\cos\xi_1/\sqrt{r_1^2+4R_1^2\cos^2\theta+4r_1R_1\cos\theta\sin\xi_1}\\ l_2&=2r_1R_2\cos\xi_2/\sqrt{r_1^2+4R_2^2\cos^2\theta+4r_1R_2\cos\theta\sin\xi_2}\end{aligned} \tag{4.7}$$

将式(4.7)代入式(4.4)中可以得到 α_1 和 α_2 的值。由于圆心角是圆周角的 2 倍，$\eta_i(i=1,2,3,4)$的角度值计算如下

$$\eta_1=\frac{1}{2}\arcsin\frac{d_9}{r_0},\eta_2=\arcsin\frac{h_1}{r_0},\eta_3=\frac{1}{2}\arcsin\frac{d_{10}}{r_0},\eta_4=\arcsin\frac{h_2}{r_0} \tag{4.8}$$

若将 O_0 的坐标记为(p,q)，将弧 3-4 和弧 2-3 对应的圆心坐标分别记为 $O_1(m_1,n_1)$和 $O_2(m_2,n_2)$，将 $h_i(i=1,2)$记为圆 O_i 和圆 O_0 交点弦长的一半长度，则 h_i 具有如下表达式

$$\begin{aligned}h_i=&\frac{1}{2\sqrt{(m_i-p)^2+(n_i-q)^2}}(4m_i^3p-m_i^4-2m_i^2n_i^2-n_i^4+4m_in_i^2p\\&-6m_i^2p^2-2n_i^2p^2+4m_ip^3-p^4+4m_i^2n_iq+4n_i^3q-8m_in_ipq\\&+4n_ip^2q-2m_i^2q^2-6n_i^2q^2+4m_ipq^2-2p^2q^2+4n_iq^3-q^4\\&+2m_i^2r_0^2+2n_i^2r_0^2-4m_ipr_0^2+2p^2r_0^2-4n_iqr_0^2+2q^2r_0^2-r_0^4\\&+2m_i^2R_1^2+2n_i^2R_1^2-4m_ipR_i^2+2p^2R_i^2-4n_iqR_i^2+2q^2R_i^2+2r_0^2R_i^2-R_i^4)^{\frac{1}{2}}\end{aligned} \tag{4.9}$$

式中

$$r_0=\frac{l_1}{2\cos\alpha_1}=\frac{l_2}{2\cos\alpha_2} \tag{4.10}$$

交点 9 和 10 的坐标计算结果如下

$$(x_9,y_9)=\left(p+\frac{(m_1-p)\sqrt{r_0^2-h_1^2}+h_1\sqrt{(n_1-q)^2}}{\sqrt{(m_1-p)^2+(n_1-q)^2}},\right.$$

$$q+\frac{(n_1-q)\sqrt{r_0^2-h_1^2}-h_1\sqrt{(m_1-p)^2}}{\sqrt{(m_1-p)^2+(n_1-q)^2}}\Bigg) \tag{4.11}$$

$$(x_{10},y_{10})=\Bigg(p+\frac{(m_2-p)\sqrt{r_0^2-h_2^2}-h_2\sqrt{(n_2-q)^2}}{\sqrt{(m_2-p)^2+(n_2-q)^2}},$$

$$q+\frac{(n_2-q)\sqrt{r_0^2-h_2^2}+h_2\sqrt{(m_2-p)^2}}{\sqrt{(m_2-p)^2+(n_2-q)^2}}\Bigg) \tag{4.12}$$

从点 i 到对角线 1-3 的距离记为 d_i，则 d_i 可以通过下式进行计算

$$d_i=\frac{|x_iR_2\sin(\varphi_2/2)-y_iR_1\sin(\varphi_1/2)|}{\sqrt{R_2^2\sin^2(\varphi_2/2)+R_1^2\sin^2(\varphi_1/2)}} \tag{4.13}$$

将式(4.11)和式(4.12)代入式(4.13)中，分别得到 d_9 和 d_{10}。此外，式(4.8)中的 $\eta_i(i=1,2,3,4)$ 可以用式(4.9)、式(4.10)和式(4.13)求解得到，从而计算各圆周角并求得 k^*，进而可以获得式(4.1)中径向正应力分量的解析解，并通过式(4.14)将应力结果从极坐标系转换到笛卡儿坐标系。

$$\begin{cases}\sigma_x=\sigma_r\cos^2\lambda\\ \sigma_y=\sigma_r\sin^2\lambda\\ \tau_{xy}=\sigma_r\sin\lambda\cos\lambda\end{cases} \tag{4.14}$$

通过计算薄膜面内各点的应力，可以得到薄膜在单个角点拉力作用下的应力分布。随后根据图 4.2 所示的应力叠加方式，可以求得薄膜在四个角点同时张拉时的应力分布。

根据薄膜在笛卡儿坐标系中叠加后的应力值，通过式(4.15)的计算可得到任意点受到的最大主应力 σ_1 和最小主应力 σ_2。基于薄膜内各点的最大主应力 σ_1 和最小主应力 σ_2，通过式(4.16)可以计算得到薄膜各点 Mises 等效应力（范式等效应力）$\bar{\sigma}$ 的理论值。张拉薄膜结构应力叠加法利用薄膜张拉的对称性，为薄膜应力分布的计算提供了一种解析求解方法。

$$\begin{cases}\sigma_1=(\sigma_x+\sigma_y)/2+\sqrt{(\sigma_x-\sigma_y)^2/4+\tau_{xy}^2}\\ \sigma_2=(\sigma_x+\sigma_y)/2-\sqrt{(\sigma_x-\sigma_y)^2/4+\tau_{xy}^2}\end{cases} \tag{4.15}$$

$$\bar{\sigma}=\frac{1}{\sqrt{2}}\sqrt{\sigma_1^2+\sigma_2^2+(\sigma_1-\sigma_2)^2} \tag{4.16}$$

4.2.2　多点张拉矩形薄膜的应力叠加

本节基于矩形薄膜只在四个角点受拉时的应力叠加研究，提出了薄膜在更复

杂的多点张拉状态下的应力叠加方法。在矩形薄膜(包含花边)中,如图 4.4 所示,对于一个对称分布的拉力组,薄膜面内周向应力分量 σ_θ 和剪切应力分量 $\tau_{r\theta}$ 可以相互抵消,从而满足 Timoshenko 和 Goodier[1] 的单位厚度角点拉力的计算公式,因此在矩形薄膜中每四个对称拉力都可以形成这样一个应力叠加组,当一个多点张拉薄膜上的所有拉力可以划分为若干个应力叠加组时,就可以使用应力叠加法求解应力分布。

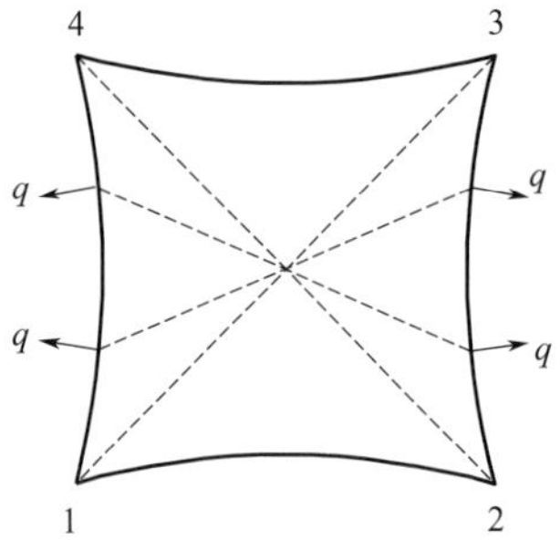

图 4.4 应力叠加组

在多点张拉薄膜结构的应力叠加中,需要确定各拉力的作用范围。在一个由四个对称拉力组成的应力叠加组中,对于一个施力点,其他三个点相对固定,当某一固定点处于应力弧之上时,可将此应力弧对应的半径记为 $r_k(k=1,2,3)$。由于超越固定约束的应力弧是一种无效的应力传播,因此在应力传播范围内,应力弧对应的 r_0 需要满足以下条件

$$r_0 \leqslant \min\{r_k\} \tag{4.17}$$

对于多点张拉矩形薄膜,理论模型如图 4.5 所示,在长边上有 D_l 个花边,在宽边上有 D_w 个花边,矩形四个角点处的拉力沿对角线施加,大小记为 P_d,长边点拉力大小记为 P_l,宽边点拉力大小记为 P_w。根据应力叠加组的划分方式,在多点张拉矩形薄膜模型中,四个矩形角点的拉力、对应长边(宽边)上的拉力形成了多个应力叠加组。其中,长边(宽边)上相对的两个拉力是一种特殊的应力叠加组,可以将一个 $P_l(P_w)$ 拉力看作两个 $P_l/2(P_w/2)$ 拉力的组合。

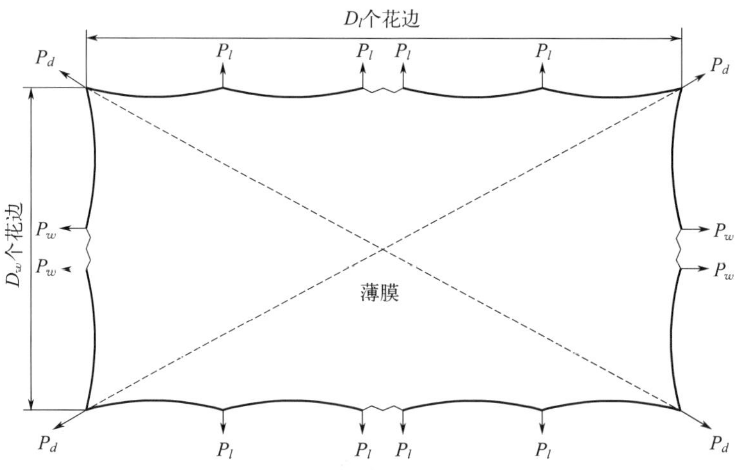

图 4.5 多点张拉矩形薄膜

多点张拉矩形薄膜的应力叠加方式如图 4.6 所示，通过这种方式，多点张拉矩形薄膜的应力分布计算可以解耦为角点拉力、长边点拉力和宽边点拉力这三种拉力分别作用时的应力分布计算。

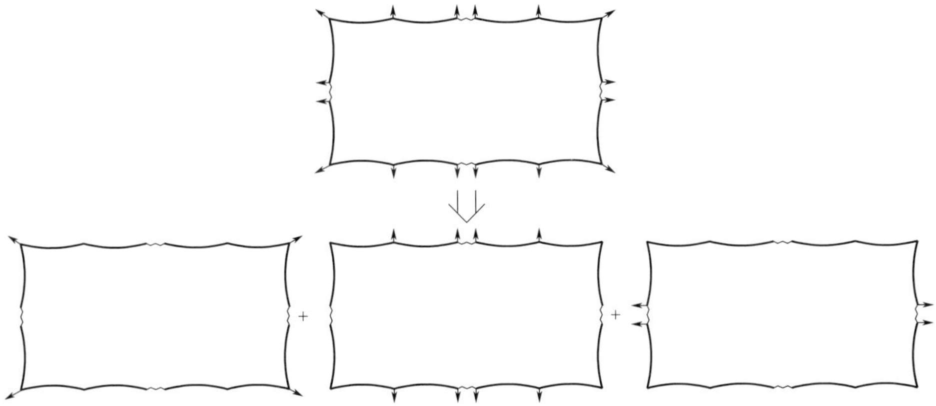

图 4.6 多点张拉矩形薄膜应力叠加方式

4.2.2.1 角点拉力作用下的应力分布计算

当预应力施加在多点张拉矩形薄膜的一个角点上时，根据应力弧被分割的段数可以将薄膜分成三个区域，如图 4.7 所示。在应力区域Ⅰ中，应力弧连续且不被分割；在应力区域Ⅱ中，应力弧被分割成 2 段；在应力区域Ⅲ中，应力弧被分割成 3 段。相比于各边只有一个花边的矩形薄膜，在多点张拉矩形薄膜中，应力弧与各花边的相交状态需要分别计算。将长边 1-2 和长边 3-4 上各花边对应的圆心坐标在

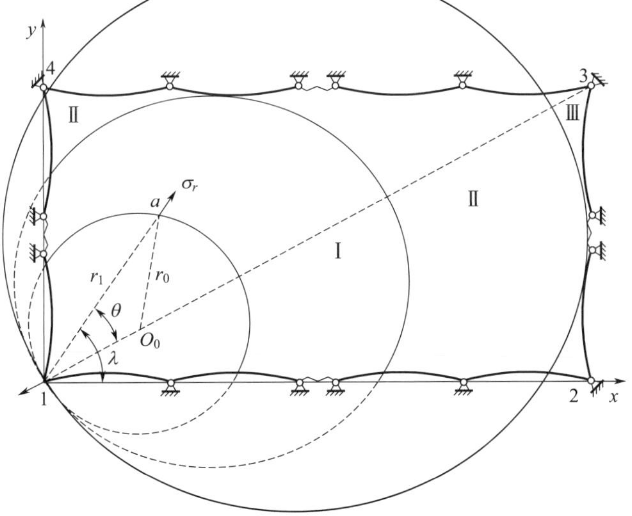

图 4.7 角点拉力作用下的应力区域划分

图 4.7 坐标系中从左到右依次记为 O_{di} 和 O_{pi} ($i=1,2,\cdots,D_l$)，将宽边 1-4 和宽边 2-3 上各花边对应的圆心坐标从下到上依次记为 O_{qj} 和 O_{bj} ($j=1,2,\cdots,D_w$)。长边上各花边的长度、弧度和半径分别记为 l_1、φ_1 和 R_1，宽边上各花边的长度、弧度和半径分别记为 l_2、φ_2 和 R_2，各花边对应的圆心坐标可以表示为

$$\begin{cases}O_{di}=((2i-1)R_1\sin(\varphi_1/2),-R_1\cos(\varphi_1/2))\\O_{pi}=((2i-1)R_1\sin(\varphi_1/2),2D_wR_2\sin(\varphi_2/2)+R_1\cos(\varphi_1/2))\\O_{qj}=(-R_2\cos(\varphi_2/2),(2j-1)R_2\sin(\varphi_2/2))\\O_{bj}=(2D_lR_1\sin(\varphi_1/2)+R_2\cos(\varphi_2/2),(2j-1)R_2\sin(\varphi_2/2))\end{cases}\tag{4.18}$$

应力弧半径 r_0 可以表示为 $r_1/(2\cos\theta)$，应力弧对应的圆心 O_0 在对角线上，结合各花边的几何参数，可以得到应力弧与各花边的交点。以应力区域Ⅲ中应力弧的应力计算为例，如图 4.8 所示，在点 1 处施加拉力，应力弧与底部花边相交于点 5，与右侧花边相交于点 10、11，与顶部花边相交于点 8、9，与左侧花边相交于点 7，与对角线 1-3 相交于点 6。弧 6-7 对应的圆周角记为 α_{l1}，弧 6-8 对应的圆周角记为 α_{l2}，弧 6-9 对应的圆周角记为 α_{l3}，弧 5-6 对应的圆周角记为 α_{r1}，弧 6-11 对应的圆周角记为 α_{r2}，弧 6-10 对应的圆周角记为 α_{r3}。在应力区域Ⅱ中，交点 10、11 不存在，不需要考虑 α_{r2} 和 α_{r3}；在应力区域Ⅰ中，交点 8、9、10 和 11 不存在，不需要考虑 α_{l2}、α_{l3}、α_{r2} 和 α_{r3}。在不同应力区域中，薄膜的力平衡方程可以表示为

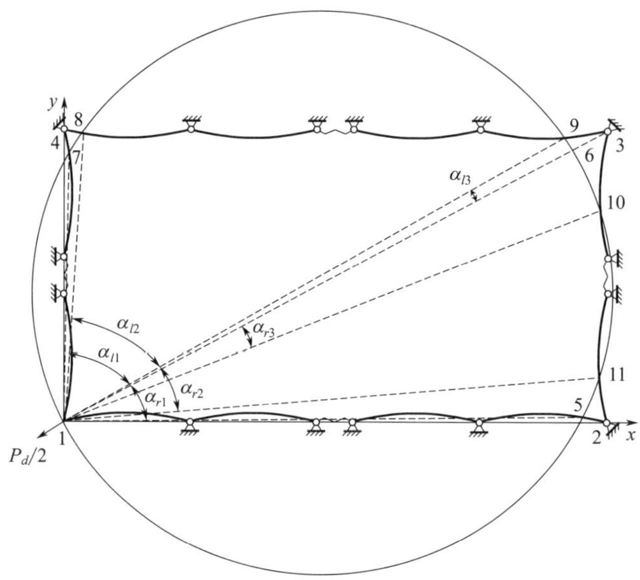

图 4.8　角点拉力作用下应力区域Ⅲ中的应力弧

$$\begin{cases}\int_0^{\alpha_{l1}}\dfrac{k^* P\cos^2\theta}{2r_1}r_1\mathrm{d}\theta+\int_0^{\alpha_{r1}}\dfrac{k^* P\cos^2\theta}{2r_1}r_1\mathrm{d}\theta=\dfrac{P}{2},a\in\Omega_{\mathrm{I}}\\ \int_0^{\alpha_{l3}}\dfrac{k^* P\cos^2\theta}{2r_1}r_1\mathrm{d}\theta+\int_{\alpha_{l2}}^{\alpha_{l1}}\dfrac{k^* P\cos^2\theta}{2r_1}r_1\mathrm{d}\theta+\int_0^{\alpha_{r1}}\dfrac{k^* P\cos^2\theta}{2r_1}r_1\mathrm{d}\theta=\dfrac{P}{2},a\in\Omega_{\mathrm{II}}\\ \int_0^{\alpha_{l3}}\dfrac{k^* P\cos^2\theta}{2r_1}r_1\mathrm{d}\theta+\int_{\alpha_{l2}}^{\alpha_{l1}}\dfrac{k^* P\cos^2\theta}{2r_1}r_1\mathrm{d}\theta+\int_0^{\alpha_{r3}}\dfrac{k^* P\cos^2\theta}{2r_1}r_1\mathrm{d}\theta\\ +\int_{\alpha_{r2}}^{\alpha_{r1}}\dfrac{k^* P\cos^2\theta}{2r_1}r_1\mathrm{d}\theta=\dfrac{P}{2},a\in\Omega_{\mathrm{III}}\end{cases}\tag{4.19}$$

求解式(4.19)可以得到在各应力弧中 σ_r 的常系数 k^*，结果如式(4.20)所示，进而可以求解得到薄膜内任意一点在角点拉力作用下的 σ_r，通过坐标变换可以获得笛卡儿坐标系中的应力值。

$$\begin{cases}k^*=4[2\alpha_{l1}+2\alpha_{r1}+\sin(2\alpha_{l1})+\sin(2\alpha_{r1})]^{-1},a\in\Omega_{\mathrm{I}}\\ k^*=4[2\alpha_{l1}+2\alpha_{l3}-2\alpha_{l2}+2\alpha_{r1}+\sin(2\alpha_{l1})+\sin(2\alpha_{l3})-\sin(2\alpha_{l2})\\ \qquad+\sin(2\alpha_{r1})]^{-1},a\in\Omega_{\mathrm{II}}\\ k^*=4[2\alpha_{l1}+2\alpha_{l3}-2\alpha_{l2}+2\alpha_{r1}+2\alpha_{r3}-2\alpha_{r2}+\sin(2\alpha_{l1})+\sin(2\alpha_{l3})\\ \qquad-\sin(2\alpha_{l2})+\sin(2\alpha_{r1})+\sin(2\alpha_{r3})-\sin(2\alpha_{r2})]^{-1},a\in\Omega_{\mathrm{III}}\end{cases}\tag{4.20}$$

4.2.2.2　长边点拉力作用下的应力分布计算

当作用力施加在长边点上时，需要讨论两种可能性：当施力点靠近长边中间区域时，如图 4.9 所示，应力弧不会被宽边切割，此时，应力区域可以划分为两部分，

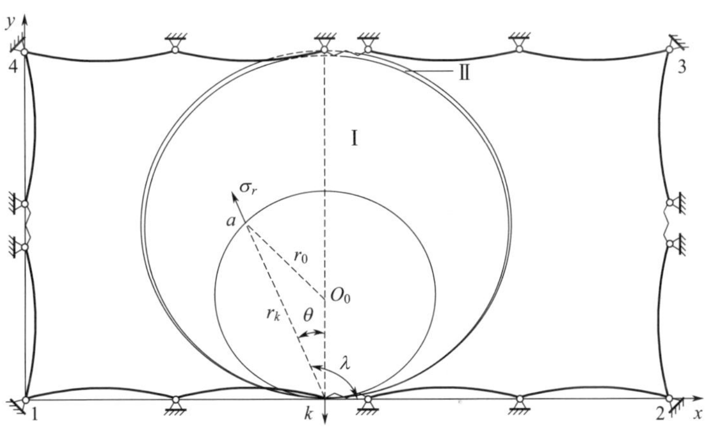

图 4.9　长边点拉力的应力区域与宽边不相交

应力区域Ⅰ内的应力弧为连续的 1 段，应力区域Ⅱ内的应力弧被切割为 3 段；当施力点靠近长边两侧时，如图 4.10 所示，应力区域可以划分为三个部分，应力区域Ⅰ内的应力弧连续且不被切割，应力区域Ⅱ内的应力弧被一侧宽边切割为 2 段，应力区域Ⅲ内的应力弧被一侧宽边和对侧长边上的两个相邻花边共同切割为 4 段。

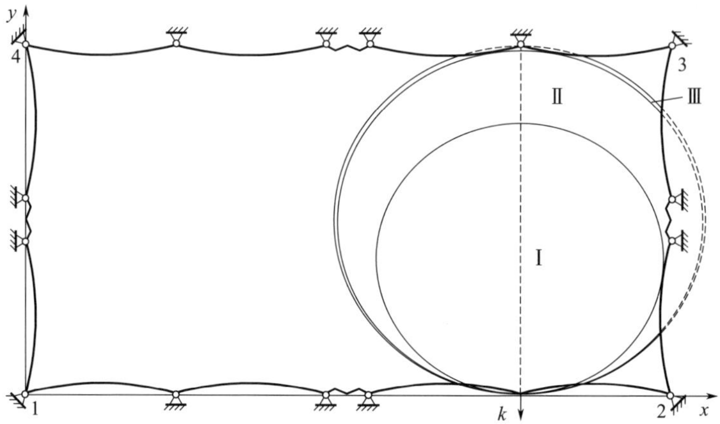

图 4.10 长边点拉力的应力区域与宽边相交

当作用在长边点 k 处的拉力产生的应力区域被划分为两部分时，以应力区域Ⅱ内的应力弧为例，如图 4.11 所示，此时应力弧与底部左侧相邻花边相交于点 5，与右侧相邻花边相交于点 7，与垂直于底边 1-2 的直径相交于点 6，与对侧长边上的左侧相邻花边相交于点 8 和点 9。弧 5-6 对应的圆周角记为 α_{l1}，弧 6-8 对应的圆周角记为 α_{l2}，弧 6-9 对应的圆周角记为 α_{l3}。直径 k-6 右侧的应力弧与左侧对称，有对称的圆周角 α_{r1}、α_{r2} 和 α_{r3}，角度值分别与 α_{l1}、α_{l2} 和 α_{l3} 相等。当应力弧

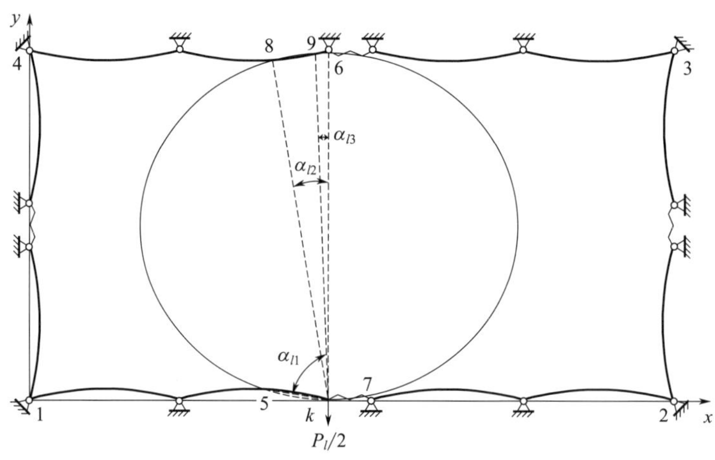

图 4.11 长边点拉力作用下应力区域Ⅱ内的应力弧

处于应力区域Ⅰ内时，不被对侧长边上的花边切割，因此不考虑 α_{l2}、α_{l3}、α_{r2} 和 α_{r3}。在图 4.9 中，应力弧在不同应力区域中的力平衡方程为

$$\begin{cases}\displaystyle\int_0^{\alpha_{l1}}\frac{k^* P\cos^2\theta}{2r_1}r_1\mathrm{d}\theta+\int_0^{\alpha_{r1}}\frac{k^* P\cos^2\theta}{2r_1}r_1\mathrm{d}\theta=\frac{P}{2},a\in\Omega_{\mathrm{I}}\\ \displaystyle\int_0^{\alpha_{l3}}\frac{k^* P\cos^2\theta}{2r_1}r_1\mathrm{d}\theta+\int_{\alpha_{l2}}^{\alpha_{l1}}\frac{k^* P\cos^2\theta}{2r_1}r_1\mathrm{d}\theta+\int_0^{\alpha_{r3}}\frac{k^* P\cos^2\theta}{2r_1}r_1\mathrm{d}\theta\\ \displaystyle+\int_{\alpha_{r2}}^{\alpha_{r1}}\frac{k^* P\cos^2\theta}{2r_1}r_1\mathrm{d}\theta=\frac{P}{2},a\in\Omega_{\mathrm{II}}\end{cases}\tag{4.21}$$

根据式(4.21)，进一步求解得到常系数 k^* 如下

$$\begin{cases}k^*=4[2\alpha_{l1}+2\alpha_{r1}+\sin(2\alpha_{l1})+\sin(2\alpha_{r1})]^{-1},a\in\Omega_{\mathrm{I}}\\ k^*=4[2\alpha_{l1}+2\alpha_{l3}-2\alpha_{l2}+2\alpha_{r1}+2\alpha_{r3}-2\alpha_{r2}+\sin(2\alpha_{l1})+\sin(2\alpha_{l3})\\ \qquad-\sin(2\alpha_{l2})+\sin(2\alpha_{r1})+\sin(2\alpha_{r3})-\sin(2\alpha_{r2})]^{-1},a\in\Omega_{\mathrm{II}}\end{cases}\tag{4.22}$$

当作用在长边点 k 处的拉力产生的应力区域被划分为三部分时，应力区域Ⅲ内的应力弧如图 4.12 所示，应力弧与底部左侧相邻花边相交于点 5，与底部右侧相邻花边相交于点 7，与右侧宽边相交于点 8 和点 9，与对边上右侧相邻花边相交于点 10 和点 11，与对边上左侧相邻花边相交于点 12 和点 13。在直径 k-6 左侧，弧 5-6 对应的圆周角记为 α_{l1}，弧 6-13 对应的圆周角记为 α_{l2}，弧 6-12 对应的圆周角记为 α_{l3}。在直径 k-6 右侧，弧 6-7 对应的圆周角记为 α_{r1}，弧 6-8 对应的圆周角记为 α_{r2}，弧 6-9 对应的圆周角记为 α_{r3}，弧 6-10 对应的圆周角记为 α_{r4}，弧 6-11 对应的圆周角记为 α_{r5}，其中，α_{r4} 与 α_{l2} 相等，α_{r5} 与 α_{l3} 相等。在图 4.10 中，应力弧在不同应力区域中的力平衡方程为

$$\begin{cases}\displaystyle\int_0^{\alpha_{l1}}\frac{k^* P\cos^2\theta}{2r_1}r_1\mathrm{d}\theta+\int_0^{\alpha_{r1}}\frac{k^* P\cos^2\theta}{2r_1}r_1\mathrm{d}\theta=\frac{P}{2},a\in\Omega_{\mathrm{I}}\\ \displaystyle\int_0^{\alpha_{l3}}\frac{k^* P\cos^2\theta}{2r_1}r_1\mathrm{d}\theta+\int_{\alpha_{l2}}^{\alpha_{l1}}\frac{k^* P\cos^2\theta}{2r_1}r_1\mathrm{d}\theta+\int_0^{\alpha_{r3}}\frac{k^* P\cos^2\theta}{2r_1}r_1\mathrm{d}\theta\\ \displaystyle+\int_{\alpha_{r2}}^{\alpha_{r1}}\frac{k^* P\cos^2\theta}{2r_1}r_1\mathrm{d}\theta=\frac{P}{2},a\in\Omega_{\mathrm{II}}\\ \displaystyle\int_0^{\alpha_{l3}}\frac{k^* P\cos^2\theta}{2r_1}r_1\mathrm{d}\theta+\int_{\alpha_{l2}}^{\alpha_{l1}}\frac{k^* P\cos^2\theta}{2r_1}r_1\mathrm{d}\theta+\int_0^{\alpha_{r5}}\frac{k^* P\cos^2\theta}{2r_1}r_1\mathrm{d}\theta\\ \displaystyle+\int_{\alpha_{r4}}^{\alpha_{r3}}\frac{k^* P\cos^2\theta}{2r_1}r_1\mathrm{d}\theta+\int_{\alpha_{r2}}^{\alpha_{r1}}\frac{k^* P\cos^2\theta}{2r_1}r_1\mathrm{d}\theta=\frac{P}{2},a\in\Omega_{\mathrm{III}}\end{cases}\tag{4.23}$$

根据式(4.23)，常系数 k^* 进一步推导如下：

$$\begin{cases} k^* = 4[2\alpha_{l1} + 2\alpha_{r1} + \sin(2\alpha_{l1}) + \sin(2\alpha_{r1})]^{-1}, a \in \Omega_{\mathrm{I}} \\ k^* = 4[2\alpha_{l1} + 2\alpha_{l3} - 2\alpha_{l2} + 2\alpha_{r1} + 2\alpha_{r3} - 2\alpha_{r2} + \sin 2(\alpha_{l1}) + \sin(2\alpha_{l3}) \\ \quad - \sin(2\alpha_{l2}) + \sin(2\alpha_{r1}) + \sin(2\alpha_{r3}) - \sin(2\alpha_{r2})]^{-1}, a \in \Omega_{\mathrm{II}} \\ k^* = 4[2\alpha_{l1} + 2\alpha_{l3} - 2\alpha_{l2} + 2\alpha_{r1} + 2\alpha_{r3} + 2\alpha_{r5} - 2\alpha_{r2} - 2\alpha_{r4} + \sin(2\alpha_{l1}) \\ \quad + \sin(2\alpha_{l3}) - \sin(2\alpha_{l2}) + \sin(2\alpha_{r1}) + \sin(2\alpha_{r3}) \\ \quad + \sin(2\alpha_{r5}) - \sin(2\alpha_{r2}) - \sin 2(\alpha_{r4})]^{-1}, a \in \Omega_{\mathrm{III}} \end{cases} \tag{4.24}$$

对于长边上的拉力，需要根据施力点所在位置以及形成的应力区域特点分成以上两类，并根据对应计算方法求解 σ_r。

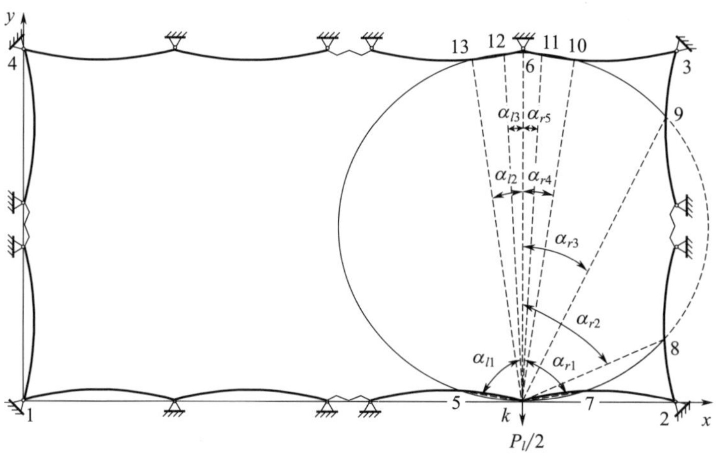

图 4.12 长边点拉力作用下应力区域Ⅲ内的应力弧

4.2.2.3 宽边点拉力作用下的应力分布计算

当作用力施加在宽边点上时，最大应力弧对应的直径与薄膜的长边等长，此时最大应力弧至少与一个长边相交。当最大应力弧只与一个长边相交时，可以参考图 4.10 中的应力区域划分及应力计算方式。当应力弧与两侧长边都相交时，应力区域可以划分为四个部分，如图 4.13 所示，区域Ⅰ内的应力弧为连续的一段，区域Ⅱ内的应力弧被一侧长边切割为两段，区域Ⅲ内的应力弧被两侧长边共同切割为三段，区域Ⅳ内的应力弧被两侧长边和对侧宽边共同切割为五段。当施力点 k 正好处于宽边中点时，应力弧只会同时被两侧长边切割，应力区域Ⅱ将不存在。

处于应力区域Ⅳ内的应力弧如图 4.14 所示，此时应力弧与左侧宽边上部的相邻花边相交于点 5，与左侧宽边下部的相邻花边相交于点 7，与垂直于侧边 1-4 的直径相交于点 6，与底部长边相交于点 8 和点 9，与顶部长边相交于点 10 和点 11，与对

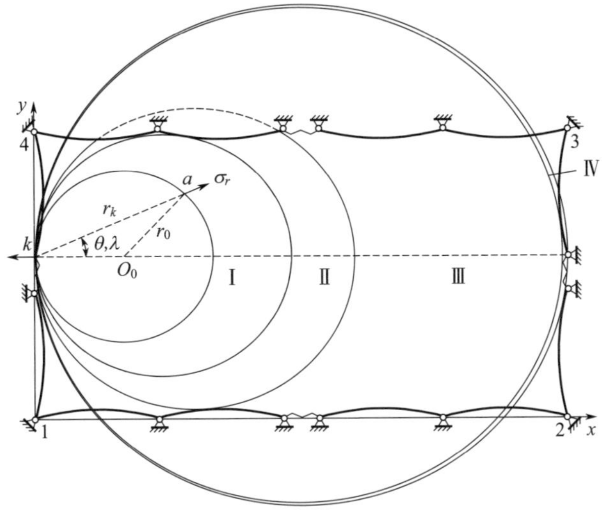

图 4.13　宽边点拉力的应力区域与两侧长边相交

侧宽边的上、下相邻花边分别相交于 2 点(其中上侧 2 点记为点 12 和点 13)。弧 5-6 对应的圆周角记为 α_{l1},弧 6-11 对应的圆周角记为 α_{l2},弧 6-10 对应的圆周角记为 α_{l3},弧 6-13 对应的圆周角记为 α_{l4},弧 6-12 对应的圆周角记为 α_{l5},弧 6-7 对应的圆周角记为 α_{r1},弧 6-8 对应的圆周角记为 α_{r2},弧 6-9 对应的圆周角记为 α_{r3}。此外,有 α_{r4} 与 α_{l4} 相等,α_{r5} 与 α_{l5} 相等,并关于直径 k-6 对称。在应力区域Ⅲ内,应力弧不被右侧宽边切割,故不需要考虑 α_{l4}、α_{l5}、α_{r4} 和 α_{r5};在应力区域Ⅱ内,不需要考虑 α_{l4}、α_{l5}、α_{r2}、α_{r3}、α_{r4} 和 α_{r5};在应力区域Ⅰ内,只需要将 α_{l1} 和 α_{r1} 考虑到计算中去。在图 4.13 中,应力弧在不同应力区域中的力平衡方程为

$$
\begin{cases}
\int_0^{\alpha_{l1}} \dfrac{k^* P\cos^2\theta}{2r_1} r_1\,\mathrm{d}\theta + \int_0^{\alpha_{r1}} \dfrac{k^* P\cos^2\theta}{2r_1} r_1\,\mathrm{d}\theta = \dfrac{P}{2}, a \in \Omega_{\mathrm{I}} \\
\int_0^{\alpha_{l3}} \dfrac{k^* P\cos^2\theta}{2r_1} r_1\,\mathrm{d}\theta + \int_{\alpha_{l2}}^{\alpha_{l1}} \dfrac{k^* P\cos^2\theta}{2r_1} r_1\,\mathrm{d}\theta + \int_0^{\alpha_{r1}} \dfrac{k^* P\cos^2\theta}{2r_1} r_1\,\mathrm{d}\theta = \dfrac{P}{2}, a \in \Omega_{\mathrm{II}} \\
\int_0^{\alpha_{l3}} \dfrac{k^* P\cos^2\theta}{2r_1} r_1\,\mathrm{d}\theta + \int_{\alpha_{l2}}^{\alpha_{l1}} \dfrac{k^* P\cos^2\theta}{2r_1} r_1\,\mathrm{d}\theta + \int_0^{\alpha_{r3}} \dfrac{k^* P\cos^2\theta}{2r_1} r_1\,\mathrm{d}\theta \\
+\int_{\alpha_{r2}}^{\alpha_{r1}} \dfrac{k^* P\cos^2\theta}{2r_1} r_1\,\mathrm{d}\theta = \dfrac{P}{2}, a \in \Omega_{\mathrm{III}} \\
\int_0^{\alpha_{l5}} \dfrac{k^* P\cos^2\theta}{2r_1} r_1\,\mathrm{d}\theta + \int_{\alpha_{l4}}^{\alpha_{l3}} \dfrac{k^* P\cos^2\theta}{2r_1} r_1\,\mathrm{d}\theta + \int_{\alpha_{l2}}^{\alpha_{l1}} \dfrac{k^* P\cos^2\theta}{2r_1} r_1\,\mathrm{d}\theta \\
+\int_0^{\alpha_{r5}} \dfrac{k^* P\cos^2\theta}{2r_1} r_1\,\mathrm{d}\theta + \int_{\alpha_{r4}}^{\alpha_{r3}} \dfrac{k^* P\cos^2\theta}{2r_1} r_1\,\mathrm{d}\theta + \int_{\alpha_{r2}}^{\alpha_{r1}} \dfrac{k^* P\cos^2\theta}{2r_1} r_1\,\mathrm{d}\theta = \dfrac{P}{2}, a \in \Omega_{\mathrm{IV}}
\end{cases}
\tag{4.25}
$$

根据式(4.25),常系数 k^* 的推导结果如下:

$$\begin{cases} k^* = 4[2\alpha_{l1}+2\alpha_{r1}+\sin(2\alpha_{l1})+\sin(2\alpha_{r1})]^{-1}, a\in\Omega_{\mathrm{I}} \\ k^* = 4[2\alpha_{l1}+2\alpha_{l3}-2\alpha_{l2}+2\alpha_{r1}+\sin(2\alpha_{l1})+\sin(2\alpha_{l3})-\sin(2\alpha_{l2}) \\ \quad +\sin(2\alpha_{r1})]^{-1}, a\in\Omega_{\mathrm{II}} \\ k^* = 4[2\alpha_{l1}+2\alpha_{l3}-2\alpha_{l2}+2\alpha_{r1}+2\alpha_{r3}-2\alpha_{r2}+\sin(2\alpha_{l1}) \\ \quad +\sin(2\alpha_{l3})-\sin(2\alpha_{l2})+\sin(2\alpha_{r1})+\sin(2\alpha_{r3})-\sin(2\alpha_{r2})]^{-1}, a\in\Omega_{\mathrm{III}} \\ k^* = 4[2\alpha_{l1}+2\alpha_{l3}+2\alpha_{l5}-2\alpha_{l2}-2\alpha_{l4}+2\alpha_{r1}+2\alpha_{r3}+2\alpha_{r5}-2\alpha_{r2}-2\alpha_{r4} \\ \quad +\sin(2\alpha_{l1})+\sin(2\alpha_{l3})+\sin(2\alpha_{l5})-\sin(2\alpha_{l2})-\sin(2\alpha_{l4})+\sin(2\alpha_{r1}) \\ \quad +\sin(2\alpha_{r3})+\sin(2\alpha_{r5})-\sin(2\alpha_{r2})-\sin(2\alpha_{r4})]^{-1}, a\in\Omega_{\mathrm{IV}} \end{cases} \tag{4.26}$$

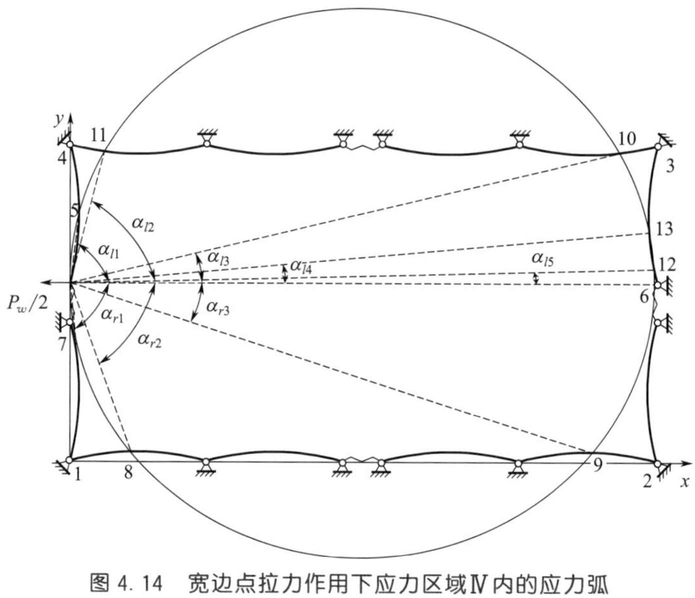

图 4.14　宽边点拉力作用下应力区域Ⅳ内的应力弧

在计算宽边点拉力作用下的应力分布时,需要根据应力弧与薄膜各边的相交情况考虑应力区域的两种划分方式,这与长边点拉力作用下的应力计算类似。对于不同张拉边界条件、不同尺寸的薄膜,计算过程中的输入参数不同,应力计算结果也会有所不同,在一些边界参数比例特殊的薄膜中,应力弧被边界切割时有可能会出现非列出情况,但提出的计算方法和应力叠加方式依然适用。对于在角点、长边和宽边三种位置上的拉力,在应力叠加计算中,需要进行综合考虑。

4.2.3 张拉薄膜应力分布仿真验证

4.2.3.1 角点张拉应力叠加法与有限元法的计算结果对比

为了验证应力叠加方法的正确性，利用 ABAQUS 有限元软件建立薄膜模型，分别计算叠加前后薄膜的应力分布，并通过对比叠加前后相同节点上的应力值来进行验证。分析算例对象为长 0.8m、宽 0.6m 的矩形聚酰亚胺薄膜，如图 4.15 所示，厚度为 0.05mm，弧 1-2 对应的圆心角 φ_1 为 $\pi/18$，弧 2-3 对应的圆心角 φ_2 为 $\pi/12$，在四个角点沿对角线方向分别施加 10N 的拉力。在薄膜上选取的四个节点，坐标分别为 n_1(0.40m，0.30m)、n_2(0.50m，0.30m)、n_3(0.60m，0.30m) 和 n_4(0.52m，0.39m)。

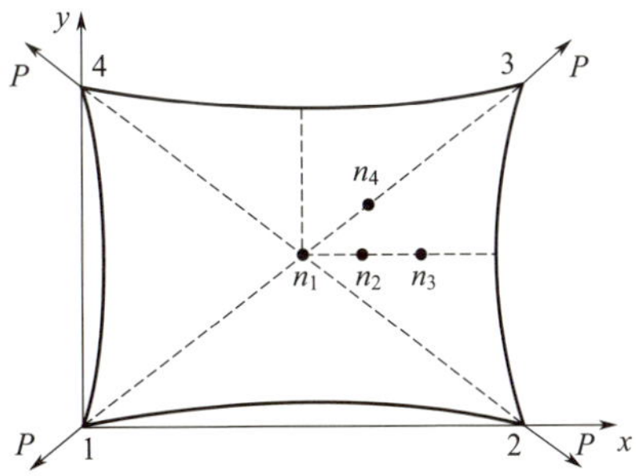

图 4.15 张拉薄膜应力叠加算例

在 ABAQUS 有限元软件中计算图 4.15 所示张拉薄膜的应力分布，结果如图 4.16 所示。薄膜应力叠加前后各节点的应力值如表 4.1 所示，叠加后的应力值相对叠加前的平均误差约为 2.24%。

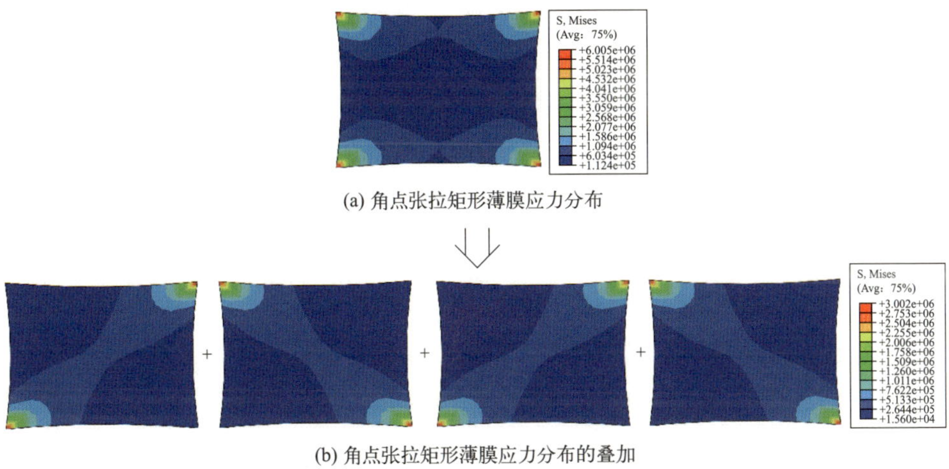

图 4.16 张拉薄膜应力分布的叠加

表 4.1 薄膜应力叠加前后的应力值结果对比

节点	n_1	n_2	n_3	n_4
叠加前 σ_x/Pa	492765	430725	302277	424648
叠加后 σ_x/Pa(相对误差)	503660(2.21%)	440230(2.21%)	308957(2.21%)	434075(2.22%)

续表

节点	n_1	n_2	n_3	n_4
叠加前 σ_y/Pa	228778	287394	371347	288265
叠加后 σ_y/Pa(相对误差)	233956(2.26%)	293880(2.26%)	379739(2.26%)	294780(2.26%)
叠加前 τ_{xy}/Pa	0	0	0	77998
叠加后 τ_{xy}/Pa(相对误差)	0(0%)	0(0%)	0(0%)	79737(2.23%)

由于在有限元软件中的应力计算是先求解应变再求解应力，在考虑应变的情况下，叠加前后薄膜因变形无法保证尺寸相同而会出现误差。当薄膜刚度较大、张拉作用力较小时，薄膜应变可以忽略，叠加前后获得的应力值可认为一致。

通过求解式(4.2)中的力平衡方程可以获得薄膜内任意点的应力值解析解。以求解 n_2 点处的应力值为例，当拉力施加于角点 1 时，过节点 n_2 的应力弧如图 4.17 所示，可以发现应力弧为连续的一段，因此处于区域Ⅰ内。点 6 是应力弧与对角线 1-3 的交点，且在对角线上。由于弧 1-2 对应的圆心角 φ_1 为 $\pi/18$，角点 1 到角点 2 的距离为 0.8m，可以求得弧 1-2 对应的半径 R_1 为 4.59m，同理可求得弧 2-3 对应的半径 R_2 为 2.30m。随后，根据式(4.4)、式(4.5)和式(4.7)求解得到 α_1 和 α_2 分别为 34.85°和 50.27°，将结果代入式(4.3)中得到 k^* 为 0.8176。根据点 n_2 与角点 1 之间的位置关系，得到 r_1 为 0.58m，将 k^* 的值代入式(4.1)中得到点 n_2 在角点 1 拉力作用下的径向正应力分量 σ_r 为 140571Pa。σ_r 的方向与正 x 轴之间的夹角 λ 为 31.22°，从角点 1 到点 n_2 的直线与对角线 1-3 之间的角度 θ 为 5.65°。最后，根据式(4.14)将 σ_r 从极坐标系转换到笛卡儿坐标系中，得到 σ_x、σ_y 和 τ_{xy} 分别为 102808Pa、37762Pa 和 62308Pa。

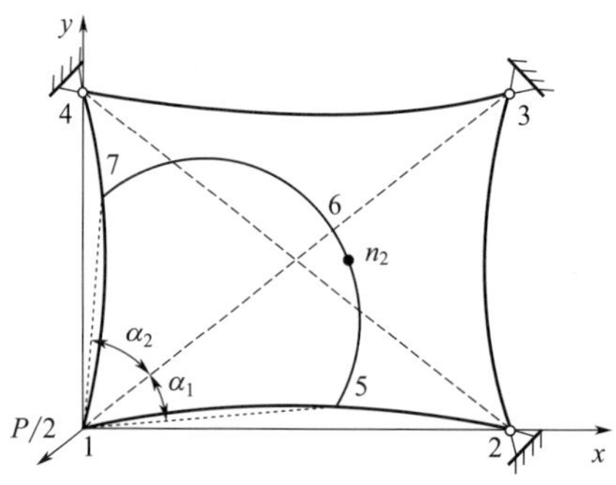

图 4.17 节点应力计算

根据以上计算方法，可以得到点 n_2 分别在角点 2、3、4 拉力作用下的应力值，经过叠加得到 n_2 在四个角点拉力共同作用下的 σ_x、σ_y 和 τ_{xy} 的解析解，分别为 400878Pa、264436Pa 和 0Pa，而表 4.1 中有限元数值解结果分别为 430725Pa、287394Pa 和 0Pa，理论解析结果与数值解结果的相对误差分别为 −6.93%、−7.99%和 0%。采用同样的计算思路求解了薄膜上各点处的应力，通过式(4.15)计算得到各点的最大、最小主应力，应力分布结果如图 4.18 所示。在 ABAQUS 有限元软件中对应力分布进行仿真，得到的结果如图 4.19 所示。对比

图 4.18 和图 4.19 可得，理论与仿真得到的应力分布方式相同，数值相近。

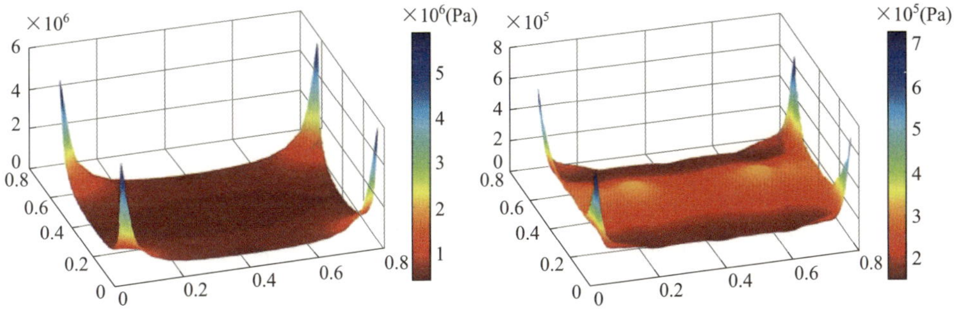

(a) 最大主应力分布　　(b) 最小主应力分布

图 4.18　应力叠加法计算应力分布理论结果

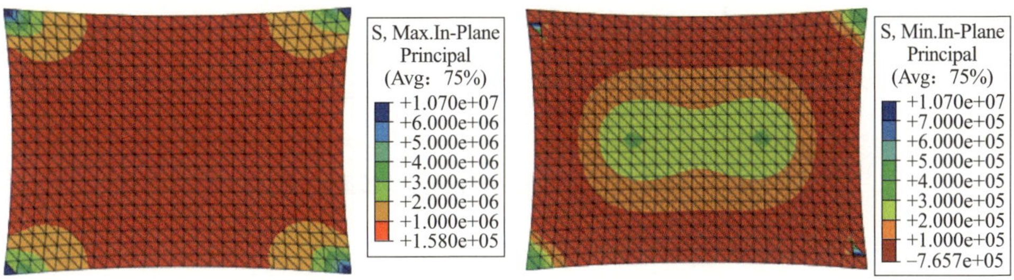

(a) 最大主应力分布结果　　(b) 最小主应力分布结果

图 4.19　ABAQUS 对应力分布的仿真结果

基于得到的薄膜最大、最小主应力分布，通过式(4.16)计算得到薄膜上各点的 Mises 等效应力，计算图 4.15 中各节点处的理论等效应力，与仿真结果的对比如表 4.2 所示。通过对比可以发现，理论等效应力相对于仿真等效应力的误差较小，验证了应力叠加法理论计算角点张拉薄膜的准确性和有效性。

表 4.2　理论与仿真应力计算结果对比

节点	理论等效应力/Pa	仿真等效应力/Pa	相对误差/%
n_1	366211	415294	−11.82
n_2	351687	383406	−8.27
n_3	338065	347078	−2.60
n_4	368290	401568	−8.29

4.2.3.2　多点张拉应力叠加法与有限元法的计算结果对比

为了验证应力叠加法在多点张拉薄膜应力计算中的准确性和有效性，将应力叠加法的计算结果与有限元仿真结果进行对比。分析的多点张拉薄膜模型如

图 4.20 所示，薄膜材料是厚度为 0.05mm 的聚酰亚胺，长度为 12m，宽度为 9m。长边和宽边上各均布三个花边，每个花边对应的圆心角都为 $\pi/12$。在角点上沿对角线方向施加 10N 的拉力，在长边拉力点上施加 6N 的拉力，在宽边拉力点上施加 8N 的拉力。在此模型中，坐标系原点位于矩形薄膜中心，长边沿 x 轴方向，宽边沿 y 轴方向。

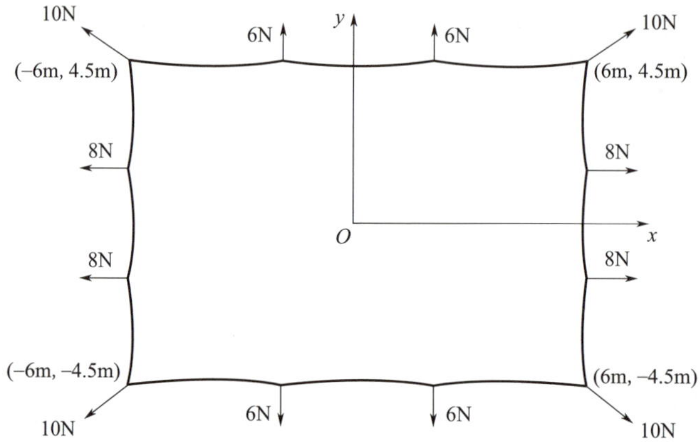

图 4.20　多点张拉薄膜分析模型

采用应力叠加法对薄膜模型进行计算，得到薄膜内各点在笛卡儿坐标系下的应力值，结合式(4.15)计算得到薄膜内各点的最大、最小主应力，根据理论计算结果绘制了薄膜最大主应力分布和最小主应力分布，如图 4.21 所示。为了进行理论与仿真结果之间的对比，在 ABAQUS 有限元软件中对薄膜的应力分布也进行了计算，结果如图 4.22 所示。通过对比可知，理论和仿真的结果在应力值和应力分布方式上相近。

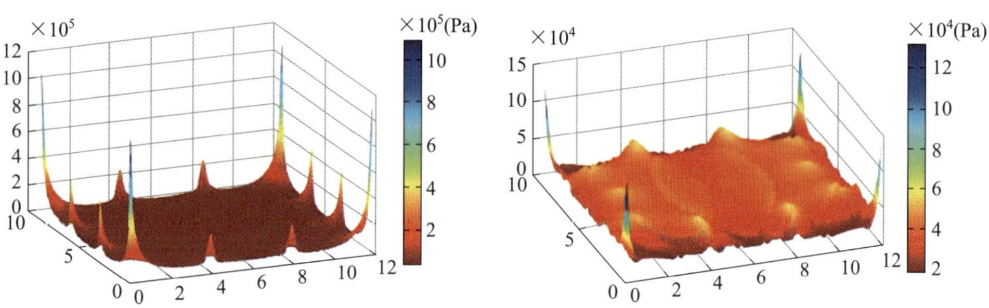

(a) 最大主应力分布　　(b) 最小主应力分布

图 4.21　应力叠加法理论计算得到的应力分布

基于薄膜上各点的最大、最小主应力分布，通过式(4.16)计算得到各点的 Mises 等效应力，在薄膜上选取不同的坐标位置，对比应力叠加法理论结果和

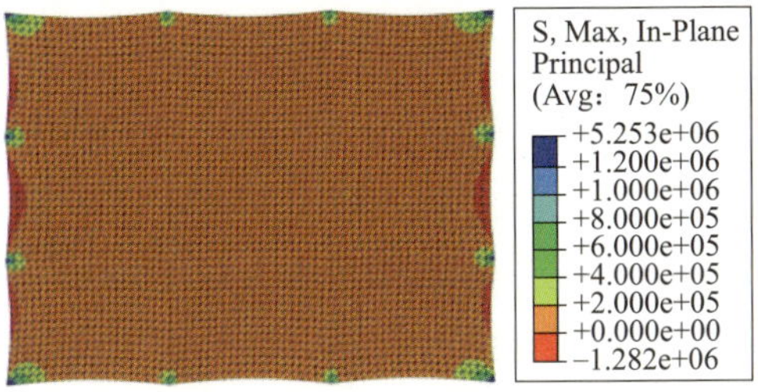

(a) 最大主应力分布结果

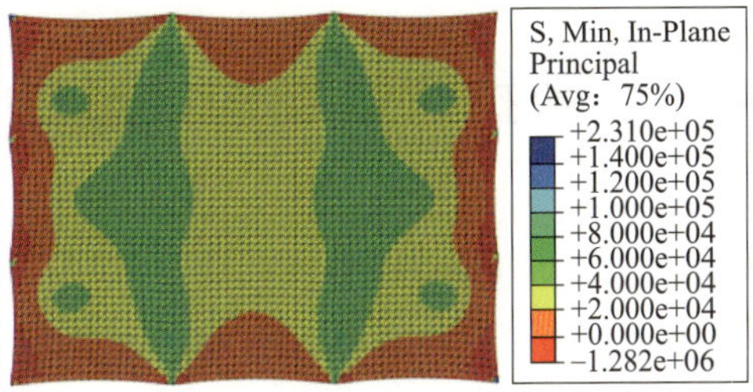

(b) 最小主应力分布结果

图 4.22　ABAQUS 仿真得到的应力分布

ABAQUS 有限元仿真结果，得到理论与仿真之间关于等效应力的相对误差，根据误差判断应力叠加法的准确性和有效性。

根据张拉薄膜的对称性，在薄膜模型坐标系的第一象限中选取坐标位置，得到理论计算与仿真计算应力结果，如表 4.3 所示。可以发现，理论结果总体上比仿真结果略小，坐标位置为(2,0)时，理论计算与仿真计算应力误差最小，仅为 0.17%。本节通过理论与仿真结果的对比，验证了所提出的应力叠加法的准确性和有效性。

表 4.3　理论计算与仿真计算应力结果

位置坐标/m	理论等效应力/Pa	仿真等效应力/Pa	相对误差/%
(0,0)	58237	60929	−4.42
(0,1)	58357	62122	−6.06
(0,2)	58684	66187	−11.34
(1,0)	57270	59669	−4.02
(1,1)	57849	60724	−4.73
(1,2)	58149	63935	−9.05
(2,0)	57256	57156	0.17
(2,1)	57241	58612	−2.34
(2,2)	55677	60500	−7.97
(3,0)	52558	54297	−3.20
(3,1)	53412	57259	−6.72
(3,2)	54898	61071	−10.11
(4,0)	52808	48708	8.42
(4,1)	57146	58743	−2.72
(4,2)	58637	61764	−5.06

4.3 张拉薄膜结构找形研究

索膜结构是一种柔性体系，且薄膜本身没有抵抗弯矩或压力的能力，抗剪能力也很差。为了使索膜结构具有一定的刚度，同时保证薄膜表面不出现褶皱，必须对其施加预应力。寻找一种使索膜结构能够通过张拉后保持平整、不出现褶皱的几何形状，即找形分析[2]。

本节以边长为 1m 的正方形平面薄膜为研究对象，利用找形分析的结果，探究张拉系统对平面薄膜的有效面积率、支座反力、基频等的影响。研究每项指标的影响因素时，分别采用几组对照分析模型。针对含中间索的二级张拉系统，提出了一种绳索预张力确定和找形分析的方法。

根据找形完成后索膜间的力学平衡关系及其几何关系，分别推导了两种张拉方式下，不考虑摩擦力时，薄膜有效面积及支座反力与花边索跨度、索力的理论关系式。

利用前述分析得出的规律，对足尺模型提出了初步的设计方案，角部支座考虑单角点斜向张拉形式，并提出了角部双角点张拉的索力确定及找形方法。

4.3.1 找形分析

由于柔性材料的特性，索膜结构本身没有抗弯和抗压的能力，只能对索膜施加一定的预应力使其具有一定的刚度。在给定的边界条件下，索膜结构中预张力的大小和分布同所形成的结构初始平衡形状是一一对应的[3]。故在确定索膜结构的初始形状时，必须确定一个满足边界条件和预张力分布的初始平衡形状，此过程即为找形分析。目前常用的找形分析方法主要有力密度法、动力松弛法、非线性有限元法[4]。本章利用非线性有限元法对平面薄膜进行找形分析，如可通过有限元软件 ANSYS 或 ABAQUS 实现。

4.3.1.1 非线性有限元法

非线性有限元法的研究起始于 20 世纪 70 年代。1971 年，Haug 和 Powell 提出了一种基于 Newton-Raphson 非线性迭代方法的索膜结构找形方法[5]。它是针对索膜结构具有强烈的几何非线性的特点所提出的方法。

(1)基本原理

非线性有限元法找形的基本思想是先将索膜结构离散成若干单元，然后针对索膜结构的小应变、大变形特点，应用几何非线性理论，建立以节点位移为基本未知量的非线性有限元方程组，最后采用 Newton-Raphson 方法或者修正的

Newton-Raphson 方法或者弧长法并结合边界条件求解。由于初始平衡状态是纯力学平衡问题，与所选用的材料无关，故在计算过程中采用小弹性模量法，以便使结构自由变形，达到平衡[6]。

(2)基本假定

① 属于大位移小应变问题；

② 索膜材料视为线弹性材料，受拉时应力应变关系符合胡克定律，且假定属于正交各向异性材料；

③ 索膜材料均只承受拉力，不承受弯矩和压力，且忽略抗弯刚度；

④ 薄膜和索之间无相对滑移；

⑤ 膜单元为常应力常应变平面三角形单元，索单元采用两节点六自由度的杆单元，拉伸应力沿轴向大小不变，且变形前后截面积不变。

(3)找形分析方法

索膜结构的有限元找形的基本方法有两种，即支点位移提升法和节点平衡法。支点位移提升法从平面状态开始，通过不断改变控制点的坐标(支座位移)并经过平衡迭代，得到相应的形状。节点平衡法从给定的基本几何形状开始，通过不断改变膜面应力经过迭代得到相应的形状。具体介绍如下。

① 支点位移提升法　支点位移提升法是将膜面的水平投影作为膜面的初始几何形状，然后针对索膜进行单元划分，给定索膜初始预应力大小和分布状况，以及结构边界控制点(即支座)的位置[7]。结构从初始平面状态开始，逐步提升或降低各边界控制点位置并经过平衡迭代，直至达到指定的坐标位置。通常支座位置变动较大，由此产生的结构变形很大，从而使结构分析产生较强的几何非线性。因此，支座位置的改变可分多步。针对每一步的支座位置改变，通过平衡迭代找到相应支座位置对应的平衡状态。就这样，由一个平衡状态到下一个平衡状态，最终获得在给定边界条件下的索膜预张力值以及相应的分布状况。

② 节点平衡法　节点平衡法是先按照边界条件将索膜曲面按 Coons 曲面、Bezier 曲面或 B 样条曲面拟合后，得出近似的平衡形状，然后赋予索和膜预张力的值和分布状况。由于给定的初始几何形状与最终形状存在偏差，将使索膜结构位于不平衡状态。初始几何形状上的不平衡的预张力分布使膜面发生变形，最终通过平衡迭代得到结构的初始平衡状态。在采用节点平衡法时，通常采用小弹性模量进行计算。

节点平衡法比支点位移提升法使用上更为简便，且计算效率高。但节点平衡法的收敛速度与给定的结构初始几何形状关系很大。也就是说，只有当选择的初始几何形状较为接近平衡状态时，节点平衡法才具有良好的收敛速度[8]。

4.3.1.2 非线性有限元法 ANSYS 实现

ANSYS 软件是美国 ANSYS 公司设计开发的大型通用有限元计算软件。ANSYS 软件具有非线性分析功能，可应用于索膜结构的找形分析中。ANSYS 软件进行索膜找形的基本过程是：找形分析分为两次，先建立平面初始形状的模型，采用小弹性模量方法，利用几何边界条件和给定的应力条件迭代计算，确定平衡状态，这是第一次找形分析；然后恢复索和膜的弹性模量，再对结构进行平衡迭代，直到膜面应力趋于相等或者满足一定的误差要求，从而得到最终的平衡状态，这是第二次找形分析。

由于索膜结构中索和膜均只受拉不受压，故在 ANSYS 找形分析时，以杆单元模拟索，以只受拉的薄壳单元模拟薄膜。根据 ANSYS 的单元性质，索单元采用空间两节点铰接杆单元 Link10 模拟，膜单元采用三节点三角形平面应力单元 shell41 模拟。索单元的预应力通过赋予初始应变来施加，而膜单元的预应力则通过降温方法来施加。具体分析流程如下：

① 选取索和膜的单元类型并定义单元材料属性和实常数。包括：索和膜单元的弹性模量、泊松比，膜材的厚度和热胀系数，索的截面面积以及索和膜的初始应力。其中，弹性模量进行缩小处理，可取实际弹性模量的 1‰ 到 1%。

② 绘制索膜结构的平面几何形状，确定索和膜单元的位置。

③ 针对索和膜单元进行网格划分，索单元划分为线单元，膜单元划分为三角形单元。

④ 施加边界约束条件以及载荷，索单元赋予初始应变，膜单元降温处理。

⑤ 选取结构分析类型，打开大变形开关，设定结构收敛条件，然后进行求解，通过迭代，获得第一次找形分析的平衡状态。

⑥ 固定支座位置，恢复索和膜的弹性模量，重新对结构进行平衡迭代，进行第二次找形分析，最终得到给定索和膜预应力分布情况下的平衡状态。

4.3.1.3 非线性有限元法 ABAQUS 实现

ABAQUS 软件是一套功能强大的有限元分析软件，在非线性问题和接触问题等方面，ABAQUS 软件具有明显的优势。平面薄膜张拉分析中存在索与索套的滑动接触问题，ABAQUS 软件能够方便地模拟分析这一问题，故选用 ABAQUS 软件进行张拉分析。张拉分析的有限元模型是找形分析后达到平衡状态的索膜形状，采用 ABAQUS 软件可方便地将找形后的索膜形状直接导入张拉分析模型中。另外，ABAQUS 软件提供了全面、易用的二次开发接口，利用其 GUI 插件功能，能够实现平面薄膜的参数化找形。因此，有必要对基于 ABAQUS 软件的薄膜找形方法进行研究。

基于 ABAQUS 软件的薄膜找形分析过程可分为三步：第一步，建立有限元模型，采用缩小弹性模量的方法，利用约束条件和给定的应力条件进行静力分析；第二步，导出前一次静力分析的结果形状，建立新的索膜有限元模型，采用缩小弹性模量的方法，利用约束条件和给定的应力条件进行静力分析，并不断地重复此过程直至找形结果在误差允许范围内；第三步，导出前一次静力分析的结果形状，建立新的索膜有限元模型，恢复弹性模量，利用约束条件和给定的应力条件进行静力分析。

每一次静力分析的具体流程如下：

① 建立索和膜的部件，在第二步和第三步中需导出上一次静力分析的找形结果，由于 ABAQUS 软件的结果文件中只含有节点和单元信息，没有几何信息，所以提取出的部件是单元部件；

② 定义索和膜的材料信息，创建索和膜的截面，并将截面赋予部件；

③ 划分索和膜的单元，索单元选用 T3D2 单元，膜单元选用 M3D4R 单元，由于第二步和第三步提取出的部件是单元部件，故单元已存在；

④ 创建索和膜的实例；

⑤ 绑定索和膜；

⑥ 对索膜结构施加约束条件和给定的预应力；

⑦ 创建分析步，打开大变形开关；

⑧ 创建工作并提交运算。

4.3.2　通过找形分析对比张拉系统

目前常用的张拉系统有一级张拉系统和二级张拉系统，二级张拉系统又可分为含中间索的与不含中间索的张拉方式[9]。一级张拉系统是将拉索直接穿在薄膜边缘的花边索套内，并与支座相连，实现对膜面的张拉；二级张拉系统则是通过外索张拉内索，进而对膜面实现张拉。图 4.23～图 4.25 以单跨平面薄膜结构为例给出了各种张拉系统的示意图。

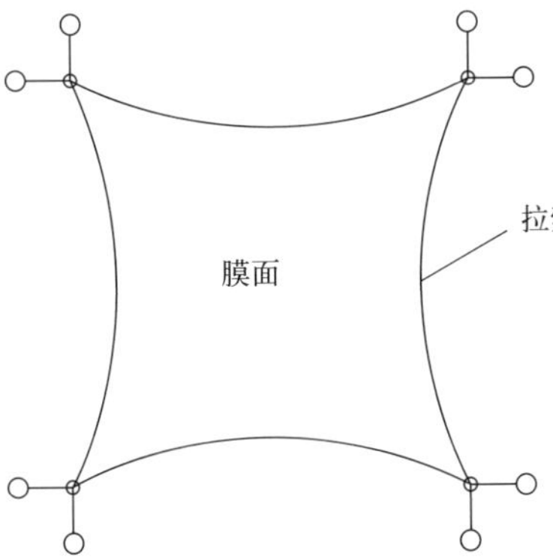

图 4.23　一级张拉系统

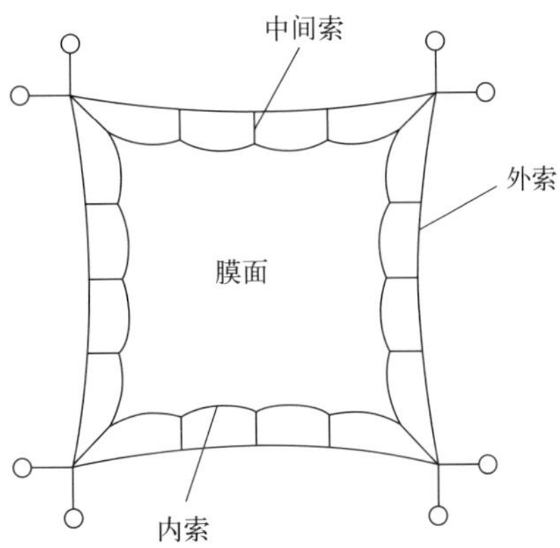

图 4.24　二级张拉系统(含中间索)

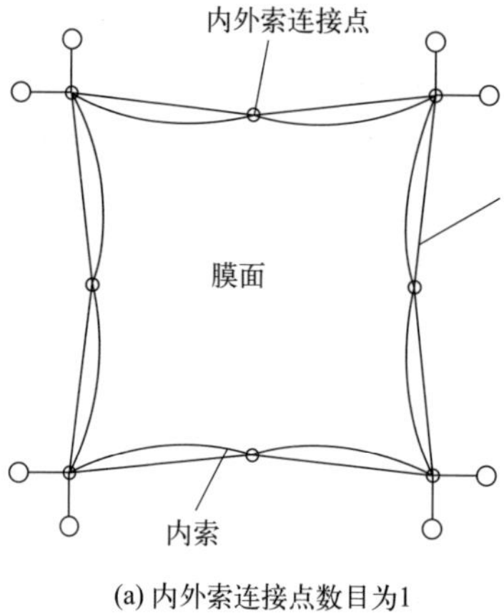

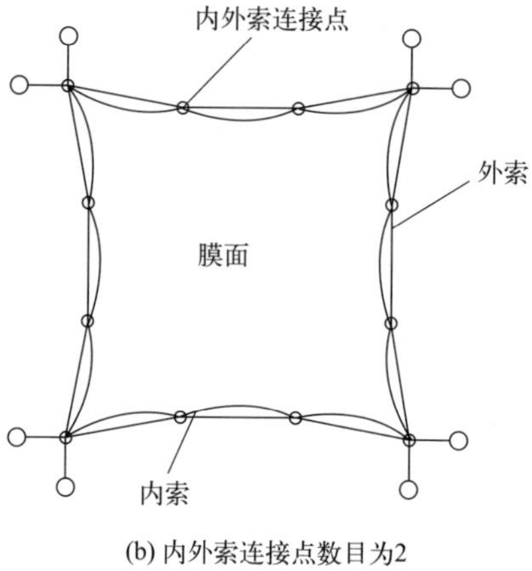

图 4.25 二级张拉系统(不含中间索)

本节采用 ANSYS 有限元软件对边长为 1m 的正方形平面薄膜结构(以下称为"单元模型")进行索膜结构找形分析,材料参数采用表 4.4 中的数值,以膜面等效应力为 0.04MPa 为控制条件,研究其有效面积率、支座反力、基频等指标的影响因素和变化规律,对不同的张拉系统进行比较分析。一级张拉系统的有限元分析模型简图如图 4.26 所示。二级张拉系统(以内外索连接点数目为 3 为例)的分析模型简图如图 4.27 所示,内外索初始位置重合,内索与膜面边界共享节点,每段划分为若干个单元,外索每段划分为一个单元。

表 4.4 材料参数

材料参数	密度/(g/m^3)	弹性模量 E/GPa	泊松比	厚度/mm	直径/mm
薄膜	41540 (考虑电子元件质量)	3.5	0.35	0.05	—
边索	1400	131	0.35	—	1.2

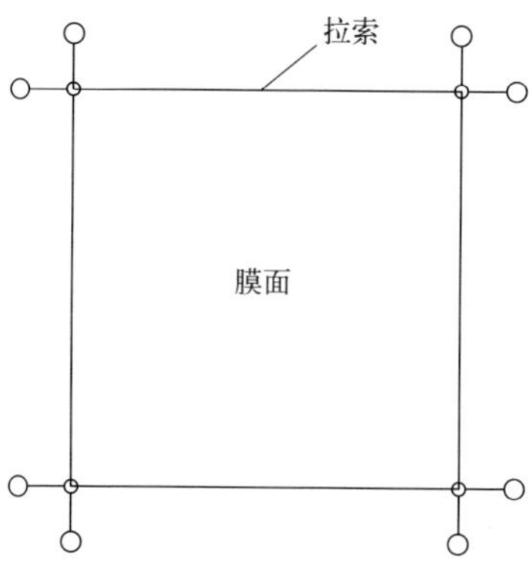

图 4.26 一级张拉系统分析模型

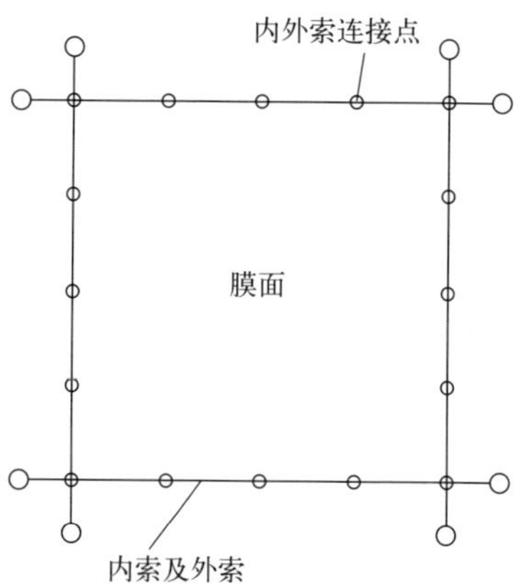

图 4.27 二级张拉系统分析模型

4.3.2.1　薄膜有效面积率影响因素分析

薄膜阵面是平面薄膜天线的主要工作部件，在实际应用中，应尽可能提高膜面的有效使用面积，有效使用面积与外框架面积之比即为有效面积率。在找形分析中，由于结果膜面的应力基本处处相等，故有效面积即为最终平衡状态膜面边界的内切矩形面积(A_0)，如图 4.28 所示。

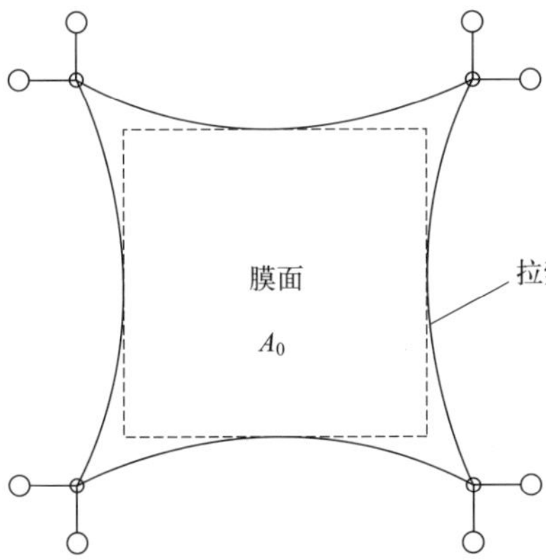

图 4.28　薄膜有效面积示意图

(1)张拉系统形式

为探究张拉系统形式对有效面积率的影响，保持膜面的预张力(2N/m)不变，分别采用一级张拉系统和二级张拉系统(内外索连接点由 1 个至 5 个)进行找形分析。对于每种张拉系统，取索力分别为 2N、4N、8N、10N、12N(二级张拉系统外内索力比为 1)进行计算，根据找形结果计算膜面的有效面积率，结果如表 4.5 所示，张拉系统形式以及索力大小对薄膜有效面积率的影响关系曲线如图 4.29 所示。找形分析后的部分膜面 Mises 等效应力云图如图 4.30 所示。

表 4.5　不同张拉系统、索力下的有效面积率　%

索力	一级张拉系统	二级张拉系统				
		1 个连接点	2 个连接点	3 个连接点	4 个连接点	5 个连接点
2N	55.7	73.3	73.7	75.5	75.3	75.9
4N	76.2	86.4	86.5	87.5	87.4	87.7
8N	87.8	93.1	93.2	93.7	93.6	93.8
10N	90.3	94.5	94.5	94.9	94.9	95.0
12N	91.8	95.4	95.5	95.8	95.7	95.8

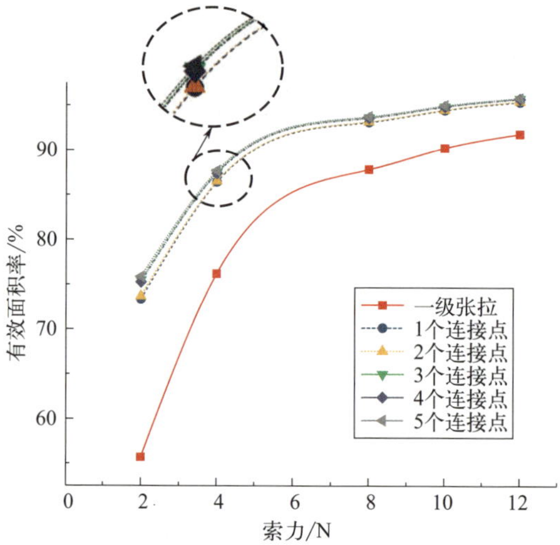

图 4.29 有效面积率变化趋势曲线

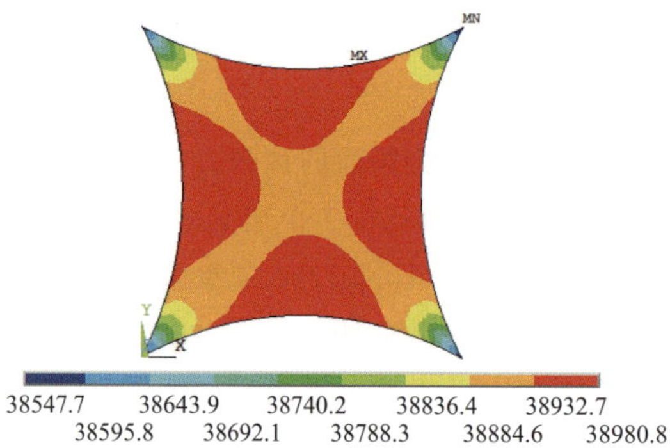

(a) 一级张拉系统(索力2N)

(b) 一级张拉系统(索力8N)

(c) 二级张拉系统(1个连接点，索力2N)

(d) 二级张拉系统(1个连接点，索力8N)

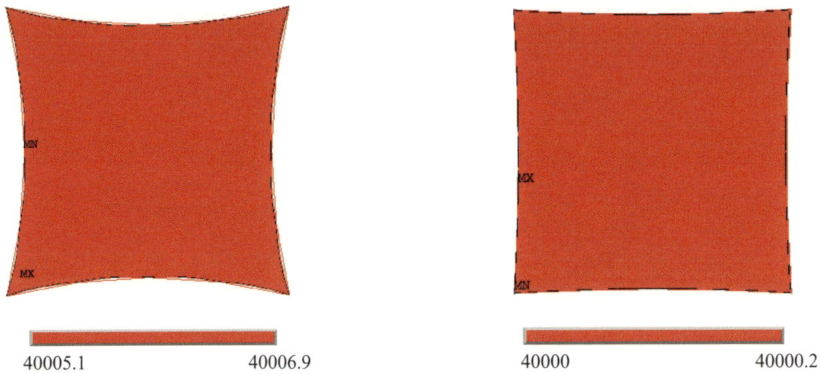

(e) 二级张拉系统(3个连接点，索力2N)　　(f) 二级张拉系统(3个连接点，索力8N)

图 4.30　找形分析膜面 Mises 等效应力云图

由图 4.29 可以看出，随着拉索力增大，薄膜有效面积率逐渐增大；在相同的薄膜有效面积率要求下，采用二级张拉系统可以有效减小索力；对于二级张拉系统，增加内外索连接点数目，有效面积率有一定程度的增加，但效果并不明显，当内外索连接点数目为 3 时，对薄膜有效面积率的影响基本达到最大。

(2)外内索力比

在二级张拉系统中，外内索力比也会对薄膜有效面积率产生影响。以内外索连接点数目为 3 的二级张拉系统为例进行分析，在膜面预张力和支座反力条件相同的情况下，取外内索力比分别为 5∶5、6∶4、7∶3、8∶2，考察有效面积率的变化，同时与一级张拉系统进行对比。结果如表 4.6 所示，有效面积率与外内索力比的关系曲线如图 4.31 所示。

表 4.6　不同外内索力比下的有效面积率

内索索力/N	外索索力/N	有效面积率/%	支座反力/N
10.0	—	90.3	15.5
5.0	5.0	89.9	
4.0	6.0	89.8	
3.0	7.0	89.4	
2.0	8.0	88.8	

由图 4.31 可以看出，在膜面预张力和支座反力一定的条件下，外索与内索的索力之比越大，薄膜有效面积率越小，但影响不明显。同时，说明了在此条件下，当采用一级张拉系统时，有效面积率达到最大值；若采用二级张拉系统，内外索力相等时有效面积率达到最大值。

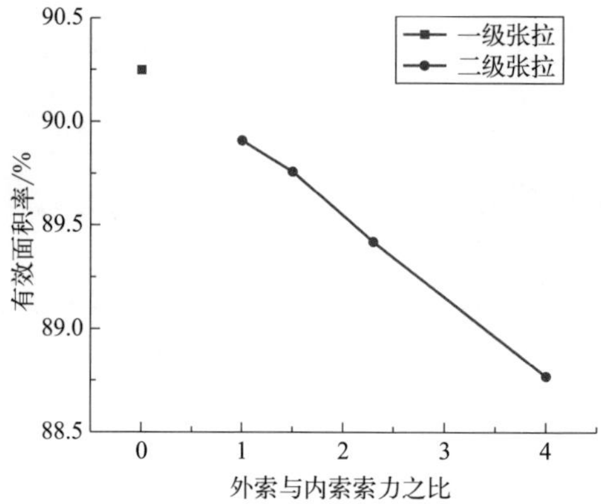

图 4.31 外索与内索索力之比对有效面积率的影响

4.3.2.2 支座反力的影响因素分析

在平面薄膜结构设计中，四周的框架构件不能承受过大的轴力和侧向力，因此就需要在设计和分析时使结构的支座反力尽可能减小，需要对支座反力的影响因素进行研究。本节分别探讨索力、张拉系统形式和外内索力比对支座反力的影响。

(1)索力

在膜面预张力一定的条件下，提取不同索力的一级张拉系统与二级张拉系统(内外索连接点数目为1～3)找形结果的支座反力，结果如表 4.7 所示，支座反力与索力的关系曲线如图 4.32 所示。

表 4.7 不同索力下的支座反力　　N

索力	一级张拉系统	二级张拉系统		
		1 个连接点	2 个连接点	3 个连接点
2	3.9	6.8	6.9	6.9
4	6.9	12.6	12.6	12.6
8	12.6	24	24	24
10	15.5	29.7	29.7	29.7
12	18.3	35.3	35.3	35.3

由图 4.32 可以看出，对同一张拉系统而言，随着索力增大，支座反力也逐渐增大。对于二级张拉系统，当索力相同时，内外索连接点数目对于支座反力没有影响。

(2)张拉系统形式

在保持膜面预张力一定、有效面积率约为 90% 的前提下，分别采用一级张拉系统和二级张拉系统(内外索连接点数目为 1～3 个)进行找形分析，提取结果中的

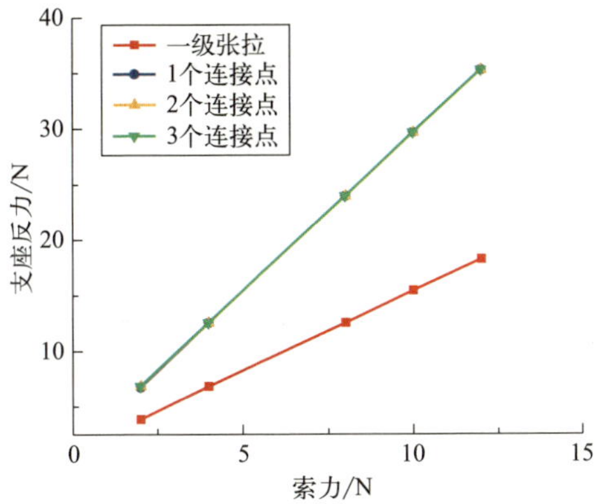

图 4.32　支座反力与索力的关系曲线

支座反力。对于二级张拉系统，取外内索力比为 1∶1。计算结果如表 4.8 所示，支座反力与张拉系统形式的关系如图 4.33 所示。

表 4.8　不同张拉形式下的支座反力

张拉系统形式		索力/N	有效面积率/%	支座反力/N
一级张拉		9.9	90	15.3
二级张拉	1 个连接点	5.5	90	16.9
	2 个连接点	5.5	90	16.9
	3 个连接点	5.1	90	15.8

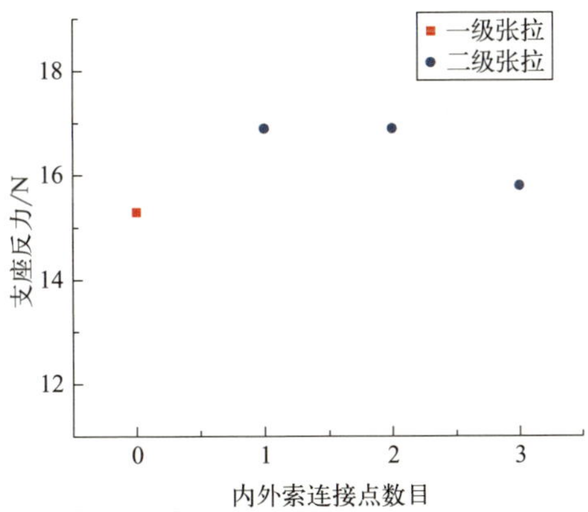

图 4.33　张拉系统形式对支座反力的影响

由图 4.33 可以看出，在保持膜面张力和有效面积率一定时，采用一级张拉系统可以使支座反力最小。对于二级张拉系统，内外索连接点数目为 1 或者 2 时，支座反力几乎相同，连接点数目增加为 3 个时，支座反力有了较明显的减小。

(3)外内索力比

二级张拉系统的外内索力比同样会对支座反力产生影响。以内外索连接点数目为 3 的二级张拉系统为例,保持膜面张力和有效面积率不变,改变外索与内索索力之比,进行找形分析,支座反力结果如表 4.9 所示。支座反力与外内索力之比的关系曲线如图 4.34 所示。

表 4.9 不同外内索力比下的支座反力

内索索力/N	外索索力/N	有效面积率/%	支座反力/N
5.1	5.1	90	15.8
4.1	6.2	90	15.9
3.2	7.4	90	16.3
2.5	8.6	90	17.0

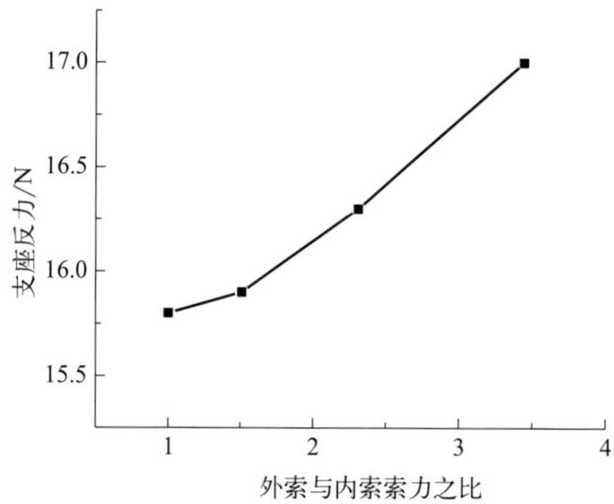

图 4.34 支座反力与外内索力比的关系曲线

从图 4.34 可以看出,当膜面张力和有效面积率保持一定时,随着外索与内索索力的比值增大,支座反力也逐渐增大。故可以认为,对于二级张拉系统,当内外索力相等时,支座反力达到最小值。

4.3.2.3 基频的影响因素分析

在平面薄膜设计中,需要使薄膜阵面保持一定的刚度,以防止薄膜在工作过程中发生过大的振动,影响正常工作。基频是反映薄膜阵面振动特性的一个重要参数,本节分别探讨张拉系统形式、索力和膜面预张力对基频的影响。

(1)张拉系统形式

在膜面张力和索力一定的条件下,分别对一级张拉系统和二级张拉系统(内外索连接点数目有 1～3 个)的找形结果进行模态分析,提取基频指标,结果如表 4.10 所示。

表 4.10　不同张拉形式下的薄膜基频

张拉系统形式		索力/N	基频/Hz
一级张拉		10	0.70
二级张拉	1 个连接点	5	0.70
	2 个连接点	5	0.70
	3 个连接点	5	0.70

由表 4.10 可以看出，在膜面张力和索力一定的情况下，改变张拉系统形式，结构的基频始终为 0.70Hz，张拉系统形式对结构基频并无影响。

(2)索力

表 4.11 列出了膜面张力一定时，不同索力下薄膜阵面的基频，这里以一级张拉系统为例进行分析，索力分别取 6N、8N、10N、12N。由表 4.11 可以看出，改变索力大小，结构的基频并无变化。索力值对于平面薄膜天线的基频并无影响。

表 4.11　索力对薄膜阵面基频的影响

张拉系统形式	索力/N	基频/Hz
一级张拉	6	0.70
	8	0.70
	10	0.70
	12	0.70

(3)膜面预张力

为进一步探究薄膜阵面基频的影响因素，改变薄膜的预张力值，分别取 2N/m、4N/m、6N/m、8N/m、10N/m，进行找形分析和模态分析，基频的计算结果如表 4.12 所示。

表 4.12　不同膜面预张力下的薄膜阵面基频

张拉系统形式	膜面预张力/(N/m)	基频/Hz
一级张拉	2	0.70
	4	1.02
	6	1.31
	8	1.42
	10	1.62

基频随膜面预张力的变化如图 4.35 所示。根据图可知，在一定膜面密度情况

下，薄膜阵面基频随膜面预张力的增大而增大。因此，薄膜阵面的基频控制可以通过控制膜面预应力实现。

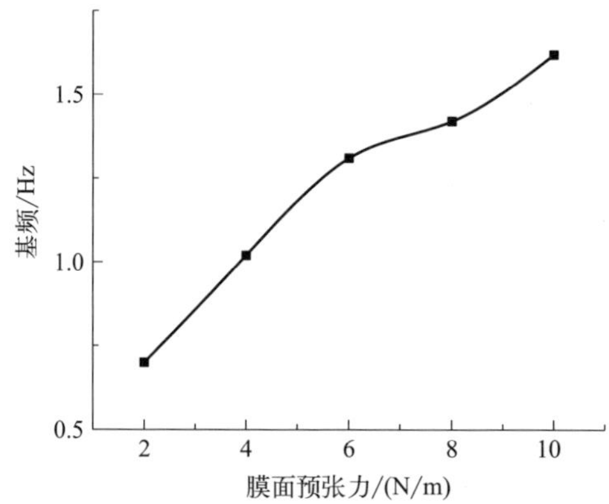

图 4.35 膜面预应力对薄膜基频的影响

4.3.2.4 单元模型含中间索的二级张拉系统找形分析

本节提出了一种含中间索的二级张拉系统的找形方法。图 4.36 为该张拉系统的几何分析模型，膜面尺寸为 1m×1m，外框尺寸随中间索长度变化而变化。

由于中间索的存在，使得索力之间关系更加复杂。为了找形得出图 4.37 所示理想的初始平衡状态，图 4.36 中水平或竖直的中间索在找形完成之后仍能基本维持水平或竖直，需要给边索施加满足平衡条件的预张力[10]。

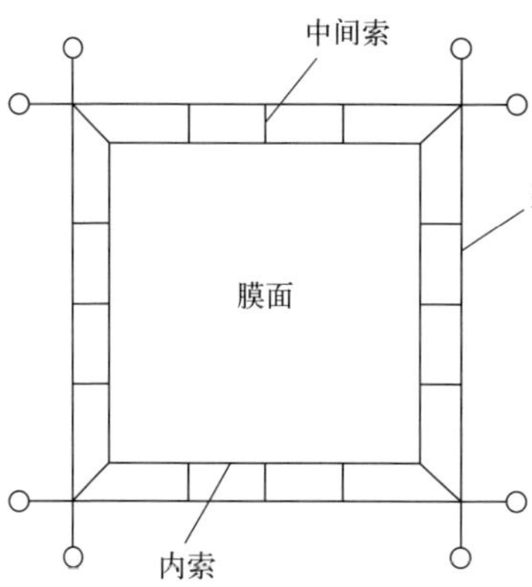

图 4.36 几何分析模型

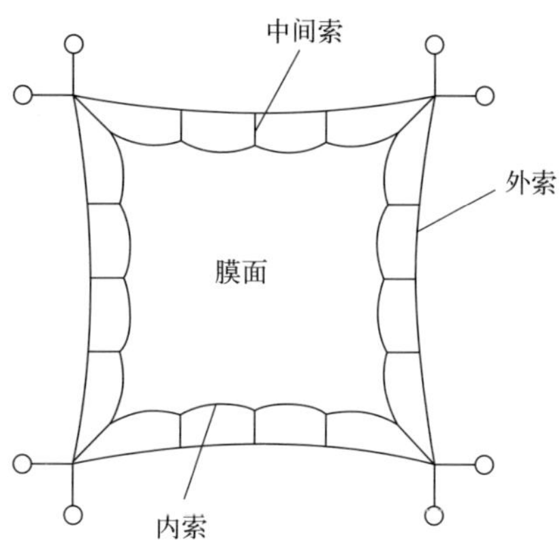

图 4.37 理想的初始平衡状态

首先取出内索和膜面的部分，如图 4.38 所示。在原本内索与中间索相连的位置设置铰支座，这部分相当于长宽方向各 4 跨的一级张拉系统。给膜面和内索施加适当的预张力值，进行找形分析，将结果中的支座反力作为对应原中间索的预张力。

外索与内索、中间索的索力之间的几何关系如图 4.39 所示，图中 T_n 即为上一步找形得出的支座反力。

确定各外索的预张力时，需要先假定平衡时的几何形状（如先假定一合理的 α_2）。根据平衡条件求得 T_1 和 T_2，这样就确定了所有绳索的预张力。

确定了张拉体系所有绳索的预张力之后，便可对图 4.36 中的整体模型进行找形分析。膜面的预张力和内索的预张力取图 4.38 分析模型中的值，中间索和外索的预张力取计算值。

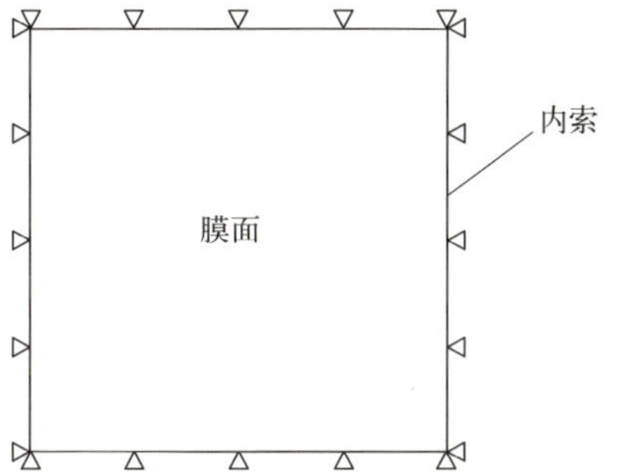

图 4.38　内索与膜面部分找形分析模型

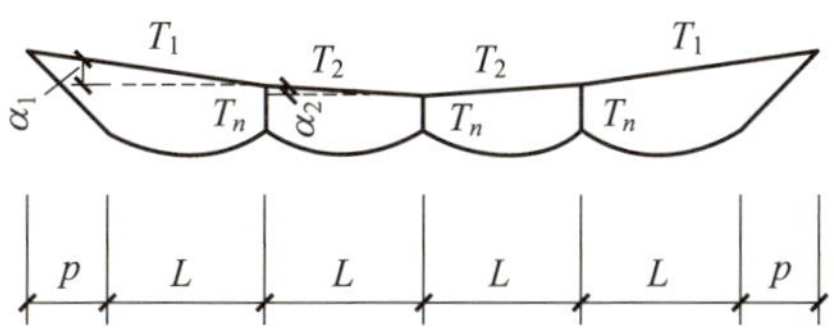

图 4.39　边索之间的几何关系

对一算例进行找形分析，膜面 Mises 等效应力云图如图 4.40 所示，各索力的计算结果由箭头给出，括号中的值为找形分析前设定的边索预张力值。从图 4.40 中可以看出，找形完成后膜面的应力基本均匀，边索索力也基本达到了设定值，膜面边界形状也较为理想，说明采用此方法对含中间索的二级张拉系统进行找形分

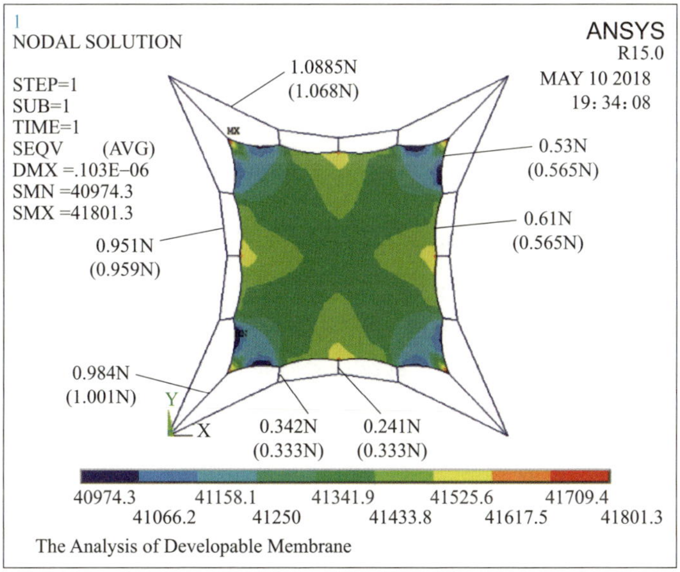

图 4.40　含中间索的二级张拉系统找形结果

析是可行的。

当外框尺寸一定时，与不含中间索的二级张拉系统相比，含中间索的二级张拉系统的有效面积率显然会更低。下面主要探究在保持膜面张力、内索索力和膜面有效面积不变的条件下，不同中间索长度（即不同的外框尺寸）对于支座反力的影响，结果如表 4.13 和图 4.41 所示。

表 4.13 不同外框尺寸下的支座反力

膜面张力/(N/m)	中间索长度/m	外框边长/m	支座反力/N	有效面积/m^2
2	0	1.0	15.80	0.9
	0.05	1.1	13.50	
	0.10	1.2	8.99	
	0.15	1.3	6.81	
	0.20	1.4	6.22	

注：中间索长度是指图 4.36 几何分析模型中中间索的长度。

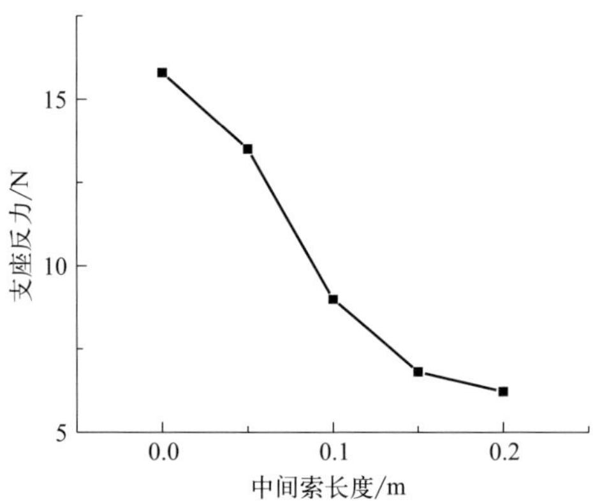

图 4.41 中间索长度对支座反力的影响

由图 4.41 可以看出，在膜面张力、内索索力和膜面有效面积一定的情况下，中间索长度越长，即外框尺寸越大，支座反力越小。

大型平面薄膜外框尺寸已给定，且对有效面积率要求较高，故后续研究中主要对一级张拉系统与不含中间索的二级张拉系统进行分析。

4.3.3 平衡状态的理论分析

薄膜的有效面积对薄膜工作效率影响较大，需对薄膜的有效面积进行优化。另外，需要减小张拉点支座反力，尤其是减小对纵向伸杆的轴向力。如何控制索力，如何设置张紧边框连接点数目及了解张拉方式的影响是重点研究内容。本节主要推导在不考虑摩擦的理想状态下，膜面有效面积及支座反力与花边索跨度、索力的理论关系式。

对于一级张拉系统，理想的边界形状为圆弧，其形状如图 4.42 所示。

根据几何关系，有效面积率为

$$\eta=\frac{(b-2\Delta)(l-2\Delta)}{bl} \tag{4.27}$$

式中 l,b——膜面的总长和总宽。

$$\left(\frac{l_0}{2}\right)^2+(R-\Delta)^2=R^2 \tag{4.28}$$

由式(4.27)求得 Δ，将其代入式(4.28)，可求得圆弧的曲率半径为

$$R=\frac{b^2l(-1+\eta)-ll_0^2+b\{-l_0^2+l[(-1+\eta)l-X]\}}{8b(-1+\eta)l} \tag{4.29}$$

式中，$X=\frac{\sqrt{b^2+2bl(-1+2\eta)+l^2}\ [bl(-1+\eta)+l_0^2]}{bl}$。

根据索力和膜面应力的关系，可得索力为

$$T_c=R\sigma_m \tag{4.30}$$

式中 σ_m——单位长度的薄膜张力，N/m。

中间支座的受力如图 4.43 所示。

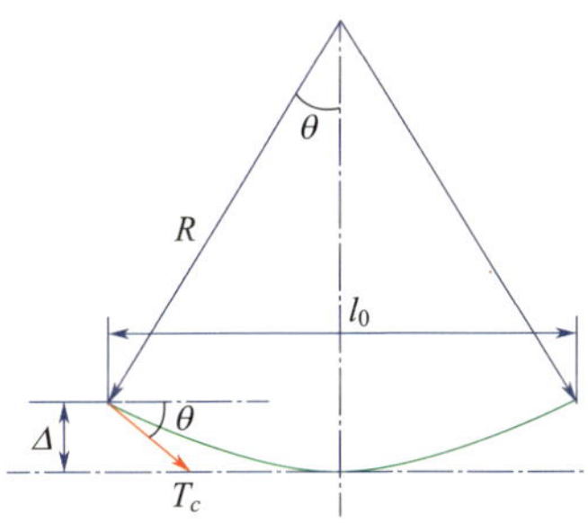

图 4.42 一级张拉系统花边形状

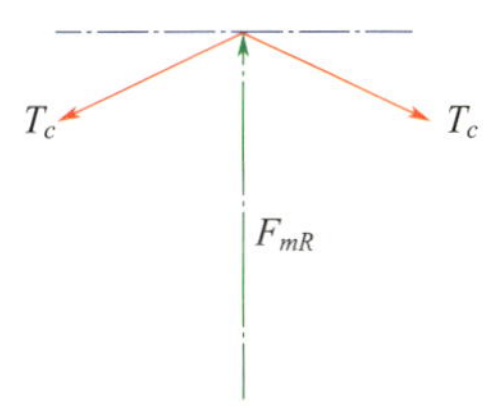

图 4.43 一级张拉系统中间支座受力简图

可以求得中间支座的支座反力为

$$F_{mR}=2R\sigma_m\frac{l_0}{2R}=l_0\sigma_m \tag{4.31}$$

角部支座的受力如图 4.44 所示。

可以求得角部支座的支座反力为

$$F_{cR}=2T_c\cos\left[\frac{\pi}{4}-\arcsin\left(\frac{l_0}{2R}\right)\right] \tag{4.32}$$

对于二级张拉系统，在此取内外索连接点数目为 3 的结构进行分析，边界形状如图 4.45 所示，每一段内索均为圆弧，外索在相邻两个连接点间呈直线。

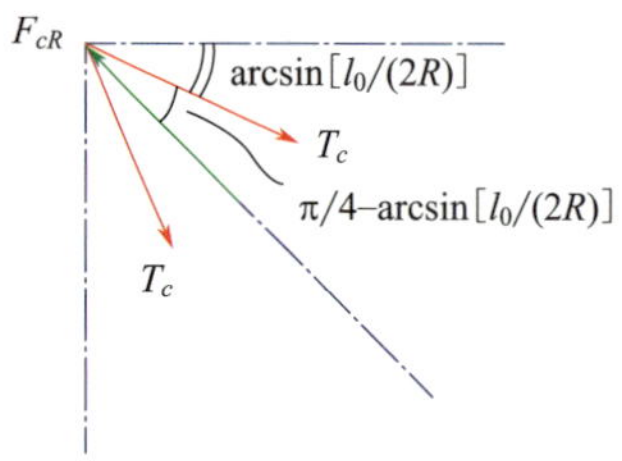

图 4.44 一级张拉系统角部支座受力简图

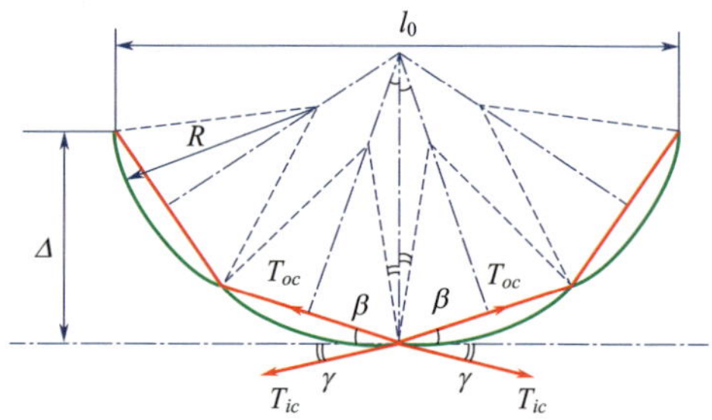

图 4.45 二级张拉系统边界形状

根据几何关系，可得

$$R=\frac{l_0}{4\sin(\beta+\gamma)[\cos\beta+\cos(3\beta)]} \tag{4.33}$$

$$\Delta=R\cos\beta+R\cos(2\beta-\gamma)-R\cos(2\beta+\gamma)-R\cos(4\beta+\gamma) \tag{4.34}$$

$$\eta=\frac{(l-2\Delta)(b-2\Delta)}{lb}$$

根据力的平衡关系，可得内索索力为

$$T_{ic}=R\sigma_m \tag{4.35}$$

外索索力为

$$T_{oc}=\alpha T_{ic}=\alpha R\sigma_m \tag{4.36}$$

式中 α——外索与内索索力之比。

易知

$$T_{oc}\sin\beta=T_{ic}\sin\gamma \tag{4.37}$$

将式(4.35)和式(4.36)代入式(4.37)，可得

$$\alpha\sin\beta=\sin\gamma \tag{4.38}$$

根据外内索力之比以及需要的有效面积率，求得薄膜的花边形状，进一步求得内外索索力。

二级张拉系统中间支座受力如图 4.46 所示。可得中间支座的支座反力为

$$F_{mR}=2R\sigma_m[\sin(4\beta+\gamma)+\alpha\sin(3\beta)]=l_0\sigma_m \tag{4.39}$$

二级张拉系统角部支座受力如图 4.47 所示。可以求得角部支座的支座反力为

$$F_{cR}=2R\sigma_m\left[\alpha\cos\left(\frac{\pi}{4}-3\beta\right)+\cos\left(\frac{\pi}{4}-4\beta-\gamma\right)\right] \tag{4.40}$$

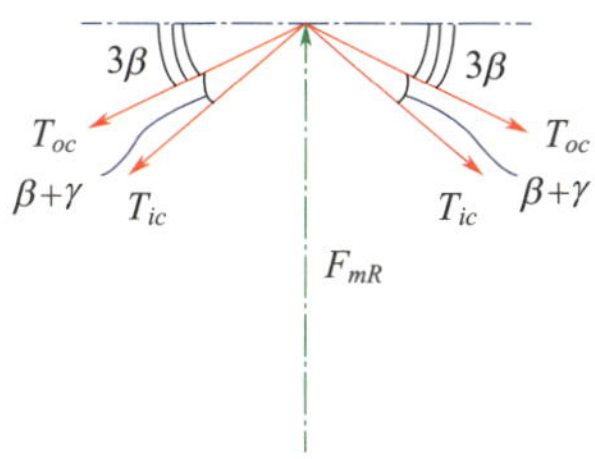

图 4.46　二级张拉系统中间支座受力简图

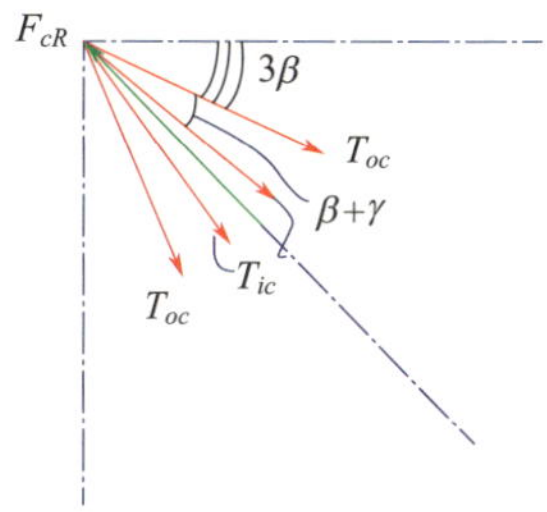

图 4.47　二级张拉系统角部支座受力简图

4.3.4　足尺平面薄膜找形分析

利用前述分析得出的规律，对足尺平面薄膜模型提出了初步的设计方案，角部支座考虑单角点斜向张拉与双角点张拉两种形式，并提出了角部支座双角点张拉的索力确定及找形方法。

利用 ANSYS 有限元软件对某一尺寸的大型平面薄膜进行找形分析，考虑一级张拉系统与二级张拉系统(内外索连接点数目为 3)两种方式，膜面预张力均取 2N/m(此处预张力满足基频不小于 0.08Hz 的初始技术要求)。为满足有效面积率的要求，一级张拉系统的边索预张力取 22.6N，二级张拉系统的内外索力均取 11.3N，材料参数等仍按照表 4.4 选取。以二级张拉系统为例，给出有限元模型，如图 4.48 所示。

图 4.48　二级张拉系统找形分析有限元模型

找形分析的结果如图 4.49 和图 4.50 所示，可以看出，膜面应力几乎完全均匀。两种张拉方式得出的支座反力、有效面积率等指标完全一致，主要技术指标见表 4.14。

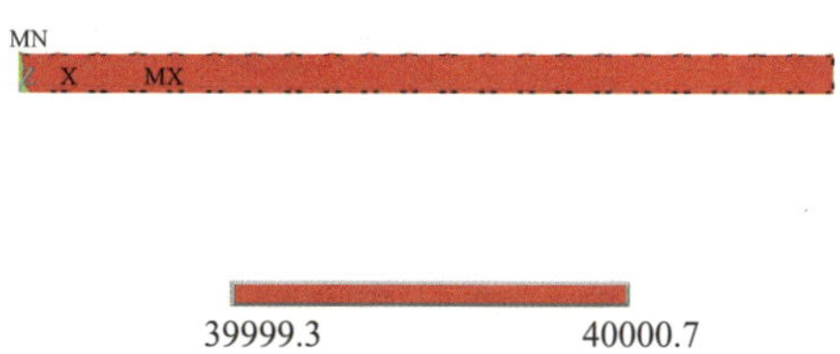

图 4.49　一级张拉系统找形分析结果

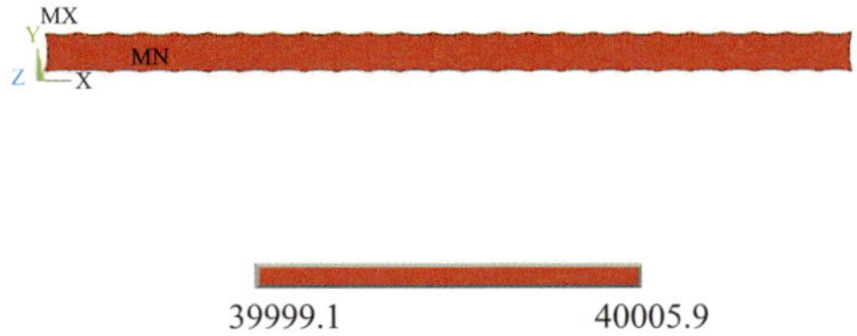

图 4.50 二级张拉系统找形分析结果

表 4.14 主要技术指标汇总

指标	中间支座	角部支座
F_x/N	0	28
F_y/N	10	27
合力 F/N	10	39
有效面积率	90.08%	

对找形分析后的结果分别进行有预应力的模态分析，两种张拉方式的结果也基本一致，如图 4.51 和图 4.52 所示，基频均为 0.0820Hz。

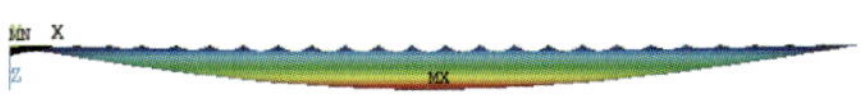

(a) 一阶正对称模态 f=0.0820Hz

(b) 二阶反对称模态 f=0.0822Hz

(c) 三阶正对称模态 f=0.0827Hz

(d) 四阶反对称模态 f=0.0834Hz

(e) 五阶正对称模态 f=0.0843Hz

(f) 六阶反对称模态 f=0.0853Hz

图 4.51 一级张拉系统模态分析结果

(a) 一阶正对称模态 f=0.0820Hz

(b) 二阶反对称模态 f=0.0822Hz

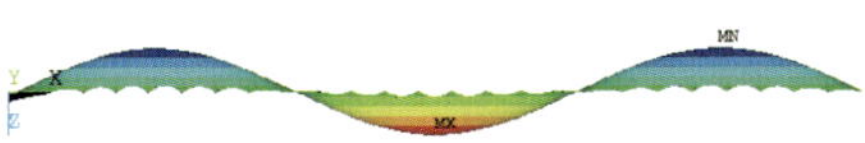

(c) 三阶正对称模态 f=0.0828Hz

(d) 四阶反对称模态 f=0.0834Hz

(e) 五阶正对称模态 f=0.0843Hz

(f) 六阶反对称模态 f=0.0853Hz

图 4.52 二级张拉系统模态分析结果

参 考 文 献

[1] Timoshenko S, Goodier J, Abramson H. Theory of elasticity[M]. 3rd Edition. New York: McGraw-Hill, 1970.

[2] 项平,丁潇,吴明儿,等. 大型平面薄膜天线找形及张拉成形数值分析[J]. 机械工程学报, 2020,56(5):141-149.

[3] 王建华. 索膜结构找形方法及自振特性研究[D]. 南京:河海大学,2005.

[4] 阎春平,李志军,刘飞. ANSYS 的索膜结构找形系统研究[J]. 重庆建筑大学学报,2008, 30(6):86-89.

[5] Haug E, Powell G H. Discussion of inelastic analysis of suspension roof structures[J]. Journal of the Structural Division, 1971, 97(4):1360-1363.

[6] 郑昊,古娟妮,王娜. 索膜结构基于非线性有限元法的 ANSYS 找形分析[J]. 四川建筑, 2010,30(1):110-112.

[7] 李辉,冯维明. 膜结构找形分析方法综述及展望[C]. 第六届全国现代结构工程学术研讨会论文集,2006.

[8] 汤荣伟,钱基宏,宋涛,等. 张拉结构找形分析理论研究进展[J]. 建筑科学,2013,29(1): 107-110.

[9] 丁潇,项平,吴明儿,等. 平面薄膜天线张拉系统数值对比分析[C]. 第十八届全国现代结构工程学术研讨会论文集 二:空间结构,2018.

[10] 王旭飞,张静,沈西庆,等. 平面薄膜结构找形及张紧结构数值对比分析[J]. 实验室研究与探索,2021,40(10):50-85.

第5章

张拉薄膜结构动力学研究与分析

5.1 概述

张拉薄膜结构是一个索膜柔性体系，常用的有限元软件基于小变形假设适合分析计算刚性结构，对于张拉薄膜结构这类刚柔耦合结构或柔性结构并不适用。薄膜没有弯曲刚度，薄膜的面外刚度与应力分布紧密相关，当进行薄膜结构模态分析时，需要考虑由应变产生的几何刚度。由薄膜结构自由振动产生的位移变化带来的张力变化难以忽略，线性自由振动理论不再适用，需要针对薄膜结构的非线性动力学特性进行研究，而大气阻力对薄膜结构动力学特性的影响不容忽视。对于具有刚性框架的张拉薄膜结构，还需要建立刚柔耦合动力学模型，分析框架刚度对薄膜结构动力学特性的影响。

本章基于张拉薄膜结构应力叠加法和自由振动计算理论，研究张拉边界条件对薄膜结构力学特性的影响，为矩形薄膜结构的张拉边界参数设计提供依据。建立薄膜结构自由振动非线性动力学模型，通过仿真分析和试验验证模型的有效性。建立刚性框架与薄膜的刚柔耦合系统动力学模型，分析结构参数对动力学特性的影响规律。

5.2 基于张拉薄膜结构应力叠加法的自由振动分析

本节在前面建立的叠加计算方法基础上考虑薄膜的几何刚度、网格划分和空气附加质量，推导基于应力叠加法的自由振动方程，为薄膜结构的力学特性分析提供基础[1]。

5.2.1 张拉薄膜结构的自由振动方程

(1)薄膜单元

薄膜结构与板壳结构的主要区别在于薄膜没有弯曲刚度，薄膜的面外刚度与应力分布紧密相关，而板壳结构的面外刚度与应力分布相关度较小。薄膜结构尽管只能承受拉伸等简单载荷作用，但相对于板壳结构在应力分布计算的准确性方面要求更高，这就产生了两方面的分析难点：一是如何更准确地计算薄膜应力分布；二是如何表达薄膜结构中预应力的传播方式。本节提出的应力叠加法，一方面建立了一种张拉薄膜结构应力分布的解析计算方法，提高了薄膜在张拉点附近应力分布计算的准确性，另一方面揭示了应力传播方式，为分析应力应变及变形提供

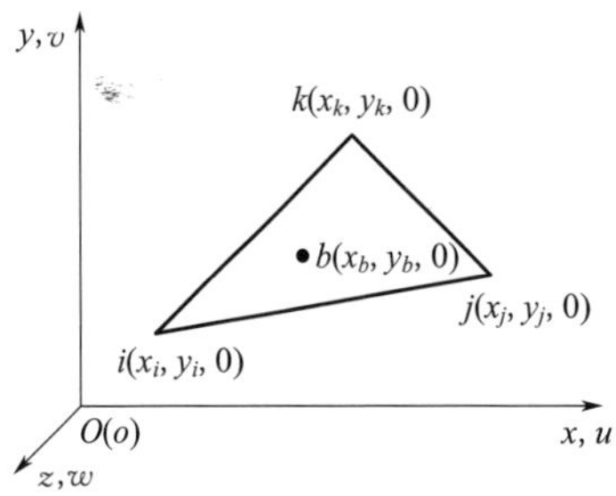

图 5.1 平面三角形薄膜单元

了理论依据。相对于其他的结构，薄膜结构的面内力学模型并无二致。但薄膜结构的面外力学模型具有特殊性，当进行薄膜结构模态分析时，需要考虑由应变产生的几何刚度。因为所研究的薄膜存在圆弧花边，故选择对非线性边界具有适应性的平面三角形薄膜单元，如图 5.1 所示。假设一个随机点 b 位于三角形单元中，三角形顶点记为 i、j 和 k，它们位于 xy 平面上。三角形薄膜单元的面积、厚度和密度分别记为 A_e、h_e 和 ρ_e。此外，位置坐标系 $O\text{-}xyz$ 与位移坐标系 $o\text{-}uvw$ 重合。在三角形单元中，随机点 b 的位移由其在局部坐标系中的位置决定，如式(5.1)所示。

$$\boldsymbol{U}_b=\boldsymbol{L}\boldsymbol{N}\boldsymbol{U}_e \tag{5.1}$$

式中 $\boldsymbol{U}_b$——点 b 局部位移矩阵；

$\boldsymbol{L}$——点 b 局部坐标向量；

$\boldsymbol{N}$——面积坐标变换矩阵；

$\boldsymbol{U}_e$——单元节点位移矩阵。

其中

$$\boldsymbol{U}_b=[u_b \quad v_b \quad w_b] \tag{5.2}$$

$$\boldsymbol{L}=[1 \quad x_b \quad y_b] \tag{5.3}$$

$$\boldsymbol{N}=\begin{bmatrix} a_1 & a_2 & a_3 \\ b_1 & b_2 & b_3 \\ c_1 & c_2 & c_3 \end{bmatrix}=\begin{bmatrix} \dfrac{x_j y_k-y_j x_k}{2A_e} & \dfrac{x_k y_i-y_k x_i}{2A_e} & \dfrac{x_i y_j-y_i x_j}{2A_e} \\ \dfrac{y_j-y_k}{2A_e} & \dfrac{y_k-y_i}{2A_e} & \dfrac{y_i-y_j}{2A_e} \\ \dfrac{x_k-x_j}{2A_e} & \dfrac{x_i-x_k}{2A_e} & \dfrac{x_j-x_i}{2A_e} \end{bmatrix} \tag{5.4}$$

$$\boldsymbol{U}_e=\begin{bmatrix} u_i & v_i & w_i \\ u_j & v_j & w_j \\ u_k & v_k & w_k \end{bmatrix} \tag{5.5}$$

薄膜中的张力会导致节点位移，从而产生几何刚度，因此在薄膜的动力学分析中需要加以考虑。在薄膜的自由振动分析中研究的是小变形情况，故可假定张拉薄膜在振动时刚度不变。由于薄膜单元是几何非线性的，点 b 处的应变分量 ε_x^b、ε_y^b 和 γ_{xy}^b 用二次项表示如下

$$\begin{cases}\varepsilon_x^b=\dfrac{\partial u_b}{\partial x_b}+\dfrac{1}{2}\left[\left(\dfrac{\partial u_b}{\partial x_b}\right)^2+\left(\dfrac{\partial v_b}{\partial x_b}\right)^2+\left(\dfrac{\partial w_b}{\partial x_b}\right)^2\right]\\ \varepsilon_y^b=\dfrac{\partial v_b}{\partial y_b}+\dfrac{1}{2}\left[\left(\dfrac{\partial u_b}{\partial y_b}\right)^2+\left(\dfrac{\partial v_b}{\partial y_b}\right)^2+\left(\dfrac{\partial w_b}{\partial y_b}\right)^2\right]\\ \gamma_{xy}^b=\dfrac{\partial v_b}{\partial x_b}+\dfrac{\partial u_b}{\partial y_b}+\left(\dfrac{\partial u_b}{\partial x_b}\dfrac{\partial u_b}{\partial y_b}+\dfrac{\partial v_b}{\partial x_b}\dfrac{\partial v_b}{\partial y_b}+\dfrac{\partial w_b}{\partial x_b}\dfrac{\partial w_b}{\partial y_b}\right)\end{cases}\tag{5.6}$$

将式(5.1)代入式(5.6)得到应变,并进一步转化为以下矩阵方程

$$\boldsymbol{S}=\boldsymbol{A}\overline{\boldsymbol{U}}_e+\left[\frac{1}{2}\overline{\boldsymbol{U}}_e^{\mathrm{T}}\boldsymbol{B}^{\mathrm{T}}\boldsymbol{B}\overline{\boldsymbol{U}}_e\quad \frac{1}{2}\overline{\boldsymbol{U}}_e^{\mathrm{T}}\boldsymbol{C}^{\mathrm{T}}\boldsymbol{C}\overline{\boldsymbol{U}}_e\quad \overline{\boldsymbol{U}}_e^{\mathrm{T}}\boldsymbol{B}^{\mathrm{T}}\boldsymbol{C}\overline{\boldsymbol{U}}_e\right]^{\mathrm{T}}\tag{5.7}$$

式中　$\boldsymbol{A}$,$\boldsymbol{B}$ 和 $\boldsymbol{C}$——形函数矩阵;

$\boldsymbol{S}$——点 b 局部应变矩阵;

$\overline{\boldsymbol{U}}_e$——单元节点位移向量。

其中

$$\boldsymbol{S}=\left[\varepsilon_x^b\quad \varepsilon_y^b\quad \tau_{xy}^b\right]^{\mathrm{T}}\tag{5.8}$$

$$\overline{\boldsymbol{U}}_e=\left[u_i\quad v_i\quad w_i\quad u_j\quad v_j\quad w_j\quad u_k\quad v_k\quad w_k\right]^{\mathrm{T}}\tag{5.9}$$

$$\boldsymbol{A}=\begin{bmatrix}b_1&0&0&b_2&0&0&b_3&0&0\\0&c_1&0&0&c_2&0&0&c_3&0\\c_1&b_1&0&c_2&b_2&0&c_3&b_3&0\end{bmatrix}\tag{5.10}$$

$$\boldsymbol{B}=\begin{bmatrix}b_1&0&0&b_2&0&0&b_3&0&0\\0&b_1&0&0&b_2&0&0&b_3&0\\0&0&b_1&0&0&b_2&0&0&b_3\end{bmatrix}\tag{5.11}$$

$$\boldsymbol{C}=\begin{bmatrix}c_1&0&0&c_2&0&0&c_3&0&0\\0&c_1&0&0&c_2&0&0&c_3&0\\0&0&c_1&0&0&c_2&0&0&c_3\end{bmatrix}\tag{5.12}$$

假设三角形薄膜单元中的初始应力 $\boldsymbol{\Delta}_0$ 表示为 $\left[\sigma_{x0}\quad \sigma_{y0}\quad \tau_{xy0}\right]^{\mathrm{T}}$,根据虚功原理,应力应变在整个单元区域 V 中满足如下方程

$$\int(\sigma_{x0}\delta\varepsilon_x^b+\sigma_{y0}\delta\varepsilon_y^b+\tau_{xy0}\delta\gamma_{xy}^b)\,\mathrm{d}V=0\tag{5.13}$$

根据变分原理,将式(5.13)与式(5.7)联合求得如下平衡方程,其中包括局部几何刚度矩阵$\boldsymbol{K}_g$ 和薄膜单元受力矩阵 $\boldsymbol{R}$。

$$\boldsymbol{K}_g\overline{\boldsymbol{U}}_e=\boldsymbol{R}\tag{5.14}$$

其中

$$\boldsymbol{K}_g=A_e h_e\left[\sigma_{x0}\boldsymbol{B}^{\mathrm{T}}\boldsymbol{B}+\sigma_{y0}\boldsymbol{C}^{\mathrm{T}}\boldsymbol{C}+\tau_{xy0}(\boldsymbol{B}^{\mathrm{T}}\boldsymbol{C}+\boldsymbol{C}^{\mathrm{T}}\boldsymbol{B})\right]\tag{5.15}$$

$$\boldsymbol{R}=-A_e h_e \boldsymbol{A}^{\mathrm{T}} \boldsymbol{\Delta}_0 \tag{5.16}$$

薄膜单元越小,得到的结果越精确。由于薄膜单元的应力分布通常不均匀,在自由振动分析中,选取三角形单元质心处的应力来表示薄膜单元的初始应力。

(2)薄膜自由振动方程

对于有花边的矩形薄膜,其网格划分与直边薄膜不同。本节针对有花边薄膜提出了一种均匀网格划分方案,如图 5.2 所示,选取薄膜的四分之一用于说明网格划分方式。为了均匀划分网格,每个横向或纵向弧线都被等分,假设每个纵向弧线有 m 段,每个横向弧线有 n 段,则四分之一的薄膜被分成 $2mn$ 个三角形单元,并可通过式(5.17)计算网格节点。

$$\begin{cases} l_{ij}=l_{ik_1}, i=1,2,\cdots,m+1; j=1,2,\cdots,n; k_1=1,2,\cdots,n \\ l_{i'j'}=l_{i'k_2}, i'=1',2',\cdots,(n+1)'; j'=1',2',\cdots,m'; k_2=1',2',\cdots,m' \end{cases} \tag{5.17}$$

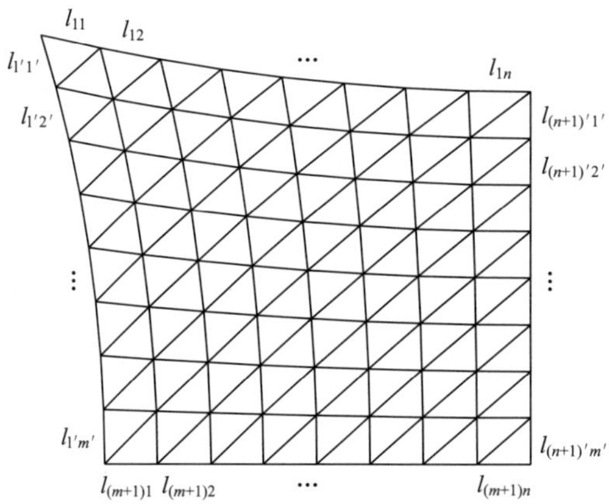

图 5.2　四分之一含花边薄膜的网格划分

薄膜的单元质量矩阵记为$\boldsymbol{M}_e$,整体质量矩阵记为 $\boldsymbol{M}$,单元刚度矩阵记为$\boldsymbol{K}_t$,整体刚度矩阵记为$\boldsymbol{K}_T$。假设三角形薄膜单元的质量在其三个顶点上均匀分布,则单元质量矩阵$\boldsymbol{M}_e$ 可表示为

$$\boldsymbol{M}_e=\frac{2\rho_e h_e A_e}{9}\boldsymbol{I}_9 \tag{5.18}$$

式中　$\boldsymbol{I}_9$——9×9 单位矩阵。

在平面应力分析中,薄膜弹性矩阵$\boldsymbol{D}_m$ 表示如下

$$\boldsymbol{D}_m=\frac{E_m}{1-\mu_m^2}\begin{bmatrix} 1 & \mu_m & 0 \\ \mu_m & 1 & 0 \\ 0 & 0 & \dfrac{1-\mu_m}{2} \end{bmatrix} \tag{5.19}$$

式中　E_m——薄膜弹性模量，GPa；

μ_m——薄膜泊松比。

薄膜单元的材料刚度矩阵$\boldsymbol{K}_e$为

$$\boldsymbol{K}_e = A_e h_e \boldsymbol{A}^{\mathrm{T}} \boldsymbol{D}_m \boldsymbol{A} \tag{5.20}$$

根据薄膜单元的几何刚度矩阵和材料刚度矩阵，可以求得薄膜单元刚度矩阵如下

$$\boldsymbol{K}_t = \boldsymbol{K}_e + \boldsymbol{K}_g \tag{5.21}$$

求解每个薄膜单元的 $\boldsymbol{M}_e$ 和$\boldsymbol{K}_t$，根据有限元理论建立整体质量矩阵 $\boldsymbol{M}$ 和整体刚度矩阵$\boldsymbol{K}_T$。对于多自由度系统，不考虑阻尼的薄膜自由振动方程为

$$\boldsymbol{M}\ddot{\boldsymbol{u}}(t) + \boldsymbol{K}_T \boldsymbol{u}(t) = \boldsymbol{0} \tag{5.22}$$

式中　$\boldsymbol{u}(t)$——节点 t 时刻的位移阵列；

$\ddot{\boldsymbol{u}}(t)$——节点 t 时刻的加速度阵列。

对于真空环境中的薄膜，根据广义特征值问题变换式(5.22)得到

$$-\omega_k^2(1+\alpha_a)\boldsymbol{M}\boldsymbol{\phi}_k + \boldsymbol{K}_T\boldsymbol{\phi}_k = \boldsymbol{0} \tag{5.23}$$

式中　α_a——附加质量比，表示附加空气质量与空气振动薄膜质量的比例；

$\boldsymbol{\phi}_k$——k 的特征向量；

ω_k^2——阶数为 $\omega_1 \leqslant \omega_2 \leqslant \cdots \leqslant \omega_n$ 的 k 阶特征值，ω_k 是 k 阶基频的 2π 倍。

Minami[2]应用薄翼理论研究空气中的薄膜振动，指出 α_a 与振荡的周期和振幅无关，均匀分布在薄膜上的附加质量对应的等效空气层高度等于薄膜长度的68%。Minami 给出的附加质量比公式为

$$\alpha_a = 0.68\rho_a l_m / m_m \tag{5.24}$$

式中　ρ_a——气流的质量密度，$\mathrm{kg/m^3}$；

m_m——薄膜的质量，kg；

l_m——薄膜的长度，m。

由于真空中薄膜的动态测试条件受到严格限制，故在地面试验时倾向于在空气中研究薄膜的振动[3]。Minami 的结论为采用薄膜在空气中振动的试验结果验证本节提出的多点张拉薄膜结构应力叠加法提供了依据。

5.2.2　基于应力叠加法的结构模态分析流程

在本节研究对象中，四个角点处的拉力均沿对角线方向，故整个薄膜区域都会受到角点拉力的影响，但薄膜区域并非全部受长边点或宽边点拉力的影响，因此对薄膜内任一点进行应力叠加计算时，需要先进行受力确定，得到此点处于哪些拉力的影响范围之内。以确定薄膜内任意一点受哪些长边点的拉力影响为例，根据

图 5.3 进行长边点拉力确定。薄膜内一随机点 a 的坐标为(x_a,y_a),薄膜的宽为 $2nR_2\sin(\varphi_2/2)$,长为 $2mR_1\sin(\varphi_1/2)$,在距离 x 轴为 $nR_2\sin(\varphi_2/2)$ 的水平线上存在两点 O_1 和 O_2,当分别以这两点为圆心,以 $nR_2\sin(\varphi_2/2)$ 为半径作圆时,能满足点 a 处于圆上。过 O_1 的直径与直线 1-2 垂直于点 7,与直线 3-4 垂直于点 8。过 O_2 的直径与直线 1-2 垂直于点 9,与直线 3-4 垂直于点 10。点 a 到直径 7-8 和直径 9-10 的距离相等,记为 h^*。

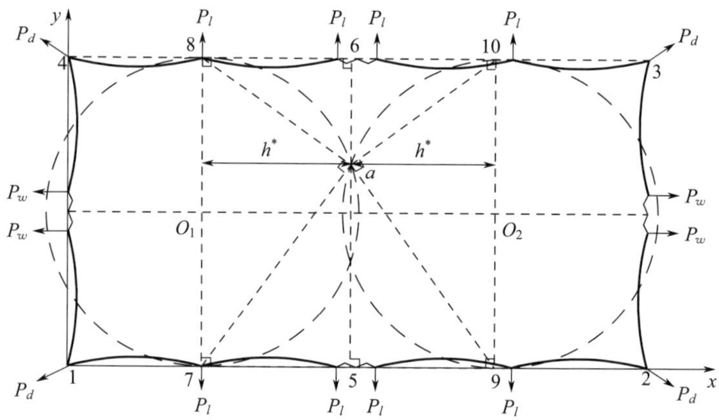

图 5.3 长边点拉力确定

薄膜上任意一点所受的拉力大小有限,拉力的影响范围也有限。任意长边上的拉力点坐标记为(x_k,y_k),若点 a 受长边某一拉力作用,需要满足式(5.25)所示的条件,所有满足此条件的长边点拉力可以参与到点 a 的应力叠加计算中,不满足此条件的长边点拉力则不参与点 a 的应力叠加计算。

$$|x_k - x_a| \leqslant h^* \tag{5.25}$$

在基于应力叠加法计算薄膜自由振动方程时,受力确定为关键一步,如图 5.4 所示。在薄膜结构模态分析中,首先根据预应力薄膜几何参数进行网格划分,确定单元数量以及每个单元的中心点坐标,依次对中心点坐标进行受力确定,得到各点所受拉力的范围。随后计算该点在各拉力作用下所属的应力区域,根据薄膜几何参数计算应力弧对应的常系数 k^*,求得应力弧上各点的径向正应力分量,通过坐标变换得到笛卡儿坐标系下的应力值,根据应力叠加法计算得到该点应力值,并作为该点所属薄膜单元的应力。根据各单元中心点应力值计算得到薄膜几何刚度矩阵,进一步建立薄膜自由振动方程,最终求解得到结构模态。

薄膜宽边点拉力的确定与长边点拉力的确定方法同理,在应力叠加之前,不同位置的拉力需要通过受力确定之后才可以参与各点的应力叠加计算。本节中对不同张拉形式的矩形薄膜的网格划分、几何刚度计算和自由振动方程求解等均基于上述理论。

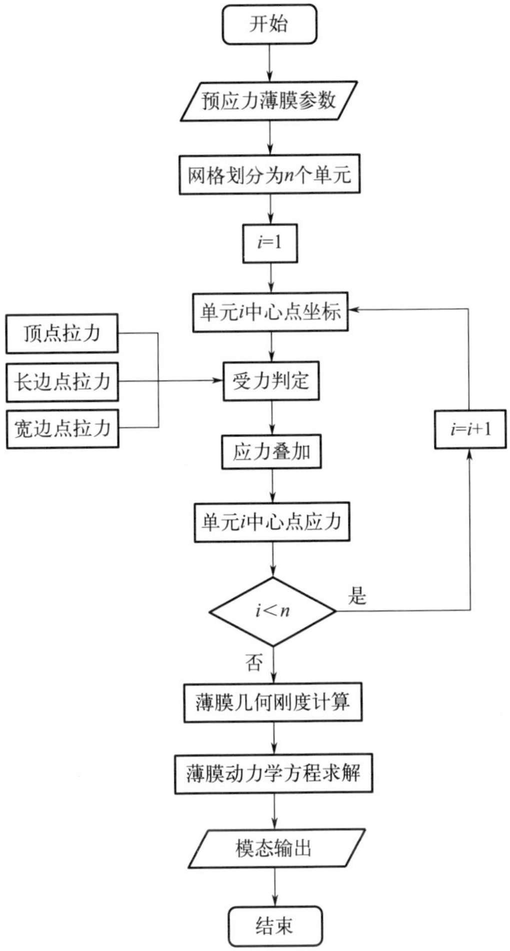

图 5.4　基于应力叠加法的结构模态分析流程

5.2.3　张拉薄膜结构模态特性分析

本节结合矩形薄膜在空间结构中的应用背景，基于张拉薄膜结构应力叠加法和自由振动计算理论，研究张拉边界条件对薄膜结构力学特性的影响，为矩形薄膜结构的张拉边界参数设计提供依据。

(1) 角点张拉矩形薄膜结构模态特性分析

在矩形薄膜应力分布计算的基础上，进一步研究长宽比和花边弧度对薄膜结构模态的影响。将薄膜的长宽比范围设定在 1 到 10 之间，面积保持为 0.25m^2。

当长宽比增大时，薄膜前六阶振型变化如图 5.5 所示，薄膜振型的顺序随长宽比发生变化。当 L/W 为 1 时，振型二（二阶振型）和振型三（三阶振型）的振动形态相同，只是相位不同，因此可以用一个振型来表示。对于振型一（一阶振型）、二（二阶振型）和六（六阶振型），对应的频率随 L/W 的增大而单调减小。对于振型三（三阶振型）、四（四阶振型）和五（五阶振型），当 L/W 增大时，对应的频率先增大后减小。振型三对应频率的下降从 L/W 为 2 左右时开始。当 L/W 为 6 左右时，振型四的频率开始下降。当 L/W 为 3 左右时，振型五的频率开始下降。当 L/W 为 10 时，振型四变为六阶振型，振型五仍为五阶振型，振型六变为四阶振型。在矩形薄膜的面积一定的情况下，长宽比为 1 时，薄膜基频最高。

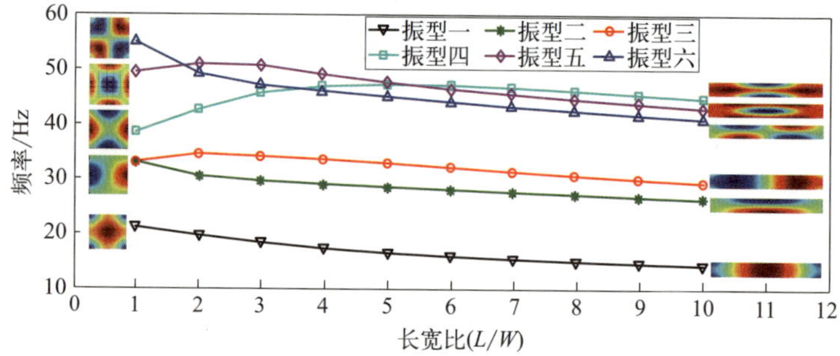

图 5.5 薄膜前六阶振型随长宽比的变化

在三个具有不同长宽比的薄膜中，分析花边弧度 φ_1 和 φ_2 对一阶基频的影响，如图 5.6 所示。当 L/W 为 1 时，φ_1 和 φ_2 对薄膜一阶基频的影响一致。当 L/W 为 1.5 时，φ_1 对一阶基频的提高起主导作用。当 L/W 为 2 时，一阶基频的提高只依赖于 φ_1 的增加。

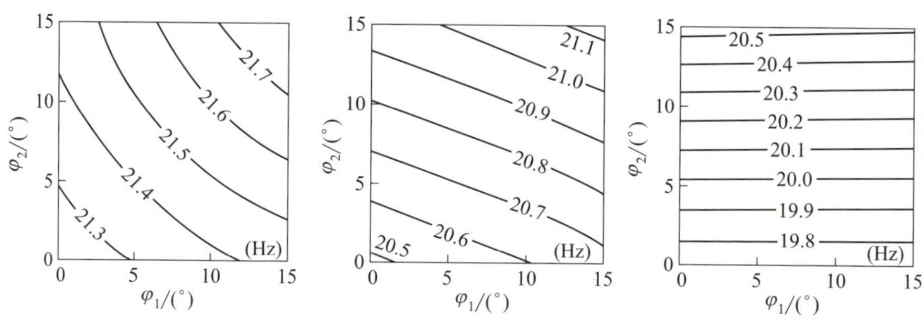

(a) L/W为1时，花边弧度对一阶基频的影响　(b) L/W为1.5时，花边弧度对一阶基频的影响　(c) L/W为2时，花边弧度对一阶基频的影响

图 5.6 不同长宽比花边弧度和基频影响关系

由于流固耦合效应，薄膜在大气和真空环境中的振动特性会有所不同，通过基于应力叠加法的结构模态计算，考虑附加空气质量，建立大气与真空环境中的薄膜基频关系。当边长为 0.5m 的正方形薄膜的角点拉力从 10N 变化到 50N 时，在真空和大气环境中的薄膜前六阶基频如表 5.1 所示，用 S_i（$i=1,2,3,\cdots$）表示真空

中第 i 阶基频，用 $A_i(i=1,2,3,\cdots)$ 表示大气中第 i 阶基频。在不同角点拉力条件下，大气中的各阶基频与真空中对应基频的比值 ξ 为固定值 0.1991，通过计算式(5.26)得到 α_a 为 24.2265，两者之间的关系式如下

$$\xi=\frac{1}{\sqrt{1+\alpha_a}} \tag{5.26}$$

表 5.1　真空和大气环境中的薄膜前六阶基频

拉力/N	S_1/Hz	A_1/Hz	$S_{2(3)}$/Hz	$A_{2(3)}$/Hz	S_4/Hz	A_4/Hz	S_5/Hz	A_5/Hz
10	21.20	4.22	33.05	6.58	38.52	7.67	49.52	9.86
20	29.99	5.97	46.74	9.31	54.48	10.85	70.03	13.94
30	36.72	7.31	57.24	11.40	66.72	13.28	85.77	17.08
40	42.41	8.44	66.09	13.16	77.04	15.34	99.04	19.72
50	47.41	9.44	73.90	14.71	86.13	17.15	110.73	22.05

因为薄膜在真空和大气环境中的频率成比例关系，所以薄膜在真空和大气环境中的基频变化具有相似规律。在真空环境中，角点拉力对各阶基频的影响如图 5.7 所示。可以发现，当增加相同角点拉力时，越高阶的基频增加的数值越大。随着角点拉力的线性增加，各阶基频呈非线性提高。

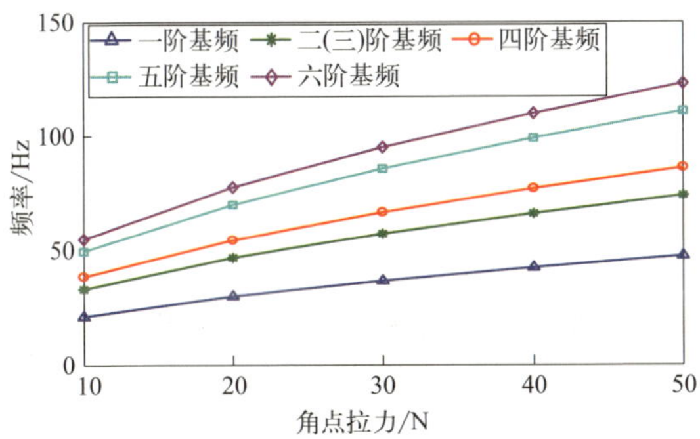

图 5.7　角点拉力对各阶基频的影响

当薄膜面积均为 0.25m^2 时，不同长宽比的薄膜在真空和大气环境中的各阶基频如表 5.2 所示。当面积相同时，长宽比越大，各阶基频越小，大气与真空环境中的基频比 ξ 也在减小，其减小规律如图 5.8 所示，分析得到 ξ 具有如下表达

$$\xi=\frac{1}{\sqrt{1+\alpha_a\sqrt{L/W}}} \tag{5.27}$$

表 5.2 真空和大气环境中薄膜基频与长宽比关系

长宽比	S_1/Hz	A_1/Hz	$S_{2(3)}$/Hz	$A_{2(3)}$/Hz	S_4/Hz	A_4/Hz	S_5/Hz	A_5/Hz
1	21.20	4.22	33.05	6.58	33.05	6.58	38.52	7.67
2	19.72	3.32	30.52	5.14	34.56	5.82	42.68	7.19
3	18.13	2.77	29.55	4.51	33.60	5.13	45.57	6.95
4	17.35	2.47	29.06	4.13	33.58	4.78	46.11	6.56
5	16.21	2.18	28.48	3.83	32.20	4.34	44.88	6.04

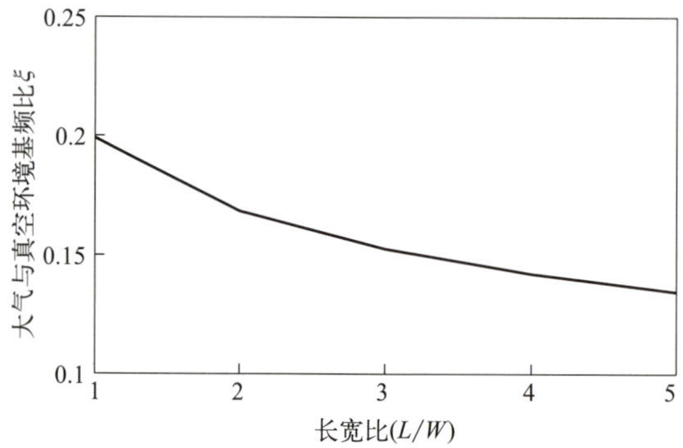

图 5.8 薄膜长宽比对大气与真空环境基频比的影响

(2)多点张拉矩形薄膜结构模态特性分析

根据薄膜应力分布结果，结合薄膜自由振动方程可以求解多点张拉薄膜的各阶振型和基频。以本节四个不同长宽比的多点张拉薄膜作为分析对象，通过计算获得各分析对象的前六阶振型，对比发现，不同长宽比薄膜前六阶振型的形状、顺序一致，以长宽比为 8/3 的薄膜振型进行表示，如图 5.9 所示。

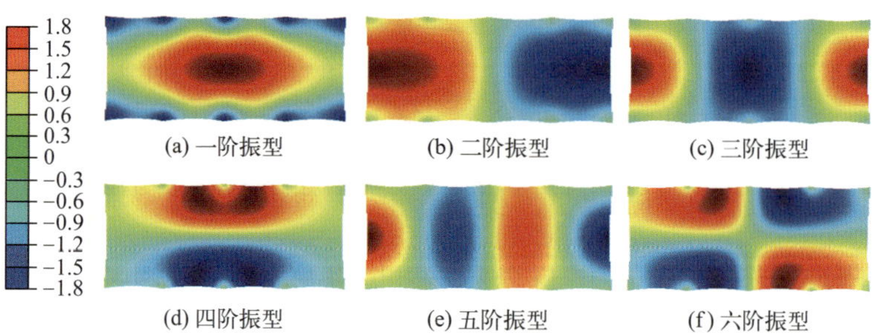

图 5.9 多点张拉薄膜前六阶振型

多点张拉矩形薄膜前六阶基频随长宽比的变化如图 5.10 所示，随着长宽比的增加，各阶基频均非线性减小。此外，当长宽比为 4/3 时，五阶基频和六阶基频接近，但当长宽比增加到 8/3 之后，五阶基频和四阶基频更为接近。将四阶和六阶振型称为横向振型，将二阶、三阶和五阶振型称为纵向振型。随着长宽比的增加，四阶和六阶横向振型基频相对提高，五阶纵向振型基频相对下降，造成基频曲线的变化。

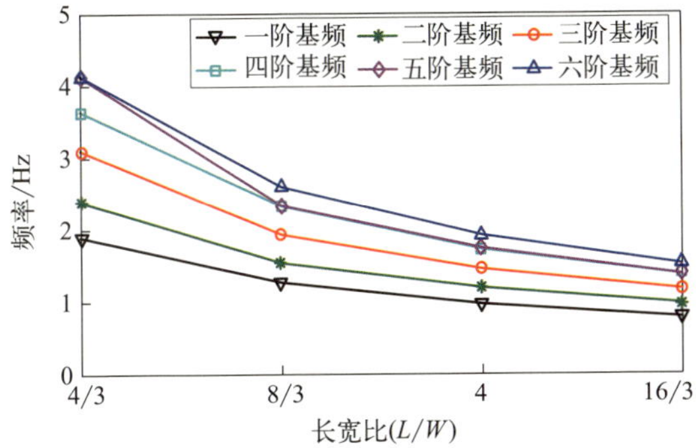

图 5.10　多点张拉矩形薄膜前六阶基频随长宽比的变化

(3)拉力点密度对薄膜结构模态的影响分析

根据薄膜应力分布结果可以得到薄膜各振型的频率随长边拉力点密度的变化，如图 5.11 所示，由于同样的振型在不同拉力点密度下的边界约束不同，图 5.11 中采用 D_l 为 4 时的振型代表不同拉力点密度下的相应振型。从图 5.11 中可以发现振型三和振型四受长边拉力点密度的影响较大。此外，当长边上的花边数从 2 个增加到 3 个时，振型五的频率却下降了，振型五在纵向上由三部分组成，而 3 个花边也将薄膜分成了三部分，此时的长边拉力点对振型五的振动约束减弱，因此会发生频率降低现象。同理，当长边上的花边数从 3 个增加到 4 个时，在纵向上由四部分振动区域组成的振型六也发生了频率下降。

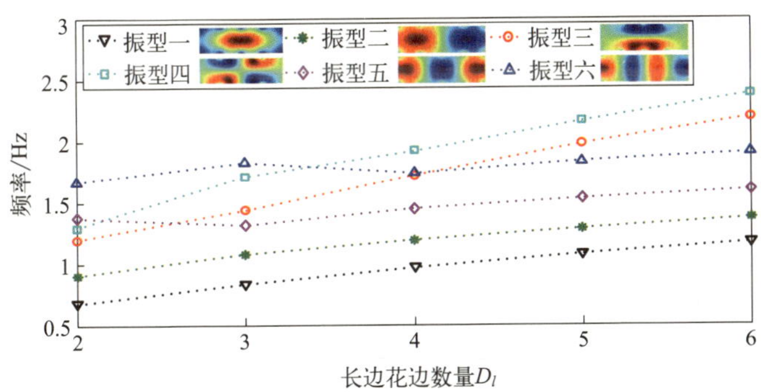

图 5.11　长边拉力点密度对模态的影响

薄膜各振型的频率随宽边拉力点密度的变化如图 5.12 所示，采用宽边上有两个花边时的振型代表不同宽边拉力点密度下的相应振型。随着 D_w 从 1 增加到 3，振型一和振型四的频率几乎没有提高，振型五的频率提高也较少，而振型二、振型三和振型六的提高则比较明显，说明宽边拉力点密度对纵向振型的频率影响更显著，而对横向振型的影响较弱。

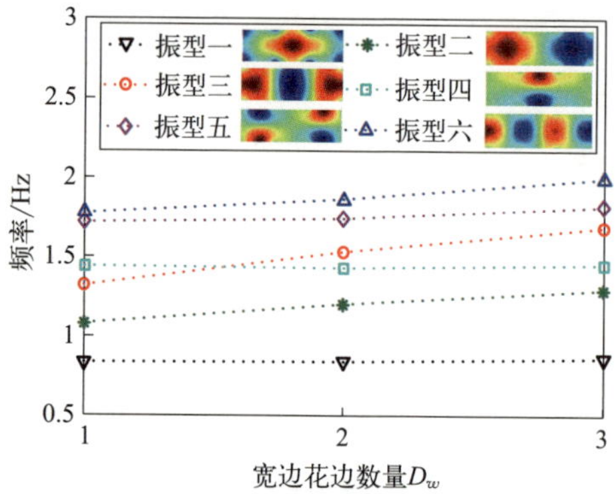

图 5.12 宽边拉力点密度对模态的影响

(4)拉力值对薄膜结构模态的影响分析

① 长边点拉力值 结合计算得到的薄膜应力分布，通过薄膜自由振动方程求解得到各阶振型频率随长边点拉力值的变化如图 5.13 所示。随着长边点拉力值提高，各阶振型对应的基频都得到了提高。根据各振型的频率变化曲线，可以发现长边点拉力值的增加对纵向振型频率的提高作用相对较小，而对横向振型频率的提高作用较大。

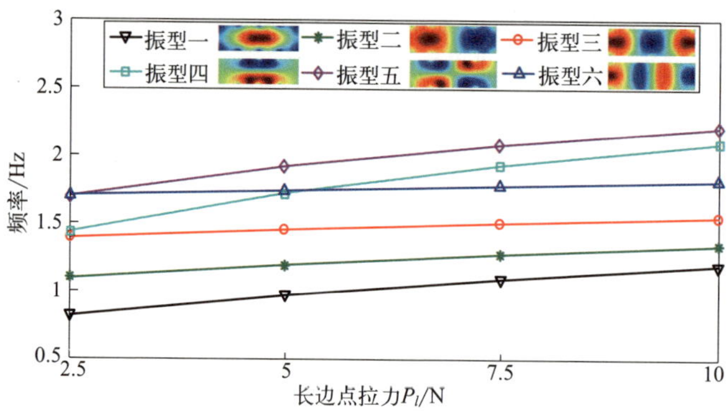

图 5.13 长边点拉力值对模态的影响

② 宽边点拉力值 取薄膜宽边长为 3m，将薄膜宽边划分成两个等长花边，即每个花边长 1.5m，每个花边对应的圆心角为 π/12，在连接这两个花边的宽边点上施加拉力。为了分析薄膜宽边点拉力值的影响，长边点拉力值设置为固定的 5N，宽边点拉力值分别取 2.5N、5N、7.5N 和 10N 进行分析。

结合长边点拉力值对薄膜结构模态的影响分析可得，长边点拉力值主要影响横向振型，宽边点拉力值主要影响纵向振型（图 5.14），可以据此调节长边和宽边上的拉力值来调整薄膜的力学特性。

宽边点应力值与宽边点密度对薄膜应力分布和模态有着相似的影响规律。相比于增加宽边点密度，增加宽边点拉力值不会增加新的张拉机构，并且同样会实现对薄膜力学特性的改变，因此在宽边上应设置较少的张拉点。

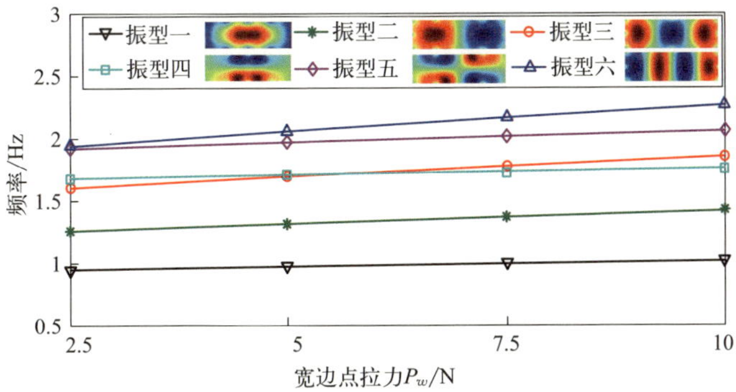

图 5.14　宽边点拉力值对模态的影响

5.3　张拉薄膜结构非线性动力学研究

在很多情况下，由薄膜结构自由振动产生的位移变化带来的张力变化难以忽略，线性自由振动理论不再适用于此情况[4,5]。本节针对矩形薄膜结构的非线性动力学特性进行研究。

5.3.1　薄膜结构自由振动非线性动力学模型

在实际情况中，薄膜的自由振动会受到阻尼的作用而做衰减运动，薄膜的振动特性也随之变化，因此要对薄膜有阻尼非线性振动特性进行进一步的研究分析[6]。

假设薄膜单位面积的线性阻尼系数为 c，则薄膜自由振动的动力学方程为

$$\rho\ddot{\beta}+\left(\frac{\pi}{l}\right)^2\left(1+\frac{1}{k^2}\right)T\beta+c\dot{\beta}+\frac{1}{16}\left(\frac{\pi}{l}\right)^4\left(1+\frac{1}{k^4}\right)Eh\beta^3=0 \tag{5.28}$$

式中　E——薄膜弹性模量，GPa；

　　　h——薄膜厚度，m。

式(5.28)可简化为

$$\rho\ddot{\beta}+c\dot{\beta}+a\beta+b\beta^3=0 \tag{5.29}$$

式中 β——振动函数，$\beta=A\cos(\omega t)$，ω 为薄膜结构振动的固有频率。

利用等价线性化法思想，对该动力学方程进行求解，以一次近似结果为分析对象，且振幅随时间逐渐衰减，基频的表达式可表示为

$$\omega^2=\frac{T}{\rho}\left(\frac{\pi}{l}\right)^2\left(1+\frac{1}{k^2}\right)+\frac{3}{64\rho}\left(\frac{\pi}{l}\right)^4\left(1+\frac{1}{k^4}\right)EhA^2\mathrm{e}^{-\frac{c}{\rho}t}-\frac{c^2}{4\rho^2} \tag{5.30}$$

式中 A——薄膜自由振动初始位移条件，m；

T——薄膜受到的单位长度拉力，N/m；

l——薄膜边长，m；

k——薄膜长宽比；

ρ——薄膜面密度，kg/m^2；

E——薄膜弹性模量，GPa；

h——薄膜厚度，m；

c——薄膜自由振动时的等效阻尼系数，N·s/m^3。

给定 $l=500$mm，$E=3$GPa，$\rho=0.071$kg/m^2，$T=8$N/m，$h=0.05$mm，$k=1$，$A=10$mm，绘制不同阻尼系数时频率在时域上的变化，如图 5.15 所示。

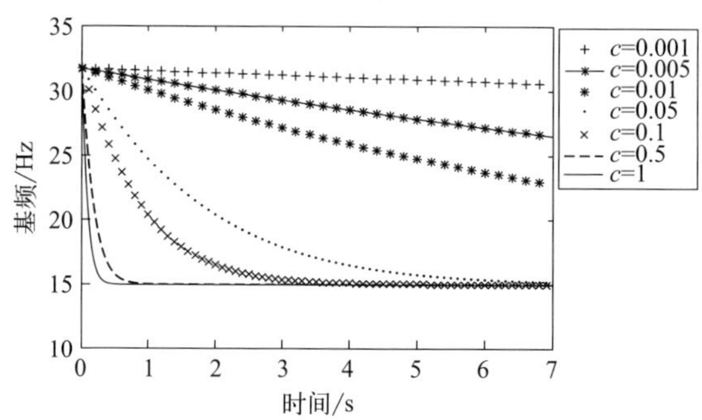

图 5.15 薄膜结构自由振动基频在不同阻尼系数下的时变现象

由图 5.15 可见，在薄膜结构自由振动考虑阻尼的情况下，振幅是与时间相关的函数，因此与振幅相关的频率也与时间相关，主要原因是振幅的变化产生张力的变化，从而出现频率与时间具有关联性。因此，薄膜结构自由振动属于频率随时间变化的一类振动，且阻尼系数越大，基频由非线性衰减至线性花费的时间越少。

薄膜有阻尼的自由振动表达式为

$$\beta=\left(A_t-\frac{\varepsilon A_t^3}{32}\right)\cos(\omega t)+\frac{\varepsilon A_t^3}{32}\cos(3\omega t) \tag{5.31}$$

其中，$A_t=A\mathrm{e}^{-\frac{c}{2\rho}t}$。

给定 $l=500\text{mm}, E=3\text{GPa}, \rho=0.071\text{kg/m}^2, T=8\text{N/m}, h=0.05\text{mm}, k=1, A=0.01\text{m}$，绘制不同阻尼系数时的薄膜自由振动的时域曲线与频域曲线，如图 5.16 所示。

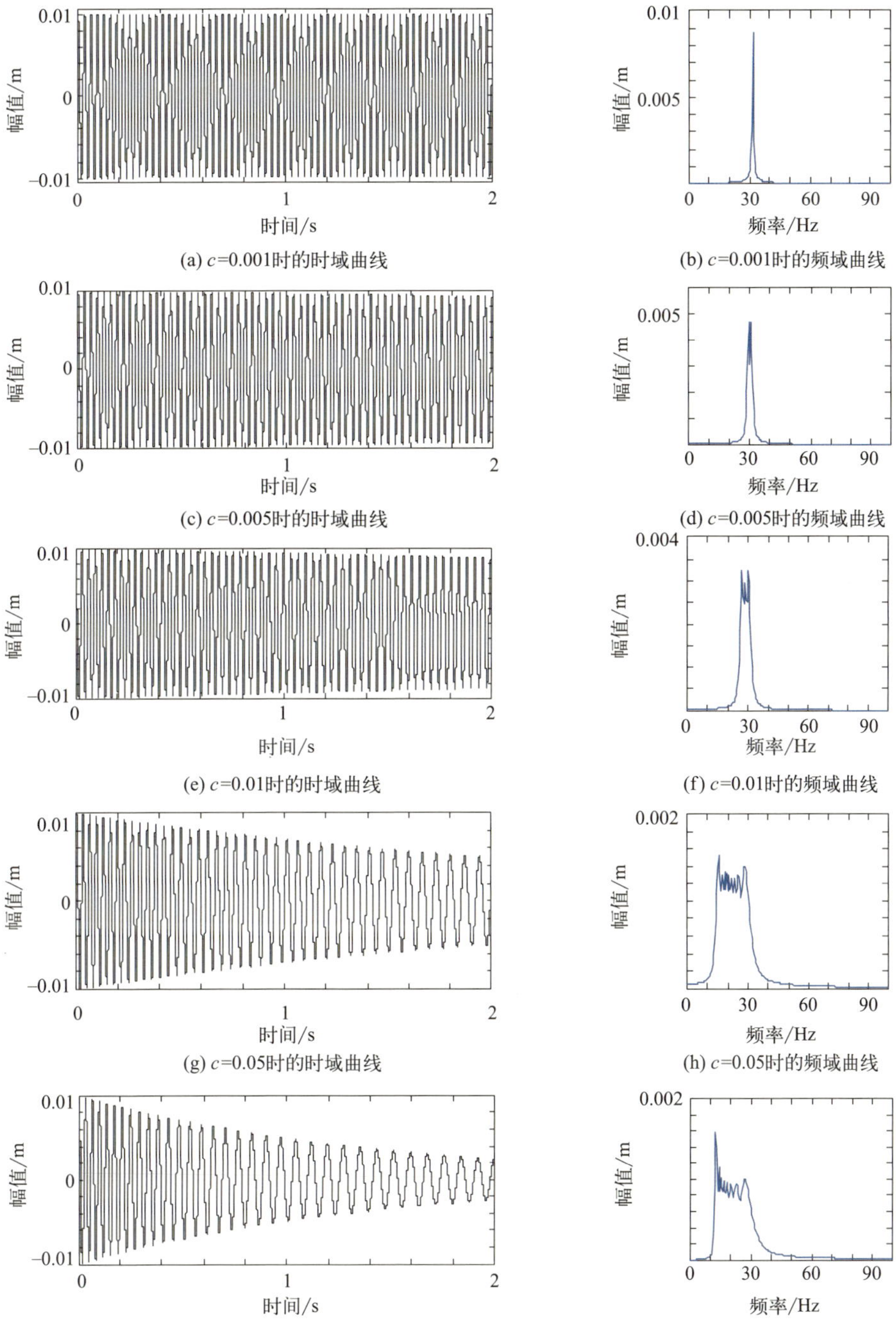

(a) c=0.001时的时域曲线　(b) c=0.001时的频域曲线

(c) c=0.005时的时域曲线　(d) c=0.005时的频域曲线

(e) c=0.01时的时域曲线　(f) c=0.01时的频域曲线

(g) c=0.05时的时域曲线　(h) c=0.05时的频域曲线

(i) c=0.1时的时域曲线　(j) c=0.1时的频域曲线

图 5.16

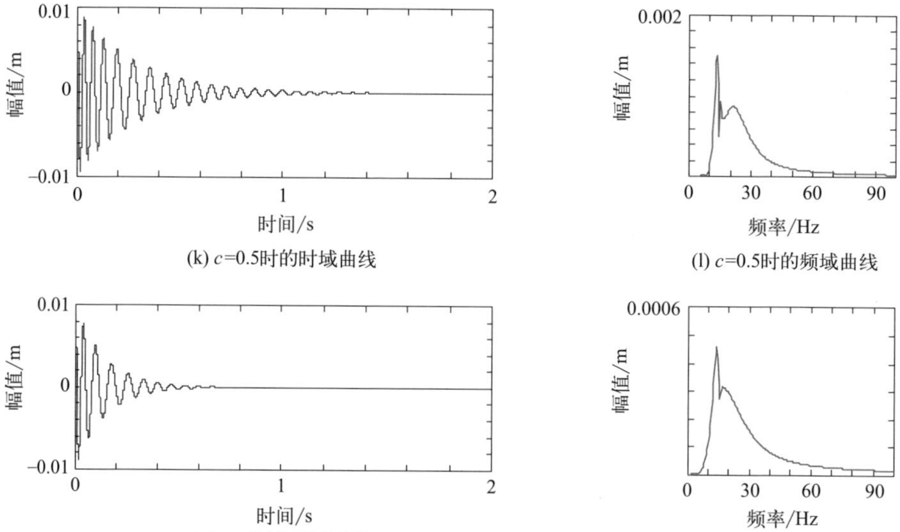

(k) c=0.5时的时域曲线　(l) c=0.5时的频域曲线

(m) c=1时的时域曲线　(n) c=1时的频域曲线

图 5.16　不同阻尼系数时薄膜结构非线性自由振动时域与频域曲线

由图 5.16 可见，随着阻尼系数的增大，薄膜的衰减越来越快。三次谐波的幅值在初始位移较大时将难以忽略，给定 $l=500\text{mm}$，$E=3\text{GPa}$，$\rho=0.071\text{kg/m}^2$，$T=8\text{N/m}$，$h=0.05\text{mm}$，$k=1$，$A=0.016\text{m}$，此时薄膜自由振动的三倍频幅值较大，通过考虑三次谐波项的振动函数计算响应曲线，同时对 $A=0.01\text{m}$ 时的自由振动响应加入三次谐波项，可得图 5.17 所示的频域曲线。

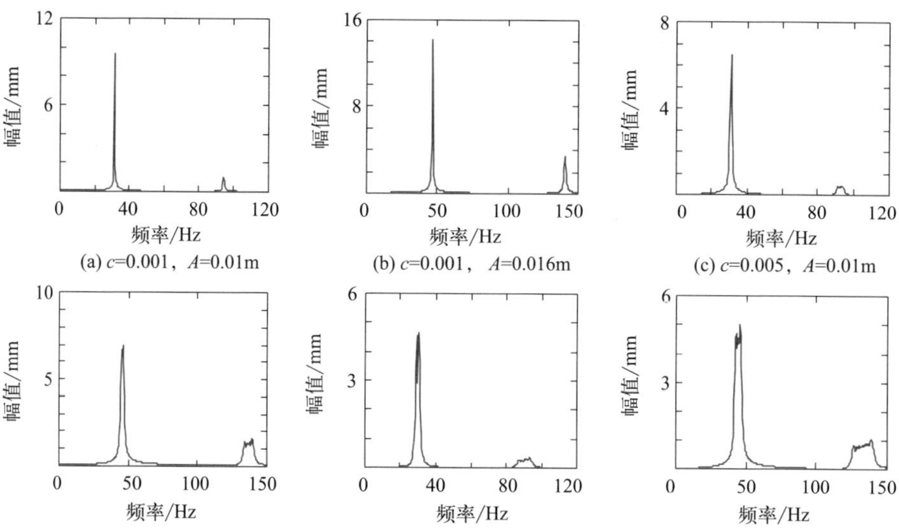

(a) c=0.001，A=0.01m　(b) c=0.001，A=0.016m　(c) c=0.005，A=0.01m

(d) c=0.005，A=0.016m　(e) c=0.01，A=0.01m　(f) c=0.01，A=0.016m

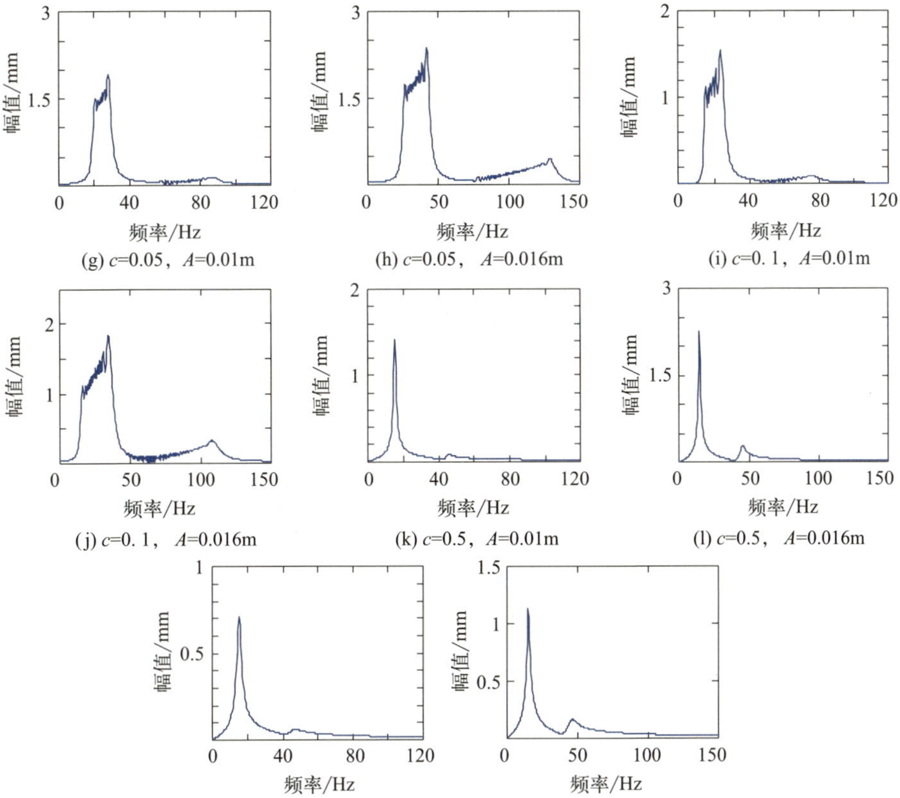

(g) c=0.05，A=0.01m　(h) c=0.05，A=0.016m　(i) c=0.1，A=0.01m

(j) c=0.1，A=0.016m　(k) c=0.5，A=0.01m　(l) c=0.5，A=0.016m

(m) c=1，A=0.01m　(n) c=1，A=0.016m

图 5.17　不同阻尼系数时薄膜结构非线性自由振动考虑三次谐波项的频域曲线

由图 5.17 可见，在有阻尼的情况下，三次谐波项的幅值因阻尼的存在而逐渐减小，在完整的衰减过程中，三次谐波项在初始位移较大的情况下，其幅值占比在整个运动过程中较小，在精度要求不高的情况下可以忽略。同理，薄膜结构非线性振动过程，二阶近似解或更高阶近似解得到的五次谐波及其他高次谐波项的幅值都可以在振动函数满足精度要求的基础上进行省略。

因此，可得以下结论：薄膜有阻尼的自由振动，会出现频率随时间变化的特性。在阻尼系数较小时，薄膜自由振动的频响曲线将会出现多波峰现象。在阻尼系数较大时，波峰处具有宽频带现象。

5.3.2　薄膜结构非线性自由振动仿真分析

从仿真分析的角度对薄膜结构非线性自由振动进行相应的研究，可为揭示薄膜结构非线性动力学特性提供一定的数据依据。使用 ABAQUS 仿真软件，通过考虑振动过程中的非线性效应的显式分析方法进行薄膜结构自由振动非线性效应的仿真验证。

对薄膜中心点施加不同的初始位移，分别为 0.5mm、1mm、2mm、4mm、8mm、12mm 和 16mm。通过考虑几何非线性的显式分析方法，计算薄膜结构在给定初始位移下的自由振动相应数据。在 ABAQUS 中建立薄膜结构自由振动仿真模型，采用膜单元建立，四周为刚性边界，分步施加预张力、初始位移载荷以及释放初始位移等，设置分析步长为 0.00025s，即采样频率为 4000Hz，并设置采样的时域响应数据的点数为 8000 个点，薄膜的各项参数如表 5.3 所示。

表 5.3 薄膜参数表

参数	数值
尺寸	500mm×500mm×0.05mm
密度	1420kg/m^3
预张力	8N/m
弹性模量	3GPa
泊松比	0.34
施加的初始位移	0.5mm、1mm、2mm、4mm、8mm、12mm、16mm
初始面应力水平	0.16MPa

利用上述参数建立模型，并对各初始位移进行静力分析，判断其应力变化水平。将变化的最大面应力与初始面应力进行对比，其关系如图 5.18 所示。

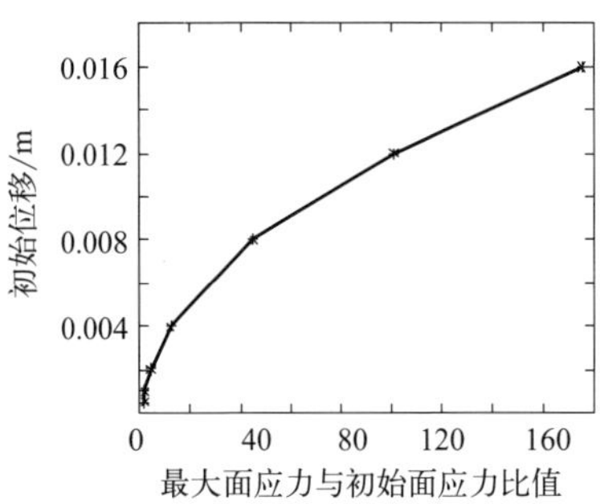

图 5.18 面应力变化与初始位移关系

随着中心点初始位移的增加，面应力的变化相对于原有的应力水平 0.16MPa 来说，在施加 4mm 初始位移时就已经难以忽略面应力变化带来的影响。

得到的响应曲线进行傅里叶变换后的频域曲线如图 5.19 所示。因采样频率与采样点数的限制，频响曲线的频率增量为 0.5Hz，精度较低。因此，采用常规的加零数据点的方式，将原有的 8000 个数据扩增至 40000 个。

由图 5.19 可见，施加的初始位移为 4mm 时，基频开始出现增大较为明显的现象。同时，根据响应曲线可知，显式分析下的薄膜自由振动是带有阻尼的自由振动，因此随着时间的推移，产生了能量耗散，继而使得薄膜结构的最大振幅减小。以最高基频为该初始位移下的自由振动频率，将显式分析得到的结果与线性理论解、非线性理论解进行对比，结果如图 5.20 所示。

由图 5.20 可见，数值仿真结果与非线性理论推导具有较好的一致性。由于柔

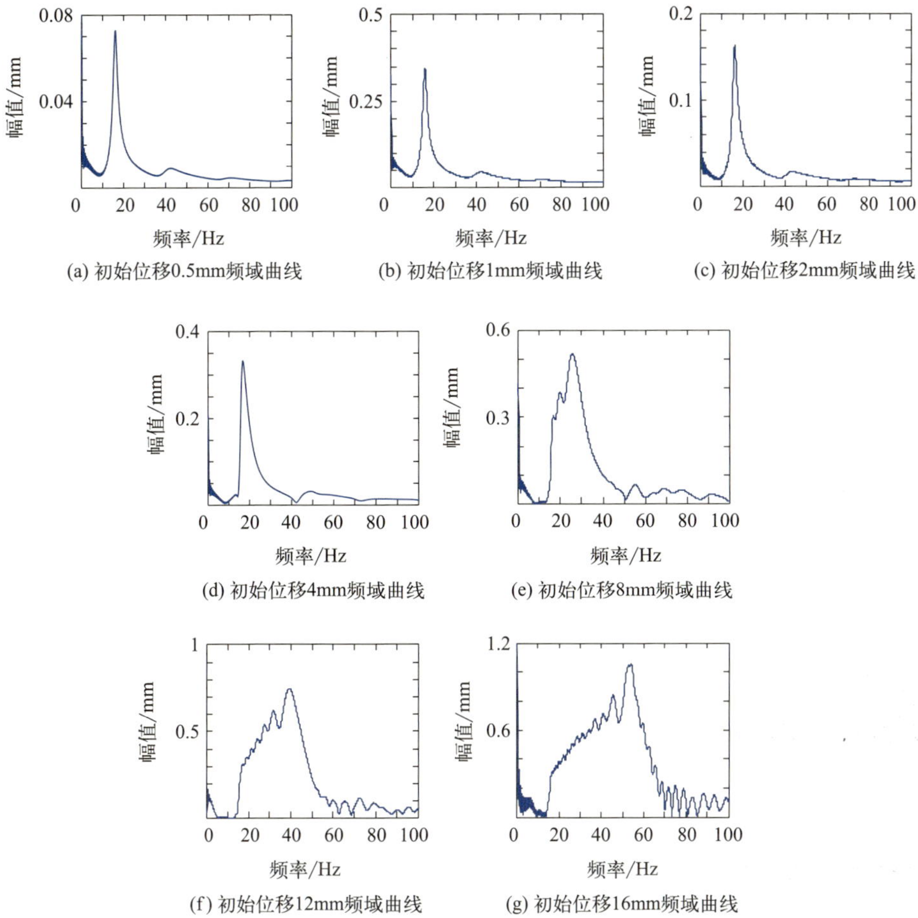

(a) 初始位移0.5mm频域曲线 (b) 初始位移1mm频域曲线 (c) 初始位移2mm频域曲线

(d) 初始位移4mm频域曲线 (e) 初始位移8mm频域曲线

(f) 初始位移12mm频域曲线 (g) 初始位移16mm频域曲线

图 5.19 不同初始位移自由振动仿真分析响应曲线

性结构存在局部模态的现象，为了确定该现象不是因为局部模态的存在而出现的，对薄膜结构上的非中心点进行采样，并与中心点进行对比分析。因薄膜结构的振型属于中心对称，因此分析点的分布如图 5.21 所示。

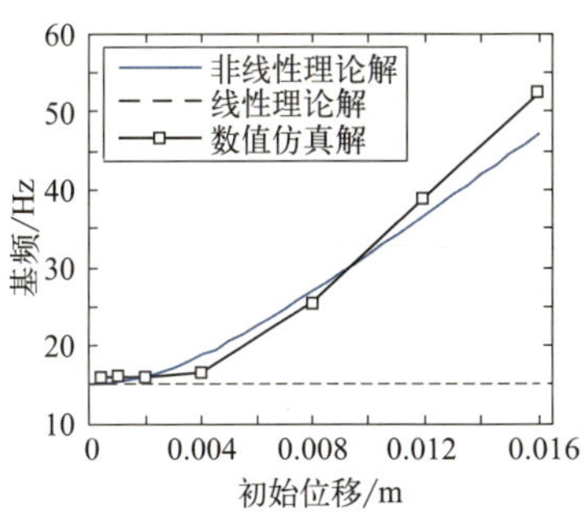

图 5.20 各分析方法结果对比

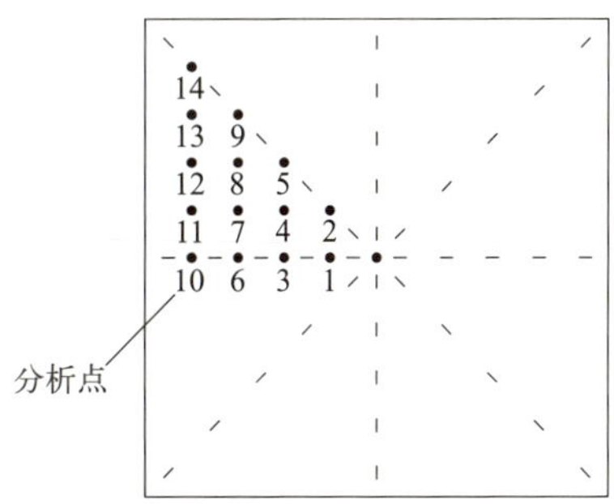

图 5.21 分析点分布示意图

以初始位移为 8mm 为例，进行各个点的采样分析，得到的频响曲线如图 5.22 所示。

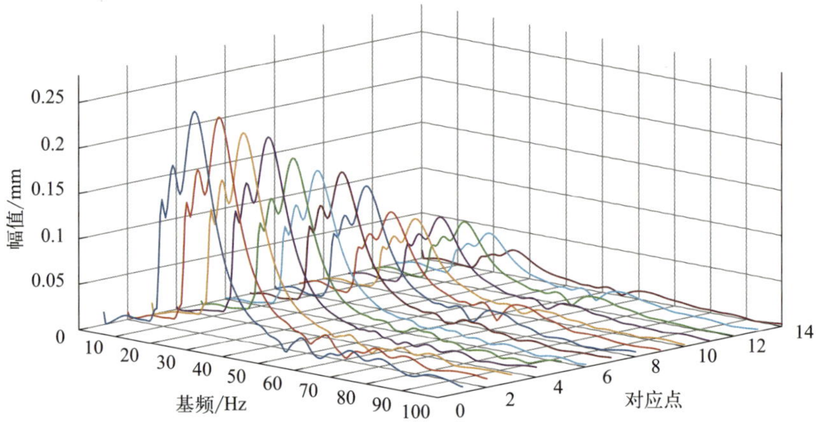

图 5.22 各分析点频响曲线

由图 5.22 可以看出，多波峰现象并不是由于存在局部模态而产生的，阻尼的存在会使薄膜的自由振动成为非线性时变系统。

5.3.3 薄膜结构自由振动试验设计与分析

(1)试验方案设计

一般近似将薄膜外框架看成固定边界，因此，外框架需要满足能够视为刚性边界的条件(基频需至少 3 倍于薄膜基频[7])。选定薄膜的形状为方形，以便于张力的调整。如图 5.23 所示，试验用方形薄膜的尺寸为 500mm×500mm×0.05mm，框架的包络尺寸为 760mm×760mm×640mm。使用铝板将薄膜边界夹紧，通过将铝板与框架固接，实现薄膜结构的固支条件。通过调节连接螺栓，实现薄膜面应

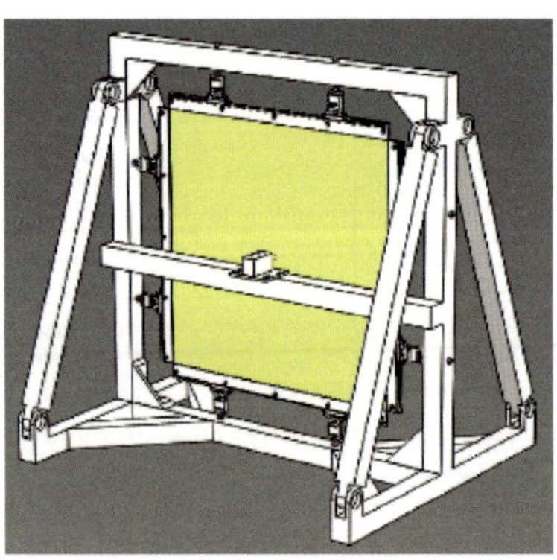

图 5.23 薄膜试验件示意图

力的调节。薄膜试验件可分为五部分，分别为外框架、力传感器、内框架、薄膜、激励源。外框架与内框架通过力传感器部分进行连接和固定。

试验时对薄膜施加一个初始位移激励，然后突然释放，使系统自由振动。试验过程中，记录薄膜沿激励方向的振动情况，并根据记录的振动情况计算薄膜的振动特性数据。

试验采用无接触激光法进行测量，通过在大气环境中的直接测量和真空中隔着观察窗口玻璃测量两种测量方式，进行薄膜自由振动的试验数据采集。对中心点施加激励可激出一阶模态并且避免激出二、三、四、五阶模态，频率跨度较大，因此选择激励薄膜中心点分析一阶模态。选取 25 个均布的测点，以收集薄膜在不同初始位移、不同预应力工况下的自由振动响应数据。设计的工况如表 5.4 所示。

表 5.4　试验工况

薄膜面应力水平/MPa	单位长度拉力(张力)/(N/m)	对应初始位移工况/mm	试验环境
0.16	8	2.5、5、7.5、10	大气
		5	真空
0.32	16	2.5、5、7.5、10	大气
0.48	24	2.5、5、7.5、10	大气

(2)试验与分析

如图 5.24 所示，在大气环境中分别对薄膜施加不同的张力与初始位移，并通过扫描式激光测振仪进行薄膜结构动力学特性测试。

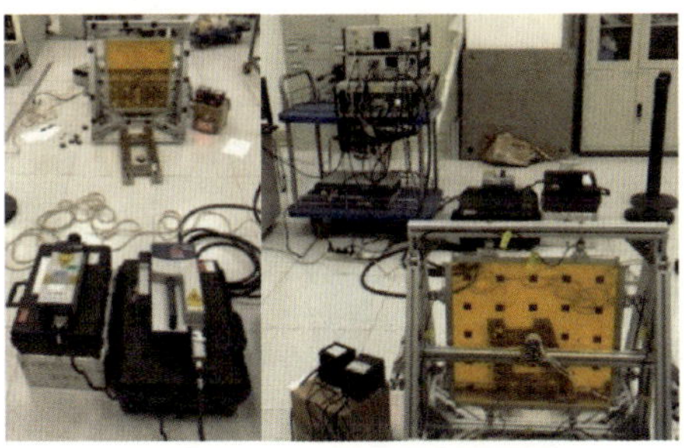

图 5.24　大气试验示意图

对各个工况进行试验测试，得到的频域曲线如图 5.25 所示。可以看出，随着初始位移的增大，在同样张力的条件下，出现了多波峰、宽频带现象，而随着张力的增大，同样的初始位移下，多波峰、宽频带等现象则不明显，与理论分析、仿真分析得到的频域曲线变化趋势相符。

单独对最小位移工况与最大位移工况的试验结果进行对比，结果如图 5.26 所

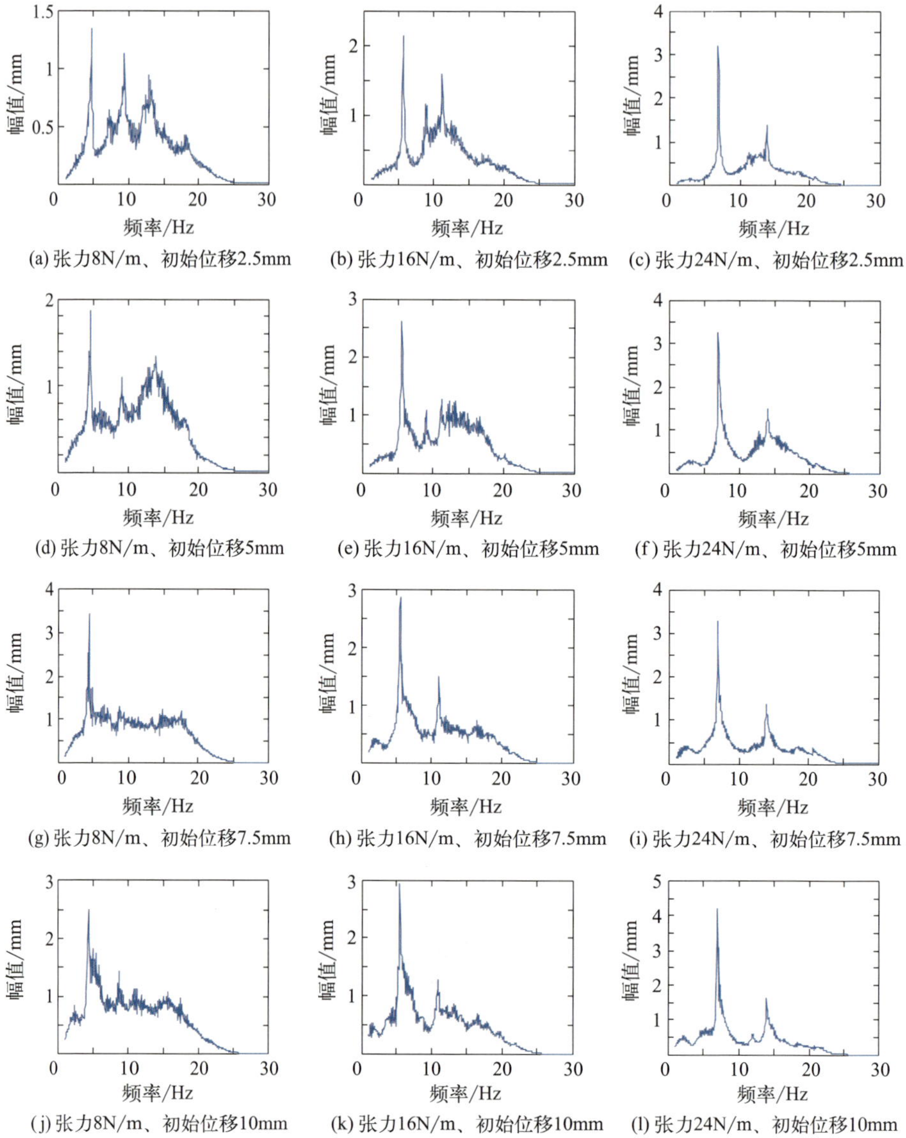

图 5.25 不同张力、不同初始位移下的自由振动相应数据频域曲线

示。可以看出，在各阶基频处宽频带、多波峰的现象较为明显，说明薄膜结构的自由振动存在一定的非线性效应。

对初始位移为 10mm 但单位长度张力分别为 8N/m、16N/m、24N/m 的工况试验结果进行对比。从图 5.27 中可以看出，随着张力的增加，同样的初始位移下，非线性振动产生的多波峰、宽频带现象不再明显，与理论分析得到的张力越大、非线性振动越弱的结果具有较好的一致性。

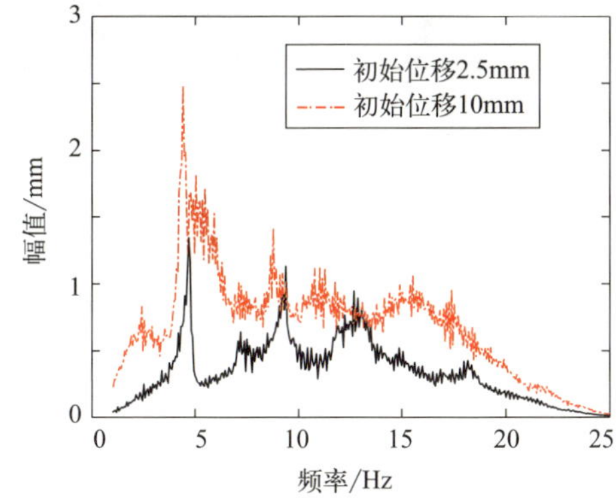

图 5.26　张力为 8N/m 时初始位移试验结果对比

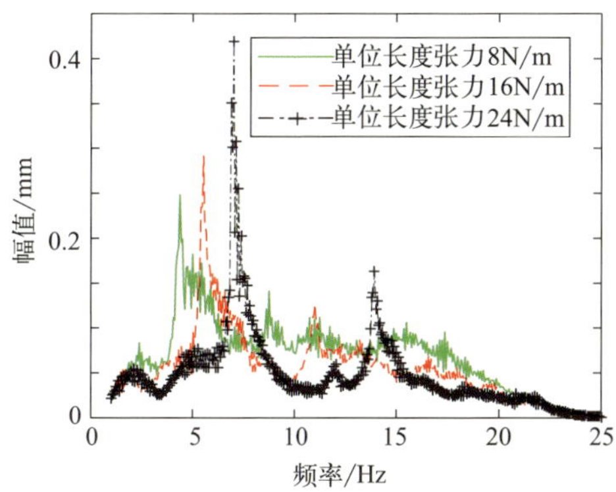

图 5.27　相同初始位移下不同单位长度拉力(张力)对比

将不同张力条件下的线性一阶基频试验数值与理论分析、仿真分析的一阶基频结果进行对比,可得表 5.5。

表 5.5　大气试验结果

工况/(N/m)	理论数值/Hz	仿真数值/Hz	试验数值/Hz	试验与理论误差	试验与仿真误差
8	5.72	5.5	4.6375	−18.9%	−15.6%
16	8.09	7.93	5.625	−30.5%	−29.1%
24	9.91	9.79	6.875	−30.6%	−29.7%

将扫描式激光测振仪在大气中得出的一阶振型与理论振型进行对比,结果如图 5.28 所示,可以看出,理论与试验的振型较为一致。

对非线性现象进行对比,结果如图 5.29 所示,可以看出,多波峰、宽频带现象同时在理论、仿真、试验中出现,具有较好的一致性。

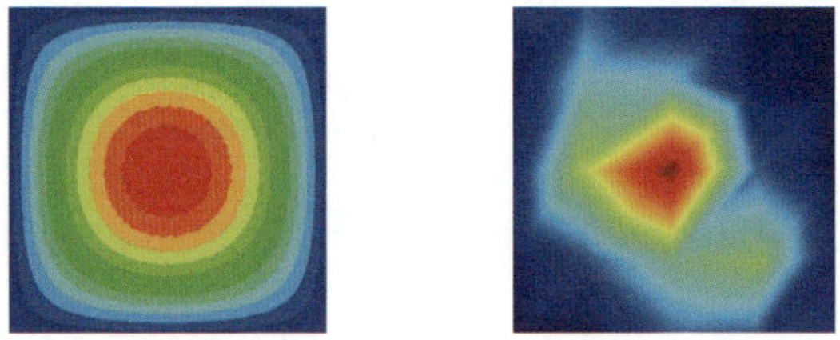

(a) 一阶振型理论结果　　(b) 一阶振型大气试验结果

图 5.28　大气环境中一阶振型与理论振型对比

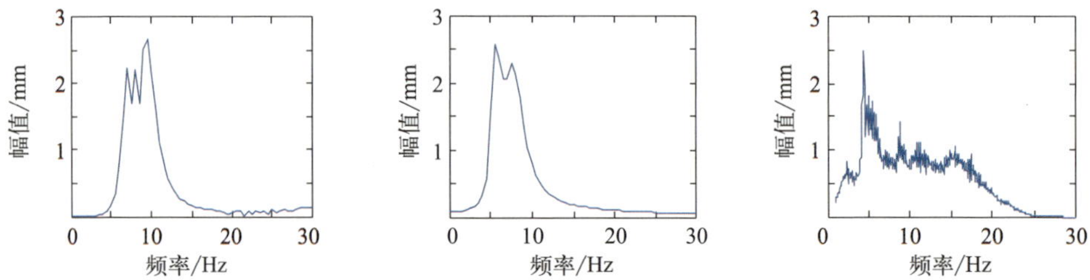

(a) 非线性理论、考虑三次谐波(理论)　(b) 非线性理论、不考虑三次谐波(仿真)　(c) 试验

图 5.29　理论、仿真、试验结果对比

(3)真空试验

在 2.5m 真空罐中进行薄膜结构在真空环境中的振动测试，真空度为 100Pa，通过真空罐的光学玻璃进行观测，试验如图 5.30 所示。

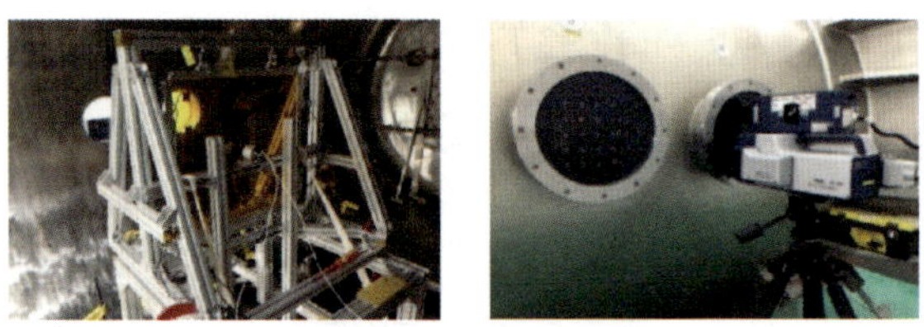

图 5.30　真空试验

通过扫描式激光测振仪得到的频域曲线如图 5.31 所示。

试验得到的基频值为 15.3Hz，理论计算为 15.01Hz，误差为 −2%，说明了模型的准确性。同时可得到薄膜在真空中的振型，并将其与理论振型进行对比，如图 5.32 所示。

将相同张力、相同初始位移的大气试验与真空试验结果进行对比，结果如图 5.33 所示。

由图 5.33 可见，大气对于薄膜的影响很大，大气中的薄膜结构自由振动一阶基频值大幅降低，达 69.7%，但在大气环境下，仍然会出现非线性自由振动的现象，因此在大气中可以进行基于非线性振动的相关试验。

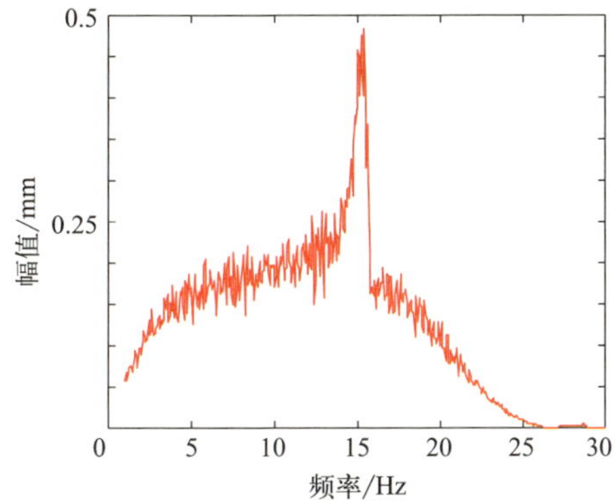

图 5.31　真空试验频域曲线

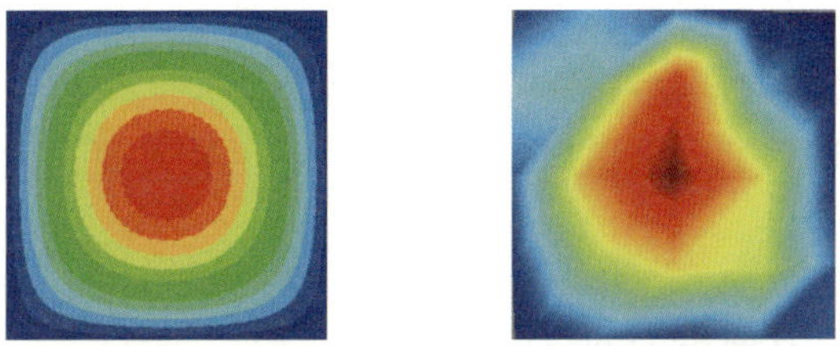

(a) 一阶振型理论结果　　(b) 一阶振型真空试验结果

图 5.32　真空中一阶振型与理论振型对比

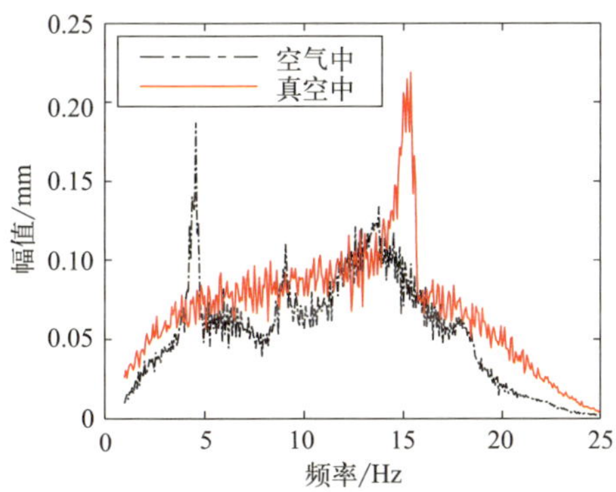

图 5.33　相同张力、相同初始位移的大气试验与真空试验结果对比

5.4　张拉薄膜结构刚柔耦合动力学研究

平面薄膜结构的在轨工作状态一般是其支撑框架的一端与航天器相连，为固定端，一端悬空，为自由端，且一般设计为矩形结构，如图 5.34 所示。

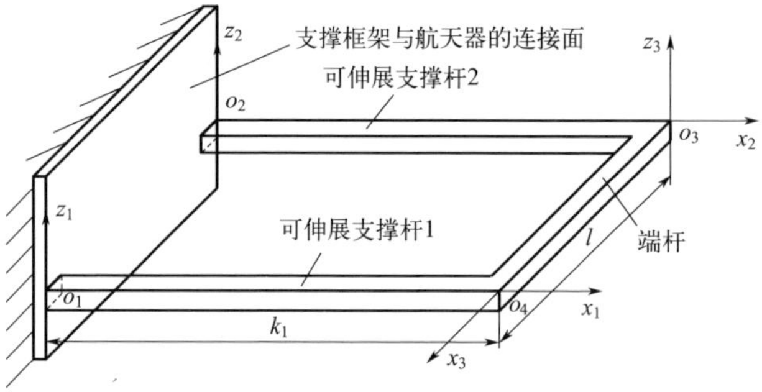

图 5.34 支撑框架示意图

该矩形支撑框架主要由可伸展支撑杆 1、可伸展支撑杆 2 和端杆组成，并分别在界面 o_3 和界面 o_4 处刚性连接。为了使子结构易于分析，并且使对接面尽量缩小，以减少子结构之间的耦合，将支撑框架划分为三个子结构，三个子结构分别对应支撑框架的三个部件。分别以固定端 o_1 和 o_2 以及界面 o_3 为原点建立坐标系 $x_1o_1z_1$、$x_2o_2z_2$、$x_3o_3z_3$。

5.4.1 平面薄膜结构耦合动力学建模

将支撑框架各子结构与薄膜耦合后的平面薄膜结构在 z 方向上的位移 $z(x,y,t)$在物理空间中的表达式转化为模态空间表达式，可表示为

$$z(x,y,t)=\varphi_1(x)\zeta_1(t)+\varphi_2(x)\zeta_2(t)+\varphi_3(y)\zeta_3(t)+\alpha(x,y)\zeta_4(t) \tag{5.32}$$

式中 $\zeta_i(t)(i=1,2,3,4)$——平面薄膜结构的耦合模态坐标；

$\varphi_1(x)$——可伸展支撑杆 1 的模态函数，mm；

$\varphi_2(x)$——可伸展支撑杆 2 的模态函数，mm；

$\varphi_3(y)$——端杆的模态函数，mm；

$\alpha(x,y)$——四边固支薄膜的模态函数，mm。

为了简化计算过程同时又要对最终结果影响不大，根据固定框架及矩形张拉薄膜的分析可知以上各式具体的表达式为

$$\begin{cases}\varphi_1(x)=\varphi_2(x)=2\left(\dfrac{x}{l}\right)^2\left[1-\left(\dfrac{x}{l}\right)\right]^2+\left(\dfrac{x}{l}\right)^2\left[1-\left(\dfrac{x}{l}\right)\right]\\ \varphi_3(y)=\left(\dfrac{y}{l}\right)^2\left[1-\left(\dfrac{y}{l}\right)\right]^2+\left(\dfrac{y}{l}\right)\left[1-\left(\dfrac{y}{l}\right)\right]\\ \alpha(x,y)=\sin\dfrac{\pi x}{kl}\cos\dfrac{\pi y}{l}\end{cases} \tag{5.33}$$

式中 $\alpha(x,y)$——四边固支薄膜的模态函数[8]。

平面薄膜结构在 z 方向上的位移表达式可用矩阵表示为

$$z(x,y,t)=\begin{bmatrix}\varphi_1(x) & \varphi_3(y) & \alpha(x,y)\end{bmatrix}\begin{bmatrix}\zeta_a(t)\\ \zeta_b(t)\\ \zeta_c(t)\end{bmatrix}=\boldsymbol{\Phi}(x,y)\boldsymbol{q}(t) \quad (5.34)$$

式中　$\zeta_a(t)$——可伸展支撑杆模态坐标，$\zeta_a(t)=\zeta_1(t)+\zeta_2(t)$；

$\zeta_b(t)$——端杆模态坐标，$\zeta_b(t)=\zeta_3(t)$；

$\zeta_c(t)$——四边固支薄膜模态坐标，$\zeta_c(t)=\zeta_4(t)$。

平面薄膜结构的动能可近似表示为

$$T=\frac{1}{2}\int_0^l\int_0^{kl}\rho_t S\rho_m l\delta\left[\frac{\partial z(x,y,t)}{\partial t}\right]^2\mathrm{d}x\,\mathrm{d}y=\frac{1}{2}\dot{\boldsymbol{q}}^{\mathrm{T}}\boldsymbol{M}\dot{\boldsymbol{q}} \quad (5.35)$$

式中　$\boldsymbol{q}$——平面薄膜结构耦合模态坐标矩阵，$\boldsymbol{q}=[\zeta_a(t)\quad \zeta_b(t)\quad \zeta_c(t)]^{\mathrm{T}}$；

$\boldsymbol{M}$——平面薄膜结构耦合质量矩阵。

$$\boldsymbol{M}=\rho_t S\rho_m l\delta\begin{bmatrix}\int_0^l\int_0^{kl}\varphi_1^2\mathrm{d}x\,\mathrm{d}y & \int_0^l\int_0^{kl}\varphi_1\varphi_3\mathrm{d}x\,\mathrm{d}y & \int_0^l\int_0^{kl}\varphi_1\alpha\,\mathrm{d}x\,\mathrm{d}y\\ \int_0^l\int_0^{kl}\varphi_1\varphi_3\mathrm{d}x\,\mathrm{d}y & \int_0^l\int_0^{kl}\varphi_3{}^2\mathrm{d}x\,\mathrm{d}y & \int_0^l\int_0^{kl}\varphi_3\alpha\,\mathrm{d}x\,\mathrm{d}y\\ \int_0^l\int_0^{kl}\varphi_1\alpha\,\mathrm{d}x\,\mathrm{d}y & \int_0^l\int_0^{kl}\varphi_3\alpha\,\mathrm{d}x\,\mathrm{d}y & \int_0^l\int_0^{kl}\alpha^2\mathrm{d}x\,\mathrm{d}y\end{bmatrix} \quad (5.36)$$

由于薄膜的抗弯刚度几乎为零[9]，薄膜主要是靠其表面的预应力来提供抗弯刚度，故平面薄膜结构的势能可近似表示为

$$V=\frac{1}{2}\int_0^l\int_0^{kl}EIF\left[\frac{\partial^4 z(x,y,t)}{\partial x^2\partial y^2}\right]^2\mathrm{d}x\,\mathrm{d}y=\frac{1}{2}\boldsymbol{q}^{\mathrm{T}}\boldsymbol{K}\boldsymbol{q} \quad (5.37)$$

式中　$\boldsymbol{K}$——平面薄膜结构耦合刚度矩阵，

$$\boldsymbol{K}=EFI\begin{bmatrix}\int_0^l\int_0^{kl}\varphi_1''^2\mathrm{d}x\,\mathrm{d}y & \int_0^l\int_0^{kl}\varphi_1''\varphi_3''\mathrm{d}x\,\mathrm{d}y & \int_0^l\int_0^{kl}\varphi_1''\alpha^{(4)}\mathrm{d}x\,\mathrm{d}y\\ \int_0^l\int_0^{kl}\varphi_1''\varphi_3''\mathrm{d}x\,\mathrm{d}y & \int_0^l\int_0^{kl}\varphi_3''^2\mathrm{d}x\,\mathrm{d}y & \int_0^l\int_0^{kl}\varphi_3''\alpha^{(4)}\mathrm{d}x\,\mathrm{d}y\\ \int_0^l\int_0^{kl}\varphi_1''\alpha^{(4)}\mathrm{d}x\,\mathrm{d}y & \int_0^l\int_0^{kl}\varphi_3''\alpha^{(4)}\mathrm{d}x\,\mathrm{d}y & \int_0^l\int_0^{kl}(\alpha^{(4)})^2\mathrm{d}x\,\mathrm{d}y\end{bmatrix} \quad (5.38)$$

F——薄膜预应力，MPa。

令 $L=T-V$ 为拉格朗日函数，代入拉格朗日方程

$$\frac{\mathrm{d}}{\mathrm{d}t}\left(\frac{\partial L}{\partial\dot{q}_i}\right)-\frac{\partial L}{\partial q_i}=0 \quad (i=1,2,3) \quad (5.39)$$

得到用广义坐标描述的动力学方程

$$\sum_{j=1}^{3}(m_{ij}\ddot{q}_j+k_{ij}q_j)=0 \quad (i=1,2,3) \tag{5.40}$$

动力学方程矩阵形式为

$$\boldsymbol{M}\ddot{\boldsymbol{q}}(t)+\boldsymbol{K}\boldsymbol{q}(t)=\boldsymbol{0} \tag{5.41}$$

由于此方程的解中必包含平面薄膜结构系统内各个模态坐标偏离平衡值时所做的不同振幅的简谐振动,并且具有相同的振动频率和初相角,故上述方程的特解可设为

$$q_i=A_i\sin(\omega t+\theta)(i=1,2,3) \tag{5.42}$$

式(5.42)用矩阵形式表达为

$$\boldsymbol{q}=\boldsymbol{A}\sin(\omega t+\theta) \tag{5.43}$$

式中 $\boldsymbol{q}$——各坐标组成的 4 阶阵列;

$\boldsymbol{A}$——各坐标振幅组成的 3 阶阵列。

整理得

$$(\boldsymbol{K}-\omega^2\boldsymbol{M})\boldsymbol{A}=\boldsymbol{0} \tag{5.44}$$

则可得到平面薄膜结构系统的本征方程,即

$$|\boldsymbol{K}-\omega^2\boldsymbol{M}|=0 \tag{5.45}$$

分别将平面薄膜结构的质量矩阵和刚度矩阵代入式(5.45)即可得到平面薄膜结构的第一阶固有频率的近似表达式

$$\omega=\sqrt{\frac{287639EFI}{13k^3l^7\rho_tS\rho_m\delta}} \tag{5.46}$$

式中 E——支撑框架各子结构的弹性模量,MPa;

F——薄膜预应力,MPa;

I——支撑框架各子结构的截面惯性矩,mm^4;

k——支撑框架的长宽比;

l——支撑框架端杆长度,mm;

ρ_t——支撑框架各子结构的密度,kg/mm^3;

S——支撑框架各子结构的横截面积,mm^2;

ρ_m——薄膜密度,kg/mm^3;

δ——薄膜厚度,mm。

影响薄膜结构耦合基频的参数有:框架弹性模量、框架密度、薄膜结构长宽比、薄膜预应力、薄膜密度、薄膜厚度和薄膜结构的边长。为了研究薄膜结构耦合基频随各参数变化的变化趋势,利用 MATLAB 绘制了不同薄膜预应力工况下各参数变化对薄膜结构耦合基频的影响曲线,如图 5.35 所示。

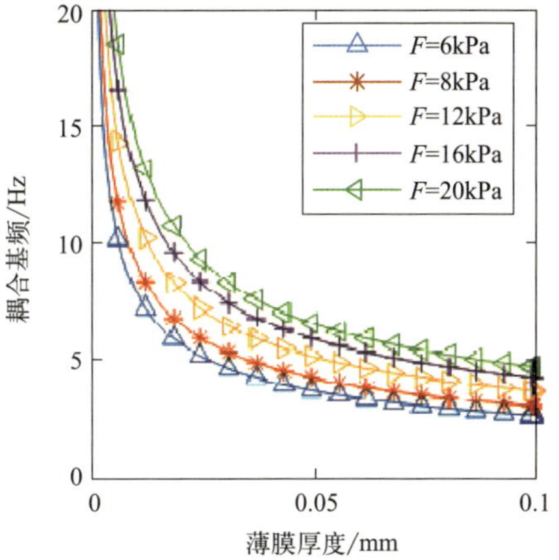

(a) 薄膜厚度变化对耦合基频的影响

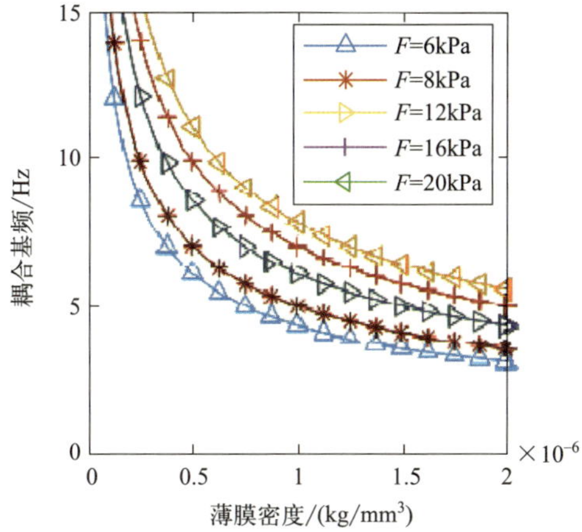

(b) 薄膜密度变化对耦合基频的影响

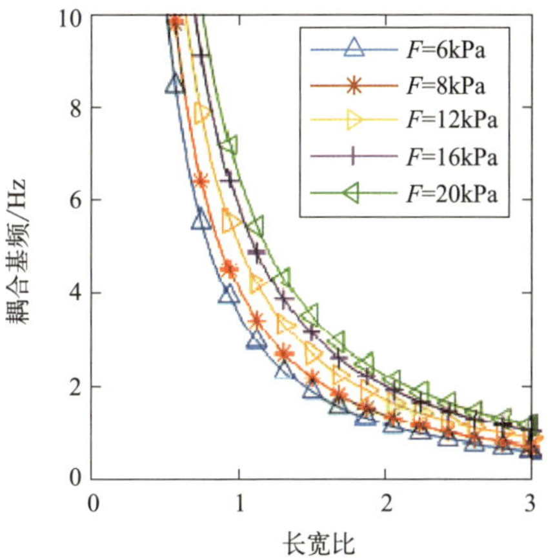

(c) 长宽比变化对耦合基频的影响

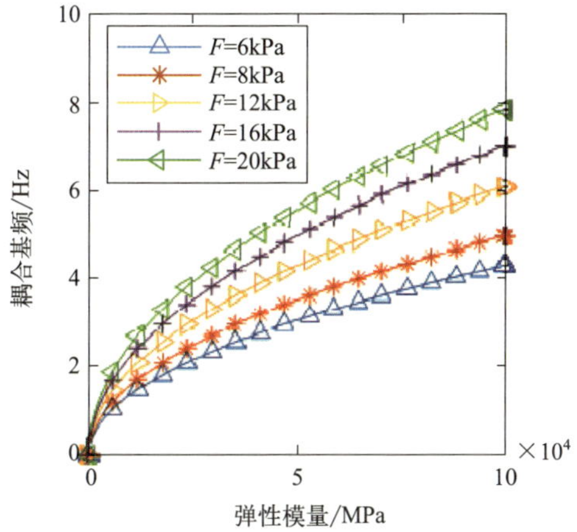

(d) 弹性模量变化对耦合基频的影响

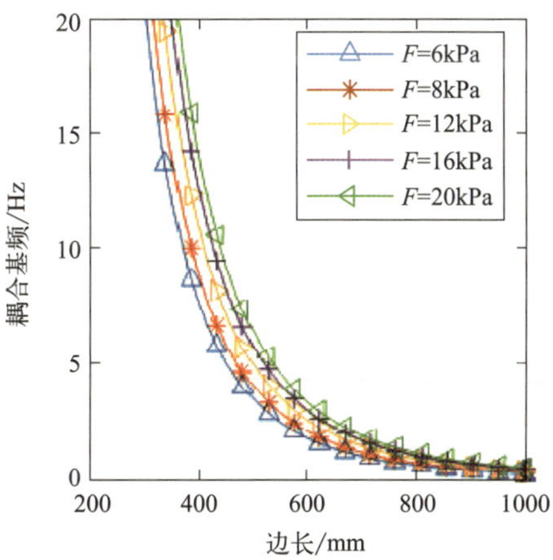

(e) 边长变化对耦合基频的影响

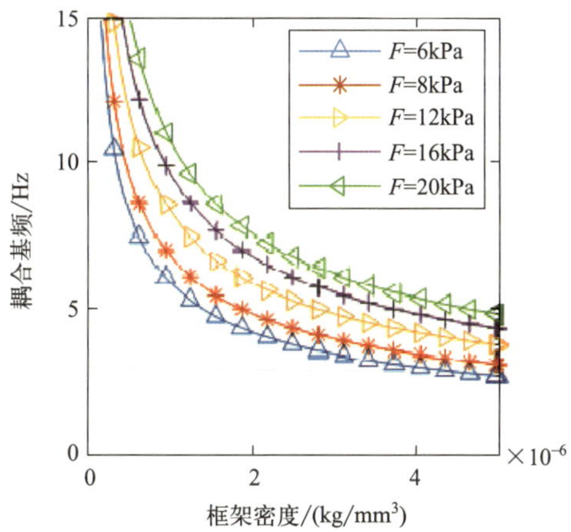

(f) 框架密度变化对耦合基频的影响

图 5.35 各参数变化对耦合基频的影响曲线

由图 5.35 可以看出，薄膜结构的耦合基频受框架与薄膜的共同影响，其会随着框架密度、薄膜密度、长宽比、薄膜厚度以及边长的增大而减小，随着框架弹性模量的增大而增大，并且适当地提高薄膜预应力会相应地提高耦合基频。

平面薄膜结构按第 i 阶固有频率所作的振动可表示为：

$$\boldsymbol{q}^{(i)}=\alpha_i\boldsymbol{\phi}^{(i)}\sin(\omega_i t+\theta_i), i=1,2,3 \tag{5.47}$$

式中 α_i,θ_i——任意常数，取决于初始运动状态，单位为 mm、rad；

$\boldsymbol{\phi}^{(i)}$——平面薄膜结构做第 i 阶主振动时所对应的模态向量，其完全由系统的物理性质所决定，与初始条件无关。

前四阶模态向量满足

$$(\boldsymbol{K}-\omega_i^2\boldsymbol{M})\boldsymbol{\phi}^{(i)}=\boldsymbol{0}, i=1,2,3 \tag{5.48}$$

解上述方程得到平面薄膜结构各阶固有频率对应的模态向量。

根据模态叠加法，平面薄膜结构的自由振动可以看作各阶主振动的叠加，故其可由各阶模态的线性组合唯一表示，即

$$\boldsymbol{q}=\boldsymbol{\Phi}\boldsymbol{q}_p \tag{5.49}$$

式中 $\boldsymbol{q}_p$——平面薄膜结构各阶主坐标组成的主坐标阵列，$\boldsymbol{q}_p=[q_{p1}\quad q_{p2}\quad q_{p3}\quad q_{p4}]^{\mathrm{T}}$；

$\boldsymbol{\Phi}$——平面薄膜结构各阶模态向量组成的模态矩阵。

将模态坐标 $\boldsymbol{q}$ 变换为主坐标$\boldsymbol{q}_p$，将其代入并在方程两端左乘 $\boldsymbol{\Phi}^{\mathrm{T}}$ 使方程解耦，主质量矩阵$\boldsymbol{M}_p$ 和主刚度矩阵$\boldsymbol{K}_p$ 的表达式

$$\begin{cases}\boldsymbol{M}_p=\boldsymbol{\Phi}^{\mathrm{T}}\boldsymbol{M}\boldsymbol{\Phi}=\mathrm{diag}(M_{p1}\quad M_{p2}\quad M_{p3}\quad M_{p4})\\ \boldsymbol{K}_p=\boldsymbol{\Phi}^{\mathrm{T}}\boldsymbol{K}\boldsymbol{\Phi}=\mathrm{diag}(K_{p1}\quad K_{p2}\quad K_{p3}\quad K_{p4})\end{cases} \tag{5.50}$$

式中 M_{pi},K_{pi}——$\boldsymbol{\phi}^{(i)}$的二次型。

$$\begin{cases}M_{pi}=\boldsymbol{\phi}^{(i)^{\mathrm{T}}}\boldsymbol{M}\boldsymbol{\phi}^{(i)}\\ K_{pi}=\boldsymbol{\phi}^{(i)^{\mathrm{T}}}\boldsymbol{K}\boldsymbol{\phi}^{(i)}\end{cases}, i=1,2,3$$

从而得到用主坐标表示的平面薄膜结构动力学方程

$$\boldsymbol{M}_p\ddot{\boldsymbol{q}}_p+\boldsymbol{K}_p\boldsymbol{q}_p=\boldsymbol{0} \tag{5.51}$$

对模态向量矩阵进行简化得

$$\boldsymbol{\Phi}_N=\begin{bmatrix}\dfrac{\boldsymbol{\phi}^{(1)}}{M_{p1}^{1/2}} & \dfrac{\boldsymbol{\phi}^{(2)}}{M_{p2}^{1/2}} & \dfrac{\boldsymbol{\phi}^{(3)}}{M_{p3}^{1/2}} & \dfrac{\boldsymbol{\phi}^{(4)}}{M_{p4}^{1/2}}\end{bmatrix} \tag{5.52}$$

则

$$\ddot{\boldsymbol{q}}_N+\boldsymbol{\Lambda}\boldsymbol{q}_N=\boldsymbol{0} \tag{5.53}$$

式中 $\boldsymbol{\Lambda}$——薄膜结构的本征矩阵，$\boldsymbol{\Lambda}=\mathrm{diag}(\omega_1^2\quad\omega_2^2\quad\omega_3^2\quad\omega_4^2)$；

$\boldsymbol{q}_N$——薄膜结构的简正坐标列阵，$\boldsymbol{q}_N=\boldsymbol{\Phi}_N^{-1}\boldsymbol{q}$。

所包含的支撑框架解耦动力学方程为

$$\ddot{q}_{Ni}+\omega_i^2 q_{Ni}=0,i=1,2,3 \tag{5.54}$$

各方程的解是以 ω_i 为固有频率的 i 阶主振动，结合初始位移条件和初始速度条件

$$\boldsymbol{q}(0)=[A_1 \quad A_2 \quad A_3 \quad A_4]^{\mathrm{T}},\ddot{\boldsymbol{q}}(0)=[0 \quad 0 \quad 0 \quad 0]^{\mathrm{T}} \tag{5.55}$$

式中 $A_i(i=1,2,3,4)$——可伸展支撑杆内部和对接面处的初始位移函数，mm，其与 x 的取值有关并可唯一确定。

主坐标的初始条件

$$\boldsymbol{q}_p(0)=\boldsymbol{\Phi}^{-1}[A_1 \quad A_2 \quad A_3 \quad A_4]^{\mathrm{T}},\dot{\boldsymbol{q}}_p(0)=\boldsymbol{\Phi}^{-1}[0 \quad 0 \quad 0 \quad 0]^{\mathrm{T}} \tag{5.56}$$

方程组的解为

$$q_{pi}=q_{pi}(0)\cos(\omega_i t)+\frac{\dot{q}_{pi}(0)}{\omega_i}\sin(\omega_i t) \tag{5.57}$$

将初始位移条件和初始速度条件代入上式，并根据坐标变换 $\boldsymbol{q}=\boldsymbol{\Phi}\boldsymbol{q}_p$ 即可得到平面薄膜结构的振动函数。由于计算结果过于烦琐，受篇幅所限，本节只给出平面薄膜结构振动函数的求解方法，暂不给出具体结果。

同样，也可以从另一个角度对平面薄膜结构动力学特性进行分析。根据前面的分析可知，以支撑框架为边界的薄膜自由振动的函数表达式为

$$q_m(t)=A\cos(\omega_m t) \tag{5.58}$$

支撑框架可看作一个两自由度系统，薄膜在自由振动过程中，其阵面预应力的大小会发生相应的改变，又因为薄膜的四周与框架相连，所以支撑框架沿各模态坐标均受到同一频率和同一相位但不同振幅的薄膜激励力的激励，那么可将薄膜的自由振动看作支撑框架的激励源，即将其等效为支撑框架受简谐惯性力激励的受迫振动。由于薄膜的自由振动的主振动是以基频为频率做的振动，所以假设薄膜的振动是以基频的频率做的振动，忽略其他阶固有频率振动的影响。其简化后的力学模型和受力分析如图 5.36 所示。

根据以上受力分析，受薄膜振动激励的支撑框架的动力学方程可表示为

$$\boldsymbol{M}(\ddot{\boldsymbol{q}}_t+\ddot{\boldsymbol{q}}_m)+\boldsymbol{K}\boldsymbol{q}_t=\boldsymbol{0} \tag{5.59}$$

式中 $\boldsymbol{q}_t$——支撑框架的相对模态坐标；

$\boldsymbol{q}_m$——薄膜的模态坐标。

代入式(5.58)可得

$$\boldsymbol{M}\ddot{\boldsymbol{q}}_t+\boldsymbol{K}\boldsymbol{q}_t=\boldsymbol{M}\boldsymbol{A}\omega_m^2\cos(\omega_m t) \tag{5.60}$$

式中 $\boldsymbol{A}$——薄膜在支撑框架各模态坐标上的初始位移，mm，$\boldsymbol{A}=[A_1 \quad A_2]^{\mathrm{T}}$；

ω_m——薄膜自由振动固有频率，rad/s。

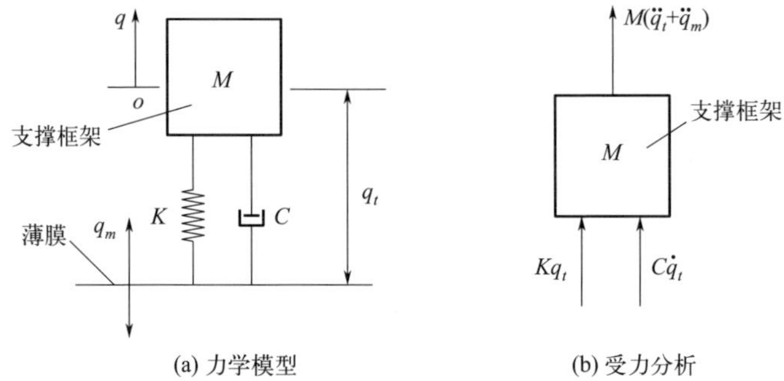

图 5.36 框架和薄膜的力学模型和受力分析

q_t—支撑框架的相对模态坐标；C—系统阻尼系数

由式(5.60)可以看出，支撑框架受到的薄膜激励力的幅值与薄膜振动频率的平方成正比。将上述动力学方程的模态坐标转化为主坐标，从而将其分解为各主坐标解耦的受迫振动，得到

$$\boldsymbol{M\Phi}\ddot{\boldsymbol{q}}_{tp}+\boldsymbol{K\Phi q}_{tp}=\boldsymbol{MA}\omega_m^2\cos(\omega_m t) \tag{5.61}$$

式中 $\boldsymbol{\Phi}$——支撑框架的模态向量矩阵，$\boldsymbol{\Phi}=[\boldsymbol{\phi}^{(1)}\quad \boldsymbol{\phi}^{(2)}]$。

将式(5.61)各项均左乘$\boldsymbol{\Phi}^{\mathrm{T}}$，再根据模态的正交性进行化简，得到

$$\boldsymbol{M}_p\ddot{\boldsymbol{q}}_{tp}+\boldsymbol{K}_p\boldsymbol{q}_{tp}=\boldsymbol{M}_p\boldsymbol{A}_p\omega_m^2\cos(\omega_m t) \tag{5.62}$$

式中 $\boldsymbol{A}_p$——支撑框架主坐标振幅阵列，$\boldsymbol{A}_p=\boldsymbol{\Phi}^{\mathrm{T}}\boldsymbol{A}=[A_{p1}\quad A_{p2}]^{\mathrm{T}}$。

上述方程可解耦为 n 个解耦的主受迫振动，再对各主受迫振动方程的两端同时除以 M_{pi} 得到

$$\ddot{q}_{tpi}+\omega_{ti}^2 q_{tpi}=A_{pi}\omega_m^2\cos(\omega_m t),i=1,2 \tag{5.63}$$

式中 ω_{ti}——支撑框架的第 i 阶无阻尼固有频率，rad/s，$\omega_{ti}=\sqrt{K_{pi}/M_{pi}}$。

方程的特解可表示为

$$q_{tpi}=Q_i\cos(\omega_m t) \tag{5.64}$$

将式(5.64)代入方程(同上)并引入量纲为 1 的在第 i 个主坐标上的激励频率 $s_i=\omega_m/\omega_{ti}$，可得各主坐标的稳态响应特解

$$q_{tpi}=R_i\cos(\omega_m t)=\frac{A_i s_i^2}{1-s_i^2}\cos(\omega_m t) \tag{5.65}$$

式中 R_i——支撑框架第 $i(i=1,2)$ 个主坐标的稳态响应的相对振幅，mm，$R_i=\beta_i A_i$；

β_i——第 $i(i=1,2)$ 个主坐标的振幅放大因子，$\beta_i=R_i/A_i$。

为了求解支撑框架对薄膜激励的响应，需将各主坐标的响应转化为原模态坐标，可导出

$$\boldsymbol{q}_t=\boldsymbol{\Phi}\boldsymbol{q}_{tp}=\sum_{i=1}^{2}\phi^{(i)}q_{tpi}=\sum_{i=1}^{2}\frac{s_i^2\boldsymbol{\phi}^{(i)}\boldsymbol{\phi}^{(i)\mathrm{T}}}{1-s_i^2}\boldsymbol{A}\cos(\omega_m t) \tag{5.66}$$

从而导出支撑框架受迫振动的幅频响应矩阵 $\boldsymbol{H}$ 的模态展开式

$$\boldsymbol{H}=\sum_{i=1}^{2}\frac{s_i^2\boldsymbol{\phi}^{(i)}\boldsymbol{\phi}^{(i)\mathrm{T}}}{1-s_i^2} \tag{5.67}$$

支撑框架受迫振动的幅频响应矩阵 $\boldsymbol{H}$ 的各元素 H_{ij} 表示薄膜单位振幅的自由振动作用在支撑框架的第 j 个模态坐标上时，在第 i 个模态坐标上所引起的受迫振动的振幅。

由于薄膜所需的预应力是由框架提供的，所以支撑框架的各子结构均受到横向载荷的作用，并沿各自轴向受压，考虑到作用在支撑框架上的横向载荷只影响支撑框架最终的振型曲线，但不影响框架振动的基频，因此仅对受压后的支撑框架各子结构的动力学特性进行研究。

由前面对支撑框架的动力学分析可知，可伸展支撑杆或者端杆受压后整个支撑框架的质量矩阵不变，但其刚度矩阵的变化与施加在薄膜上的预应力有关，具体可表示为

$$\boldsymbol{K}=\boldsymbol{\beta}^{\mathrm{T}}\widetilde{\boldsymbol{K}}\boldsymbol{\beta}=\frac{EI}{5k^4l^3(1+16F)}\begin{bmatrix}2k+1 & -3k-2\\ -3k-2 & 6k^2+22k+4\end{bmatrix} \tag{5.68}$$

式中　F——支撑框架为薄膜提供的预应力，MPa。

结合支撑框架的质量矩阵表达式可得出考虑薄膜预应力影响的框架的前二阶固有频率表达式

$$\begin{cases}\omega^{(1)}=\sqrt{\dfrac{1008EI(18k-\gamma+26k^2+62k^3+38k^5+112k^6+12k^7)}{\rho_t Sl^4k^2(1+16F)(3+152k^3+248k^5+304k^8)}}\\[2ex] \omega^{(2)}=\sqrt{\dfrac{1008EI(18k+\gamma+26k^2+62k^3+38k^5+112k^6+12k^7)}{\rho_t Sl^4k^2(1+16F)(3+152k^3+248k^5+304k^8)}}\end{cases} \tag{5.69}$$

式中　γ——含 k 表达式。

$$\gamma=(324k^2+882k^3+2785k^4+3188k^5+2476k^6-224k^7+4680k^8 \\ +4344k^9-44k^{10}+3040k^{11}+992k^{12}-960k^{13}+144k^{14})^{\frac{1}{2}}$$

根据式(5.69)以及薄膜基频表达式和耦合基频表达式，分析薄膜结构预应力对各基频的影响规律，并以此为基础来为确定薄膜结构发生耦合振动的临界条件提供依据，所绘制的各基频受薄膜预应力影响的曲线如图 5.37 所示。

由图 5.37 可以看出，考虑薄膜预应力对框架的影响后，框架基频会有所降低，但框架基频受薄膜预应力的影响较小；薄膜结构基频比预应力薄膜基频略小，但它

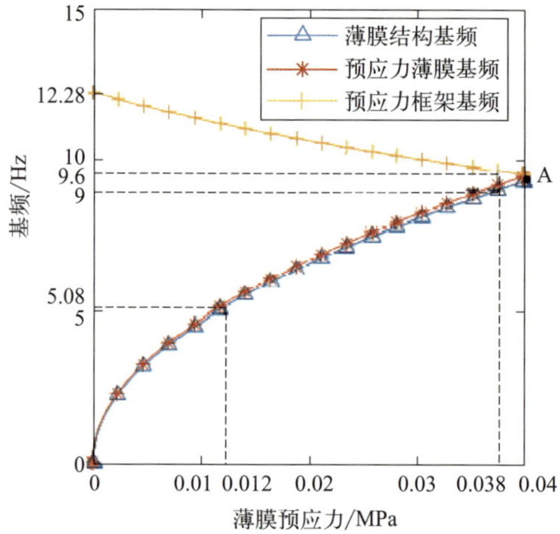

图 5.37　薄膜预应力对各基频的影响

们的基频受预应力影响的曲线基本重合，说明薄膜预应力始终都在影响薄膜结构振动，预应力框架基频随着薄膜预应力的增大而减小，而预应力薄膜基频和薄膜结构基频随着薄膜预应力的增大而增大；随着薄膜预应力增大，三条曲线逐渐相交于A点，A点所对应的薄膜预应力值就是薄膜结构发生耦合振动的临界条件，一般认为在A点附近上下相差约6%的范围内薄膜结构均会发生耦合振动。综上所述，当薄膜预应力增加到0.038MPa时，预应力框架的基频为9.6Hz，薄膜结构基频为9Hz，相差约6%，此时框架与薄膜开始发生耦合振动，薄膜结构的动力学特性由框架与薄膜共同影响；在此之前，薄膜结构的自由振动由薄膜主导。

5.4.2　平面薄膜结构耦合动力学特性仿真分析

为了验证前面所分析的平面薄膜结构耦合动力学特性，本节将利用有限元仿真软件ABAQUS对平面薄膜结构进行模态仿真分析，薄膜结构各项参数的具体数值如表5.6和表5.7所示。

表 5.6　框架参数表

参数	数值
端杆长度/mm	500
框架密度/(kg/m^3)	2700
长宽比	1
泊松比	0.35
弹性模量/MPa	70000
截面尺寸/(mm×mm)	20×5

表 5.7 薄膜参数表

参数	数值
薄膜厚度/mm	0.05
薄膜密度/(kg/m^3)	1420
长宽比	1
弹性模量/MPa	3000
薄膜预应力/MPa	0.012
薄膜边长/mm	500

为了验证薄膜与框架发生耦合的条件，下面将利用 ABAQUS 进行有限元仿真，分别在 Lode 模块设置不同的薄膜预应力对薄膜结构进行模态仿真分析，观察其一阶振型情况，模态分析结果如表 5.8 所示。

表 5.8 不同薄膜预应力下薄膜结构的一阶振型

薄膜预应力/MPa	仿真结果基频/Hz	理论基频/Hz	一阶振型
0.012	5.11	5.08	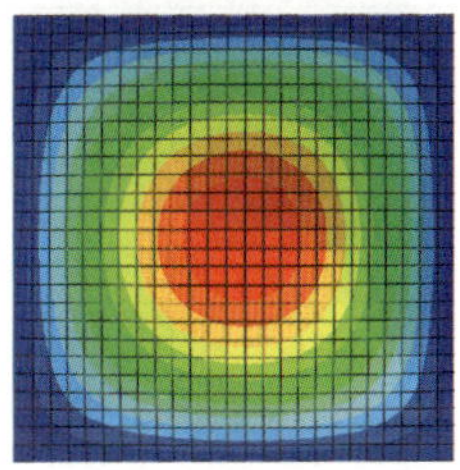
0.028	7.82	7.77	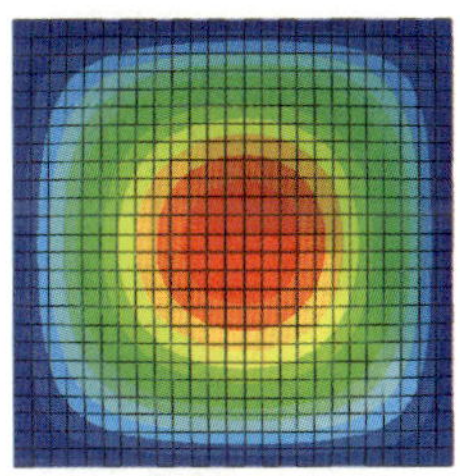
0.038	9.11	9.05	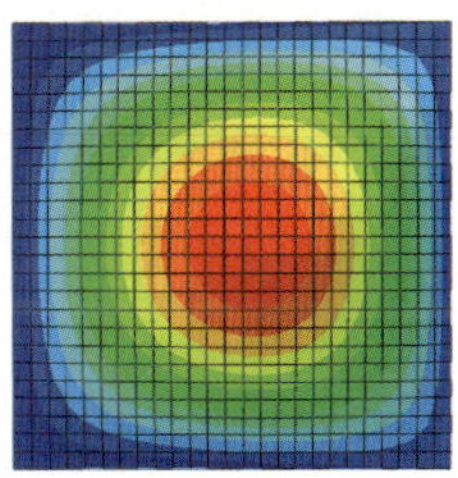

续表

薄膜预应力/MPa	仿真结果基频/Hz	理论基频/Hz	一阶振型
0.05	10.45	10.38	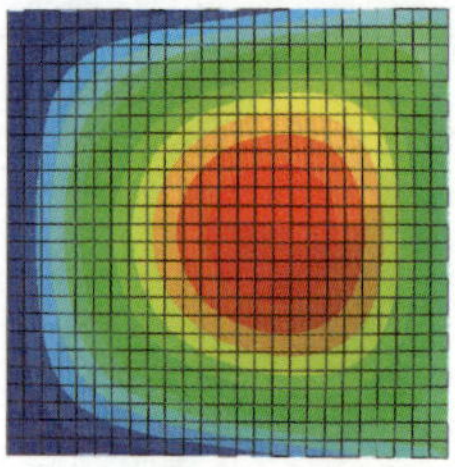
0.1	14.72	14.68	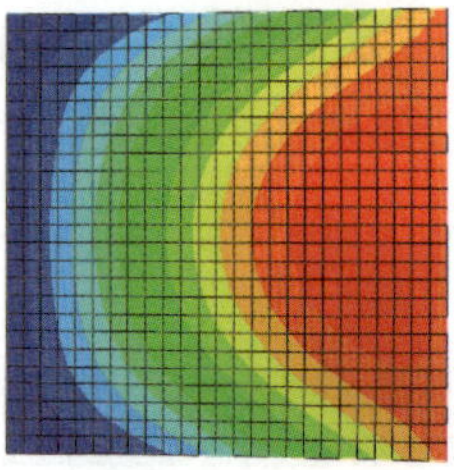
0.15	18.05	17.98	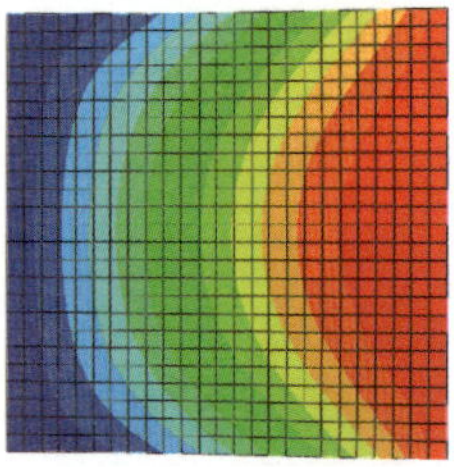

由以上模态分析结果可以看出，当薄膜预应力减小到 0.038MPa 时，薄膜结构振型由薄膜来主导，框架对其几乎没什么影响；当薄膜预应力增大到 0.038MPa 时，薄膜结构振型开始发生变化，可以发现薄膜边缘与框架相连处发生了轻微的振型的变化，说明薄膜与框架开始一同振动，即发生了薄膜与框架的耦合振动现象[10]，并且随着薄膜预应力的不断增大，耦合振动也越明显，这也说明了薄膜结构发生耦合振动的临界条件是将薄膜预应力增大到 0.038MPa。当薄膜预应力小于临界值时，薄膜结构的振动由薄膜来主导，框架对其影响不大；当薄膜预应力大于临界值时，薄膜与框架发生耦合振动，薄膜结构的振动特性由薄膜与框架共同影响。仿真结果中各预应力工况下的基频值与理论值的相对误差均不超过 1%，符合前面的理论分析。

前面研究了薄膜预应力的变化对薄膜结构一阶振型的影响，但要想研究预应力对薄膜结构振动特性的具体影响，还要了解除一阶振型之外的振型的变化情况。

下面分别对薄膜预应力为 0.01MPa、0.1MPa、1MPa、2MPa 和 4.5MPa 工况下的薄膜结构进行模态仿真分析，分别提取其前四阶振型，仿真结果如表 5.9 所示。

表 5.9　薄膜结构不同预应力工况下的前四阶振型

预应力/MPa	一阶振型	二阶振型	三阶振型	四阶振型
0.01	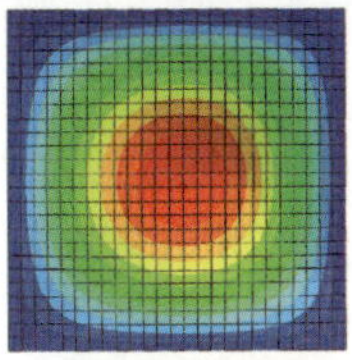	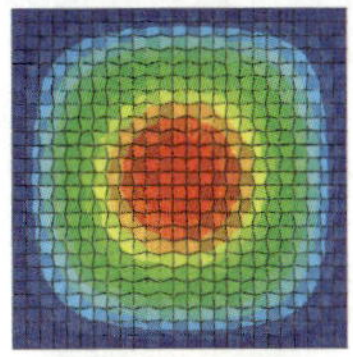	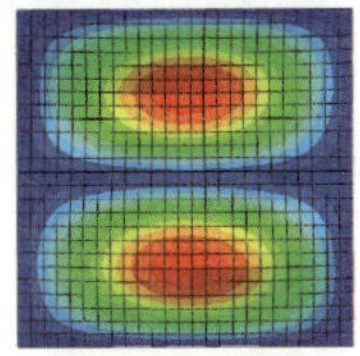	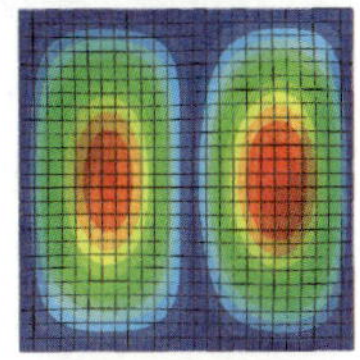
0.1	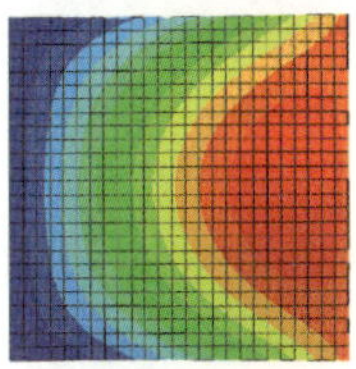	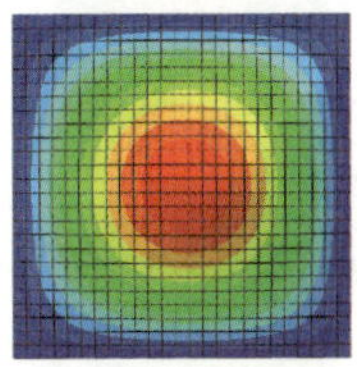		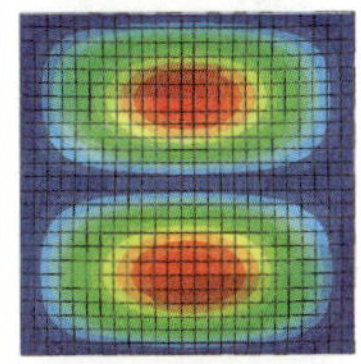
1	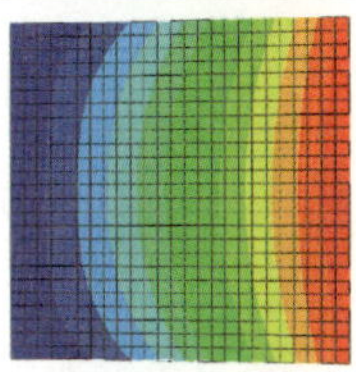	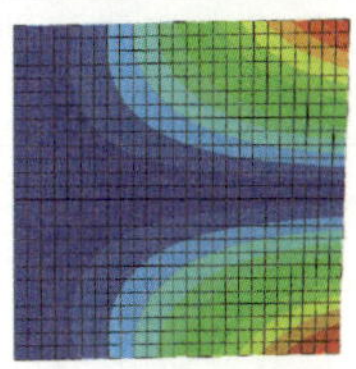	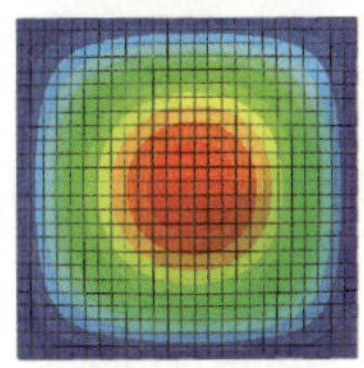	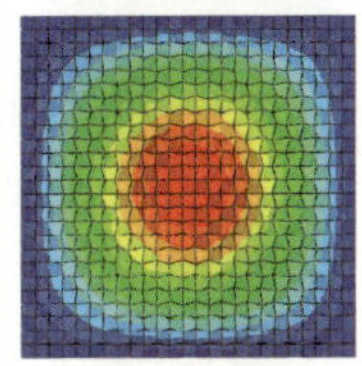
2	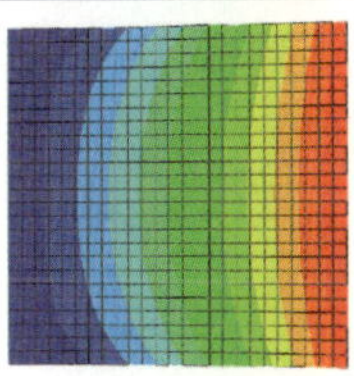	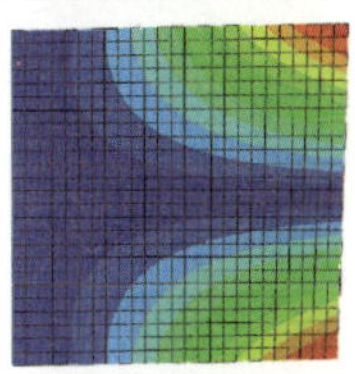	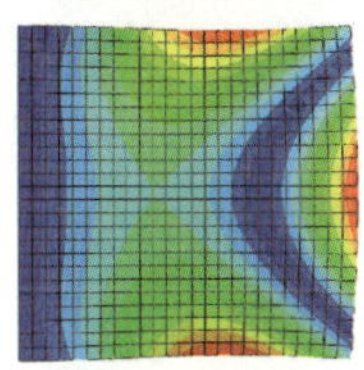	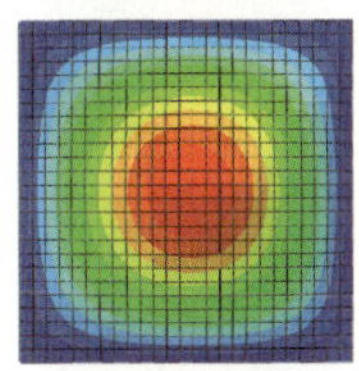
4.5	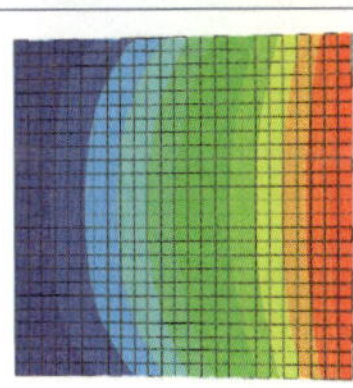	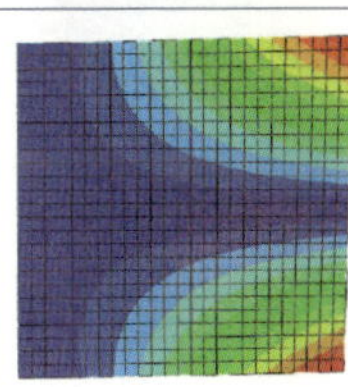	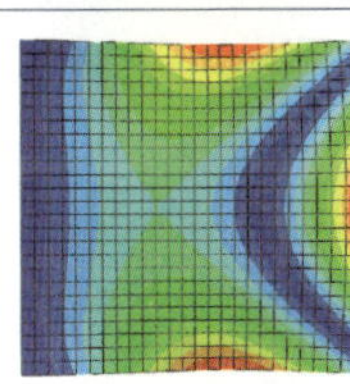	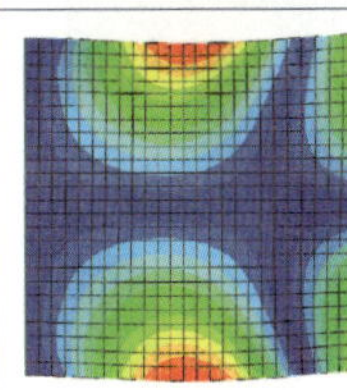

由仿真结果可以看出，当薄膜预应力为 0.01MPa 时，薄膜结构前四阶振型均未体现出耦合振动现象；当薄膜预应力为 0.1MPa 时，一阶振型发生耦合振动，其余振型顺序后移；当薄膜预应力为 1MPa 时，前两阶振型发生耦合振动，其余振型顺序后移；当薄膜预应力为 2MPa 时，前三阶振型发生耦合振动，其余振型顺序后移；当薄膜预应力为 4.5MPa 时，前四阶振型发生耦合振动，其余振型顺序后移。可见，随着薄膜预应力的增大，薄膜与框架发生耦合振动的阶数也随之增多并且出现振型顺序后移的现象。

参考文献

[1] 李冰岩．张拉薄膜结构力学特性分析及三棱柱式薄膜支撑臂设计[D]. 哈尔滨：哈尔滨工业大学，2021.

[2] Minami H. Added mass of a membrane vibrating at finite amplitude [J]. Journal of Fluids Structures，1998，12(7)：919-932.

[3] 王靖义．薄膜结构基于附加质量的振动特性分析 [D]. 哈尔滨：哈尔滨工业大学，2022.

[4] Yang S，Sultan C. Deployment of foldable tensegrity-membrane systems via transition between tensegrity configurations and tensegrity-membrane configurations [J]. International Journal of Solids and Structures，2019，160：103-119.

[5] Yang S，Sultan C. Modeling of tensegrity-membrane systems [J]. International Journal of Solids and Structures，2016，82：125-143.

[6] 赵将，刘铖，田强，等．黏弹性薄膜太阳帆自旋展开动力学分析 [J]. 力学学报，2013，45(05)：746-754.

[7] 罗婕，邱慧，从强，等．薄膜天线结构在真空中的模态测试方法 [J]. 振动、测试与诊断，2021，41(02)：334-340，414.

[8] 郑志刚．空间薄膜结构自由振动非线性效应研究 [D]. 哈尔滨：哈尔滨工业大学，2019.

[9] 陆一凡．压电层合薄膜反射镜面型主动控制研究 [D]. 哈尔滨：哈尔滨工业大学，2018.

[10] 张月，从强，刘荣强，等．平面薄膜结构耦合动力学特性研究与无量纲分析 [J]. 振动工程学报，2022，35(02)：495-502.

第 6 章

薄膜褶皱解析模型的建立及验证

6.1 概述

随着空间薄膜结构的不断发展和对其逐渐深入的研究,发现薄膜褶皱是空间薄膜结构不可避免的问题,并会对结构本身及性能指标产生许多不利的影响,比如降低表面精度进而影响反光率,或影响应力分布甚至对薄膜造成塑性损伤[1-6]。虽然通过有限元的方法可以模拟薄膜褶皱的产生,但非线性屈曲分析方法易不收敛,且计算量较大,影响结果因素较多,因此需要一种薄膜褶皱的解析解法,以揭示设计参数对褶皱的影响规律,且节省计算的时间和成本,能根据任务中型面精度的要求完成褶皱计算及参数设计[6]。

本章首先建立应力场模型来分析张力在薄膜内的应力分布,基于楔形应力场模型,充分考虑三角形边界对应力弧的影响,旨在建立更加合理和准确的分段应力场模型。随后,将所提出的分段应力场应用于建立褶皱解析模型,推导了褶皱半径区域、褶皱条数及褶皱幅值等参数,并分析了对褶皱参数影响的规律,进而建立了三角形薄膜褶皱解析模型。最后,通过有限元和非接触测量的方法研究了三角形和方形薄膜的褶皱,并与理论方法的结果进行褶皱形态及评价指标方面的对比,验证了基于分段应力场的薄膜褶皱解析模型的可行性和准确性。

6.2 应力场模型建立

6.2.1 楔形应力场

如图 6.1 所示,对张力(拉力)T 作用下的楔形进行应力分析,并假设应力在半无限大平面进行传递。以楔形的顶点及张力的作用点 O 为极点,楔形中心线及张力作用线 OX 为极轴,建立了如图所示的极坐标系 $O(r,\theta)$,其中 σ_r 和 σ_θ 分别代表楔形中任意点 A 处的径向应力和环向应力,且将楔形边界 OB 与中心线 OX 之间的夹角定义为半角 α,用于定义楔形范围的大小。

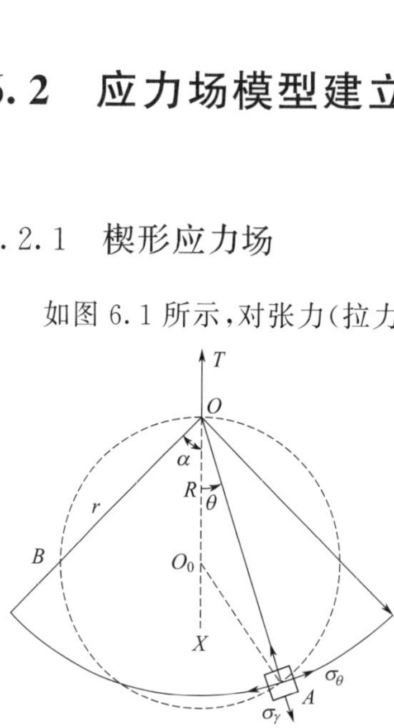

图 6.1 楔形应力场及极坐标系

结合几何关系以及单向受力虎克定律,σ_r 可表示为

$$\sigma_r = \sigma_0 \cos\theta \tag{6.1}$$

式中 σ_0——中心线 OX 上的法向应力，可通过平衡方程 $\sum F_X = 0$ 求解，即

$$T = 2\int_0^{\alpha} \sigma_r tr\cos\theta \mathrm{d}\theta = 2tr\int_0^{\alpha} \sigma_0 \cos^2\theta \mathrm{d}\theta = 2tr\sigma_0 \left[\frac{1}{2}\alpha + \frac{1}{4}\sin(2\alpha)\right] \tag{6.2}$$

式中 t——薄膜厚度。

对式(6.2)进行求解，可得 σ_0 表达式如下

$$\sigma_0 = \frac{2T}{tr[2\alpha + \sin(2\alpha)]} \tag{6.3}$$

将式(6.1)代入式(6.3)，进而 σ_r 可表示为

$$\sigma_r = \frac{2T\cos\theta}{tr[2\alpha + \sin(2\alpha)]} \tag{6.4}$$

对于三角形薄膜，$2\alpha = \pi/3$，且 $r = 2R\cos\theta$，如图 6.1 所示，其中 R 代表通过点 A 和点 O 的圆的半径，其圆心 O_0 位于中心线 OX 上。因此，式(6.4)可以整理为

$$\sigma_r = \frac{T}{tR(\pi/3 + \sqrt{3}/2)} \tag{6.5}$$

由式(6.5)可知，具有相同半径 R 值的点，即所有位于 O_0 上的点，具有等值的径向应力 σ_r。这说明楔形应力场是以 O_0 为圆心、R 为半径，且经过张力施加点 O 的圆，如图 6.1 中虚线所示。

6.2.2 分段应力场

基于 6.2.1 节中建立的楔形应力场，进行进一步的完善和优化，推导出三角形薄膜在角点张力作用下更加准确的分段形式的应力场表达式。以三角形 $O_1O_2O_3$ 在角点张力 T 作用下的角 O_1 为例绘制应力弧，如图 6.2 所示，随着应力圆半径

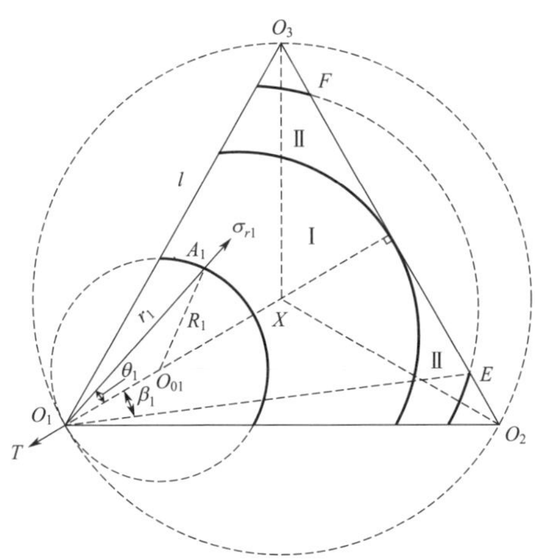

图 6.2 分段应力场

R_1 的增大，三角形薄膜的应力弧将会受到边 O_2O_3 的影响并被分割成若干段，图中点 E 和 F 代表此时应力弧与边 O_2O_3 的两个交点，因此将三角形划分为区域Ⅰ和区域Ⅱ，其中区域Ⅰ内的应力弧为完整的一段；而当超出区域Ⅰ，应力弧会被三角形的边 O_2O_3 分割成三段，其中虚线所示的那段应力弧 EF 不在三角形薄膜范围内，因而计算平衡方程式时只需考虑区域Ⅱ内的两段圆弧，导致其应力表达式成为一个分段函数，如式(6.6)所示，故其临界条件为应力弧与边 O_2O_3 相切，此时 $2R_1=\frac{\sqrt{3}}{2}l$。

当任意点 A_1 位于区域Ⅰ时，即 $2R_1<\frac{\sqrt{3}}{2}l$ 时，这种情况下的应力表达式与楔形应力场的表达式相同；然而，当任意点 A_1 位于区域Ⅱ时，即$\frac{\sqrt{3}}{2}l\leqslant 2R_1\leqslant\frac{2\sqrt{3}}{3}l$ 时，分段应力场的第二段表达式中考虑了三角形边 O_2O_3 的影响。如图 6.2 所示，区域Ⅱ的面积占了整个三角形面积的 36%，所以分段应力场相较于楔形应力场而言，提高了三角形中 36% 占比区域内应力表达式的准确性，因而三角形边界对薄膜中应力传递和分布的影响是不可忽略的，也说明了分段应力场更加准确。

$$\sigma_{r1}=\begin{cases}\dfrac{T}{tR_1(\pi/3+\sqrt{3}/2)}, & R_1\in\left(0,\dfrac{\sqrt{3}}{4}l\right)\\[2ex] \dfrac{T}{tR_1[\pi/3+\sqrt{3}/2-2\beta_1-\sin(2\beta_1)]}, & R_1\in\left[\dfrac{\sqrt{3}}{4}l,\dfrac{\sqrt{3}}{3}l\right]\end{cases} \tag{6.6}$$

式中 β_1——O_1X 与 O_1E 之间夹角，且 $\beta_1=\frac{1}{2}\arccos\frac{\frac{\sqrt{3}}{2}l-R_1}{R_1}$。

结合 R_1 和 r_1 之间的关系，可以发现，应力 σ_{r1} 是关于变量 r_1 和 θ_1 的函数，此二者为用于描述点 A_1 位置的极坐标系中的极径和极角。换言之，当给定几何参数，即三角形薄膜的边长 l 和薄膜厚度 t，三角形薄膜中某一点 A 处的应力 σ_r 仅与角点张力 T 及该点极坐标(r,θ)有关。

6.3 基于分段应力场的薄膜褶皱解析模型建立

6.3.1 角点褶皱解析模型

将 6.2.2 节中提出的分段应力场用于建立褶皱解析模型，进而对角点张力作用下的三角形薄膜进行褶皱分析。为了更好地解释解析模型建立的过程，首先选择角点张力作用下三角形薄膜的一个角进行分析，如图 6.3 所示，建立角点褶皱模型，即极坐标系 $O(r,\theta)$ 中，任一点的面外位移（变形）w_z 可以描述为

$$w_z = A\sin\left(\frac{r}{R_w}\pi\right)\cos\left(\frac{m\theta}{2\alpha}\pi\right) \tag{6.7}$$

式中　A——褶皱幅值；

R_w——褶皱区域半径；

m——表示半波的数量，定义为褶皱条数。

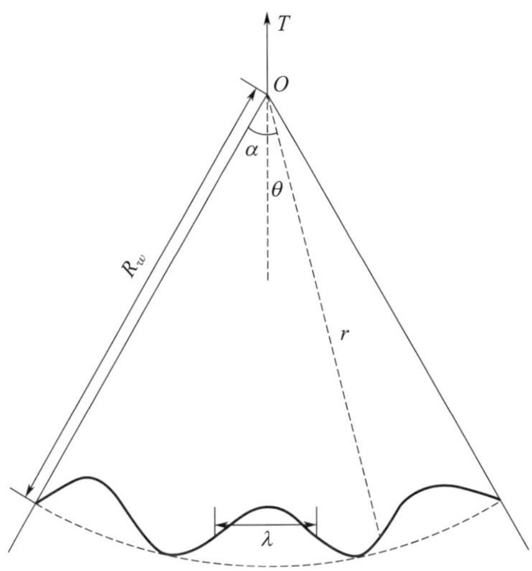

图 6.3　角点褶皱模型

对于三角形薄膜，半角 α 存在关系 $2\alpha=\pi/3$，所以式(6.7)可以改写为

$$w_z = A\sin\left(\frac{r}{R_w}\pi\right)\cos(3m\theta) \tag{6.8}$$

式(6.8)表明，为了完成角点褶皱模型的建立，需要先推导出褶皱幅值 A、褶皱区域半径 R_w 和褶皱条数 m 等参数。而对于褶皱条数，图 6.3 中的半波长 λ 可表示为

$$\lambda = \frac{2\alpha}{m}r \tag{6.9}$$

(1)褶皱区域半径

正如分段应力场中按照应力的表达式将三角形薄膜划分为了区域Ⅰ和区域Ⅱ，但在计算褶皱区域半径过程中，可以发现区域Ⅱ不满足褶皱产生的条件，详细计算过程不再赘述，本小节只给出了区域Ⅰ中褶皱区域半径的计算过程。对应于

区域Ⅰ的应力表达式为 $\sigma_r=\dfrac{T}{tR_1\left(\dfrac{\pi}{3}+\dfrac{\sqrt{3}}{2}\right)}$，$R_1\in\left(0,\dfrac{\sqrt{3}}{4}l\right)$，并将其应用于推导褶皱区域半径 R_w。首先，假设薄膜是线性弹性的，所以径向应变 ε_r 可以表示为

$$\varepsilon_r=\frac{\sigma_r}{E} \tag{6.10}$$

式中 E——薄膜的弹性模量。

径向位移 u 可由径向应变积分求得，即

$$u=\int\varepsilon_r\mathrm{d}r+c \tag{6.11}$$

式中 c——积分常量。

将式(6.10)及区域Ⅰ的径向应力表达式代入式(6.11)，径向位移 u 的表达式可整理为 $u=\dfrac{2T\cos\theta}{Et\left(\dfrac{\pi}{3}+\dfrac{\sqrt{3}}{2}\right)}\ln r+c$，所以径向位移 u 的最终表达式为

$$u=\frac{2T}{Et\left(\frac{\pi}{3}+\frac{\sqrt{3}}{2}\right)}\left(\cos\theta\ln r-\frac{\sqrt{3}}{2}\ln r_c\right) \tag{6.12}$$

由张力产生的环向应变 ε_{θ_g} 超过材料本身的环向应变 ε_{θ_m}，被认为是薄膜产生褶皱的判别条件。两种环向应变的表达式分别为

$$\begin{cases}\varepsilon_{\theta_g}=u/r\\ \varepsilon_{\theta_m}=-\nu\varepsilon_r\end{cases} \tag{6.13}$$

结合式(6.10)、式(6.12)及式(6.13)，可以得到

$$-\frac{1}{r}\times\frac{2T}{Et\left(\frac{\pi}{3}+\frac{\sqrt{3}}{2}\right)}\left(\cos\theta\ln r-\frac{\sqrt{3}}{2}\ln r_c\right)\geqslant\nu\frac{2T\cos\theta}{Etr\left(\frac{\pi}{3}+\frac{\sqrt{3}}{2}\right)} \tag{6.14}$$

由于 $\theta\in[0,\pi/6]$，进而可以求得满足式(6.14)的最大极径 $r_{\max}$ 为

$$r_{\max}=\mathrm{e}^{-\nu}r_c \tag{6.15}$$

如图 6.3 所示，满足褶皱存在条件的最大极径 $r_{\max}$ 即为褶皱的区域半径 R_w，所以 $R_w=r_{\max}=\mathrm{e}^{-\nu}l/2$。

(2)褶皱条数

如图 6.4 单条褶皱曲率模型所示，最大幅值在点$(R_w/2,0)$处获得，且薄膜的面外平衡关系应满足

$$\sigma_r\kappa_r+\sigma_\theta\kappa_\theta=0 \tag{6.16}$$

式中　κ_r——径向曲率；

κ_θ——环向曲率。

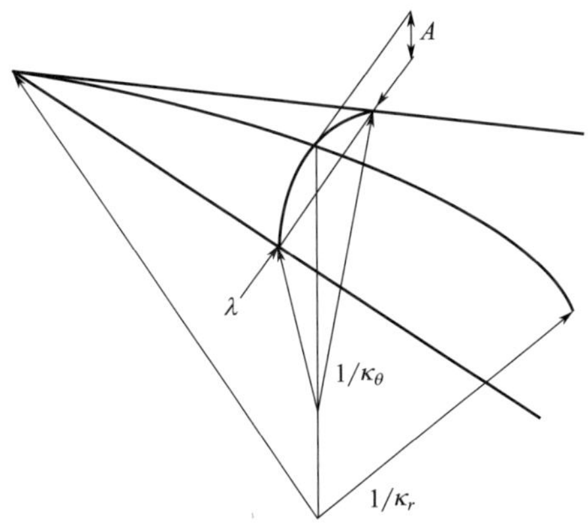

图 6.4　单条褶皱曲率模型

褶皱的径向曲率 κ_r 和环向曲率 κ_θ 与面外位移 w_z 之间的关系为

$$\begin{cases}\kappa_r=-\dfrac{\partial^2 w_z}{\partial r^2}=\dfrac{A\pi^2}{R_w^2}\sin\left(\dfrac{r}{R_w}\pi\right)\cos(3m\theta)\\ \kappa_\theta=-\dfrac{1}{r^2}\times\dfrac{\partial^2 w_z}{\partial\theta^2}=\dfrac{9Am^2}{r^2}\sin\left(\dfrac{r}{R_w}\pi\right)\cos(3m\theta)\end{cases}\tag{6.17}$$

取特殊点$(R_w/2,0)$代入式(6.17)可得到化简后的径向曲率 κ_r 和环向曲率 κ_θ；而环向应力 σ_θ 与由欧拉公式计算的临界压缩应力 σ_{cr} 相等，即 $\sigma_\theta=\sigma_{cr}=-\dfrac{\pi^2}{\lambda^2}\times\dfrac{Et^2}{12(1-\nu^2)}$；而特殊点处的径向应力为 $\sigma_r=\left.\dfrac{2T\cos\theta}{tr\left(\dfrac{\pi}{3}+\dfrac{\sqrt{3}}{2}\right)}\right|_{r=R_w/2,\theta=0}=\dfrac{4T}{tR_w\left(\dfrac{\pi}{3}+\dfrac{\sqrt{3}}{2}\right)}$。

综上，式(6.16)可整理为

$$\begin{cases}\dfrac{4T}{tR_w\left(\dfrac{\pi}{3}+\dfrac{\sqrt{3}}{2}\right)}\times\dfrac{A\pi^2}{R_w^2}-\dfrac{\pi^2}{\lambda^2}\times\dfrac{Et^2}{12(1-\nu^2)}\times\dfrac{36Am^2}{R_w^2}=0\\ \lambda=\left.\dfrac{2\alpha}{m}r\right|_{r=R_w/2,2\alpha=\pi/3}=\dfrac{\pi}{6m}R_w\end{cases}\tag{6.18}$$

将式(6.18)进行整理，可推导出褶皱条数 m 的表达式为

$$m=\left[\frac{T(1-\nu^2)R_w\pi^2}{27Et^3\left(\frac{\pi}{3}+\frac{\sqrt{3}}{2}\right)}\right]^{\frac{1}{4}} \tag{6.19}$$

(3)褶皱幅值

正如前面所提到的褶皱判别条件，当薄膜产生褶皱时，将会产生褶皱环向应变 $\varepsilon_{\theta_{wrin}}$，以补充材料本身的环向应变 ε_{θ_m}，进而与张力产生的环向应变 ε_{θ_g} 匹配，如下式所示

$$\varepsilon_{\theta_g}=\varepsilon_{\theta_m}+\varepsilon_{\theta_{wrin}} \tag{6.20}$$

而褶皱环向应变与点($R_w/2$,0)处的最大幅值相关，故其表达式为

$$\begin{cases}\varepsilon_{\theta_{wrin}}=-\dfrac{\pi^2A^2}{4\lambda^2}\\[2ex]\lambda=\dfrac{\pi}{6m}R_w\end{cases} \tag{6.21}$$

结合式(6.21)及式(6.14)，式(6.20)可整理为

$$\frac{1}{r}\times\frac{2T}{Et\left(\frac{\pi}{3}+\frac{\sqrt{3}}{2}\right)}\left(\cos\theta\ln r-\frac{\sqrt{3}}{2}\ln r_c\right)=-\nu\frac{2T\cos\theta}{Etr\left(\frac{\pi}{3}+\frac{\sqrt{3}}{2}\right)}-\frac{\pi^2A^2}{4\lambda^2} \tag{6.22}$$

进而经过整理求解得到褶皱幅值 A 的表达式如下

$$A=\frac{2\lambda}{\pi}\sqrt{\frac{2T}{Etr\left(\frac{\pi}{3}+\frac{\sqrt{3}}{2}\right)}\left[\frac{\sqrt{3}}{2}\ln r_c-\cos\theta\ln(e^{\nu}r)\right]} \tag{6.23}$$

综上，将前面推导的褶皱区域半径 R_w、褶皱条数 m 及褶皱幅值 A 的表达式，即式(6.15)、式(6.19)及式(6.23)，依次代入式(6.8)中，得到角点褶皱解析模型的最终表达式如下

$$\begin{cases}w_z=A\sin\left(\dfrac{r}{R_w}\pi\right)\cos(3m\theta)\\[2ex]R_w=e^{-\nu}l/2\\[2ex]m=\left[\dfrac{T(1-\nu^2)R_w\pi^2}{27Et^3\left(\frac{\pi}{3}+\frac{\sqrt{3}}{2}\right)}\right]^{\frac{1}{4}}\\[2ex]A=\dfrac{2\lambda}{\pi}\sqrt{\dfrac{2T}{Etr\left(\frac{\pi}{3}+\frac{\sqrt{3}}{2}\right)}\left[\dfrac{\sqrt{3}}{2}\ln r_c-\cos\theta\ln(e^{\nu}r)\right]}\end{cases} \tag{6.24}$$

6.3.2 参数影响规律研究

由角点褶皱解析模型式(6.24)可知，在给定薄膜边长 l 及材料参数的前提下，如表 6.1 所示，薄膜的面外位移 w_z 及包括褶皱条数 m 和褶皱幅值 A 在内的相关参数，都只与张力 T 和薄膜厚度 t 相关。因此，为了进行对褶皱参数影响规律的研究并揭示相关参数对褶皱的影响规律，绘制了图 6.5 所示的张力及薄膜厚度对褶皱条数影响的曲面，并推导了式(6.25)来分析张力及薄膜厚度对褶皱幅值的影响。

表 6.1 几何及材料参数

边长/mm	密度/(kg/m³)	弹性模量/GPa	泊松比
$l=500$	$\rho=1420$	$E=2.5$	$\nu=0.34$

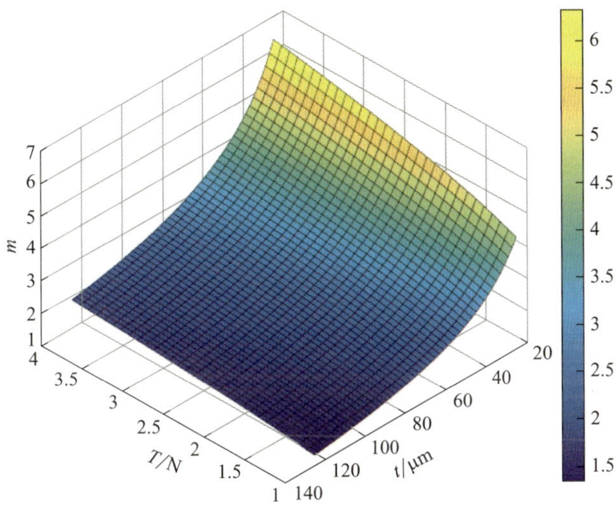

图 6.5 张力及薄膜厚度对褶皱条数影响的曲面

图 6.5 展示了当其他变量固定，依次分析拉力 T 和薄膜厚度 t 对褶皱条数 m 的影响规律。首先，分别计算薄膜厚度 t 为 25μm、50μm、100μm 和 125μm 情况下，不同角点张力 T 值时的褶皱条数 m。根据张力场理论可知，薄膜存在松弛、褶皱和张紧三种状态。根据前面推导的应力场可知，角点区域由于应力传递的规律，主要为一个跟角点张力方向相同的应力场，呈现为褶皱状态。而本节分析的为角点张力对褶皱条数的影响规律，所涉及的张力取值范围不至于使张力过大造成薄膜撕裂，所以在产生褶皱的前提条件下，角点张力 T 越大，褶皱条数 m 越大。进而，分析了在 1N、2N、3N 和 4N 等角点张力作用下，薄膜厚度 t 对褶皱条数 m 的影响规律，如图中曲面所示，总结出的影响规律为薄膜厚度 t 越小，褶皱条数 m 越大。

而为了分析相关参数对褶皱幅值 A 的影响规律，将式(6.23)进行整理，得到如下形式

$$A=\frac{t^{\frac{1}{4}}T^{\frac{1}{4}}R_w^{\frac{3}{4}}}{\left[3(1-\nu^2)\pi^2E\left(\frac{\pi}{3}+\frac{\sqrt{3}}{2}\right)\right]^{\frac{1}{4}}}\sqrt{\frac{1}{r}[\sqrt{3}\ln r_c-2\cos\theta\ln(\mathrm{e}^{\nu}r)]} \tag{6.25}$$

从整理后的式(6.25)，即关于张力和薄膜厚度的褶皱幅值表达式 $A(T,t)$ 中可以发现，当 (r,θ) 给定，褶皱幅值 A 是一个关于张力 T 和薄膜厚度 t 的单调增函数，即对于一个楔形范围内的给定点，褶皱幅值 A 会随着张力 T 的增大而增大，也会随着薄膜厚度 t 的增大而增大。

对于面外位移 w_z，由于其表达式中存在余弦函数，不具有单调性，如式(6.8)所示，因此将在后面的章节中通过均方根 RMS(root mean square)来分析相关参数对整个薄膜面外位移的影响规律。

6.3.3 三角形薄膜褶皱解析模型建立

在本节中，将前述研究的角点褶皱解析模型扩展到三角形薄膜中，以提供评估薄膜型面精度的理论分析方法。如图 6.6 所示，建立了分别以三角形三个角点为极点的极坐标系 $O_1(r_1,\theta_1)$、$O_2(r_2,\theta_2)$ 和 $O_3(r_3,\theta_3)$ 及以角点 O_1 为坐标原点的直角坐标系 xOy。以三角形薄膜中的任意点 A 为例来说明极坐标系 $O_1(r_1,\theta_1)$ 和直角坐标系 xOy 之间的坐标变换过程，如下所示

$$\begin{cases}x=r_1\cos\theta_1\\y=r_1\sin\theta_1\end{cases} \tag{6.26}$$

相应地，角点 2 和角点 3 在此直角坐标系内的坐标值分别为 $\left(\frac{\sqrt{3}}{2}l,-\frac{1}{2}l\right)$ 及 $\left(\frac{\sqrt{3}}{2}l,\frac{1}{2}l\right)$，进而根据几何关系和坐标变换公式可以推导出点 A 在极坐标系 O_2 和 O_3 内的坐标值 (r_2,θ_2) 和 (r_3,θ_3) 分别为

$$\begin{cases}r_2=\sqrt{\left(x-\frac{\sqrt{3}}{2}l\right)^2+\left(y+\frac{\sqrt{3}}{2}l\right)^2}\\\theta_2=\frac{\pi}{6}-\arctan\left[\left(\frac{\sqrt{3}}{2}l-x\right)\Big/\left(y+\frac{\sqrt{3}}{2}l\right)\right]\\r_3=\sqrt{\left(x-\frac{\sqrt{3}}{2}l\right)^2+\left(y-\frac{\sqrt{3}}{2}l\right)^2}\\\theta_3=\arctan\left[\left(\frac{\sqrt{3}}{2}l-x\right)\Big/\left(\frac{\sqrt{3}}{2}l-y\right)\right]-\frac{\pi}{6}\end{cases} \tag{6.27}$$

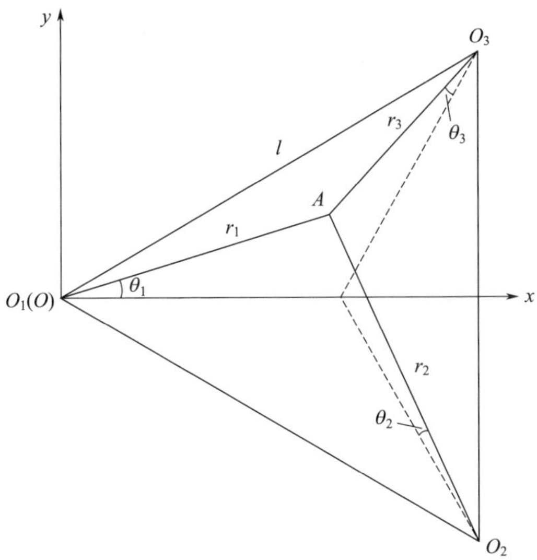

图 6.6　坐标变换

因此，当给定点 A 在极坐标系 $O_1(r_1,\theta_1)$ 中的坐标值时，可以通过直角坐标系 xOy 计算出其在极坐标系 $O_2(r_2,\theta_2)$ 和 $O_3(r_3,\theta_3)$ 中的坐标值，进而可以根据角点褶皱解析模型推导角点 O_2 和 O_3 处施加的张力产生的面外位移，并建立角点张拉三角形褶皱模型。如图 6.7 所示，定义张力 $T_i(i=1,2,3)$ 依次作用于角点 O_i $(i=1,2,3)$，所以基于式(6.19)可以推导出三角形各角点处的褶皱条数 $m_i(i=1,2,3)$ 如下：

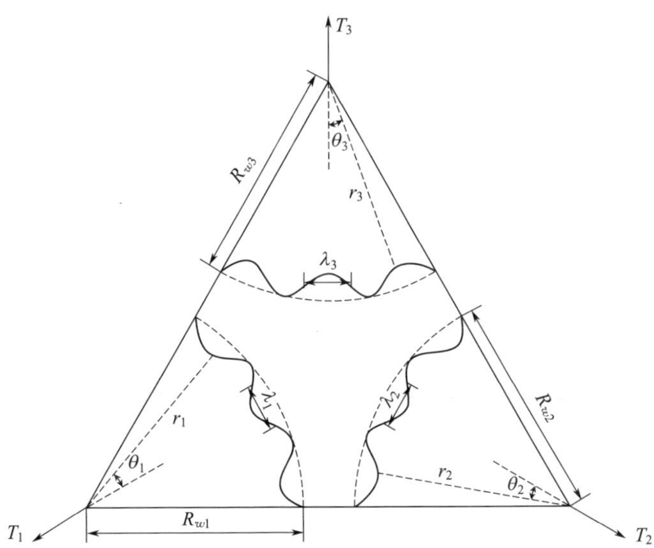

图 6.7　角点张拉三角形褶皱模型

$$m_i=\left[\frac{T_i(1-\nu^2)R_{wi}\pi^2}{27Et^3\left(\frac{\pi}{3}+\frac{\sqrt{3}}{2}\right)}\right]^{\frac{1}{4}} \tag{6.28}$$

同理，定义角点张力 $T_i(i=1,2,3)$ 作用下，三角形薄膜各角点处的褶皱半波长为 $\lambda_i(i=1,2,3)$，最大褶皱幅值为 $A_i(i=1,2,3)$，根据式(6.23)可以得到其表达式为

$$\begin{cases}A_i=\dfrac{2\lambda_i}{\pi}\sqrt{\dfrac{2T_i}{Etr_i\left(\frac{\pi}{3}+\frac{\sqrt{3}}{2}\right)}\left[\dfrac{\sqrt{3}}{2}\ln r_c-\cos\theta_i\ln(e^{\nu}r_i)\right]}\\ \lambda_i=\dfrac{\pi}{6m_i}R_{wi}\end{cases} \tag{6.29}$$

综上，角点张力作用下的三角形薄膜的褶皱解析模型可以表示为

$$\begin{cases}w_z=\sum\limits_{i=1}^{3}w_i\\ w_i=A_i\sin\left(\dfrac{r_i}{R_{wi}}\pi\right)\cos(3m_i\theta_i)\end{cases} \tag{6.30}$$

6.4 三角形薄膜褶皱仿真分析

6.4.1 三角形薄膜褶皱数值分析

薄膜褶皱的数值仿真分析通常采用非线性屈曲分析来实现褶皱的模拟。在数值分析过程中，首先要进行特征值屈曲分析以获得前几阶的屈曲模态[7]，并将其作为后屈曲分析中的初始缺陷以诱发褶皱的形成，进而完成褶皱的数值分析，获得面外位移云图。三角形薄膜褶皱解析模型曲面算例如图 6.8 所示。考虑到仿真计算的收敛性，将三角形的三个角 O_1、O_2 和 O_3 分别裁掉 10mm 宽，并施加均布的边界载荷，如图 6.9 所示，且距离边线 50mm 处提取截面 $D—D$ 用于后续结果对比分析。

此外，其他的几何及材料参数都与前文中所提到的一致，详见表 6.1。因此，只有两项未确定的参数，分别是张力 T 和薄膜厚度 t。在后续的结果对比中，将给出具体的仿真分析结果，此处只介绍三角形薄膜褶皱数值分析的建模方法及分析过程。在仿真软件 ABAQUS 中，选用 S4R 壳单元，建立了如图 6.10 所示的角点张拉三角形薄膜有限元模型。

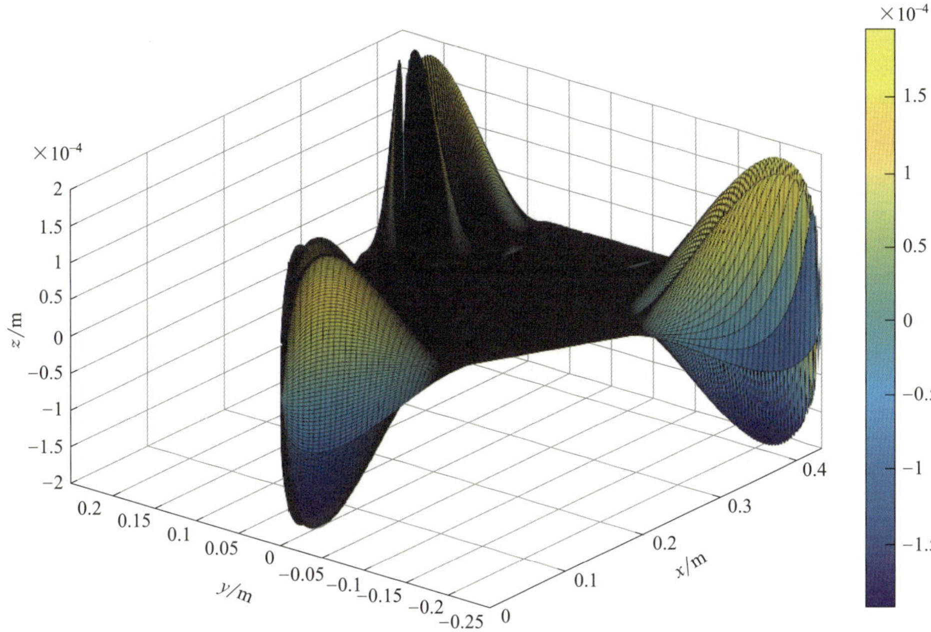

图 6.8　三角形薄膜褶皱解析模型曲面算例

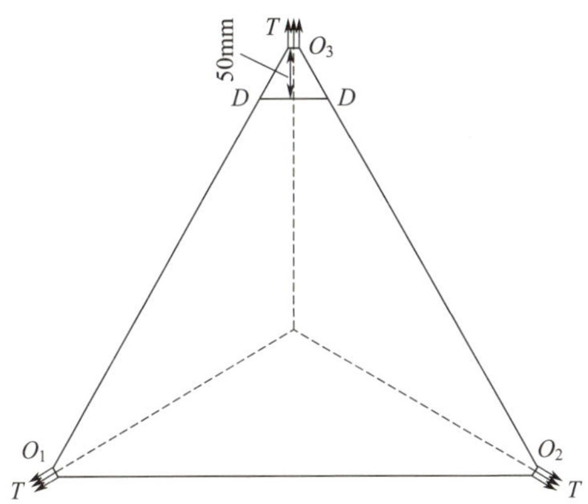

图 6.9　角点张拉三角形薄膜的几何模型

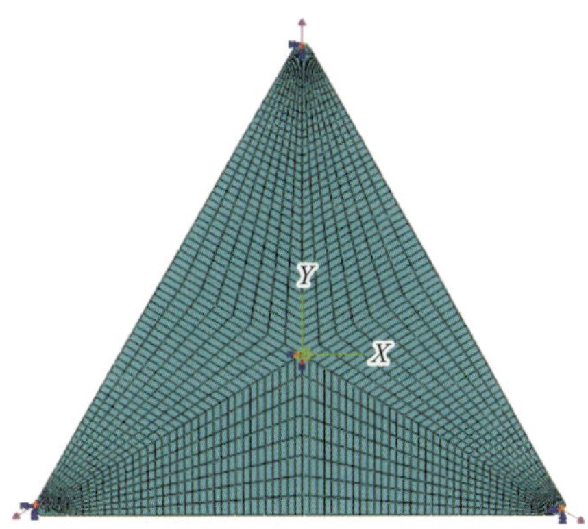

图 6.10　角点张拉三角形薄膜的有限元模型

薄膜褶皱仿真的边界条件设置如下：需要将三角形薄膜的中心节点在 x 和 y 方向上施加约束，并且在裁剪的三个角点边缘施加壳体边界载荷 T。在仿真过程中，首先需要引入均匀的预应力，然后进行特征值屈曲分析以获得前几阶屈曲模态，并将这些模态分别乘以比例因子后进行叠加，如式(6.31)所示，然后导入到最后的后屈曲分析步中。因此，通过非线性屈曲仿真可以分析三角形薄膜在角点张力作用下的褶皱形态，并得到三角形薄膜整体的面外位移。

$$\Delta z = \sum_{i} \omega_i \phi_i \tag{6.31}$$

式中 Δz——初始几何缺陷；

ω_i——第 i 阶模态；

ϕ_i——比例因子，且 $\phi_i = 0.025t$。

6.4.2 三角形薄膜褶皱试验测试分析

由于薄膜具有大柔性且易受到外力影响的特质，所以传统的接触式测量方法无法应用于薄膜褶皱的测试，而非接触式测量方法为褶皱的形变测量提供了解决途径，可以获得薄膜的形状、位移及应变等相关测试结果。如图 6.11、图 6.12 所示为基于 VIC-3D 非接触全场应变测试系统搭建的三角形薄膜褶皱测试系统原理图与实物图，可完成褶皱形状及薄膜面外位移的测试。美国 CSI 公司（Correlated Solutions，Inc.）研发的 VIC-3D 系统，只需采集被测物体图像，通过对被测物体表面散斑进行灰度分析，即可完成全场应变测量。试验过程中，首先要对两台 CCD 图像采集器进行标定以获取相机相关参数，并建立被测表面的基准三维坐标系，然后对被测薄膜进行图像采集，经 DIC（digital image correlation）相关算法进行后处理即可获得面外位移三维数据。

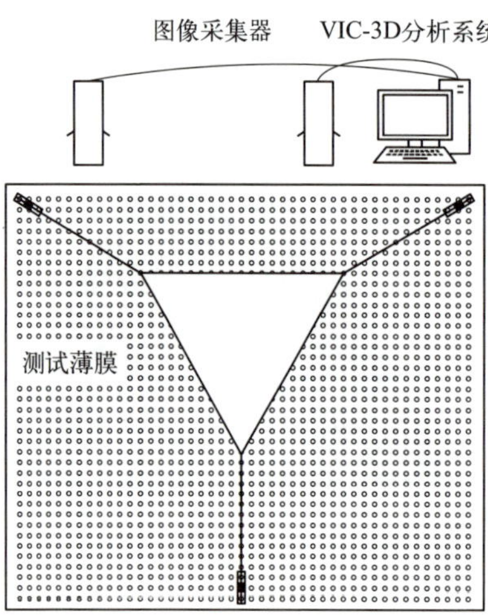

图 6.11 测试系统原理图

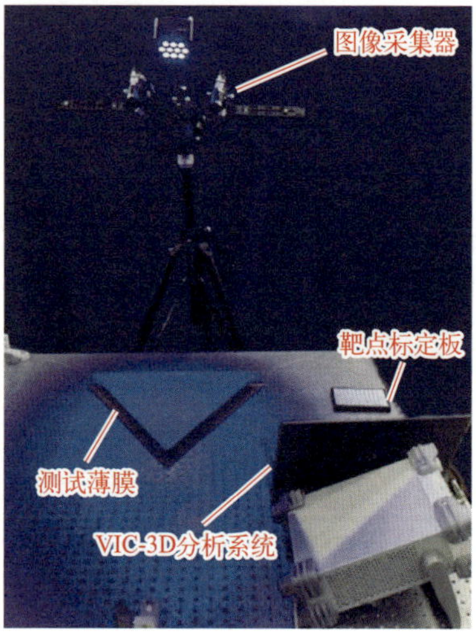

图 6.12 薄膜褶皱测试系统

测试薄膜由聚酰亚胺制成，其几何参数和材料特性与表 6.1 一致。在装测试薄膜时，首先将张力索一端穿过 10mm 宽的塑料管，然后将其由聚酰亚胺胶带与被测薄膜粘接到一起，以保证在张力索另一端添加砝码时可以将张力均匀地分布在 10mm 宽的边界上。在完成试样的装载后，按照 VIC-3D 非接触全场应变测试系统的测试流程，可以完成角点张拉作用下三角形薄膜的褶皱测试，$T=2\mathrm{N}$、$t=25\mu\mathrm{m}$ 时的测试结果及面外位移云图将会被用来与理论和仿真分析结果进行对比。

6.4.3　结果对比与讨论

此处，为了验证褶皱分析模型的准确性，分别通过三种方法获得理论结果、仿真结果及测试结果并进行对比分析。不仅对比了整个三角形薄膜的面外位移云图，还提取如图 6.9 所示的截面 $D—D$ 处的测试结果以对比褶皱形态和评价指标来完成解析模型的验证。绘制这三种方法获得的面外位移云图，详见图 6.13。由图可知，理论方法获得的面外云图与仿真和试验所得云图非常一致，褶皱形态吻合，分别出现在三个角点区域，呈发散状且面外位移云图颜色相同，初步验证了理论模型在三角形薄膜褶皱分析方面具有一定的可行性和准确性。

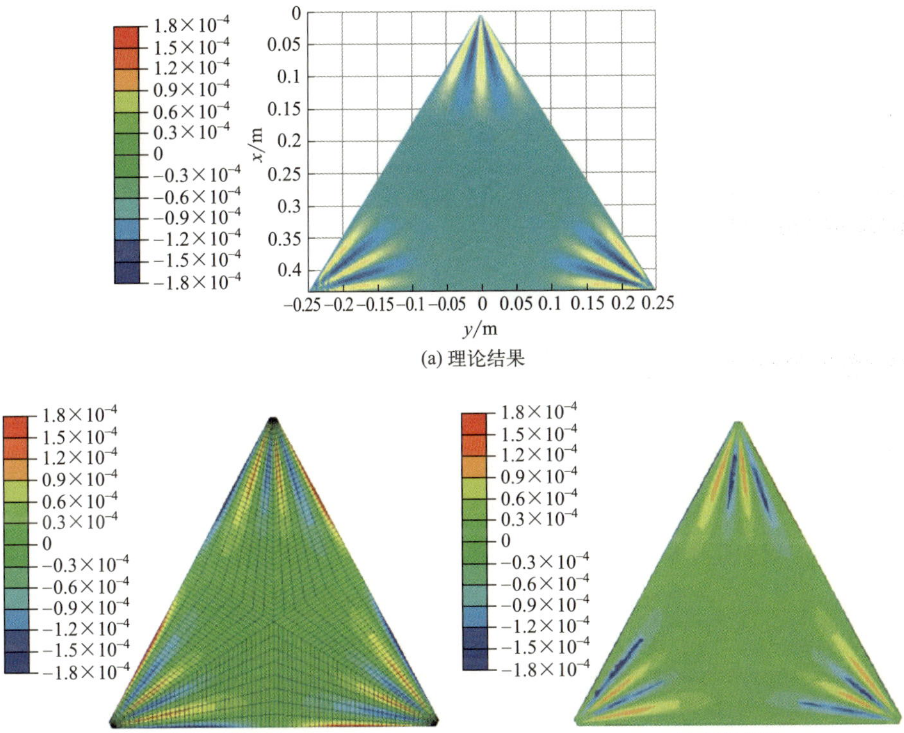

(a) 理论结果

(b) 仿真结果

(c) 测试结果

图 6.13　面外位移云图对比

此外，为了进一步验证理论模型的准确性，提取了通过这三种方法获得的截面 $D—D$ 处的褶皱形态进行比较，并将三条曲线绘制在图 6.14 中。经过比较发现，这三种褶皱的形态和细节，包括褶皱条数和褶皱幅值是相似的。然而对于测试曲线，可以发现其起点和终点相对较低，这是边界周围区域的松弛状态导致的。进而提出了一系列褶皱评价指标来定量对比三条曲线，包括最大面外位移 w_z^{max}、面外位移平均值 $\overline{w}_z$ 和均方根 RMS。RMS 表达式如下

$$\mathrm{RMS}=\sqrt{\frac{1}{n}\sum_{j=1}^{n}w_z^2} \tag{6.32}$$

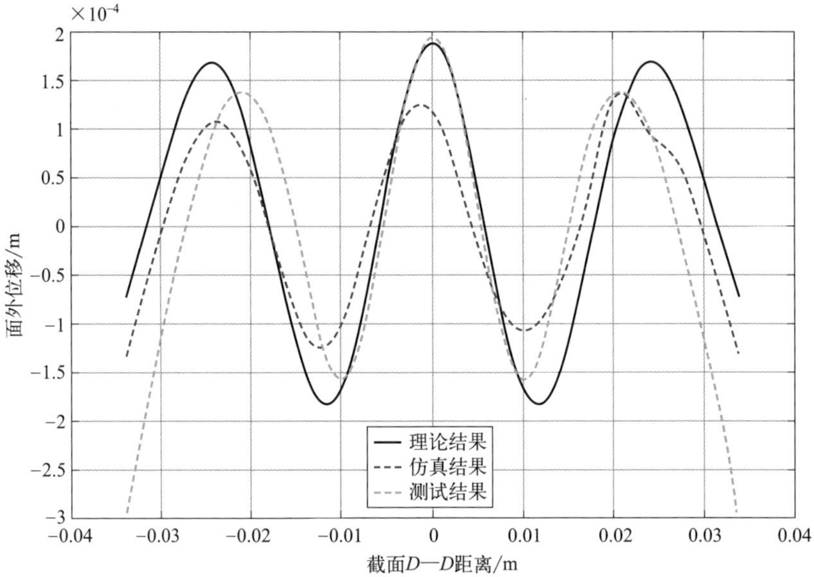

图 6.14 截面 *D*—*D* 处褶皱形态对比

可以计算出通过三种方法获得的截面 *D*—*D* 处的褶皱评价指标，并列于表 6.2 中。其中，对于均方根 RMS 和最大面外位移 w_z^{max}，理论结果与测试结果更加接近，误差分别为 1.7%和 3.4%，表明理论曲线与测试曲线之间的一致性，这定量验证了理论模型的合理性。而仿真结果的均方根 RMS 和最大面外位移 w_z^{max} 明显低于其他两个结果。这是因为在整个有限元模拟过程中，网格方法、单元尺寸和初始缺陷都会对最终结果产生影响，从而导致仿真结果偏差甚至不收敛。

表 6.2 截面 *D*—*D* 处褶皱评价指标对比

参数	理论结果	仿真结果	测试结果
RMS/m	1.2250×10^{-4}	8.3723×10^{-5}	1.2462×10^{-4}
w_z^{max}/m	1.8808×10^{-4}	1.3669×10^{4}	1.9468×10^{-4}
$\overline{w}_z$/m	1.5730×10^{-5}	7.2137×10^{-6}	-5.6343×10^{-6}

此外，理论曲线的 $\overline{w}_z$ 与测试结果差异很大，这主要是由于测试曲线中存在松弛部分，这也表明 RMS 与 w_z^{max} 相比是更好的评价指标。因此，这些比较证明了

理论模型的正确性和准确性。换言之,可以选用理论模型来计算角点张力作用下的薄膜的面外位移,并进行薄膜褶皱分析。

基于褶皱分析模型,在不同张力和各种薄膜厚度组合的情况下,计算相应的包括褶皱条数 m、面外位移均方根 RMS 以及面外位移最大值 $w_z^{\max}$ 在内的褶皱评价指标,并汇总在表 6.3 中,其目的在于揭示设计参数,即张力和薄膜厚度与褶皱评价指标之间的关系。

表 6.3 各算例褶皱评价指标

序号	张力/N	薄膜厚度/μm	褶皱条数 m	RMS/m	$w_z^{\max}$/m
1	1	25	4.4747	5.32×10^{-5}	1.64×10^{-4}
2	1	50	2.6606	6.40×10^{-5}	1.96×10^{-4}
3	1	100	1.582	6.84×10^{-5}	2.33×10^{-4}
4	1	125	1.3382	7.22×10^{-5}	2.46×10^{-4}
5	2	25	5.3213	6.07×10^{-5}	1.96×10^{-4}
6	2	50	3.1641	7.22×10^{-5}	2.33×10^{-4}
7	2	100	1.8814	8.56×10^{-5}	2.77×10^{-4}
8	2	125	1.5914	8.61×10^{-5}	2.92×10^{-4}
9	3	25	5.889	6.85×10^{-5}	2.16×10^{-4}
10	3	50	3.5016	7.90×10^{-5}	2.57×10^{-4}
11	3	100	2.0821	9.82×10^{-5}	3.06×10^{-4}
12	3	125	1.7612	9.78×10^{-5}	3.24×10^{-4}
13	4	25	6.3281	7.47×10^{-5}	2.33×10^{-4}
14	4	50	3.7627	8.63×10^{-5}	2.77×10^{-4}
15	4	100	2.2373	1.08×10^{-4}(1.0756×10^{-4})	3.29×10^{-4}
16	4	125	1.8925	1.08×10^{-4}(1.0785×10^{-4})	3.48×10^{-4}

不难发现,在 $r=R_w/2$、$\theta=0$ 的情况下,$w_z^{\max}$ 是褶皱幅值 A 的一种特殊形式,因此设计参数、张力和薄膜厚度对 $w_z^{\max}$ 的影响规律与对褶皱幅值 A 一致。设计参数、张力和薄膜厚度与褶皱条数 m 之间的关系,通过表中的数据也得以验证。而对于 RMS,表中第 11、12、15 和 16 号案例表明,张力和薄膜厚度对 RMS 没有显著影响规律,需要根据实际要求具体计算。对于具有严格表面精度要求的给定应

用，例如对最大值面外位移 $w_z^{\max}$ 存在约束，或对褶皱形态具有特殊要求，特别是对褶皱条数 m 有要求，则所需的一个或多个褶皱性能参数将作为参数设计的主要指标，然后由褶皱解析模型计算求得，这可以在保证精度的前提下提高计算效率并节省成本。

6.5 方形薄膜褶皱仿真分析

6.5.1 方形薄膜褶皱分析理论

方形薄膜受拉伸载荷的具体情况如图 6.15 所示。根据褶皱区域的应力平衡关系，推导了四角拉力相同加载下(即 $T_1=T_2$ 时)褶皱幅值和褶皱数量的计算公式，并推导出拉力 $T_1/T_2=c$ 时的褶皱波长和褶皱幅值的计算公式。

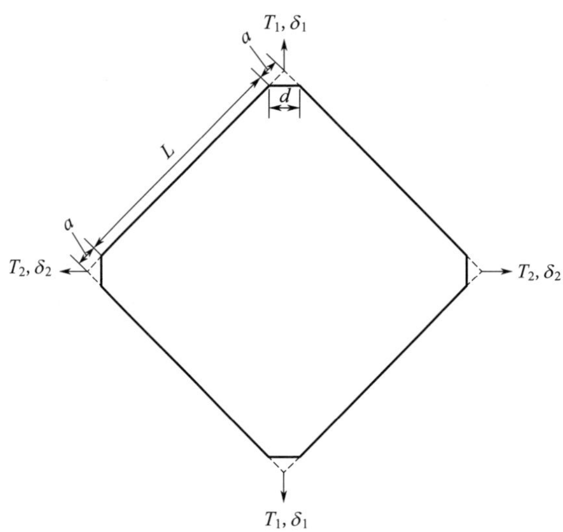

图 6.15 方形薄膜受力简图

(1)拉力 $T_1=T_2$

当薄膜四角受到 $T_1=T_2$ 的拉伸作用时，根据应力平衡关系，应力场分析模型如图 6.16 所示。由于此时方形薄膜处于对称加载情况，可任取方形薄膜的一个角区域进行分析，如图 6.17 所示。其中，R 为应力分布半径，计算时取薄膜边长 $L+2a$ 的一半；R_w 为褶皱区域半径；a 为夹持区域的斜边长；θ 为薄膜边到任意褶皱处的角度值。

经过应力分析可得出薄膜褶皱数量和褶皱幅值的计算公式

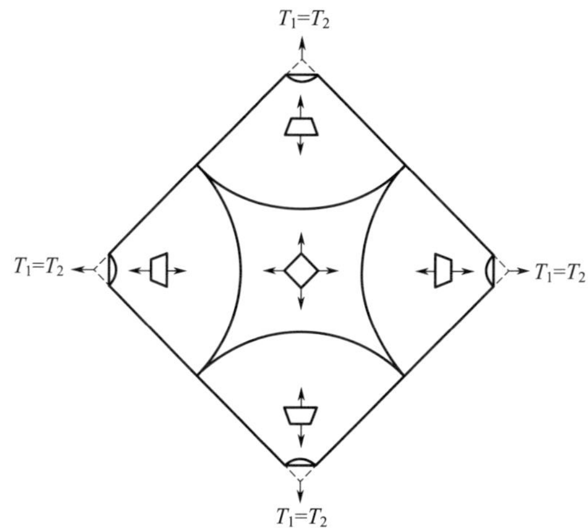

图6.16 $T_1=T_2$ 时方形薄膜应力场分析模型

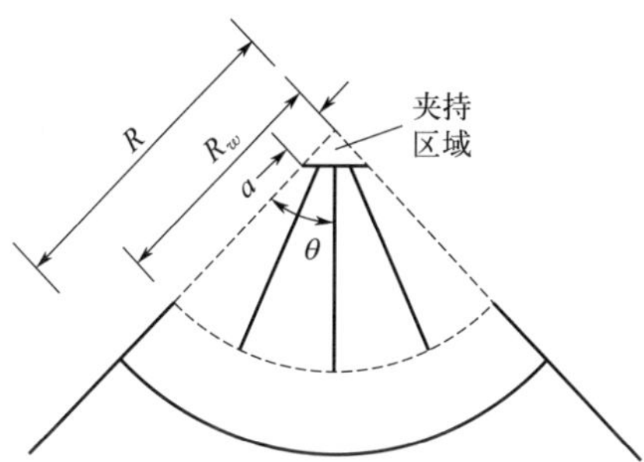

图6.17 角区域褶皱示意图

$$\begin{cases} R_w = \mathrm{e}^{-\nu}R \\ N = \sqrt[4]{\dfrac{3\sqrt{2}\pi^2(1-\nu^2)(R_w+a)^3T}{64Et^3(R_w-a)^2}} \\ A = \dfrac{1}{N}\sqrt{\dfrac{R_w+a}{2\sqrt{2}Et}\ln\left(\dfrac{2R}{R_w+a}-\nu\right)T} \end{cases} \tag{6.33}$$

式中 ν——薄膜的泊松比；

E——薄膜的弹性模量；

T——拉力；

t——薄膜厚度；

N——角点区域褶皱半波长的数量；

A——褶皱幅值。

(2)拉力 $T_1/T_2 \neq 1=c$

当方形薄膜受到的拉力载荷 $T_1/T_2 \neq 1c$ 时，其应力场分析模型如图 6.18 所示。

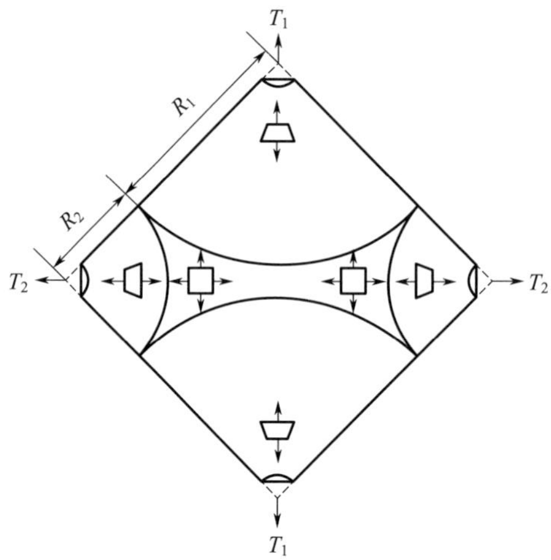

图 6.18 $T_1=T_2 \neq 1=c$ 时方形薄膜应力场分析模型

此时假定 R_1 和 R_2 分别为单向应力区域半径，可得到

$$\begin{cases} R_1=\dfrac{L+2a}{2\sqrt{c}}, c>1 \\ R_2=\sqrt{2}(L+2a)\left(1-\dfrac{1}{e^{c-1}}\right), c>1 \end{cases} \tag{6.34}$$

式中 L, a——图中标示的长度；

c——T_1 与 T_2 的比值。

当 $T_1/T_2 \neq 1=c$ 时，褶皱区域半径随着单向应力区域半径在变化，其具体计算公式为

$$\begin{cases} R_{w1}=\dfrac{R_1}{e^{\nu}} \\ R_{w2}=\dfrac{R_2}{e^{\nu}} \end{cases} \tag{6.35}$$

式中 R_{w1}——拉力为 T_1 的角点处的褶皱区域半径；

R_{w2}——拉力为 T_2 的角点处的褶皱区域半径。

由于仅计算薄膜中褶皱的最大幅值，因此仅 R_{w1} 参与计算。应用应力场模型可进行褶皱形态的预测，可得到拉力为 T_1 的角点区域处褶皱半波长和褶皱幅值计算公式

$$
\begin{cases}
\delta_1/\delta_2=c \\
\delta_1\leqslant\dfrac{2cT_1}{\pi Et}\left[\ln\dfrac{R_2}{r_1}+\dfrac{1}{\pi}(1-\nu)\left(\dfrac{4R_2R_1-2R_1R_1}{R_2^2}\right)\right] \\
\lambda=\sqrt[4]{\dfrac{\pi^2Et^3(L+2a)(L+a)^2\sin\theta_1}{3\sqrt{2}(1-\nu^2)T_1}} \\
A=\dfrac{2\sqrt{\lambda(\delta_1+\delta_2)}}{\pi}
\end{cases}
\tag{6.36}
$$

式中　ν——泊松比；

r_1——任意一点到夹持边的距离；

δ_1,δ_2——图 6.15 中角点的位移值；

A——最大变形处的褶皱幅值；

λ——褶皱半波长；

R_2,R_1——单向应力半径；

θ_1——受到纯径向应力楔形区域角度的一半，可得 $c=4$ 时，$\theta_1=25°$。

由于褶皱最大变形一般发生在褶皱区域的中间部位，因此，为了计算最大变形处的褶皱幅值，r_1 取褶皱区域半径 R_{w1} 的一半。

6.5.2　方形薄膜褶皱的仿真分析

为研究拉伸作用下褶皱特性的变化趋势，并验证褶皱结果的可靠性，本节参照已有文献[8-10]中的薄膜结构，选取尺寸为 500mm×500mm 的方形薄膜结构为研究对象。结构中采用聚酰亚胺薄膜作为膜面材料，夹持边处的梁采用线弹性材料，具体的材料参数见表 6.4。

表 6.4　材料参数

材料参数	薄膜	梁
密度/(kg/m^3)	1500	7800
弹性模量/MPa	3500	21000
泊松比	0.31	0.31
厚度/μm	25	—
热胀系数/℃$^{-1}$	2.9×10^{-5}	—

为了保证拉力均匀地施加在薄膜角边且避免出现应力集中现象，对薄膜的四个角点均进行了剪裁，预留 20mm 宽的角边作为夹持边，每个夹持边分别与梁进行连接，将拉力施加在梁上进行薄膜褶皱分析。方形薄膜结构简图如图 6.19 所示。

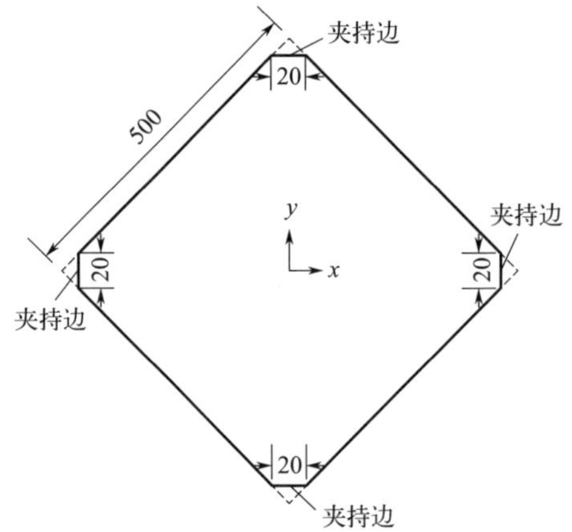

图 6.19 方形薄膜结构简图(单位:mm)

采用显式动力法进行褶皱分析时存在静力学分析和显式动力学分析两个部分。其中,施加预应力和线性屈曲分析部分均在静力学模块中完成,薄膜单元采用 S4R5 单元,梁单元采用 BEAM31 单元。非线性屈曲分析则在显式动力学模块进行,此时薄膜单元采用 S4R5 单元,梁单元采用 BEAM31 单元。薄膜划分为结构化正方形网格,由于网格大小必须小于半波长,因此将网格的基本尺寸定为 2mm×2mm,将角边区域划分为以四边形为主、三角形为过渡的网格。施加边界条件时,竖直夹持边约束除 x 方向平动自由度以外的自由度,水平夹持边约束除 y 方向平动自由度以外的自由度,同时薄膜中心约束 x 方向和 y 方向的平动自由度。薄膜和梁采用 MPC 中的 TIE 来连接。方形薄膜的有限元模型如图 6.20 所示。

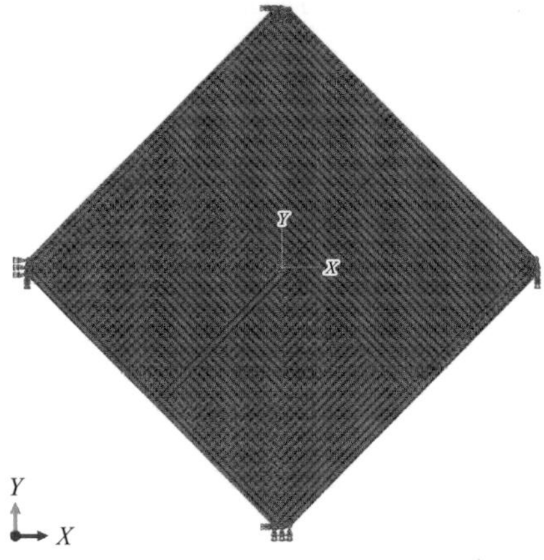

图 6.20 方形薄膜的有限元模型

方形薄膜褶皱仿真分析过程如下:

① 建立模型，对模型施加边界条件，通过在 inp 文件中添加关键字“ * initial condition，type=stress”输入 0.5MPa 的初始预应力，打开大变形开关，采用通用分析步进行分析，得到具有初始预应力的膜面。

② 将具有初应力的膜面作为屈曲模态分析的初始状态，将具有初应力的 ODB 文件作为预应力场导入结构中，对薄膜夹持边施加 1N 的拉伸载荷，采用 Lanczos 法进行屈曲模态分析，通过在 inp 文件中添加“ * node file，U”输出屈曲模态分析的节点文件。

③ 施加边界条件和拉伸载荷，选取一阶屈曲模态作为初始缺陷植入薄膜结构中。通过在 inp 文件中定义“ * imperfection”关键字来添加初始缺陷，其中缺陷的比例因子定为薄膜厚度的 0.025 倍，之后进行非线性屈曲分析。

6.5.3　方形薄膜褶皱分析结果对比

(1) $T_1=T_2=5\text{N}$、$T_1=T_2=20\text{N}$ 分析结果对比

通过计算，可得到对称加载 $T_1=T_2=5\text{N}$ 和 $T_1=T_2=20\text{N}$ 时单个角点区域褶皱半波数量和褶皱幅值大小。为了验证仿真结果是否可靠，将理论计算结果和仿真分析结果进行对比分析，其结果见表 6.5。

表 6.5　褶皱半波数量 N 和褶皱幅值 A 对比分析

受力值	参数	理论计算结果	仿真结果	仿真与理论误差
$T_1=T_2=5\text{N}$	半波数量 N	11.0	9	18.2%
	幅值 A/mm	0.14	0.11	21.4%
$T_1=T_2=20\text{N}$	半波数量 N	15.5	11	29.0%
	幅值 A/mm	0.20	0.12	40.0%

为了直观地获取薄膜褶皱幅值和褶皱数量等参数，将距上夹持边垂直距离为 84mm 处直线路径上的面外变形值作为褶皱分析结果的参考，以描绘此路径上拉力 $T_1=T_2=5\text{N}$ 与 $T_1=T_2=20\text{N}$ 时的面外变形曲线，如图 6.21 所示。

在距夹持边 84mm 处直线路径上，与拉力 $T_1=T_2=20\text{N}$ 时相比，拉力为 $T_1=T_2=5\text{N}$ 时的面外变形较小，且褶皱半波数量少 2 个。

(2) 当 $c=4$，即 $T_1=20\text{N}$、$T_2=5\text{N}$ 时分析结果对比

对不同预应力施加方式下的仿真分析结果和不同网格下的仿真分析结果进行了对比分析，全面地验证了本节仿真分析结果的可靠性和正确性。

① 褶皱半波长 λ 和褶皱幅值 A 的结果对比　角处拉力载荷 $T_1=20\text{N}$、$T_2=5\text{N}$ 时的褶皱半波长和幅值对比结果见表 6.6。

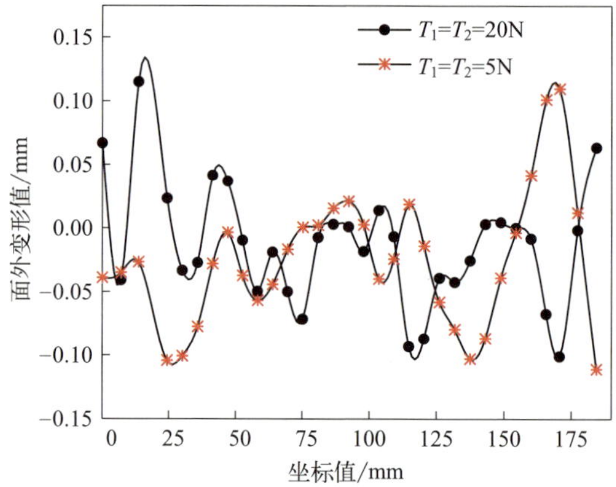

图 6.21 距夹持边 84mm 处直线路径上的面外变形曲线

表 6.6 褶皱半波长 λ 和褶皱幅值 A 结果对比分析

受力值	参数	理论计算结果	仿真结果	仿真与理论误差
T_1=20N、T_2=5N	褶皱半波长 λ/mm	24.3	19.8	18.5%
	褶皱幅值 A/mm	2.87	2.10	26.8%

褶皱幅值的理论计算值与本节中仿真结果相差 26.8%，通过对比可得本节仿真分析结果在可接受范围内，因此本节仿真结果合理有效。

② 相同直线路径上的面外变形曲线对比　当施加拉力 T_1=20N、T_2=5N 时，以方形薄膜中心为原点，x 轴方向与 y 轴方向如图 6.22 所示，取薄膜上 y=285mm 和 y=180mm 两条直线路径上面外变形的仿真结果与文献[11]中仿真和试验结果分别进行对比，得到的曲线如图 6.22 所示。

将薄膜上 y=285mm 和 y=180mm 两条直线路径上的面外变形值进行对比

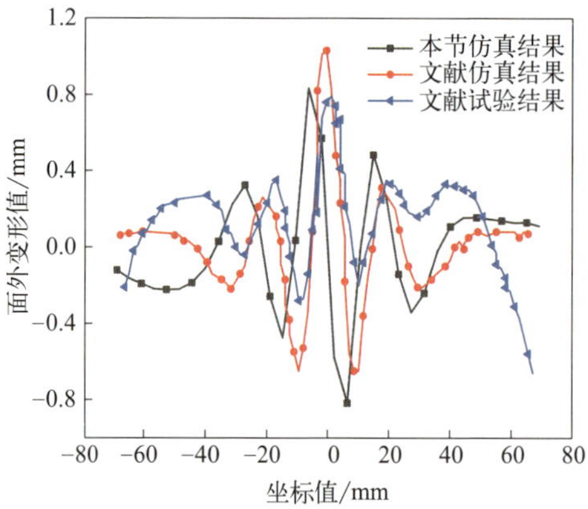

(a) y=285mm直线路径上面外变形对比曲线

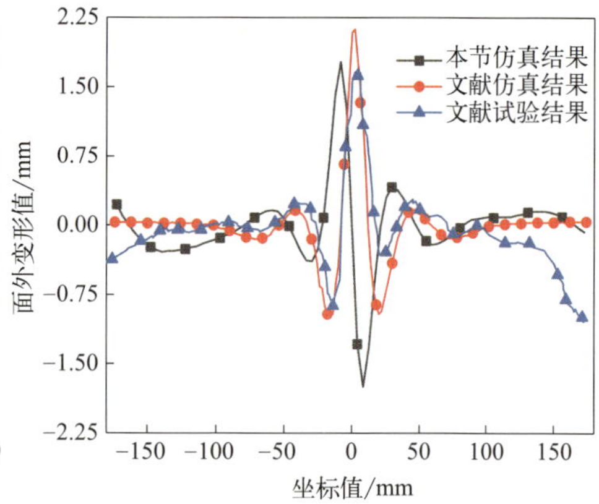

(b) y=180mm直线路径上面外变形对比曲线

图 6.22 面外变形曲线对比

分析可得本节仿真结果、文献中仿真结果和试验结果的面外变形变化趋势基本一致，且本节仿真所得的面外变形最大值与文献中试验所得面外变形最大值比较相近。在 $y=180\text{mm}$ 直线路径上靠近薄膜膜边位置处，本节仿真所得面外变形值与文献[8,10]中仿真和试验结果相差较小，但在 $y=285\text{mm}$ 直线路径上靠近薄膜膜边位置处，本节仿真所得面外变形值与文献[8,10]中试验结果相差较大，主要是试验时的边界条件与仿真分析时的边界条件存在一定差异，导致了靠近膜边处面外变形的不同。

③ 不同网格尺寸下，拉力 $T_1=20\text{N}$、$T_2=5\text{N}$ 时的分析结果　保证拉力 $T_1=20\text{N}$、$T_2=5\text{N}$ 不变，通过改变网格尺寸大小，观察网格精细化对褶皱特性的影响。网格大小分别为 2mm×2mm、3mm×3mm、4mm×4mm、5mm×5mm 时的薄膜 Mises 等效应力云图和面外变形云图如图 6.23 所示。

从图 6.23 可以看出，随着薄膜划分网格逐渐精细化，膜面的最大 Mises 等效应力随之增大，薄膜上 z 方向上最大变形值随之减小，但薄膜上褶皱形态相似且并无较大变化。当薄膜网格划分为 5mm×5mm 时，受力大的角区域褶皱幅值相比于网格较小时有大幅度增加。

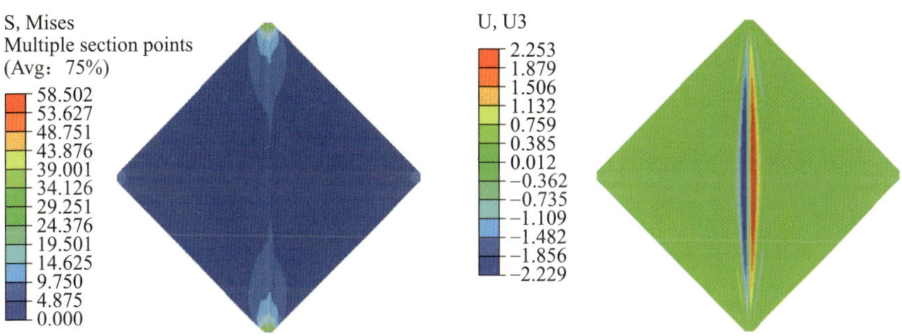

(a) 网格大小为2mm×2mm

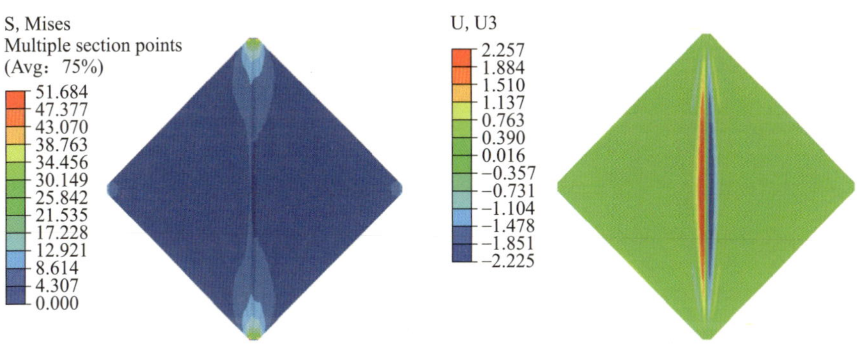

(b) 网格大小为3mm×3mm

图 6.23

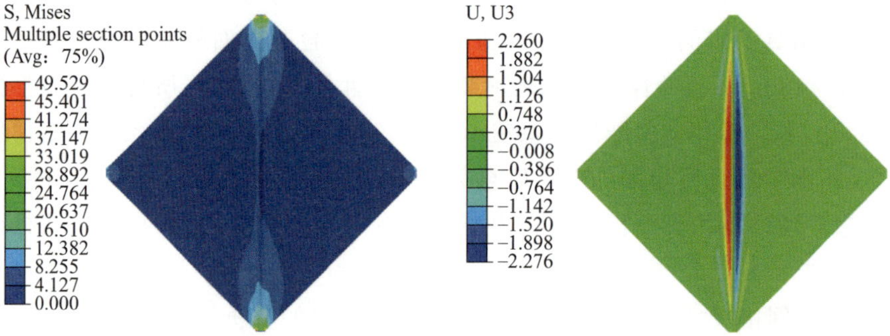

(c) 网格大小为4mm×4mm

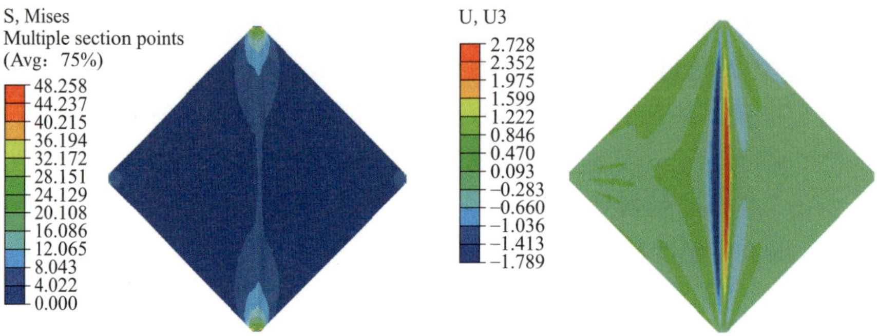

(d) 网格大小为5mm×5mm

图 6.23 网格尺寸对褶皱特性的影响

为了探究薄膜上划分网格的大小对褶皱特性以及褶皱分析精度的影响，本节通过对不同网格精度下薄膜特定路径上的 z 方向的面外变形值进行对比分析，以此来研究划分网格的大小对褶皱结果精度的影响。此处选取薄膜上 $y=285\text{mm}$ 和 $y=180\text{mm}$ 两条直线路径上的面外变形值进行分析，得到的结果曲线如图 6.24 所示。

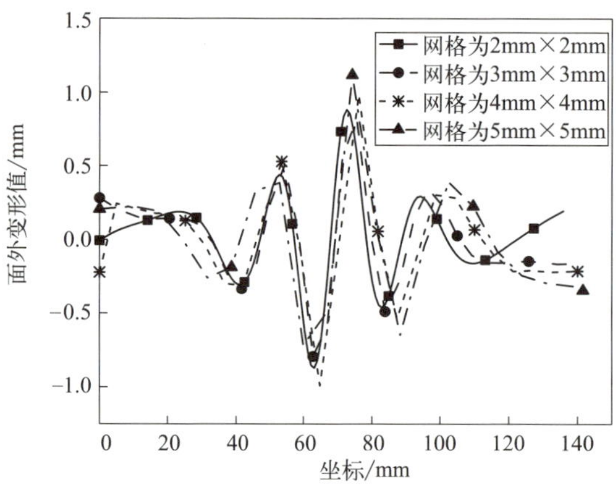

(a) y=285mm直线路径上面外变形对比曲线

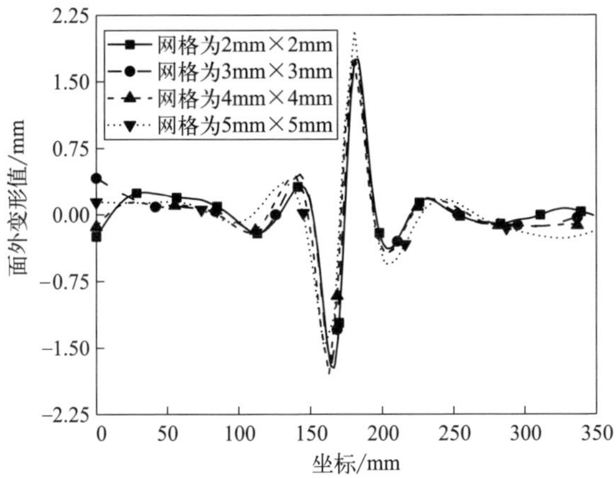

(b) y=180mm直线路径上面外变形对比曲线

图 6.24　面外变形对比曲线

不同网格下，$y=285$mm 和 $y=180$mm 直线路径上的面外变形曲线变化趋势基本一致，但网格大小为 5mm×5mm 时，在 $y=285$mm 直线路径上的褶皱最大幅值与网格大小为 2mm×2mm 时的最大幅值相差 0.499mm。为了得到以上变化的原因，通过截取 $y=323$mm 直线路径上即距上夹持边垂直距离为 20mm 处直线路径上的面外变形，绘制出如图 6.25 所示的曲线。通过计算可知，薄膜上褶皱半波长为 5.65mm 左右。由于网格大小为 5mm×5mm 时，过于接近褶皱半波长的值，由此造成分析后褶皱幅值增大，进而误差变大。

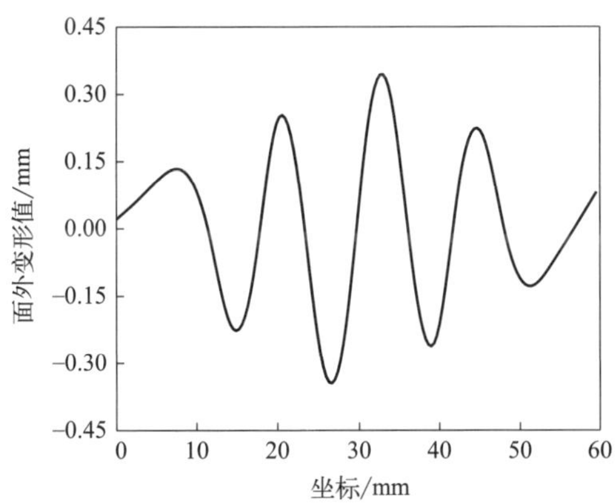

图 6.25　$y=323$mm 直线路径上面外变形曲线

保持施加载荷和边界条件等参数一致，分别采用降温法和 inp 文件输入关键字的方法向薄膜导入初始预应力以增加膜面刚度，比较这两种预应力施加方法对薄膜褶皱结果的影响。同样地，以路径起点作为原点，取薄膜上 $y=285$mm 和 $y=180$mm 两条直线路径上的面外变形值进行对比，曲线如图 6.26 所示。

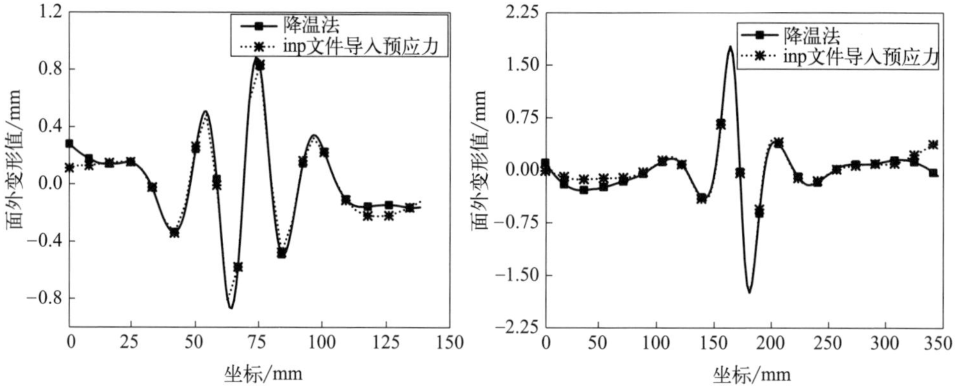

(a) y=285mm直线路径上面外变形对比曲线　　(b) y=180mm直线路径上面外变形对比曲线

图 6.26　两种预应力施加方法的面外变形对比曲线

由图 6.26 可知两种方法施加预应力后，所得不同路径上的面外变形变化趋势基本一致，但在靠近膜边位置处的变形值略有差异。通过分析可知，两种预应力所得褶皱分析结果均有效，进一步验证了褶皱分析模型和方法的正确性和可靠性。

6.5.4　拉力对薄膜褶皱的影响分析

以尺寸为 500mm×500mm 的方形薄膜结构为研究对象，但为了保证拉力均匀地施加在薄膜角边且避免出现应力集中现象，对薄膜的四个角点均进行了剪裁，预留 20mm 宽的边作为夹持边。通过对薄膜四个夹持边施加拉力使其受拉形成褶皱。

在实际情况中，对薄膜施加拉伸载荷时，很容易出现角边拉力不一致的情况。因此，为了解此情况下方形薄膜上褶皱的扩展过程以及褶皱特性的变化，本小节中采用如图 6.27 所示的拉力方案，研究了当左、右、下三个角边拉力 $T_1=45\text{N}$ 保持不变，上角边处拉力 T_2 为 45N 以及在 45N 的基础上分别增大 20%、40%、60%、80%和 100%时的薄膜褶皱特性。

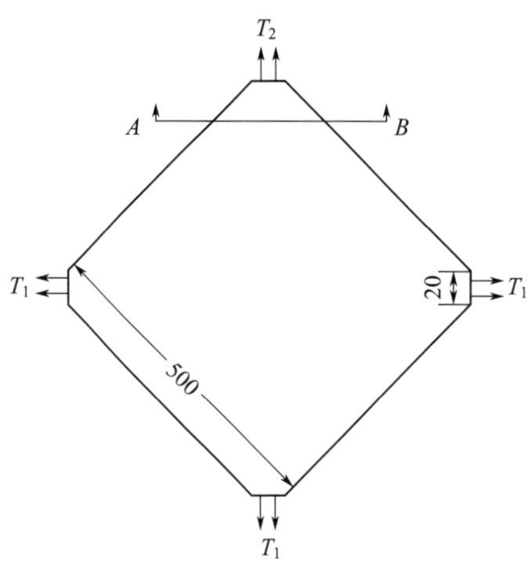

图 6.27　角边拉力不同时的分析简图(单位:mm)

通过对图 6.27 模型进行褶皱仿真分析，得到了方形薄膜在 $T_1=T_2=45\text{N}$ 时以及单独增大 T_2 时的面外变形云图，如图 6.28 所示。

当四个角边拉力均为 45N 时，薄膜上

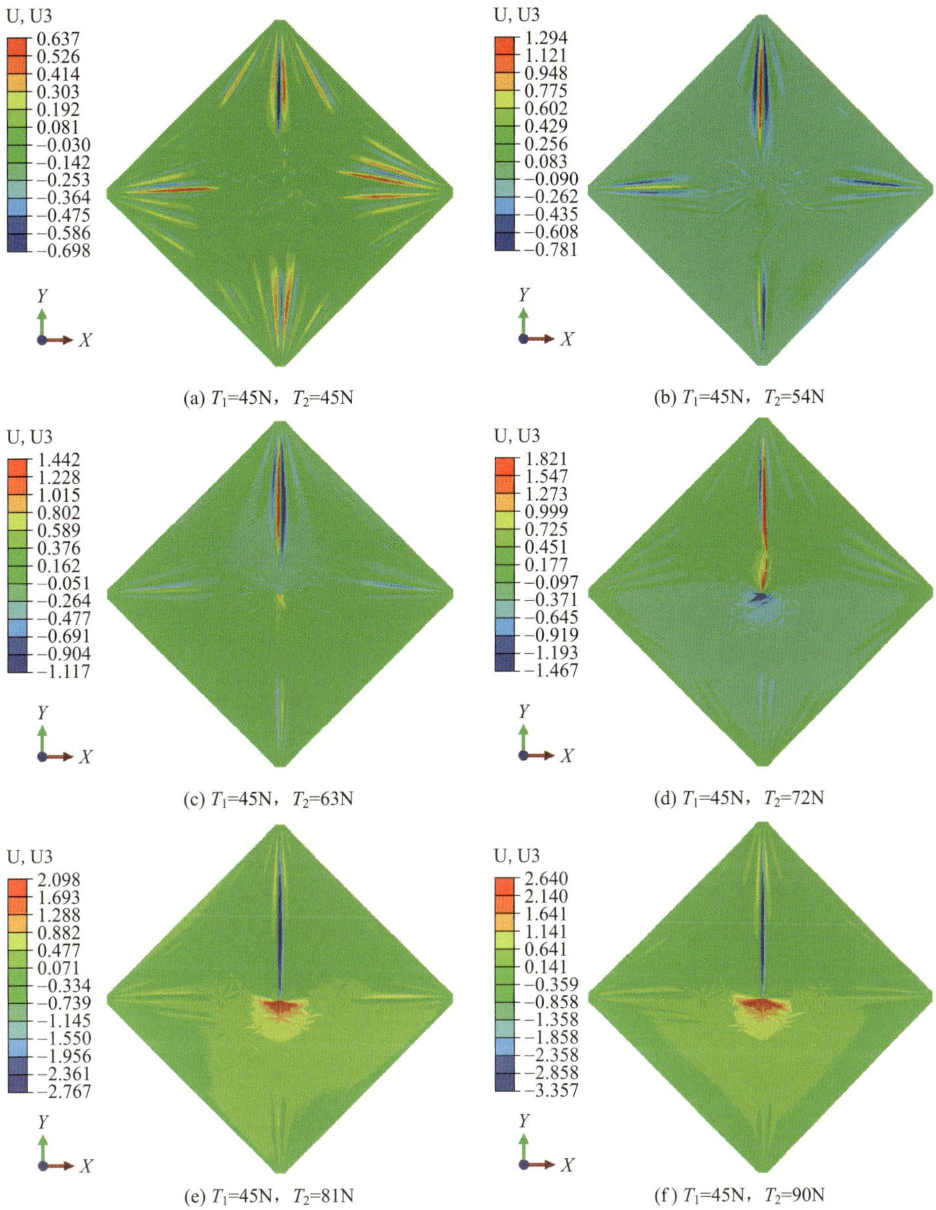

图 6.28　薄膜褶皱扩展过程

最大面外变形为 0.637mm，褶皱相对均匀分布于角区域；当上侧角边处拉力 T_2 增大至 90N 时，其薄膜的最大变形量也随之增大至 2.640mm。随着 T_2 的增大，上侧角区域处的褶皱逐渐从边角处延伸扩展，当 T_2 为 90N 时，褶皱已贯穿到薄膜中心。为研究薄膜褶皱具体的变化趋势，选取图 6.27 上 A—B 直线路径上（距上夹持边垂直距离为 110mm 处）x 方向的坐标值作为横坐标轴，以路径中点为横坐标原点，并将此路径上的面外变形值作为纵坐标轴，得出如图 6.29 所示的面外变形曲线对比图。

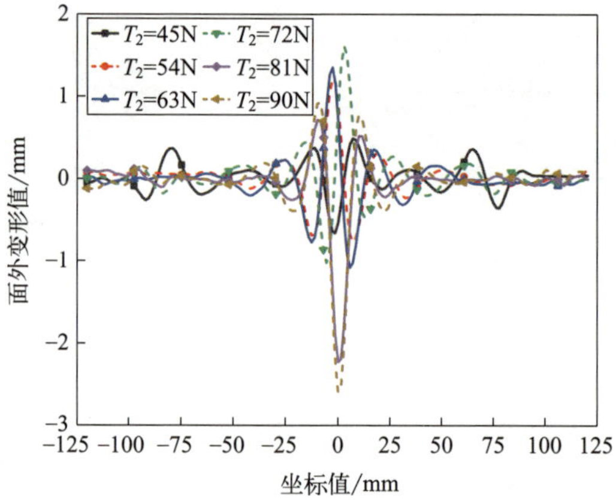

图 6.29 *A*—*B* 线上面外变形曲线对比图

当 T_2 从 45N 逐渐增大到 90N 时，路径上的面外变形主要集中在横坐标值为[−100,100]的范围内。除此范围外，此路径上的面外变形在 0 值附近波动。当 T_2 增大 100%即为 90N 时，在横坐标 $x=0$ 附近区域，薄膜的凹陷量相较于 $T_2=$ 45N 时急剧增大。因此，在实际张拉中应避免单个角边拉力过大的情况发生。

为了进一步对比 T_2 不同时的膜面性能，选取膜面所有节点 z 方向上的位移均方根误差和整个膜面 Mises 应力均方根作为评估膜面性能的参数。拉力 T_2 对面外位移均方根误差和应力均方根的影响曲线如图 6.30 所示。

当方形薄膜上角边拉力载荷 T_2 从 45N 增大到 90N 时，整个膜面的位移均方根误差也从 0.12mm 增大到 0.37mm，表明整个膜面的变形不均匀程度逐渐增大。

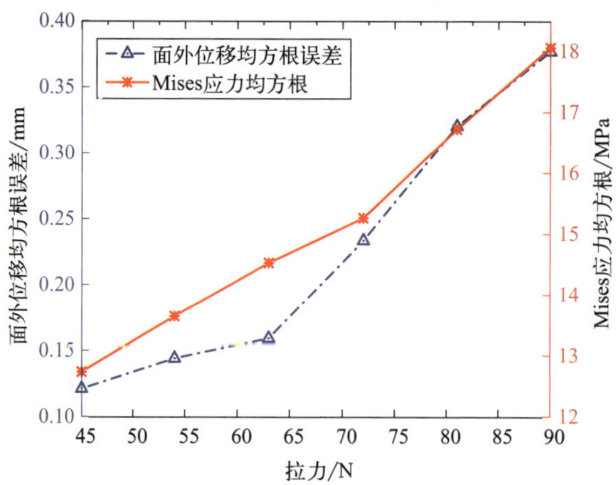

图 6.30 拉力 T_2 对面外位移均方根误差和应力均方根的影响曲线

同时，Mises 应力均方根也随着拉力增大而增大，当 T_2 为 90N 时，Mises 应力均方根达到 18.06MPa，结果表明，薄膜在不均匀拉力作用下，膜面性能逐渐降低。

6.5.5　边索结构对薄膜褶皱的影响分析

在薄膜结构中增加索网结构可有效抑制褶皱的发生[12-14]。因此，为探讨边索结构对薄膜褶皱的影响，采用在方形薄膜直边增加边索且在垂直于边索的方向上均匀施加集中力的方式，研究薄膜褶皱特性的变化。

以尺寸为 500mm×500mm 的方形薄膜为研究对象，通过在薄膜直边加入边索以促进薄膜张拉，其中夹持边处薄膜和梁采用 MPC 的 TIE 进行相互作用，薄膜直边和边索进行绑定约束，薄膜中心固定 x、y 方向的平动自由度，水平夹持边固定除 y 方向平动自由度外的所有自由度，竖直夹持边固定除 x 方向平动自由度外的所有自由度，对 20mm 宽的薄膜夹持边施加 45N 的等效拉力，采用降温法[15]对薄膜边索施加 2N 的预张力。薄膜和夹持梁采用表 6.4 中的材料参数，边索采用表 6.7 中的材料参数。分析时边索采用 truss 单元。薄膜的网格尺寸为 2mm×2mm。

表 6.7　边索的参数

参数名称	参考值
弹性模量 E/GPa	20
泊松比 ν	0.30
热胀系数/℃$^{-1}$	-2×10^{-6}
横截面直径/mm	1
密度 ρ/(kg/m^3)	1450

为了进一步减少薄膜边界处的变形和褶皱，在边索上均匀施加垂直于边索的集中力 P_i，其简图如图 6.31(b)所示，其中

$$iP_i=2,\quad i=0,1,2,3,4 \tag{6.37}$$

式中　P_i——施加在边索上且垂直于边索的拉力；

i——施加拉力的总数。

当 $i=0$ 时，指的是图 6.31(a)中直边加边索的情况；当 $i=1$ 时，边索施加点在边索中点，其中 $P_1=2$N；当 $i=2$ 时，边索上均匀分布两个集中力，其中 $P_2=P_2=1$N；以此类推，当 $i=4$ 时，边索上均匀分布四个集中力，其中 $P_4=P_4=P_4=P_4=0.5$N。

通过对模型进行褶皱仿真分析，薄膜结构整体的应力分布云图和面外变形云图如图 6.32 所示。相比于薄膜边界不加边索的情况，薄膜直边增加边索极大地减少了褶皱数量，并改变了薄膜中褶皱的分布区域、褶皱半径和应力分布规律。当增加边索上集中力的个数，但不增大总集中力大小时，相比于仅在直边增加边索的情

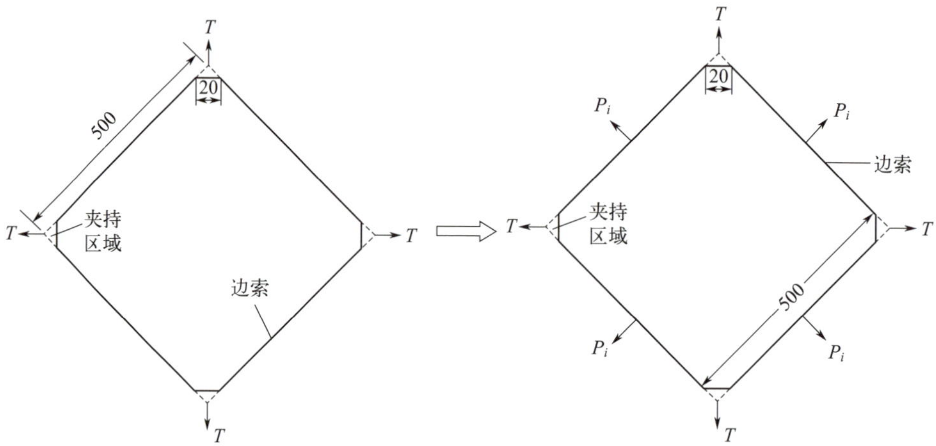

(a) 直边加边索　　　　(b) 直边加边索和集中力

图 6.31　直边加边索结构和集中力简图

况，薄膜角区域中心位置处的褶皱被消除，同时褶皱半径减小且褶皱区域逐渐向薄膜膜边以及夹持边位置靠近。

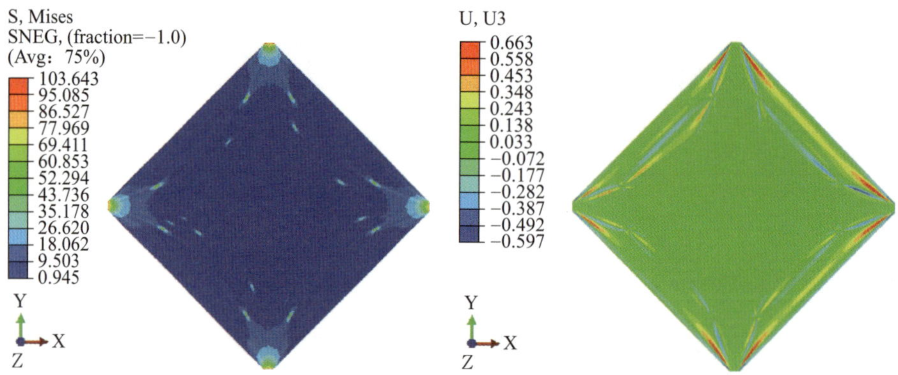

(a) 直边加边索

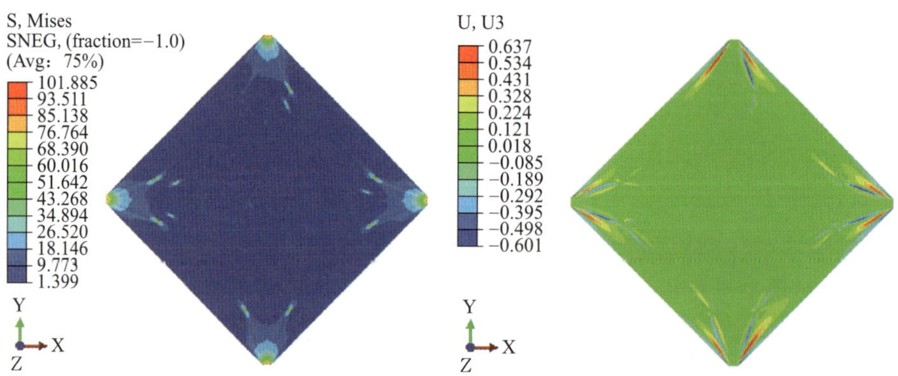

(b) 直边加边索和单个集中力

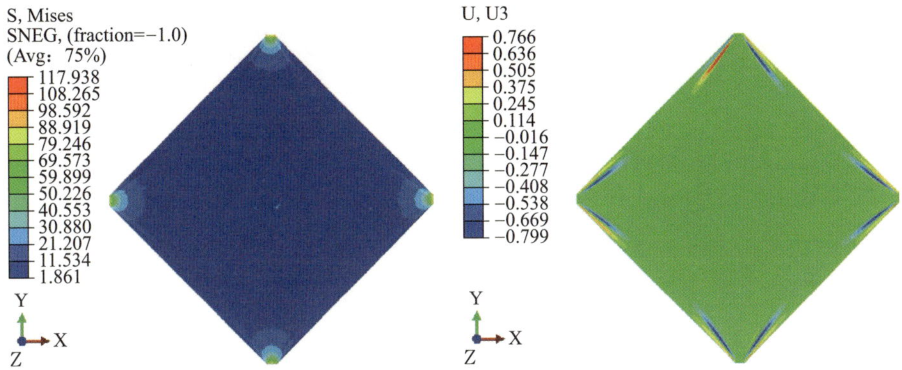

(c) 直边加边索和两个集中力

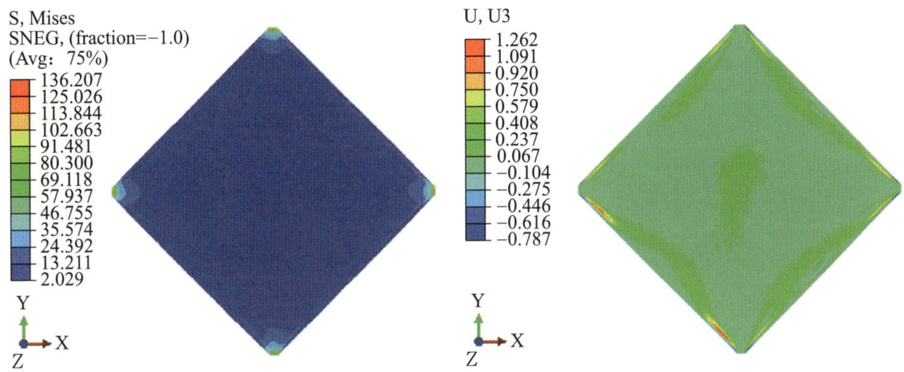

(d) 直边加边索和三个集中力

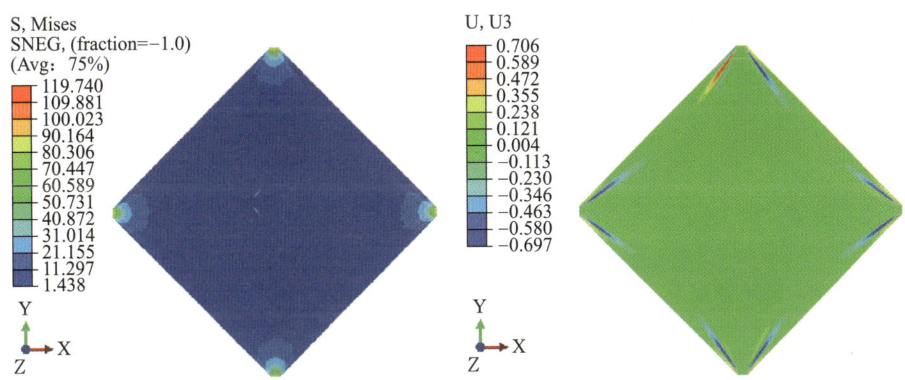

(e) 直边加边索和四个集中力

图 6.32　薄膜应力和面外变形云图

为了解不同边索结构下薄膜褶皱发生区域面外变形的具体变化趋势，选取距上夹持边垂直距离为 60mm 处的直线路径，以路径中点作为横坐标原点，通过分析此路径上的面外变形结果，得到了如图 6.33 所示的面外变形对比曲线。

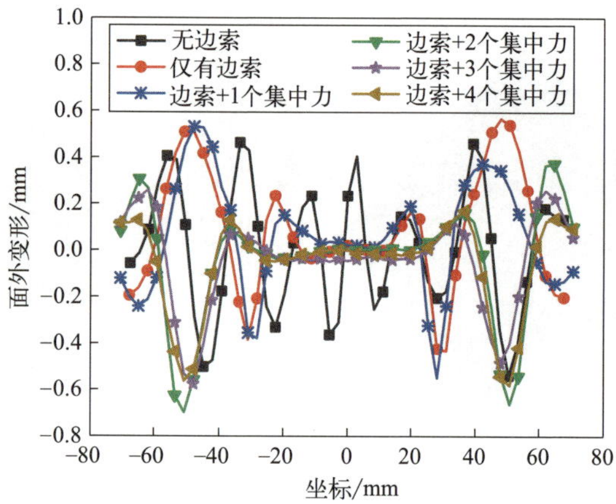

图 6.33　面外变形对比曲线

当薄膜直边无边索时，此时距上夹持边垂直距离为 60mm 处直线路径上的褶皱半波数量为 12，褶皱最大幅值为 0.460mm。当薄膜直边仅增加边索时，相同路径上的褶皱半波数量为 6，褶皱的最大幅值为 0.566mm。当薄膜边界增加边索且在边索上施加 1 个 2N 的集中力时，此时褶皱半波数量为 7，褶皱的最大幅值为 0.531mm。当薄膜边界增加边索且在边索上施加 2 个 1N 的集中力时，其褶皱半波数量为 5，褶皱的最大幅值为 0.373mm。当薄膜边界增加边索且在边索上施加 3 个 2/3N 的集中力时，此路径上褶皱半波数量为 6，褶皱的最大幅值为 0.258mm。当薄膜边界加边索且在边索上施加 4 个 0.5N 的集中力时，褶皱半波数量为 4，褶皱的最大幅值为 0.169mm。综合以上数据可知，在薄膜直边增加边索且在边索上施加集中力，可相对减少褶皱半波数量和褶皱幅值，有效抑制褶皱的发生。

参考文献

[1] 张莹莹. 基于绝对节点坐标法的薄膜结构的力学特性分析[D]. 哈尔滨：哈尔滨工业大学，2016.

[2] Wang C G, Du X W, Tan H F, et al. A new computational method for wrinkling analysis of gossamer space structures[J]. International Journal of Solids and Structures, 2009, 46(6): 1516-1526.

[3] Luo Y, Xing J, Kang Z, et al. Uncertainty of membrane wrinkling behaviors considering initial thickness imperfections[J]. International Journal of Solids and Structures, 2020, 191(1): 264-277.

[4] Huang Q, Yang J, Huang W, et al. The boundary effects on stretch-induced membrane

wrinkling[J]. Thin-Walled Structures,2020,154:106838.

[5] Sproewitz T,Banik U,Grundmann J T,et al. Concept for a gossamer solar power array using thin-film photovoltaics[J]. CEAS Space Journal,2020,12(1):125-135.

[6] Wang X,Ma J,Law S,et al. Numerical analysis of wrinkle-influencing factors of thin membranes[J]. International Journal of Solids and Structures,2016,97-98:458-474.

[7] 李云良,鲁明宇,谭惠丰,等. 基于直接扰动法的薄膜屈曲缺陷敏感性分析[J]. 工程力学,2010 (8):94-99.

[8] Wong W,Pellegrino S. Wrinkled membranes Ⅰ:Experiments[J]. Journal of Mechanics of Materials and Structures,2006,1(1):3-25.

[9] Wong W,Pellegrino S. Wrinkled membranes Ⅱ:Analytical models[J]. Journal of Mechanics of Materials and Structures,2006,1(1):27-61.

[10] Wong W,Pellegrino S. Wrinkled membranes Ⅲ:Numerical simulations[J]. Journal of Mechanics of Materials and Structures,2006,1(1):63-95.

[11] Wong Y,Pellegrino S,Park K. Prediction of winkle amplitudes in square solar sails[C]//44th AIAA/ASME/ASCE/AHS/ASC Structures, Structural Dynamics, and Materials Conference. 2003.

[12] Sakamoto H,Park K C,Miyazaki Y. Dynamic wrinkle reduction strategies for cable-suspended membrane structures[J]. Journal of Spacecraft and Rockets,2005,42(5):850-858.

[13] Wagner H. Flat sheet metal girders with very thin metal web. Part Ⅱ:Sheet metal girders with spars resistant to bending-oblique uprights-stiffness[R]. 1931.

[14] Greschik G,White C,Salama M. On the precisely uniform and uniaxial tensioning of a film sheet via integrated catenary[C]//44th AIAA/ASME/ASCE/AHS/ASC Structures, Structural Dynamics,and Materials Conference. 2003.

[15] 王金伟,唐宝富,姚晔. 预应力索-杆张力结构相控阵雷达阵面振动模态分析[J]. 工业建筑,2019,49(11):156-158.

第 7 章

薄膜结构折展过程动力学仿真分析

7.1 概述

随着航天事业的不断发展以及人类对各种信息需求的增加，不同的航天任务对不同类型的大型空间结构的需求愈加迫切。薄膜结构使用较少的机械机构进行结构展开与支撑固定，因此空间薄膜结构具有质量小、面积大、展开可靠性高等优势。柔性可展开结构发射进入太空之前，需要进行折叠，将大面积的结构折叠缩小使其可以放置在有限的储藏空间之内，而进入太空之后再从折叠状态展开至工作状态。柔性可展开结构的折叠收拢过程与展开过程是两个非常重要的过程，因此需要对这两个过程进行深入的研究[1,2]。

大型空间薄膜结构的折叠和展开过程需要保证有序、低应力地进行，避免折展过程出现薄膜撕裂破坏等情况，折叠质量的高低一定程度上会对结构在展开工作状态下的性能产生影响。在进行试验前，需要利用有限元软件对折叠和展开过程进行仿真，仿真结果需要具有一定的可靠性。本章主要针对薄膜结构的折叠和展开过程进行仿真分析，为后续的薄膜折展试验提供参考。

7.2 薄膜结构折痕与基本单元展开仿真

7.2.1 张拉薄膜结构的自由振动方程

在薄膜进行折展仿真之前，应测定薄膜的实际性能。单组试件的薄膜材料性能试验按照《塑料　拉伸性能的测定　第 3 部分：薄膜和薄片的试验条件》GB/T 1040.3—2006[3]，在常温环境中采用微机控制电子万能试验机（CMT4503）进行[4]。力传感器量程为 100N，加载速度为 2mm/min，预紧力 0.5N。夹具槽为波浪形夹具，如图 7.1 所示，试件取哑铃型试样，如图 7.2 所示，具体尺寸如表 7.1 所示。共分为三组，厚度分别为 25μm、50μm、125μm，每组 3 个，试件编号 T25-1 表示拉伸试验薄膜厚度为 25μm 的第 1 号试件。

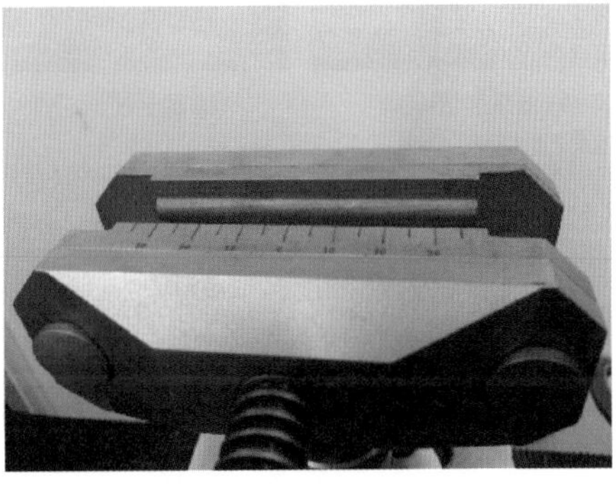

图 7.1　波浪形夹具

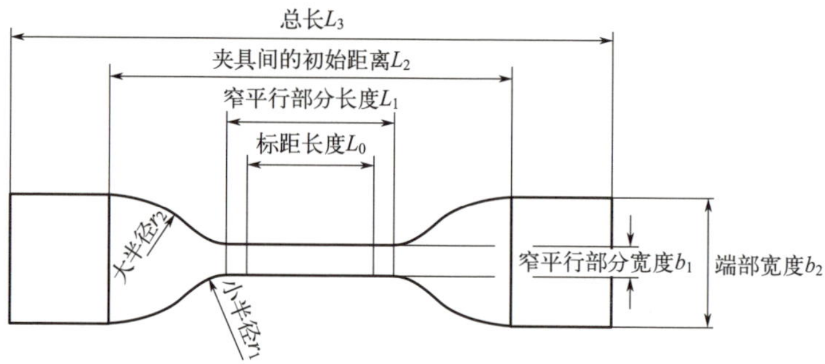

图 7.2 薄膜材性试验试样形状

表 7.1 薄膜材性试验试样尺寸表 mm

h	b_1	b_2	L_0	L_1	L_2	L_3	r_1	r_2
0.025	6±0.4	25±1	25±0.025	33±2	80±5	120	14±1	25±2
0.05								
0.125								

薄膜拉伸试验中的应变测量方法选用的是数字图像相关(digital image correlation,DIC)测量方法。DIC测量方法以其无损、非接触、全场、高精度测量等优点广泛应用于基础力学问题研究和工程测试中,随着理论研究的进一步成熟和测试系统的不断完善,目前三维数字图像相关方法已经形成了一整套完整的测试体系。测量装置如图 7.3 所示,在试验之前要调整摄像头与试样之间的距离,在电脑上要先对试样图像进行采集,保证图像清晰,可被软件识别,试样的测量区域要事先做喷漆处理(白漆布满底部,黑漆喷成斑点状),试验试样如图 7.4 所示。

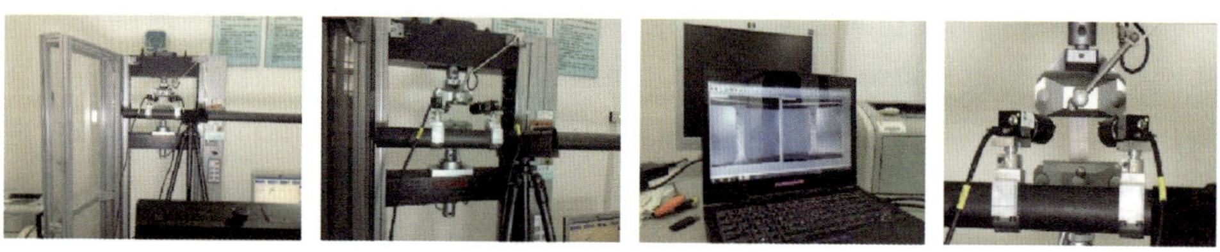

(a) 测量装置全景 (b) 测量装置近景 (c) 图像传至电脑 (d) 对准试样

图 7.3 测量装置

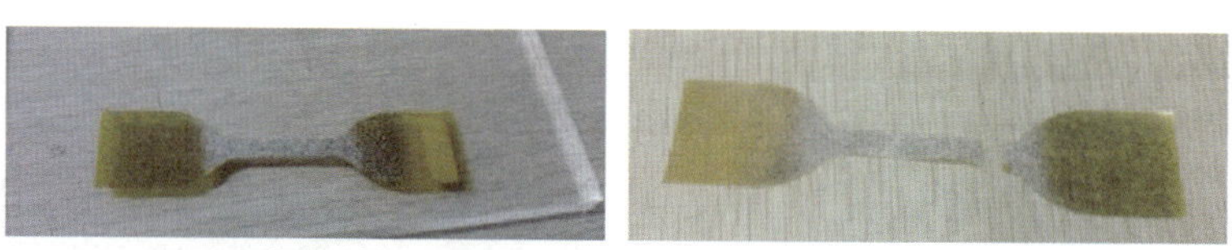

(a) 完整试样 (b) 断裂试样

图 7.4 试验试样

在《塑料 拉伸性能的测定 第 1 部分：总则》GB/T 1040.1—2018[5]中拉伸弹性模量定义为应力 σ_2 与 σ_1 的差值与对应的应变 ε_2 与 ε_1 的差值的比值。但此定义不适用于薄膜和橡胶，标准中也未给出适用于薄膜的拉伸弹性模量的定义。在实际检测中，薄膜应变为 ε_1 与 ε_2 时，其所对应的拉伸应力值非常小，且数据的精准与否与试件的装夹有很大关系，如果试件在装夹时稍有偏差或者松紧程度不一样，都会使 ε_1、ε_2 处的应力产生极大的变化。因此，为了消除试样装夹时产生的影响，在试验分析时，取应力为 20MPa 的点作为入口。

在拉伸过程中主要关注弹性阶段，因此可将三组试样所得结果的弹性部分分别用最小二乘法拟合成直线，取直线斜率的平均值作为弹性模量。观察试验结果，将所有 9 条应力应变曲线放在一张图中比较，如图 7.5 所示。

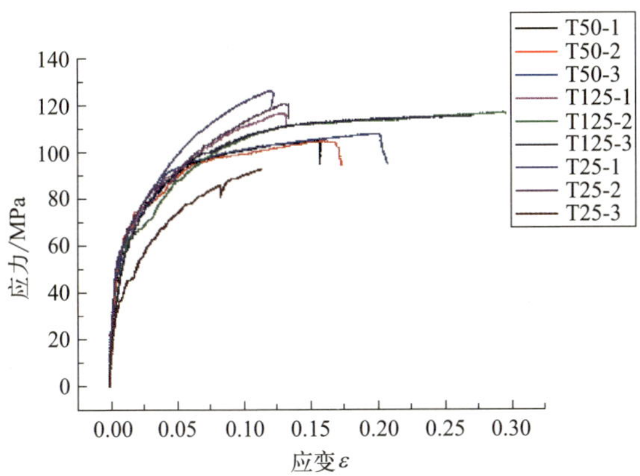

图 7.5 所有试样的应力应变曲线

由图 7.5 可以明显看出，T25-3 曲线与其余 8 条曲线相差较大，故舍去，其余 8 条曲线在弹性阶段的变化基本一致，均为在应力 60MPa 左右时进入弹塑性阶段，因此将其余 8 条曲线的弹性阶段拟合，处理之后的数据列于表 7.2 中。薄膜材料采用聚酰亚胺薄膜(6051)，其力学性能见表 7.3。

表 7.2 曲线的弹性阶段拟合结果

试件编号	拟合曲线	屈服应变	屈服强度/MPa
T25-1	$y=4140.4x+23.4$	0.01046	60.0939
T25-2	$y=5106.0x+21.0$	0.00943	59.9209
T50-1	$y=4500.9x+22.4$	0.00925	59.7373
T50-2	$y=4539.9x+18.2$	0.01007	59.87378
T50-3	$y=3861.5x+23.0$	0.00963	59.37134
T125-1	$y=3734.6x+14.3$	0.01329	59.65644

续表

试件编号	拟合曲线	屈服应变	屈服强度/MPa
T125-2	$y=3792.7x+15.2$	0.01254	59.97821
T125-3	$y=3416.1x+16.7$	0.01424	59.64602

表 7.3 聚酰亚胺薄膜(6051)力学性能

材料参数	T25	T50	T125
弹性模量 E/MPa	4623.2	4300.8	3647.8
屈服强度 σ_y/MPa	60.01	59.66	59.76
屈服应变 ε_y	0.00995	0.00973	0.01336

当薄膜经过折叠，产生折痕之后，折痕处产生塑性变形，因此整块薄膜的等效弹性模量会减小，可以通过试验的方法来求得带折痕薄膜的等效弹性模量。在做单折痕薄膜的等效弹性模量试验时，将单个试件取为 120mm×25mm，将其对折放于有机玻璃板之中，使其受压超过 24h 后释放有机玻璃板，折痕制作过程如图 7.6 所示。用电子万能试验机(CMT4503)来拉伸试件，应变测量方法与弹性模量测试方法相同，力传感器量程变为 5000N，加载速度变为 10mm/min。在处理数据时，控制引伸计的初始长度为 25mm，即此等效弹性模量的适用范围为 25mm，试验后折痕等效弹性模量拟合结果如表 7.4 所示。

(a) 折前　　(b) 形成折痕　　(c) 带折痕

图 7.6 带折痕薄膜的等效弹性模量试验试样

表 7.4 折痕等效弹性模量拟合结果

薄膜厚度/mm	拟合曲线	屈服应变	屈服强度/MPa	等效弹性模量/MPa
0.025	$y=3569.4x+2.6$	0.01263	47.6388	3592.8
	$y=3714.1x+3.4$	0.01223	47.9229	
	$y=3494.9x+3$	0.0131	45.598	
0.05	$y=3946.8x+6.1$	0.01443	61.598	3936.2

续表

薄膜厚度/mm	拟合曲线	屈服应变	屈服强度/MPa	等效弹性模量/MPa
0.05	$y=3885.6x+5.8$	0.01471	59.795	3936.2
	$y=3976.1x+5.9$	0.01466	60.795	
0.125	$y=3330.6x+6.1$	0.021757	71.441	3161.3
	$y=3182.1x+4.5$	0.022267	71.189	
	$y=2971.1x+3.8$	0.02319	72.313	

7.2.2 Miura 模态分析流程

在模拟薄膜展开的过程中，为使展开过程更加合理，与实际情况更加接近，有以下几个问题需要注意：

① 薄膜展开过程中的约束形式；

② 薄膜展开过程中的驱动形式；

③ 要防止薄膜展开过程中出现过大的应力集中现象；

④ 在模拟过程中需要考虑面与面之间的接触，防止出现面与面之间穿透的情况。

对于薄膜展开过程中的约束形式，大致遵循下面三个原则：

① 模型不能产生刚体位移；

② 要保证薄膜能够完全展开成平面，平面度指标尽量降低；

③ 要使展开过程清晰明了。

薄膜展开过程中的驱动形式一般分为力驱动、位移驱动、速度驱动等形式。在力驱动的情况下，薄膜恰好展开成平面的情况不易控制，容易出现展开过量或者展开不足的情况；在位移驱动的情况下，容易使加载点出现在无速度环境中的不协调的情况；在速度驱动的情况下，加载点运动情况较为合理，同时通过控制速度的大小可以控制展开的快慢。因此，选择速度驱动。

在做薄膜展开模拟的时候，取 Miura 单元作为研究对象，模型尺寸如图 7.7(a)所示。首先将薄膜划分为两个部分，折痕前后各 12.5mm 区域赋予折痕试验得到的等效弹性模量，其余区域赋予材料性能试验所得的弹性模量，如图 7.7(b)所示。

薄膜之间采用无摩擦的面与面之间的接触，以防面与面之间相互穿透。Miura 单元的形状与载荷情况如图 7.8 所示。

在与平面图中对应的四个角点 A、B、C、D 上施加速度荷载，在单一 Miura 单

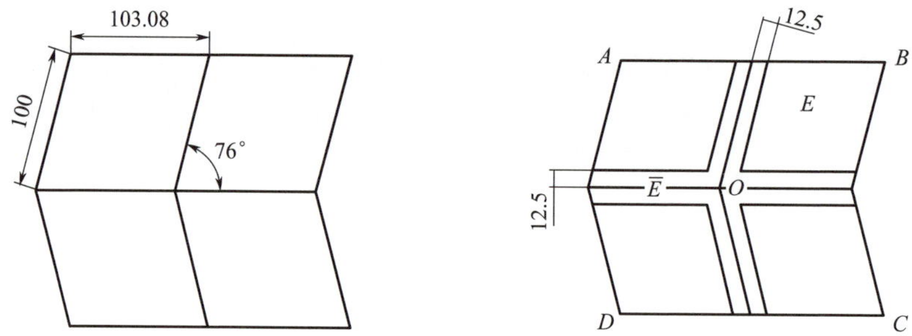

(a) Miura单元尺寸示意图

(b) Miura单元划分示意图

图 7.7 薄膜尺寸与划分示意图

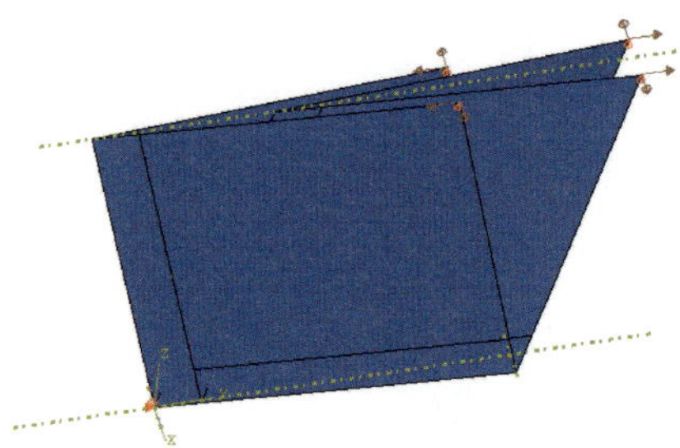

图 7.8 Miura 单元形状与载荷情况

元的展开过程中，选择在四个角点施加 z 向约束，在中心点施加 x、y 向约束。在展开时间为 0.1s 的情况下各点载荷与约束情况见表 7.5。

表 7.5 各点载荷与约束情况

点号	x 方向速度	y 方向速度	z 方向速度	x 方向约束	y 方向约束	z 方向约束
A	−882.98	−1533.48	0	无	无	施加约束
B	−882.98	26.18	0	无	无	施加约束
C	882.98	26.18	0	无	无	施加约束
D	882.98	−1533.48	0	无	无	施加约束
O	0	0	0	施加约束	施加约束	无

为了便于对薄膜结构的展开模拟结果进行分析和比较，提出了两个指标：

① 模型平面度指标 P；

② 最终展开状态膜面的最大 Mises 应力 S[6]。

对于模型的平面度指标 P 来说，由于四个角点的速度的大小是通过初始模型中角点的坐标与最终理想展开模型中角点的坐标的差值来计算的，因此四个角点是处在理想平面上的，取其中三个角点就可以找到理想平面，这时用模型上其余点的坐标计算它们到理想平面上的误差（距离），将所有点的均方根（RMS）定义为模

型的平面度指标 P

$$P=\sqrt{\frac{1}{n}\sum_{i=1}^{n}p_i^2}=\sqrt{\frac{p_1^2+p_2^2+\cdots+p_n^2}{n}} \tag{7.1}$$

式中　n——节点的个数；

p_i——节点到所定义平面的距离。

首先给出展开时间为 0.1s 时的展开过程，如图 7.9 所示。

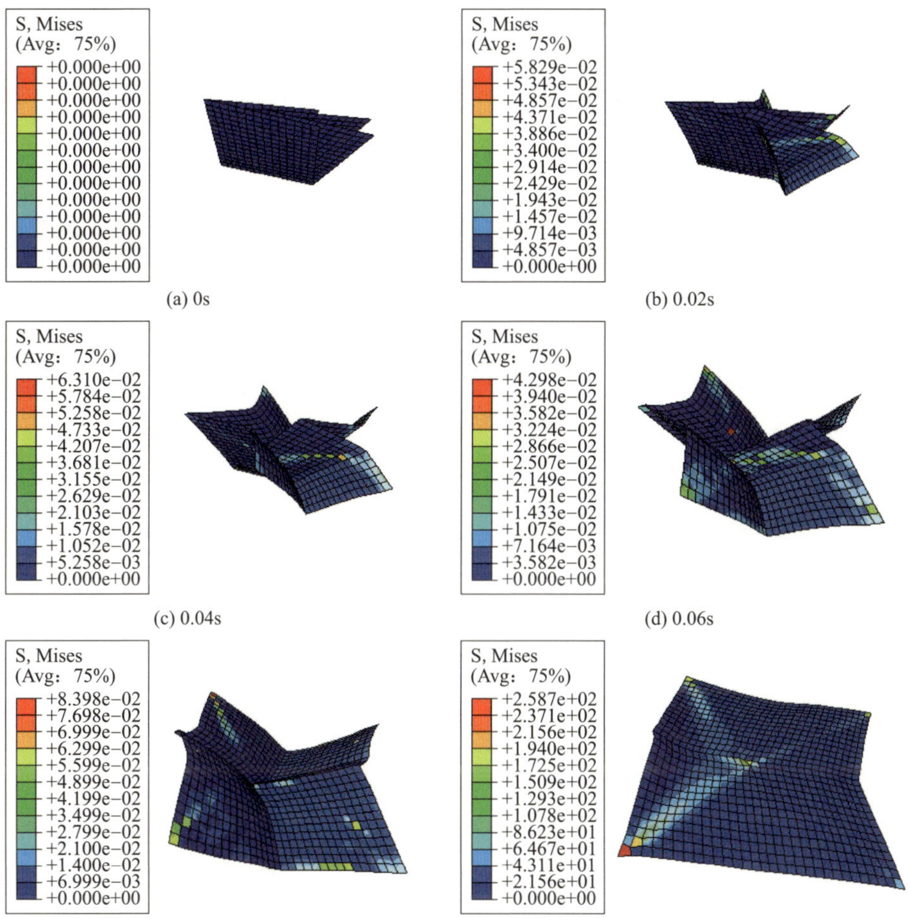

(a) 0s　(b) 0.02s

(c) 0.04s　(d) 0.06s

(e) 0.08s　(f) 0.1s

图 7.9　展开时间为 0.1s 时的展开过程

平面度指标的计算过程如下：确定平面的三顶点，见表 7.6。

表 7.6　展开时间为 0.1s 的模型(三顶点形成的平面)

顶点	A	B	C
x	2268.95	2268.95	2074.89

续表

顶点	A	B	C
y	1253.19	1459.37	1459.37
z	99.977	99.977	99.977

所形成的平面为 $40011.2908z-4000208.82=0$，平面度指标为

$$P=\sqrt{\frac{1}{n}\sum_{i=1}^{n}p_i^2}=\sqrt{\frac{p_1^2+p_2^2+\cdots+p_n^2}{n}}$$

此模型一共有 899 个节点，为显示清楚，将计算得到的前 100 个节点到确定的平面的距离列于表 7.7。

表 7.7 前 100 个节点到平面的距离 mm

点号	距离	点号	距离	点号	距离	点号	距离	点号	距离
1	6.5656	21	16.738	41	0.381	61	1.2114	81	3.138
2	1.094	22	0.677	42	1.142	62	1.7284	82	3.691
3	15.925	23	1.2141	43	3.019	63	2.5111	83	3.952
4	0	24	4.337	44	5.273	64	3.4057	84	4.545
5	4.6268	25	3.3959	45	9.79	65	4.2639	85	4.608
6	3.432	26	1.8864	46	13.253	66	5.1661	86	3.982
7	2.95	27	0.401	47	14.31	67	5.817	87	3.545
8	5.6288	28	0.664	48	12.202	68	6.0349	88	2.198
9	2.301	29	1.655	49	10.091	69	6.6276	89	0.766
10	4.7996	30	2.379	50	8.331	70	2.8882	90	0.8868
11	6.0896	31	2.558	51	6.571	71	1.0013	91	2.5965
12	1.541	32	2.074	52	4.549	72	0.359	92	3.9666
13	1.046	33	1.876	53	3.493	73	1.985	93	5.197
14	6.49	34	1.471	54	2.662	74	3.333	94	2.304
15	0	35	0.988	55	1.759	75	4.555	95	2.489
16	15.21	36	0.82	56	0.78	76	5.138	96	2.517
17	0	37	0.542	57	0.249	77	5.316	97	2.649
18	0.9908	38	0.363	58	0.0209	78	5.081	98	2.29
19	0.9958	39	0.157	59	0.256	79	4.442	99	1.367
20	0	40	0.236	60	0.4786	80	3.846	100	1.089

由图 7.9(f)可知，最终最大应力为 258.7MPa，且出现了较为明显的应力集中情况。在 0.1s 时，模型中心点附近的单元，由于其展开程度不够而发生了畸变，这是角点边界单元出现应力集中的原因，这可能是由于加载点过少，除加载点外其余单元展开不到位所引起的。为验证该想法，在所有的边界单元的节点上施加速度载荷，以保证所有边界展开到位。所有边界单元节点施加速度载荷的模型展开过程如图 7.10 所示。

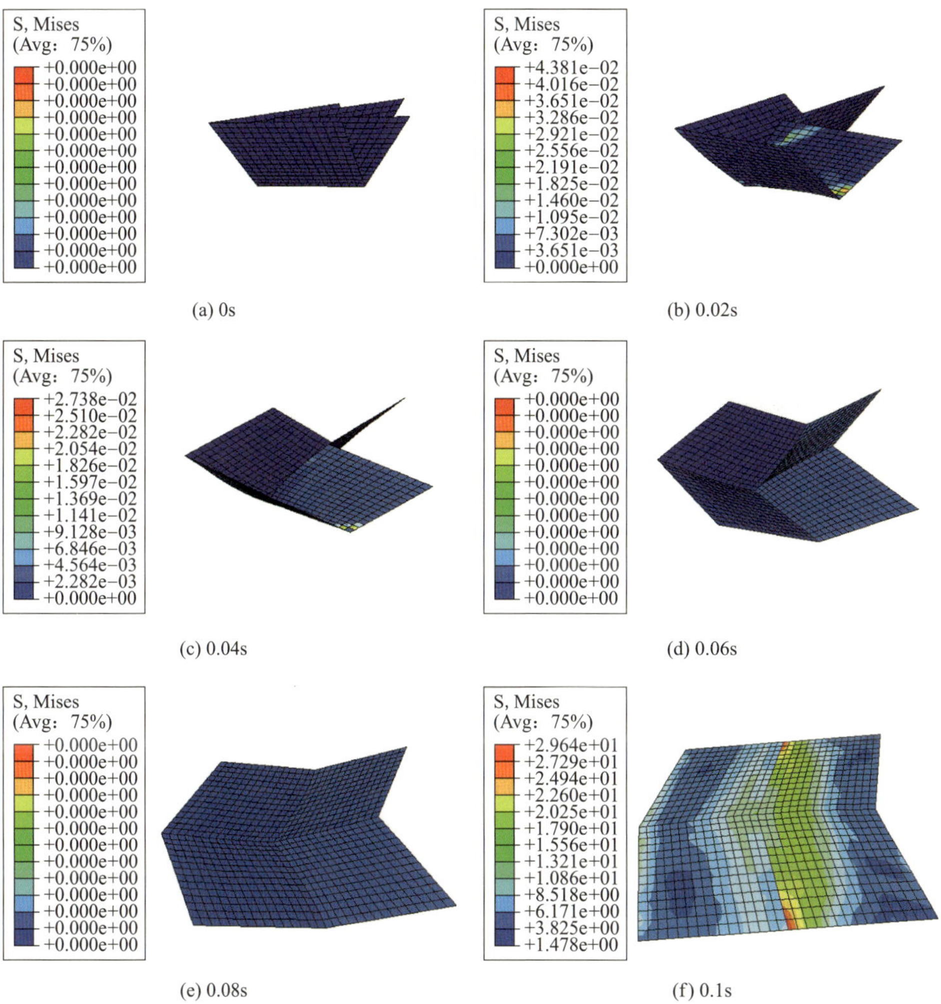

图 7.10　所有边界单元节点加载速度载荷的模型展开过程

由图 7.10(f)可知，其模型最终的最大应力仅为 29.64MPa，且中心点附近无单元畸变，边界处亦无应力集中现象，平面度指标 $P=2.657606\text{mm}$。

7.2.3 加载点数量对展开过程的影响

由 7.2.2 节可知，全节点加载的各项指标均优于只在角点进行速度加载的情况，这说明采用多点加载的方式是合适的，且在实际情况中，载荷也不可能只加于一个点上，因此下面讲述对角点周围的节点进行加载。加载情况分为三点加载、五点加载、七点加载、九点加载，具体加载点如图 7.11 所示，仿真后的结果如表 7.8 所示。

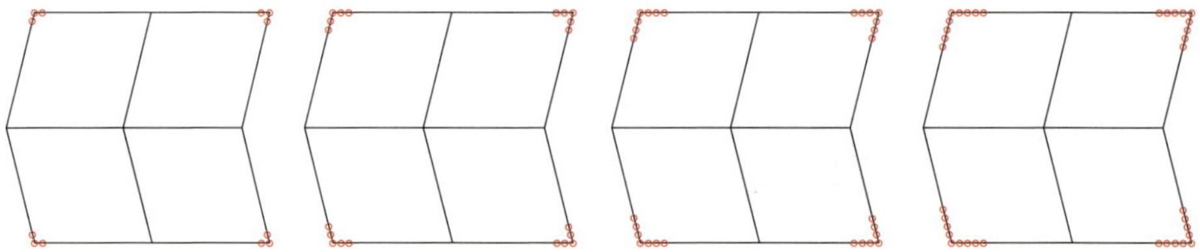

(a) 三点加载　(b) 五点加载　(c) 七点加载　(d) 九点加载

图 7.11 多点加载示意图

表 7.8 各种加载情况指标汇总(1s)

模型(加载情况)	平面度指标 P/mm	最终最大应力/MPa
一点加载	3.42	258.7
三点加载	3.38	200.7
五点加载	3.23	90.68
七点加载	3.24	66.52
九点加载	2.51	75.63

由表 7.8 可知，在加载时间不变的情况下，增加加载点可以明显降低最终的最大应力值，平面度指标也会有所好转。综合之前的情况，将以上五种加载方式变化不同的加载速度进行下一步研究，计算结果总结见表 7.9。

表 7.9 多点加载指标汇总(4s)

模型(加载情况)	平面度指标 P/mm	最终最大应力/MPa
一点加载	0.04	120.4
三点加载	0.59	89.25
五点加载	1.46	124.1
七点加载	1.39	151.2
九点加载	1.23	150.9

7.3 平面薄膜结构径向展开过程仿真

7.3.1 折叠方案

Miura 折纸模型(Miura-ori 模型),采用这种折叠形式可通过张拉模型的两个对角轻易地将其展开为平面状态[7],展开过程如图 7.12 所示。

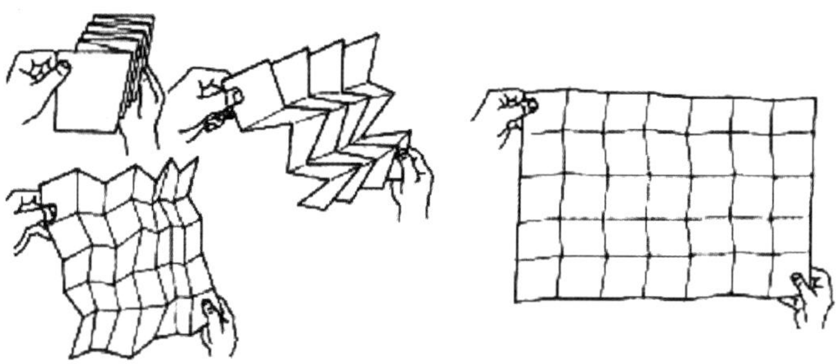

图 7.12 模型的展开过程

Miura-ori 模型是由一系列平行四边形单元按照一定规则排列而成的,各单元连接处所形成的褶皱线组成水平折线和竖向折线。在模型完全展开状态,水平折线为直线段,竖向折线呈锯齿状;在模型折叠过程中,折线可分为峰线和谷线,分别代表凸起和凹下的褶皱线[4,8]。Miura-ori 模型须满足图 7.13 所示峰线和谷线的分布。图中峰线与谷线在完全展开状态时的夹角不能为直角,否则该模型不能通过张拉对角而一次性展开;夹角亦不可过小,否则将导致模型在完全折叠状态下所占空间过大,无法体现其节省空间的优势。

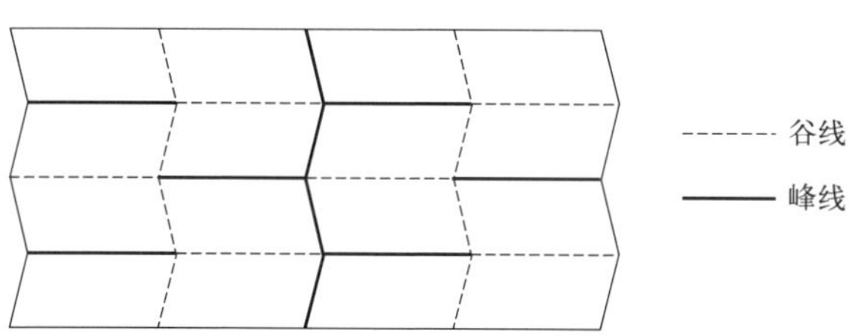

图 7.13 Miura-ori 模型峰/谷线分布图

根据图 7.13 中峰/谷线的排列规律,用聚酰亚胺薄膜制作按照 Miura 折纸模型折叠的薄膜,其从折叠到展开的过程如图 7.14 所示,可以看出,在模型展开过程中,基本单元之间始终保持相互平行状态。

图 7.14 Miura-ori 模型的展开过程示意图

7.3.2 薄膜结构径向展开过程仿真

为使薄膜能沿径向顺利展开，并且尽量减小展开过程对其他机构和薄膜造成的影响，对薄膜结构径向展开过程要求如下：

① 在载荷只能加在薄膜的两条直角边上的情况下，薄膜能沿两条直角边完全展开；

② 为了使航天器的结构布局紧凑，薄膜折叠之后应满足相应高度方面的要求；

③ 在展开过程中，整个薄膜上出现的明显的应力集中区域越小越好；

④ 折痕可能会对薄膜造成不同程度的损伤，如微屈曲、分层等，因而对于薄膜的折叠，折痕长度越短越好。

如图 7.15 所示，设定 $\theta=\arctan 4$、$L=176.77\text{mm}$，加载点设置在与顶点同一高度的位置。加载时间定为 0.5s，模型展开过程如图 7.16 所示。

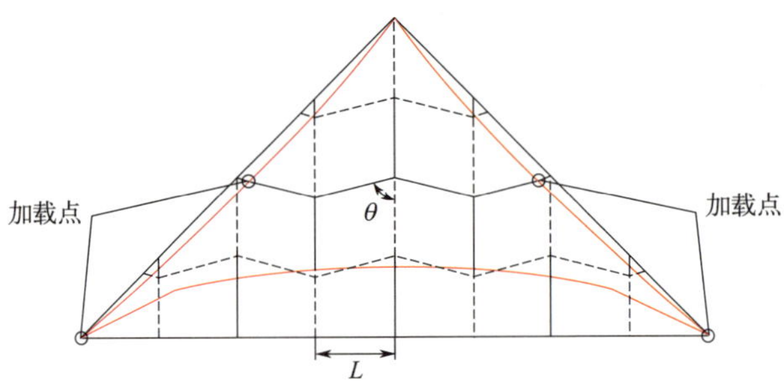

图 7.15 Miura-ori 模型的展开及加载点示意图

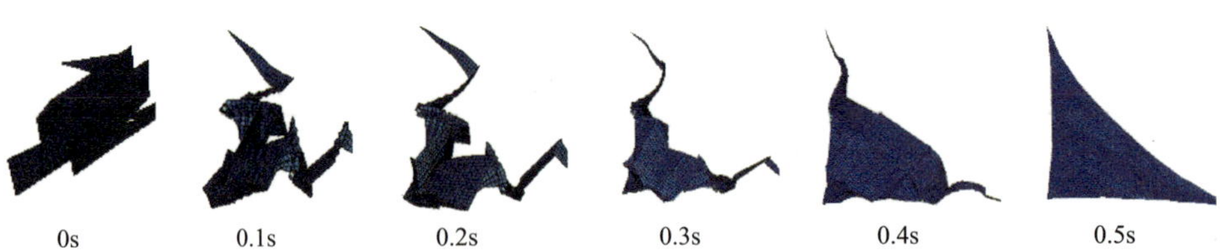

图 7.16 模型展开过程示意图

观察图 7.17 所示的模型展开之后的最终应力云图可知，模型的大部分单元的应力都很小，只有少数加载点附近的单元的应力较大。

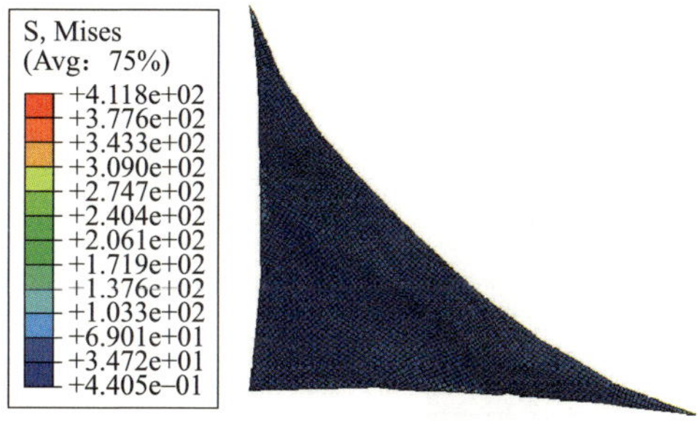

图 7.17　模型完全展开应力云图

为了得到更加详细的应力云图，去掉几个等高加载点以及约束点附近的单元。具体为以加载点为圆心，以 0.05m 为半径画圆，去掉此圆所能扫到的单元，如图 7.18 所示。剩余单元的应力云图如图 7.19 所示，可以看出，模型的大部分单元的应力都在 20MPa 以内，处在弹性阶段。

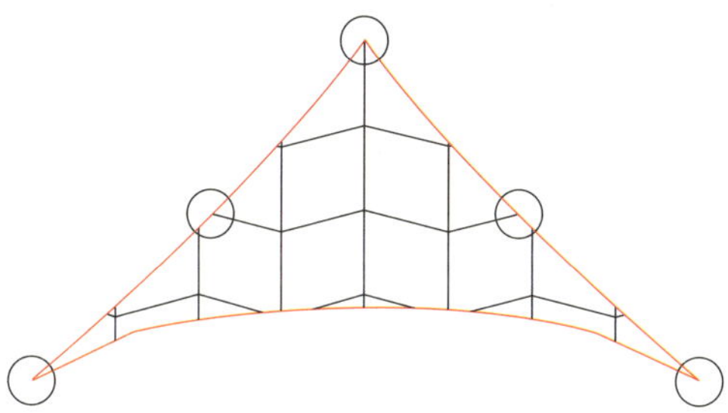

图 7.18　去掉部分单元示意图

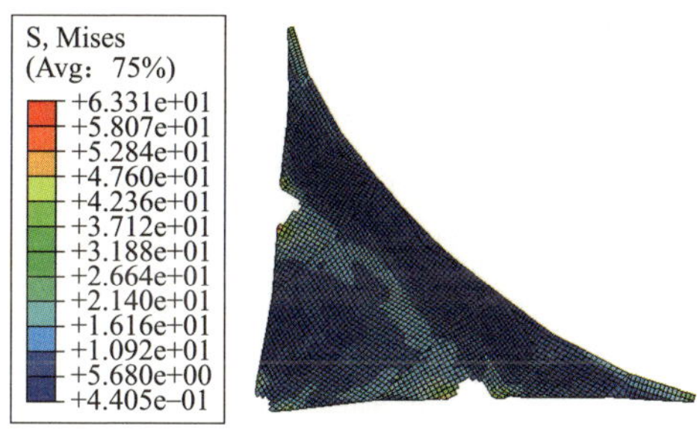

图 7.19　模型剩余单元应力云图

计算平面度指标，取薄膜的三个顶点来确定平面，如表 7.10 所示。

表 7.10　确定平面的三个顶点　　mm

顶点	A	B	C
x	4964.82	5671.76	4257.87
y	−587.238	−1295.54	−1295.54
z	-2.46×10^{-5}	-2.46×10^{-5}	-2.46×10^{-5}

所形成的平面为 $1001461.115z-24.59=0$，平面度指标 $P=7.145571\text{mm}$。模型的折痕长度为 $16L+64L/(5\tan\theta)=3393.984\text{mm}$。折叠率是指物体被折叠后，其被改变部分的面积占原来面积的比例，反映折叠作用过程后的效率；折叠率

越高，则折叠的效果越好。本节给出折叠率的定义为：折叠率＝(模型完全展开面积－模型完全折叠面积)/模型完全展开面积。其中，模型完全折叠的情况如图 7.20 所示，图 7.20(b)实线所围成的面积即为模型完全折叠面积。该模型的折叠率＝1－48725.2441/500000＝0.90255。

(a) 实际模型完全折叠情况　　(b) 模型完全折叠表面情况

图 7.20　模型完全折叠情况

7.3.3　不同参数方案展开过程仿真

对于 Miura 折叠方案来说，主要由两个参数来决定其具体的形状，分别为 θ 和 L(与 L 垂直的单元长度和 L 相等，因此只取两个参数)。为了保证折叠结构的各个基本单元的长宽比不发生过大的变化，在 L 变化的时候，与 L 垂直的单元长度继续保持和 L 相等，通过改变折叠单元的层数来改变参数 L。除了 7.3.2 节中提到的模型外，其余四个模型如图 7.21 所示(模型平面图中的红色线为找形之后的边界线)，模型之间对应的具体参数情况如表 7.11 所示。不同参数方案模型展开过程和完全展开应力云图如图 7.22、图 7.23 所示。

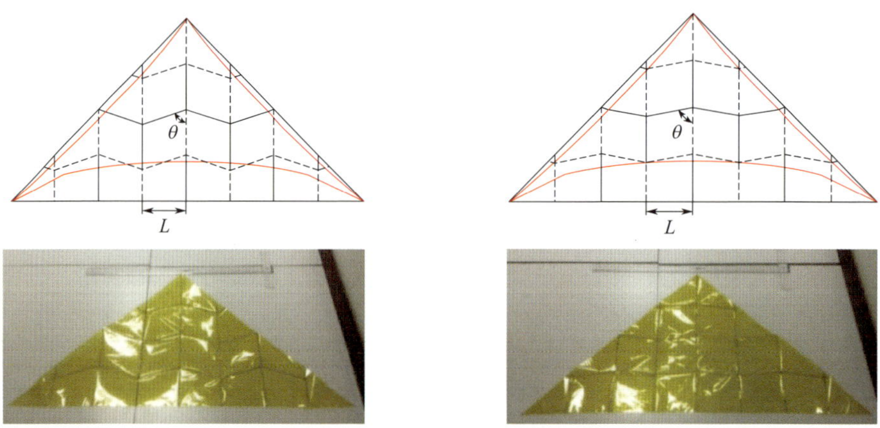

(a) 模型二　　(b) 模型三

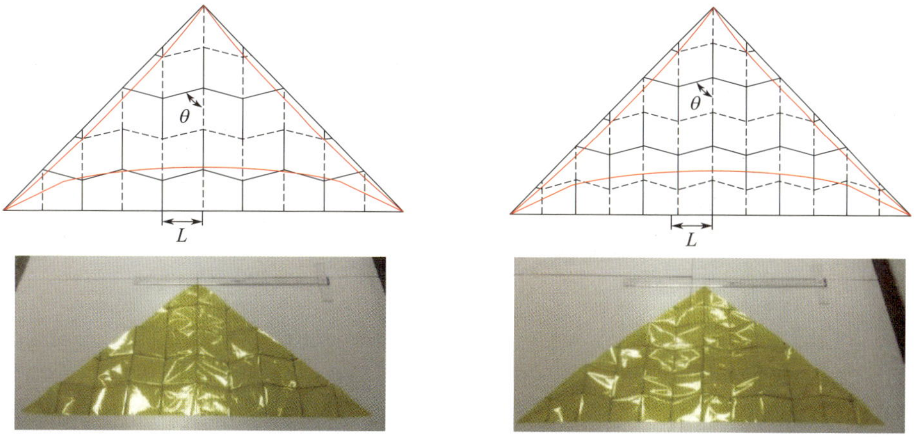

(c) 模型四　　(d) 模型五

图 7.21　模型示意图

表 7.11　五个模型的具体参数情况

模型	θ	L/mm
模型一	arctan4	176.77
模型二	arctan3	176.77
模型三	arctan6	176.77
模型四	arctan4	141.42
模型五	arctan4	117.85

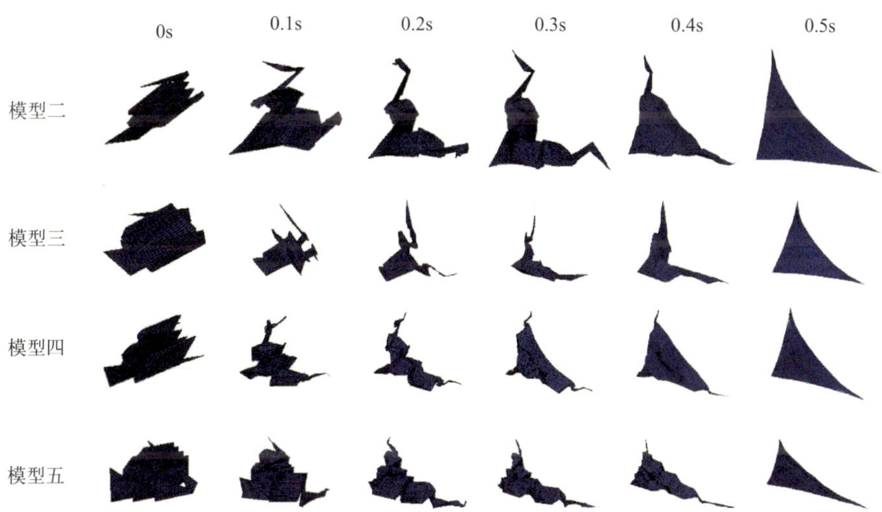

图 7.22　不同参数方案模型展开过程示意图

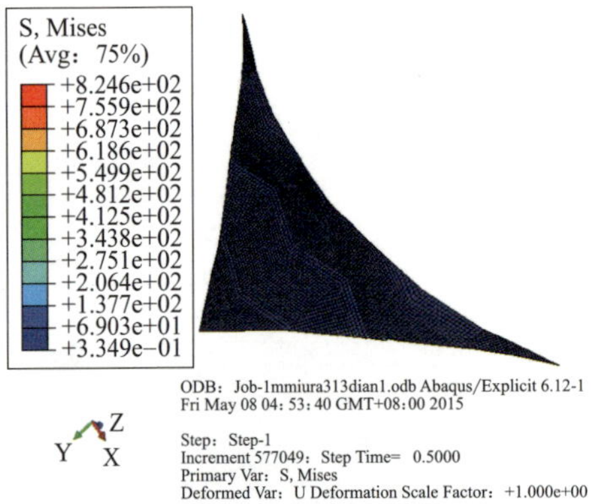

(a) 模型二完全展开应力云图

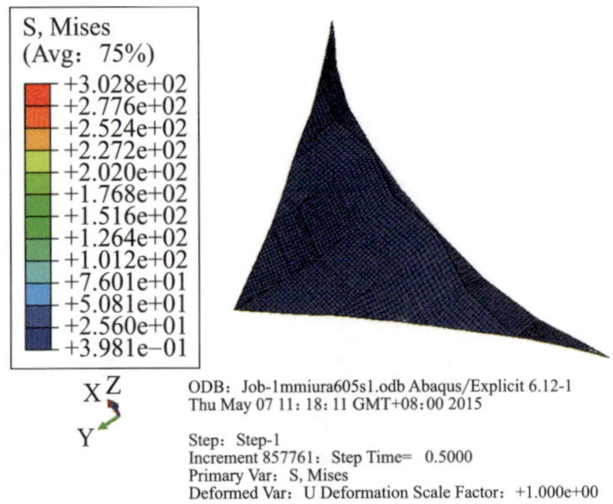

(b) 模型三完全展开应力云图

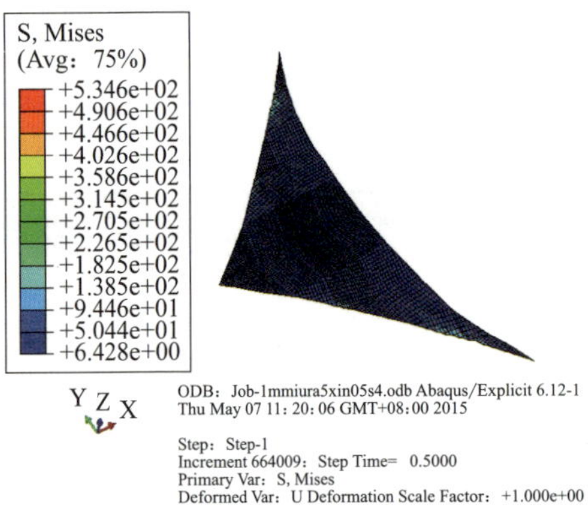

(c) 模型四完全展开应力云图

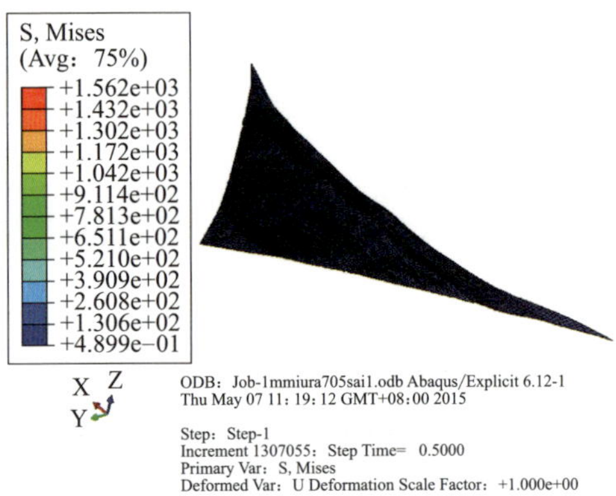

(d) 模型五完全展开应力云图

图 7.23 不同参数方案模型完全展开应力云图

首先将五个模型的各项指标做比较，如表 7.12 所示。

表 7.12 五个模型各项指标的比较

模型	平面度指标/mm	最大应力/MPa	剔除部分单元后的最大应力/MPa	折痕长度/mm	折叠率
模型一	7.15	411.8	63.31	3393.98	0.903
模型二	9.89	824.6	188.5	3594.32	0.895
模型三	19.69	302.8	133.5	3198.7	0.912
模型四	3.50	534.6	213.1	4270.88	0.928
模型五	2.54	1562	157.5	5161.83	0.944

由表 7.12 可以进行下列分析：

① 当 L 一定时，随着 θ 的增大，折痕长度减小，折叠率增加，模型的整体应力

越来越小,即展开薄膜所花费的代价减少。

② 当 θ 一定时,随着 L 的减小,折痕长度增加,折叠率增加,模型的整体应力越来越大,即展开薄膜所花费的代价增加。

③ 模型三的平面度指标较大,原因是其加载点个数较少,而不增多加载点个数的原因是:一点加载时得到的模型的最终展开应力云图最为均匀,无特别突兀的应力点。分析原因是:此模型展开代价较小,增多加载点容易出现加载点处应力突变;除此之外,其能量比曲线振荡较为明显。

④ 模型四和模型五的平面度指标较模型一更好,原因是模型四、五的同一高度的加载点要比模型一多一个,加载点增多使得平面度指标更好。

⑤ 模型展开应力较大的地方多出现在加载点或加载点附近,是薄膜的边缘地带,因此在实际制作薄膜结构的时候要着重注意薄膜的封边,以加强薄膜边缘。

⑥ 在实际结构的折叠方式的选择中,应该首先满足折叠率的要求,进而考虑在 L 确定的情况下,适当增加 θ 的数值(不能增加到直角),这样可以降低模型的整体应力。

7.4 平面薄膜结构缠绕展开过程仿真

7.4.1 折叠方案

根据工程需求,选择三种缠绕折叠方案进行对比分析。每种方案的构型尺寸保持一致,构型的外接圆直径为 5600mm,中心轮毂的外接圆直径为 400mm。三种折叠方案构型图如图 7.24 所示。

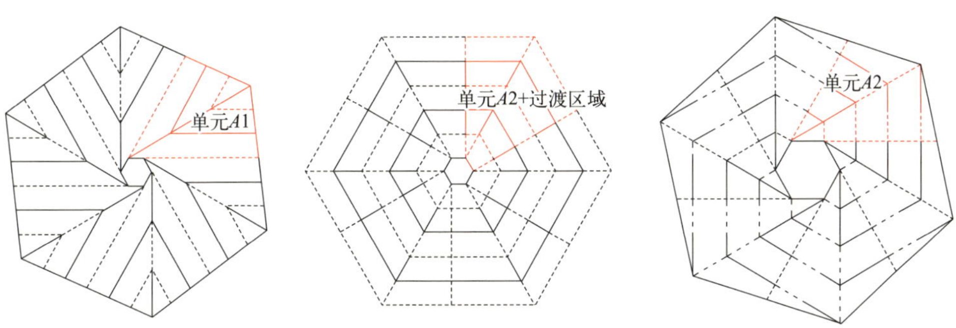

(a) 有轮毂的叶出模式构型图(方案一)　(b) 带折痕的过渡区域的叶入模式构型图(方案二)　(c) 螺旋线缠绕折叠模式构型图(方案三)

图 7.24　缠绕折叠方案构型图

7.4.2 缠绕展开过程建模及仿真分析

对缠绕展开过程进行仿真分析，从应力大小、能量变化、平整度指标以及驱动力大小等方面来比较三种折叠方案。仿真过程的注意事项主要有以下几项：

① 约束形式要使膜结构不发生刚体位移，且平整度指标要尽可能低。

② 载荷形式的选择要尽量贴合实际展开过程。若采用力驱动，不容易控制薄膜刚好展开为平面的状态；若采用位移驱动，在动力显式计算下，容易使加载点出现无速度，与动力展开过程不符；若采用速度驱动，则能通过改变速度的大小来控制展开过程的快慢，较为合理。

③ 为防止展开过程中较大的应力集中，避免单点驱动展开不到位，在每个驱动位置采用多点驱动，驱动位置的个数应符合实际应用需求。

图 7.25(a)为有轮毂的叶出模式构型的初始模型图，为保持三种折叠方案的内外径统一，平面展开状态下的尺寸均设为外径 5600mm、内径 800mm，但由于薄膜结构的形状不能随意确定，为了使展开后的薄膜结构既满足平衡条件，又能依靠一定的预应力和挠曲变形来抵抗膜面外载荷，就要通过找形来寻找与预应力大小和分布相适应的初始平衡表面形状。初始形状的确定就是找形的过程，若初始应力大小及分布为已知，以表面几何形状为求解目标，在几何边界条件确定的条件下，可采用极小曲面法(应力分布均匀)和平衡曲面法(应力分布不均匀)来实现找形。使用 3D3S 软件的索膜找形模块进行薄膜找形。首先需确定薄膜的预应力大小，通常情况下，膜的预应力应控制在允许应力的 30%以下，而薄膜的允许应力约为薄膜的单轴抗拉极限强度的 25%，膜厚为 0.05mm，由材料性能试验可知此厚度下的薄膜极限强度在 110MPa 左右，从而可知预应力应在 9MPa 以下，预应力取中间值 5MPa。在 3D3S 软件中采用非线性有限元进行曲面找形。有限元法的计算精度和计算速度较高，薄膜结构通常处于大位移、小应变状态，因此，在这种柔性结构的有限元计算中，应考虑结构的几何非线性。非线性有限元法是应用虚位移原理修正的拉格朗日公式来对结构建立非线性有限元基本方程，根据结构任意假定的初始几何形状和预先设定的初始预应力，迭代求解出薄膜表面的最小曲面或平衡曲面。

因为实际工程中可能找不到最小曲面，或者最小曲面不是设计者所期望得到的曲面，因此，当最小曲面迭代次数太多仍达不到给定精度时，可以控制寻求最小曲面或者改求平衡曲面。经过不同的迭代步后，再改找平衡曲面可以得到不同形式的曲面，迭代越接近最小曲面，改找的平衡曲面薄膜的表面应力分布越好。首先给定初始几何边界条件、初始应力值和分布以及初始模型形状，在迭代过程中，始终保持薄膜定义的预应力不改变，通过非线性有限元法进行经 20 次迭代的极小曲面的找形，再改找平衡曲面，最终折叠方案一的找形结果如图 7.25(b)所示。根据找形尺寸重新建立找形后的整体模型图，如图 7.25(c)所示。

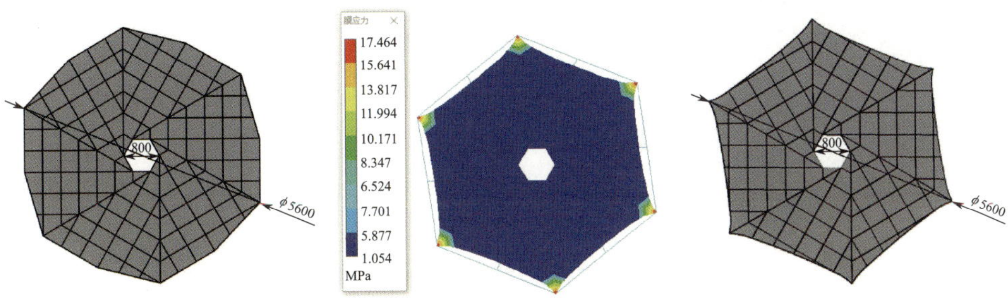

(a) 初始模型图　　(b) 3D3S找形结果　　(c) 找形后整体模型图

图 7.25　有轮毂的叶出模式构型分析

具体建模过程分为以下几个步骤：

① CAD 建模　先建立展开状态下完整模型的 1/6 单元，如图 7.26(a)所示，将 1/6 单元设置为完全折叠状态，如图 7.26(b)所示。再通过环形阵列建立完整模型并导入 Hypermesh 中进行网格划分、共节点等操作。

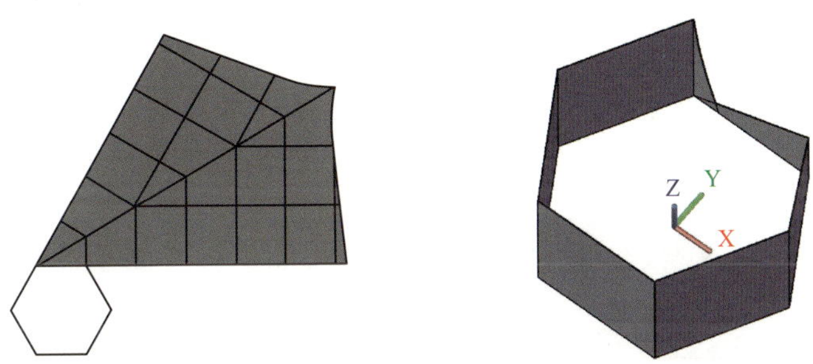

(a) 1/6单元展开状态　　(b) 1/6单元折叠状态

图 7.26　建模示意图

② Hypermesh 建模　网格划分操作：在 Hypermesh 中进行网格划分，网格单元尺寸约为 20mm×20mm，满足展开过程分析要求，为保证共线位置网格节点完全对应，首先进行线布置，然后将面进行划分，最后进行网格划分。

③ ABAQUS 建模与分析　将 inp 文件导入 ABAQUS，设置基本属性，膜厚为 0.05mm，弹性模量为 2400MPa，泊松比为 0.38。采用动力显式进行分析。建立局部柱坐标系，并进行速度加载，加载速度为 100mm/s。一般情况下，薄膜可采用环向剪式铰展开，环向剪式铰与薄膜的连接处即为驱动位置，如图 7.27 中红色圆圈所示为驱动点位置，共计 6 个驱动点。

给边界节点重编号，并给每个节点建立节点集，然后进行 Equation 范例操作。

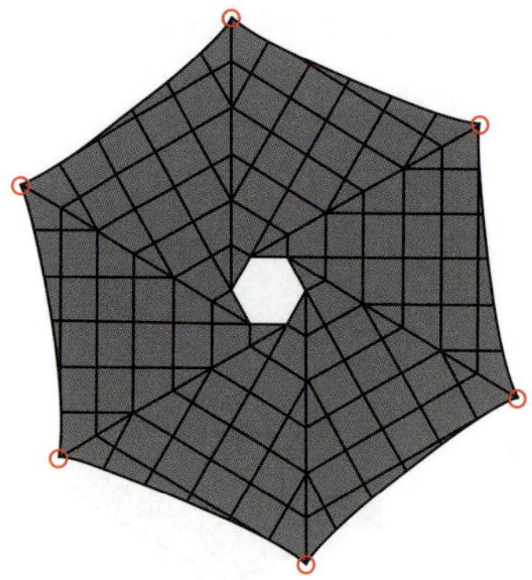

图 7.27 载荷驱动位置示意图

核心思想是旋转对称边界，在等效的边界上，节点的位移完全一致。再生成 inp 文件，根据 inp 文件中的格式，采用 Python 进行批处理，让所有边界节点都实现 Equation 处理。处理之后的 inp 文件再次导入 ABAQUS 进行有限元分析，观察展开过程中的应力变化、能量变化、驱动力变化和展开平整度。单元选用 M3D4R 和 M3D3 两种膜单元[9]，分别对应四边形网格与三角形网格。找形后的折叠方案一展开过程如图 7.28 所示。

观察图 7.28 的应力云图可知，模型展开过程

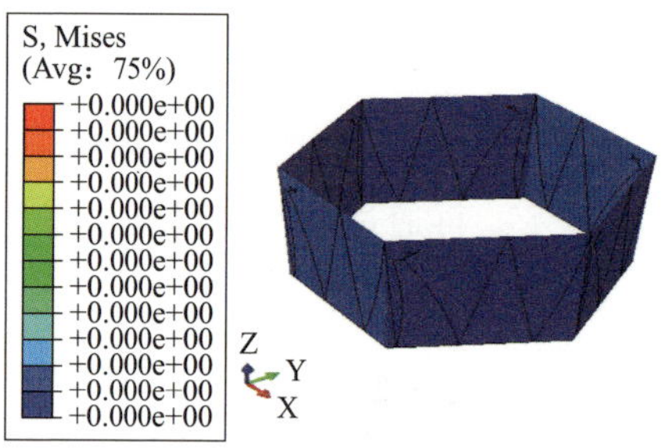

(a) 完全折叠状态

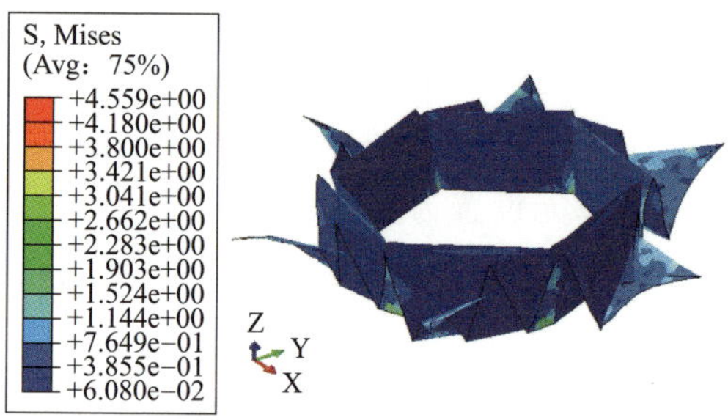

(b) 展开10%

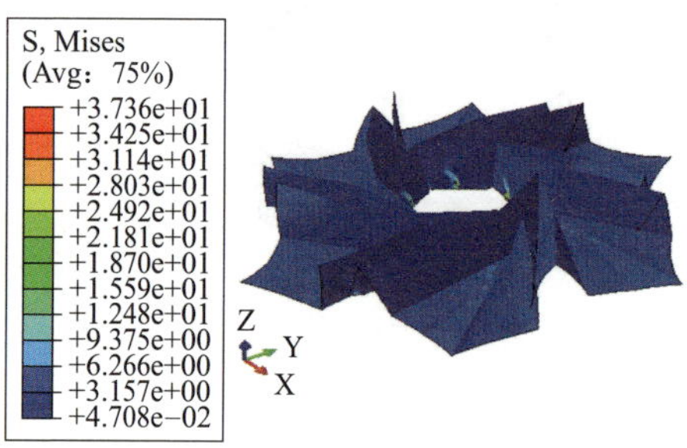

(c) 展开30%

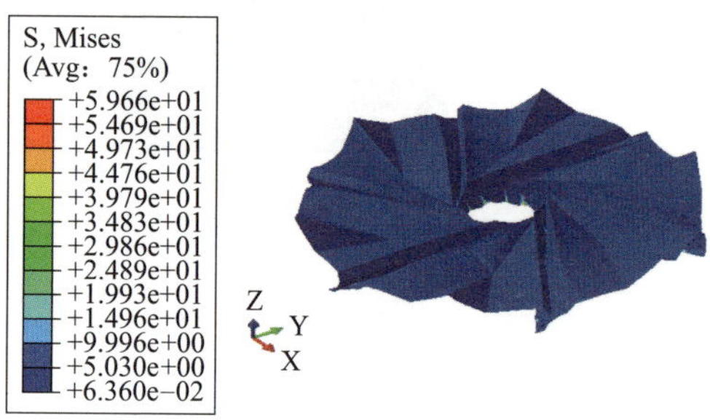

(d) 展开50%

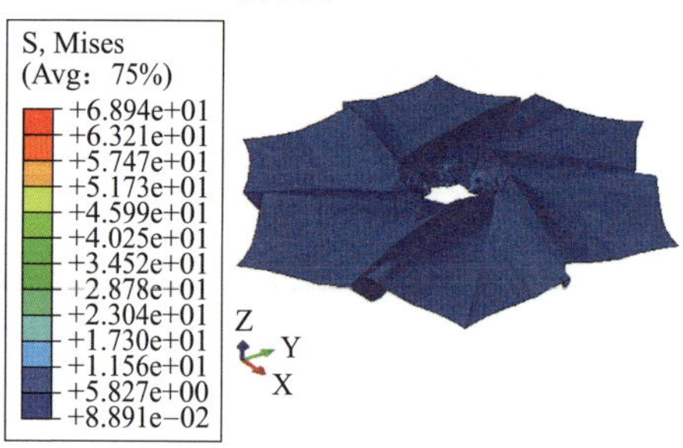

(e) 展开70%

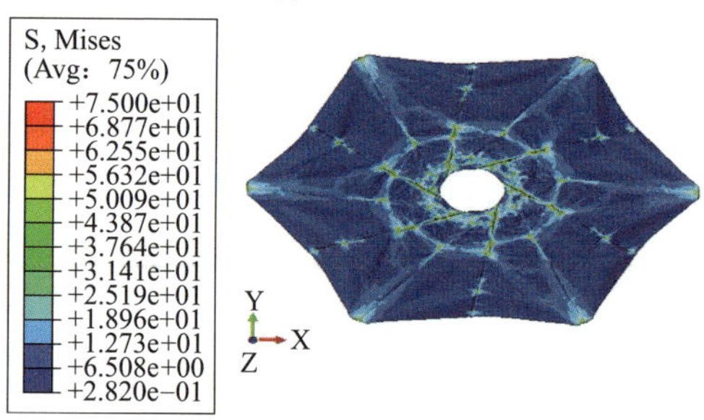

(f) 展开100%

图 7.28 折叠方案一展开过程应力云图

柔性结构的最大应力位于加载点、约束点和折痕处，其余部分的应力始终处于较低水平，除去加载位置附近区域，膜面上最大应力小于 75MPa，满足材料使用要求，加载点处在实际工程中会加强处理，因此在图 7.28(f)的完全展开应力云图中，可将加载点附近单元去掉，具体标准为以加载点为圆心，以 0.08m 为半径画圆，去掉圆所覆盖的单元，如图 7.29 所示。

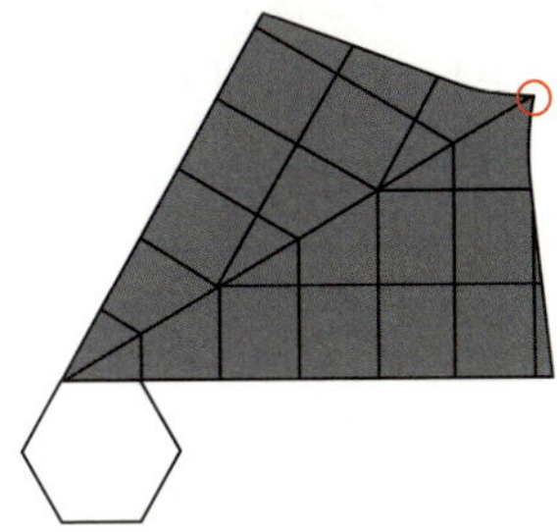

图 7.29　去掉加载点附近单元示意图

图 7.30 中的第一主应力峰值为每个加载时间对应的膜面上的最大应力值，并非膜面上不变点在不同加载时间的应力值。0～0.4s 内结构的第一主应力均处于较低水平，增速较快，因为展开初期薄膜处于缠绕状态，折叠程度大，使得中心轮毂边线和折痕汇聚顶点处的折痕应力增长显著；0.4～0.8s 内结构的第一主应力峰值增速放缓，此时薄膜已基本解开缠绕，进入折痕从折叠到展开的阶段，应力增长变慢；0.8s 后薄膜已基本展开成平面状态，应力增速逐渐趋于平缓，至 1s 时第一主应力峰值达到 75MPa 左右。

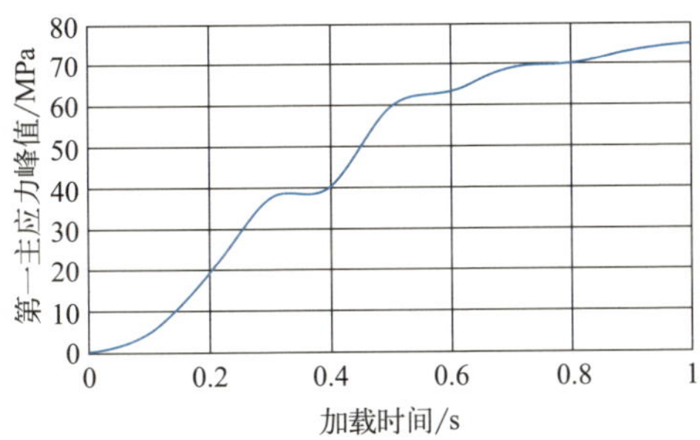

图 7.30　第一主应力峰值主时间曲线

根据多个驱动点的展开过程力-时间曲线(图 7.31)可知，在完全展开前，驱动点作用力很微小，直到过张拉后(0.7s 后)作用力突然增加，说明过张拉前所需驱

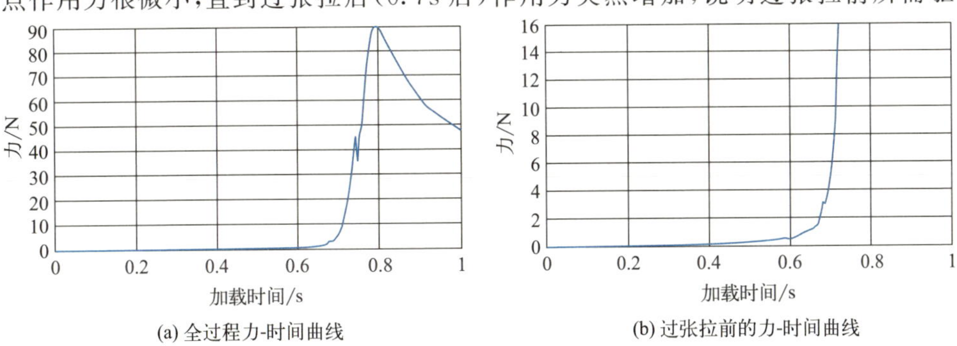

图 7.31　展开过程力-时间曲线

动力很小，为保证模型展开后的平整度，位移加载值超过了实际尺寸，使模型处于“过张拉”状态，因此在展开的最后阶段，驱动力大幅度提高，而这些在实际情况中不会出现。

由图 7.32(a)、(b)可知，展开过程能量增长曲线无明显振荡现象，且始终处于较小值范围，在 0.4s 前，变形能很微小，0.4～0.7s 增长加快，说明此时膜变形量增加，0.7s 后能量显著增长，说明整体结构开始发生较大的弹性变形，这与第一主应力峰值曲线是相对应的。直至 0.7s 后，因为过张拉，变形进一步增大，但都在材料允许变形范围内。

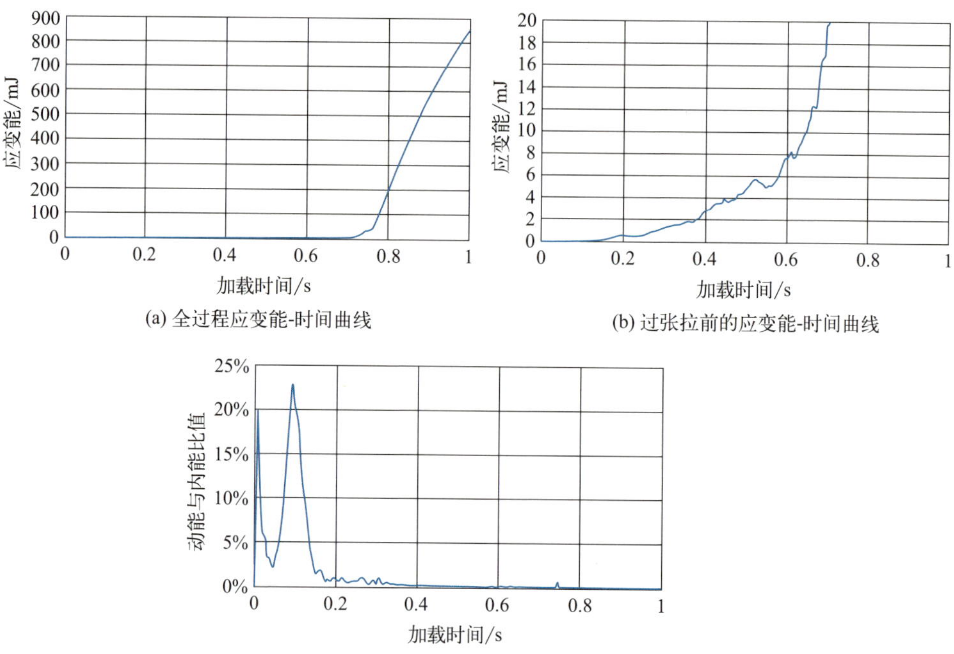

(a) 全过程应变能-时间曲线

(b) 过张拉前的应变能-时间曲线

(c) 整体结构动能与内能比值-时间曲线

图 7.32 应变能曲线和动能与内能比值的时间曲线

为了验证 ABAQUS 显式计算是否符合准静态响应规律，根据图 7.32(c)的动能与内能比值-时间曲线可知，展开初期有显著的振荡现象，这是因为加载方式为多点加载，其比单点加载更容易在加载点处产生应力突变；展开中后期直到完全展开的过程都是较为稳定进行的，动能与内能比值始终小于 5%，符合准静态响应规律，能保证计算结果的可靠性和展开的稳定性。

下面计算折叠方案一的平整度指标。取薄膜驱动位置的三个加载点来确定平面，所形成的平面为 $120.8618z-2752.024=0$，并计算得到平整度指标 $P=1.348618\text{mm}$。

7.4.3 不同折痕方案展开过程仿真分析

与方案一类似，对方案二、方案三的找形结果如图 7.33 所示。

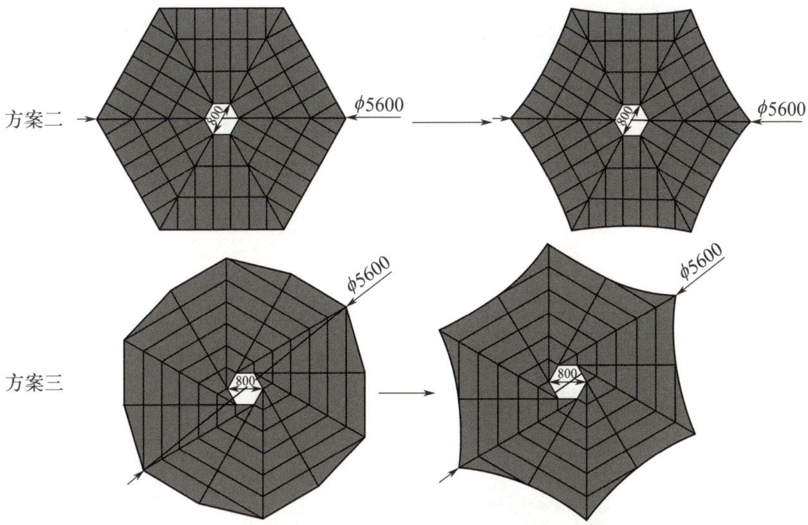

(a) 找形前模型图　　(b) 找形后模型图

图 7.33 折叠方案二、三找形前后模型图

找形后的折叠方案二、三的展开过程如图 7.34 和图 7.35 所示。计算得到的结果如表 7.13 所示。

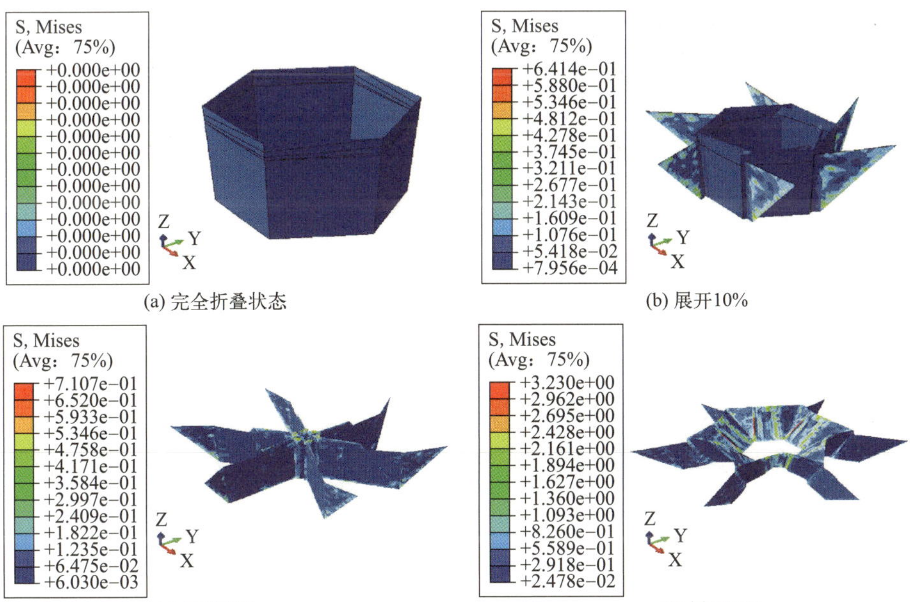

(a) 完全折叠状态　　(b) 展开10%

(c) 展开30%　　(d) 展开50%

图 7.34

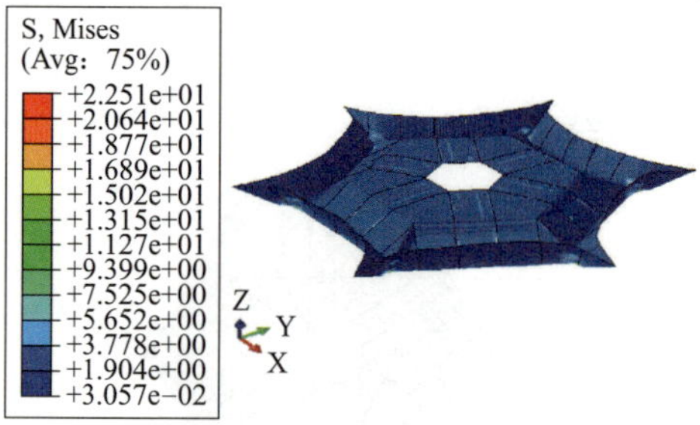

(e) 展开70%

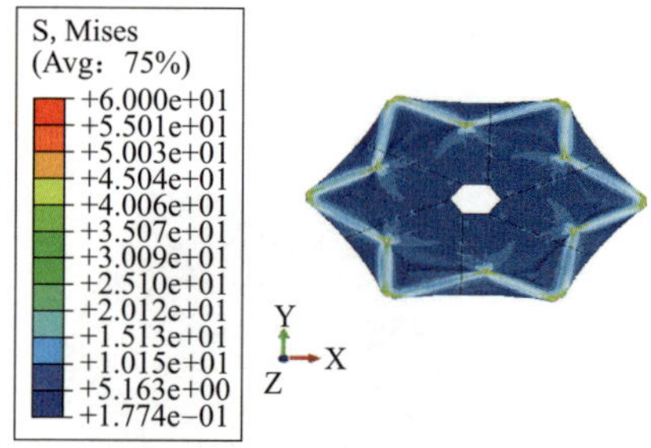

(f) 展开100%

图 7.34 折叠方案二展开过程应力云图

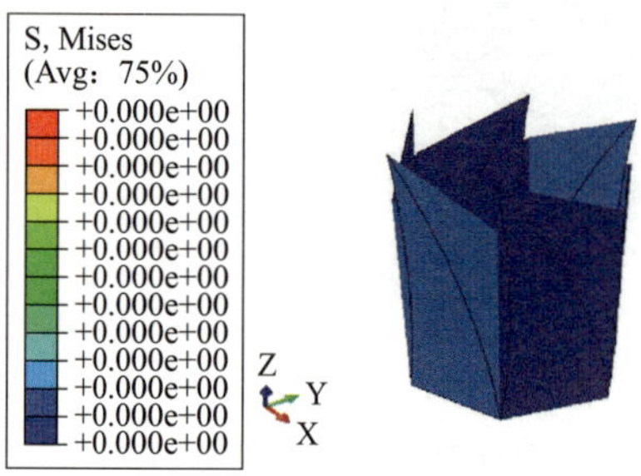

(a) 完全折叠状态

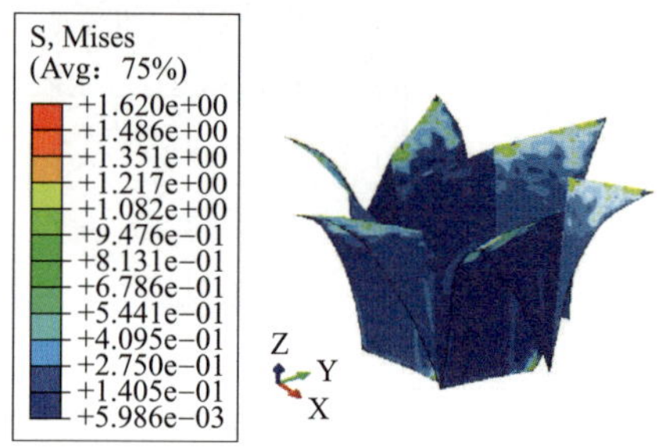

(b) 展开10%

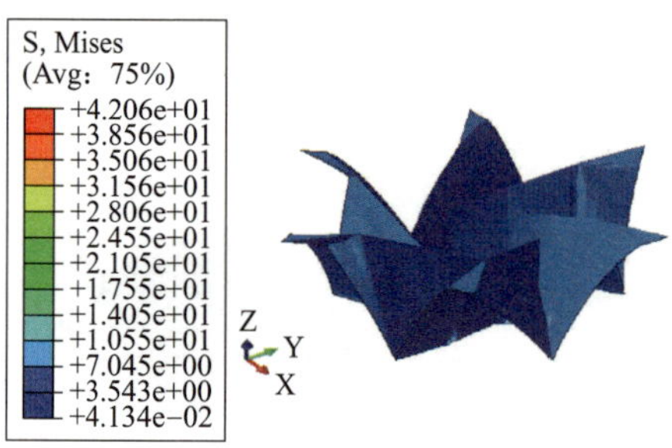

(c) 展开30%

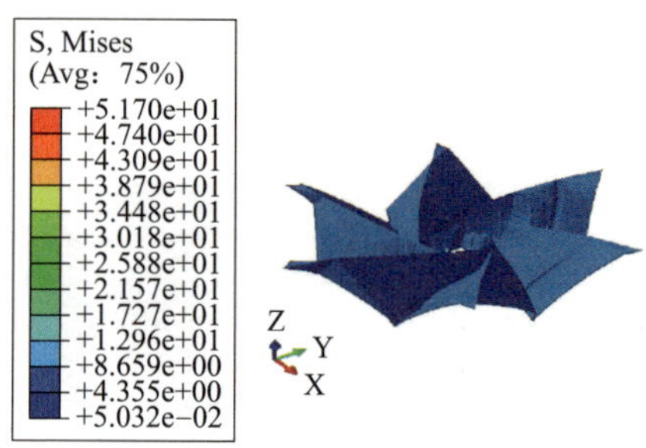

(d) 展开50%

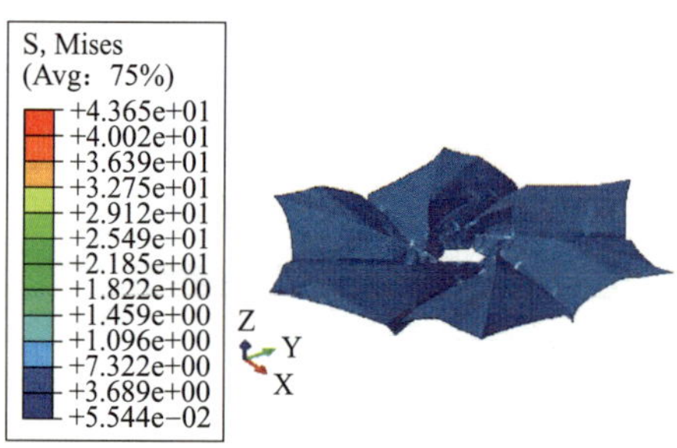

(e) 展开70%

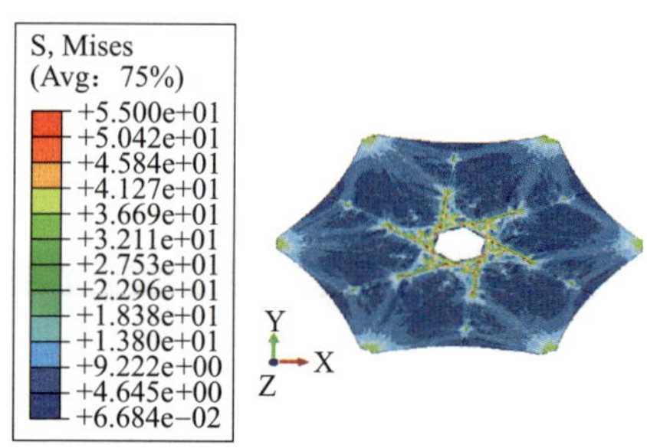

(f) 展开100%

图 7.35 折叠方案三展开过程应力云图

表 7.13 折叠方案的展开过程分析比较结果

折叠方案	最大应力/MPa	过张拉前最大驱动力/N	最大应变能/mJ	平整度	折叠后最大高度/cm
折叠方案一	75	5.22	19.805	1.48618	46.188
折叠方案二	60	1.51	3.346	1.0080	69.282
折叠方案三	55	0.28	4.177	0.95647	138.564

对三种折叠方案的展开过程的各项指标做对比分析：

① 从折叠方式和展开过程的综合分析结果可知，折叠方案三折叠率不是最高，但其折叠次数最少，折痕指数较低，且展开过程中的最大应力、最大驱动力和最大应变能都是较低的，有进一步研究的意义，可以更加深入地对其进行降低高度的折痕加密仿真，以研究折叠尺寸和折痕对其的具体影响，得出折叠方案三折痕加密后的构型的展开过程规律。

② 三种折叠方案在展开过程中较大应力都分布在加载点附近和折痕处，实际工程中可以考虑在加载点进行加强处理，即在薄膜的边缘处进行封边加强。

③ 在加载时间和加载点相同的情况下，方案三的平整度最好，这是因为其折叠模式简单，折叠次数最少，产生的褶皱就会少，更容易展成平面。方案三所需驱动力最小，也佐证了其展开较为容易。方案三的应变能峰值最小，另一方面也说明其展开过程的变形较小，产生的褶皱少。

④ 方案三的缺陷是其折叠后高度比方案一和方案二的折叠后高度高，不利于发射舱对紧凑的要求，因此考虑适当加密折痕来降低折叠后高度。

7.5 平面薄膜结构缠绕折叠过程仿真

7.5.1 缠绕折叠构型铰接杆系模型

目前研究较多的缠绕折叠构型如图 7.36(a)所示，其优点为折叠过程简单、展收比高。该缠绕折叠构型可以根据实际工程的需求调整轮毂外围的尺寸即调整外围的层数。选取最基本的缠绕折叠构型进行分析，如图 7.36(b)所示，实线为峰折痕线(峰痕)，虚线为谷折痕线(谷痕)[10]。

首先，将缠绕折叠构型建立铰接杆系模型，模型共有 30 个节点、12 个四边形板单元、12 个三角形板单元，如图 7.37(a)所示。对其建立长度约束、共面约束、边界约束以及旋转对称约束，然后进行一阶分析，分析结果显示该构型的 Jacobian 矩

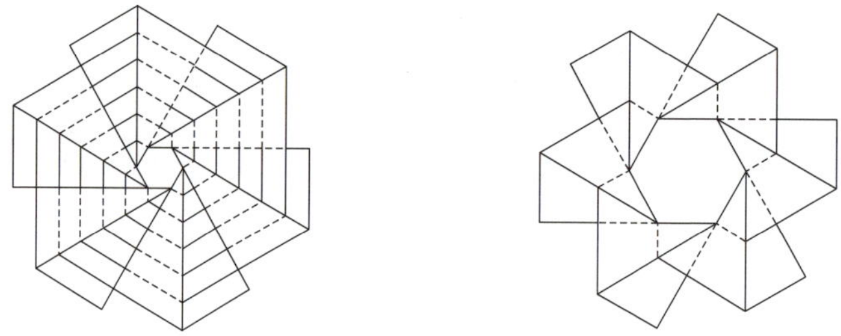

(a) 多层缠绕折叠构型　　(b) 基本缠绕折叠构型

图 7.36　缠绕折叠构型

阵 $\boldsymbol{J}$ 零空间向量数为 0，即说明该构型是非刚性可动的。如果想要折叠过程中薄膜结构的应力尽可能地小，则需要将该构型由非刚性可动转换为刚性可动。通常有两种可行的方法，一种是将非刚性区域进行裁剪，另一种是在非刚性区域增加折痕。为了尽可能地不改变薄膜结构形状与尺寸，采用增加折痕的方法进行转换。

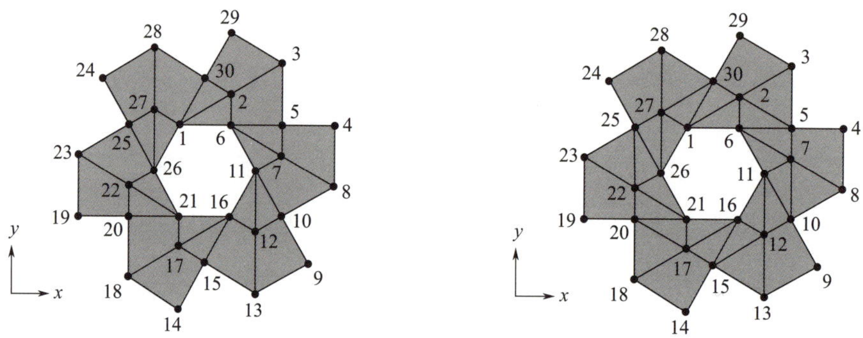

(a) 铰接杆系模型　　(b) 增加折痕后的铰接杆系模型

图 7.37　缠绕折叠构型铰接杆系模型

将图 7.37(a)中的非刚性四边形板单元增加折痕转变成两个相连的三角形板单元，增加的折痕为折痕线 2-5、7-10、12-15、17-20、22-25、27-30，如图 7.37(b)所示。对增加折痕后的构型进行一阶分析，结果表明，增加折痕后构型变成了刚性可动的构型。选择实际工程所需要的运动路径，然后通过 MATLAB 程序进行迭代，求解该构型在折叠过程中的每一增量步的位移值。折叠过程如图 7.38 所示。

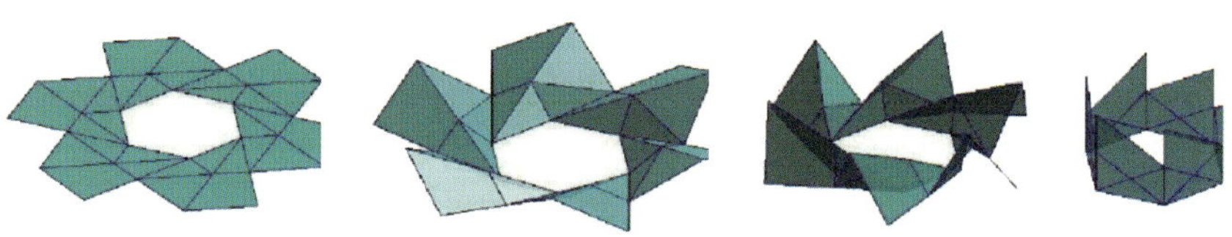

(a) 初始状态　　(b) 折叠30%　　(c) 折叠60%　　(d) 折叠100%

图 7.38　缠绕折叠构型折叠过程示意图

7.5.2 缠绕折叠构型折叠过程仿真

将刚性铰接杆体系的每一个增量步的位移值作为 ABAQUS 折叠过程模拟所施加的位移驱动值，通过 ABAQUS 进行非线性有限元分析，得到薄膜结构的折叠过程中的应力分布等情况。

根据图 7.37，将其尺寸确定为中心轮毂边长为 200mm、中心轮毂外接圆半径为 200mm，外圈薄膜每层外伸长度为 200mm，边 4-5、边 5-6 的长度为 200mm，边 2-6、边 2-30 长度为 115.47mm，边 3-5、边 3-29 的长度为 230.95，其余边长可以由旋转对称性得到。在 ABAQUS 中建立该构型的有限元模型，单元类型为 M3D4R 和 M3D3，分别对应四边形网格单元和三角形网格单元，网格边长为 12.5mm，中心轮毂为铰接，模型如图 7.39(a)所示。采用 ABAQUS 动力显示方法计算，考虑薄膜的接触，接触类型为通用接触。折叠过程的驱动方式为在关键节点处施加位移驱动，一共 24 个驱动点。驱动点的驱动轨迹如图 7.39(b)所示，由于结构是一个中心对称结构，取 4 个驱动点的驱动轨迹表示驱动点的运动过程。采用图中所示的位移加载方式是为了尽可能地将薄膜结构的折叠过程变成一个刚性折叠的过程，即将折叠过程应力较大的区域集中在图 7.39 所示的折痕处。

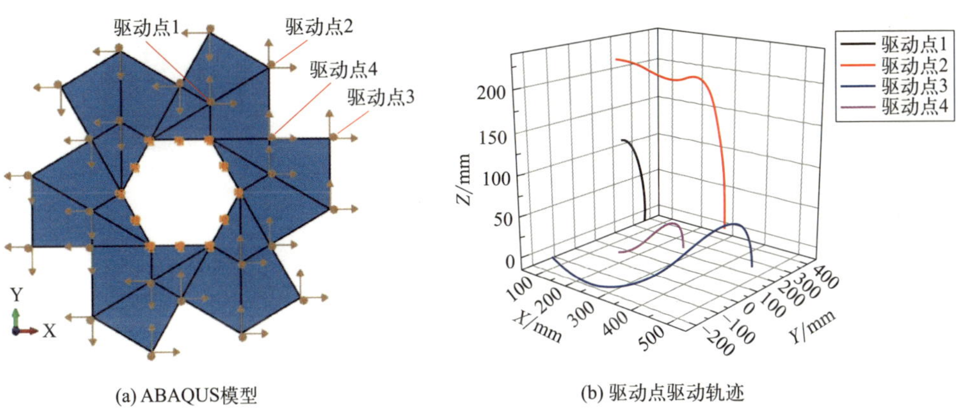

图 7.39 缠绕折叠构型 ABAQUS 模型与载荷加载方式图

将 MATLAB 计算所得的刚性位移值代入 ABAQUS 进行计算，所得的折叠过程如图 7.40 所示。

观察图 7.40 的应力云图可以发现，折叠 10%之前整个结构的应力主要分布在中心轮毂的六个角点处与部分折痕处，部分折痕处的应力达到了 1.3MPa，轮毂角点处的应力达到了 3.2MPa；当折叠超过 30%之后，应力较大的区域并未发生明显的改变，还是主要在中心轮毂的六个角点处与部分折痕处，轮毂角点处的应力不断增大；当折叠达到 50%时，整个结构的应力依旧较小；当折叠到 70%时，应力分布

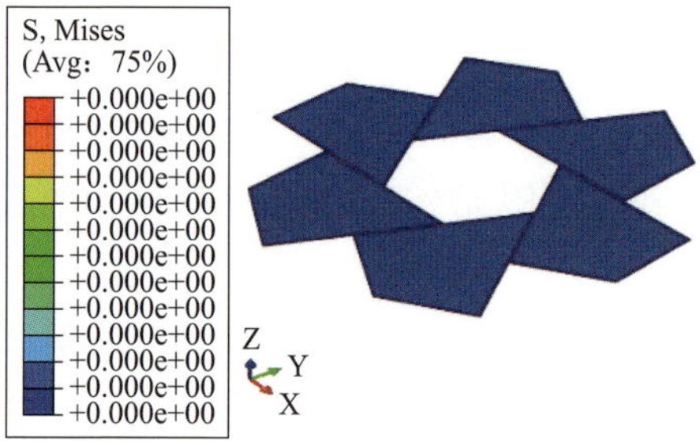

(a) 初始状态

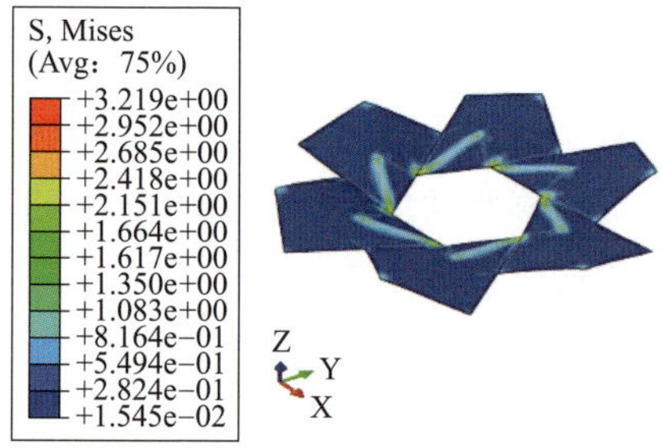

(b) 折叠10%

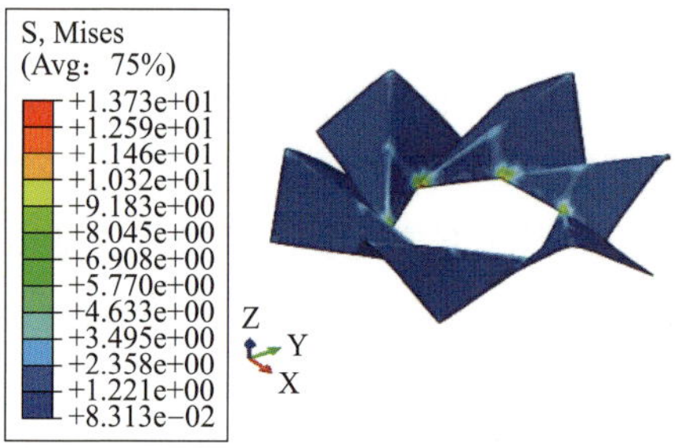

(c) 折叠30%

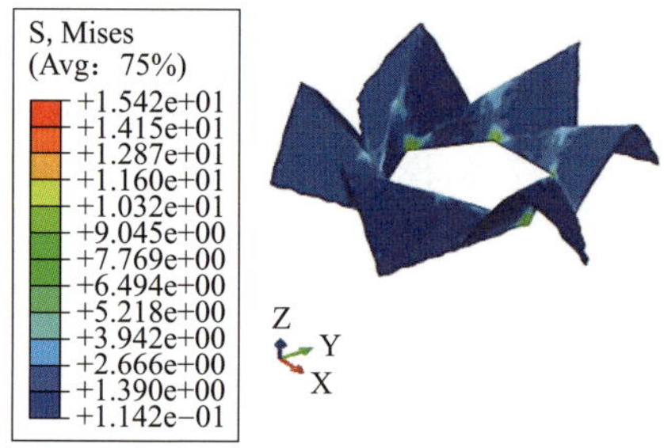

(d) 折叠50%

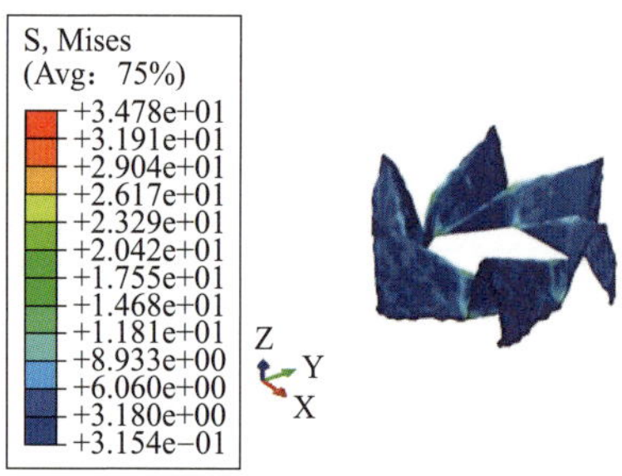

(e) 折叠70%

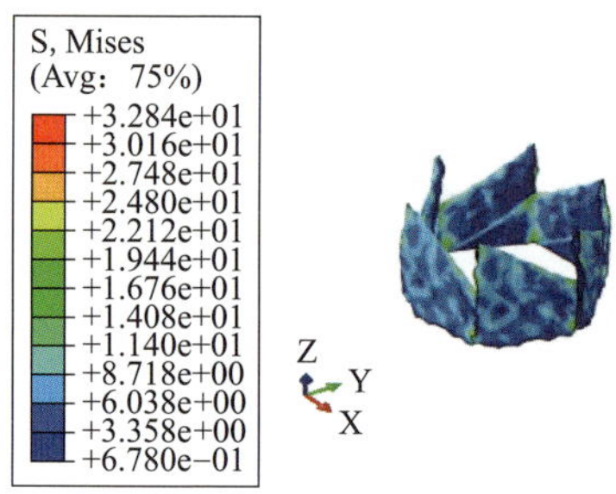

(f) 折叠100%

图 7.40 缠绕折叠构型折叠过程应力云图

情况出现了较大的变化，非折痕区域的部分单元也出现了应力；当完全折叠时，最大应力出现在轮毂角点附近的单元，为 32.8MPa，大部分膜单元均有应力但小于 10MPa，原因主要为膜单元没有面外刚度，在缠绕折叠过程中薄膜较难保证为平整的表面，在位移驱动下无法保持刚性。折叠末状态时，整个薄膜结构折叠效果较好，基本上可以认为实现了缠绕折叠，而且折叠后的面积小于展开状态下的面积，具有较高的展收比。

在实际折叠过程中，折痕处的薄膜会出现较为明显的折痕效应，因此选择缠绕折叠过程中折痕区域应力最大的一条折痕线进行研究，所选择的折痕区域如图 7.41 所示。在折叠达到 50%之前，折叠过程的大部分时间折痕区域的应力值都小于 4MPa；当折叠达到 70%之后，折痕区域的应力值达到 8MPa。以上结果表明，实际折叠过程中，折痕处会产生折痕效应，折痕处的薄膜不会发生大变形，满足实际工程的需求。

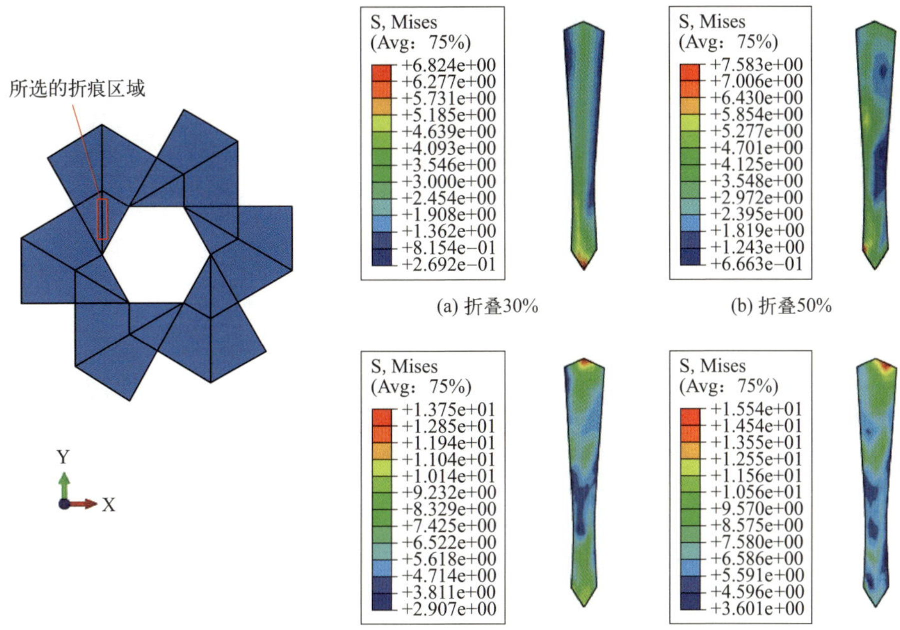

(a) 折叠30%　(b) 折叠50%

(c) 折叠70%　(d) 折叠100%

图 7.41　缠绕折叠构型折痕区域折叠过程应力云图

根据图 7.37 的增加折痕的位置，选择如图 7.42 所示的四边形区域进行分析。所选择的区域内可以明显看出，增加折痕区域的应力相对较大，产生了折痕效应，但此区域内的应力小于其他折痕区域的应力，原因主要是增加的折痕处折叠角小于其他折痕处的折叠角，膜单元变形较小。在整个折叠过程中，增加折痕区域的应力均小于 3MPa。通过增加折痕的方式将非刚性可动构型转换为刚性可动构型是合理的，可以将缠绕折叠过程中应力较大的区域全部转化到折痕处，尽可能地保证大部分薄膜处于低应力状态，同时保证薄膜折叠过程的平整性。

由图 7.43(a)可知，在整个过程中，整体结构的能量曲线无明显的振荡现象，且始终处于较小值的范围之内。虽然施加的位移是刚性折叠过程的位移，但由于所施加的驱动点较少，不能完全达到刚性折叠，折叠过程还是会出现非刚性。因此，整个过程中结构的能量不断增大。图 7.43(b)为整体结构的动能与应变能比值的时间曲线，折叠初期有显著的突变现象，这是因为加载方式为节点位移驱动，在驱动点处应力突变；折叠在中后期直到完全折叠的过程都是稳定进行的，整体结构的动能与应变能比值始终小于 5%，符合准静态响应规律，能保证计算结果的可靠性和折叠的稳定性。

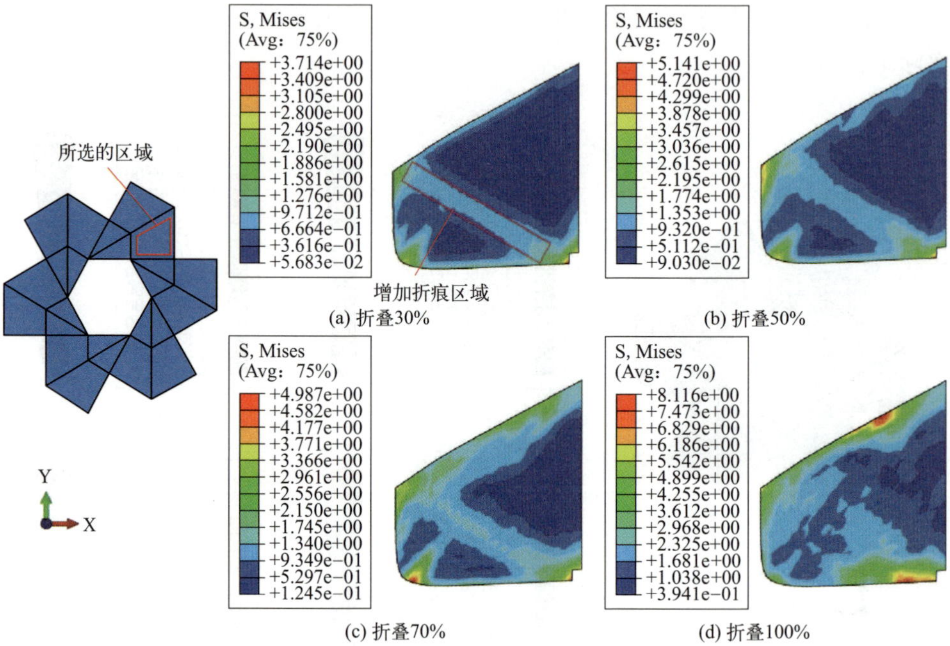

(a) 折叠30%　(b) 折叠50%

(c) 折叠70%　(d) 折叠100%

图 7.42　缠绕折叠构型增加折痕区域折叠过程应力云图

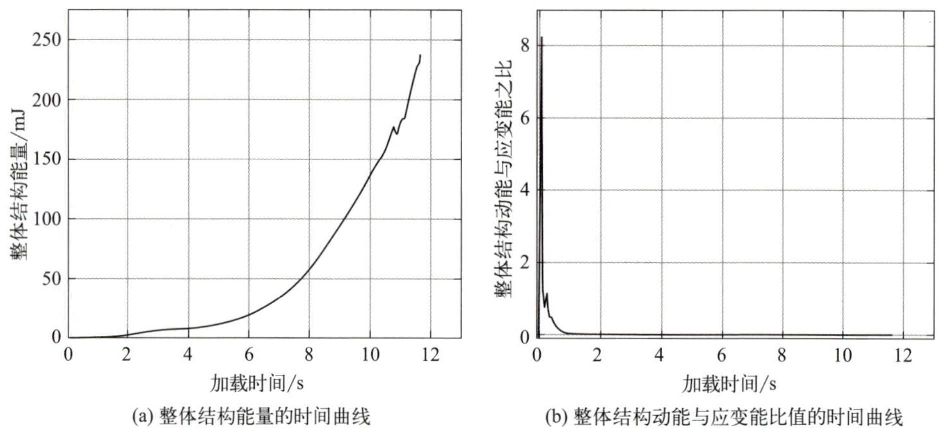

(a) 整体结构能量的时间曲线　(b) 整体结构动能与应变能比值的时间曲线

图 7.43　应变能相关曲线

7.5.3　缠绕折叠构型减少驱动点仿真

在实际工程中，驱动点越少则越容易操作，因此本小节将在 7.5.2 小节中的驱动点基础上减少内部的驱动点，仅保留外圈边缘的驱动点，即去除了图 7.39(a)中的驱动点 1。加载的驱动点的位移值与之前的完全相同，整个模型的其他数据也完全相同，其有限元模型如图 7.44 所示。由于减少了驱动点，整个折叠过程完全是一个非刚性折叠的过程。采用与刚性折叠过程完全相同的位移值，主要是尽可能保证折叠过程薄膜不出现应力较大的情况。

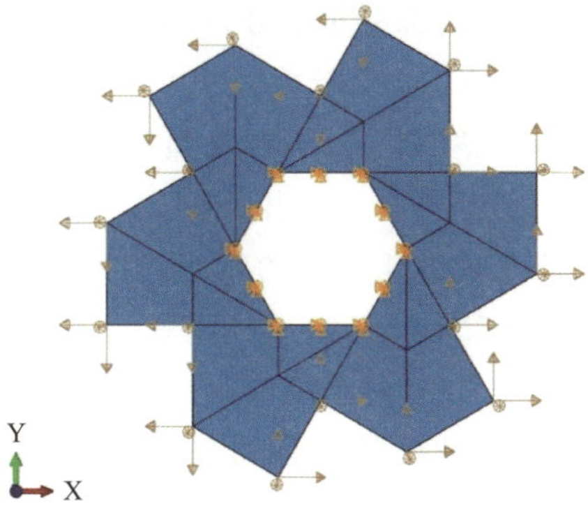

图 7.44 减少驱动点的 ABAQUS 模型图

通过 ABAQUS 进行计算所得的折叠过程应力云图如图 7.45 所示。

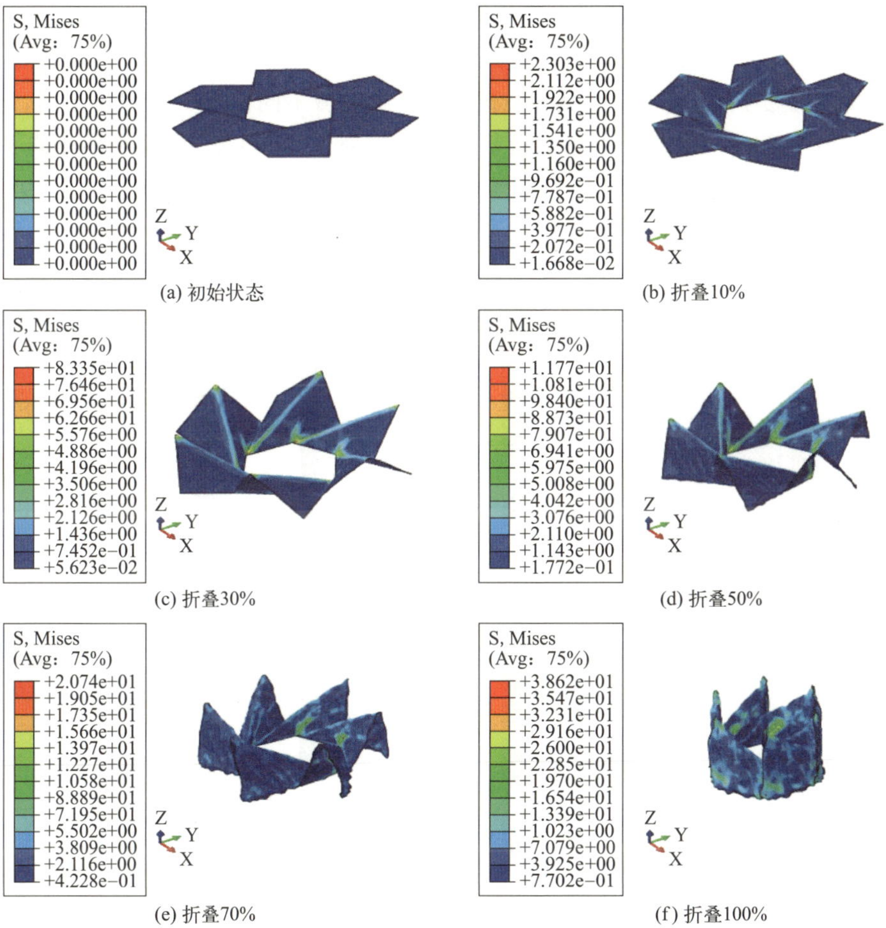

图 7.45 缠绕折叠构型少驱动点折叠过程应力云图

观察图 7.45 的应力云图可以发现，折叠 10%之前整个结构的应力分布情况主要是在中心轮毂的六个角点处与部分折痕处，部分折痕处的应力达到了 1.1MPa，轮毂角点处的应力达到了 2.3MPa；当折叠超过 30%时，峰折痕线处出现明显的折痕效应，此时薄膜处于非常平整的状态；当折叠到 50%之后，应力分布情况出现了较大的变化，非折痕区域的部分膜单元也出现了应力，尤其是轮毂角点附近的区域缠绕过程中出现褶皱，薄膜未能处于平整的状态；当完全折叠时，最大应力出现在轮毂角点附近的膜单元，为 38.6MPa，大部分膜单元均有应力且有些部分的应力大于 20MPa。折叠末状态时，整个薄膜结构折叠效果较好，基本上可以认为实现了平整折叠。与未减少驱动点的模型对比，可以发现，较少驱动点的模型进行分析所得的薄膜最大应力较大。

从图 7.45 中可以发现，折叠过程中峰折痕线附近的单元应力相对较大，因此选择其中的一个峰折痕线区域进行分析，所选择的折痕区域如图 7.46 所示。在折叠达到 30%之前，折痕区域的大部分应力均小于 3MPa；在折叠达到 50%时，折痕区域的应力值增大到 5.4MPa，且覆盖了整个所选区域；当折叠达到 70%之后，折痕区域的应力不再均匀，原因是缠绕过程中折痕区域不同位置变形程度不同，部分单元应力达到 23MPa。与未减少驱动点的模型对比，可以发现，减少驱动点的模型进行分析所得的折痕区域应力结果在折叠过程中的应力较大一些。

由图 7.47 可得，所选择的区域内应力分布不均匀，在折叠达到 30%之前，大部

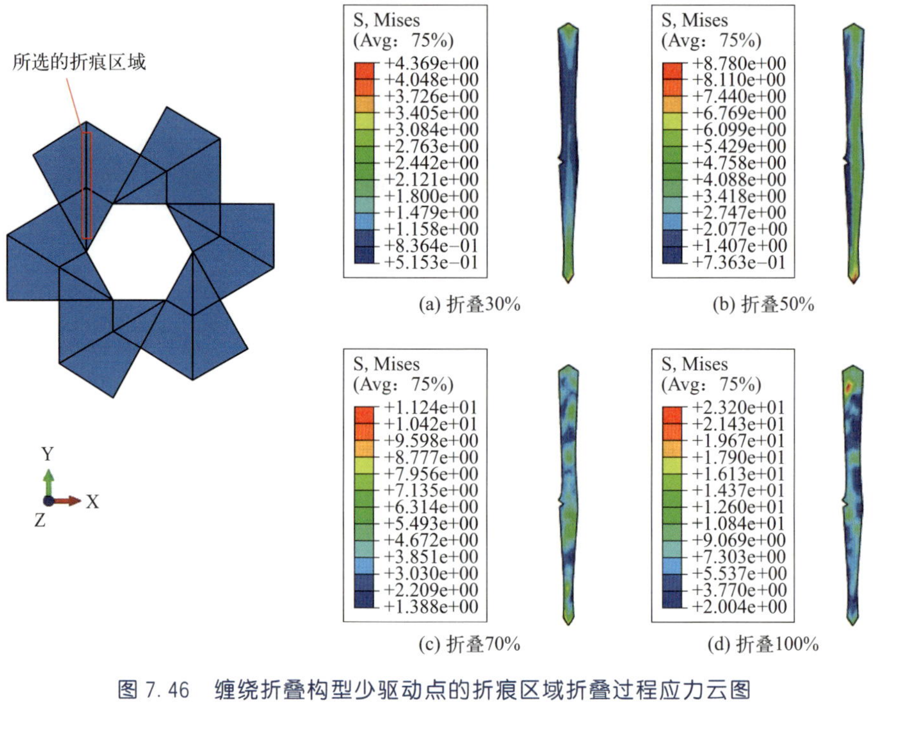

(a) 折叠30%　(b) 折叠50%　(c) 折叠70%　(d) 折叠100%

图 7.46　缠绕折叠构型少驱动点的折痕区域折叠过程应力云图

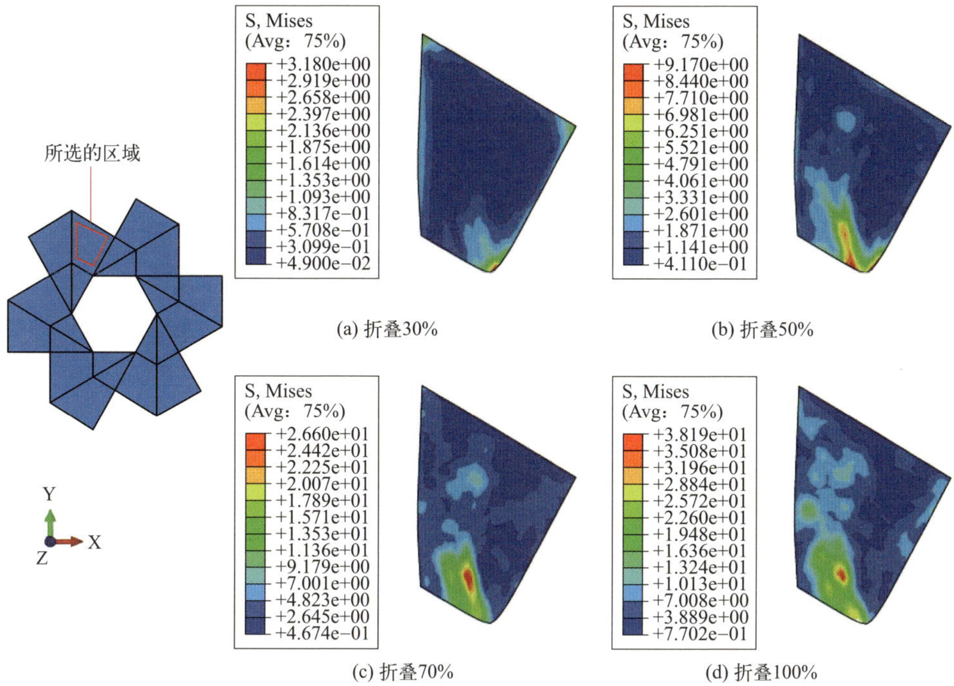

图 7.47　缠绕折叠构型少驱动点的模型的四边形区域折叠过程应力云图

分单元的应力小于 1MPa；当折叠达到 50%之后，部分膜单元出现应力增大，增大到 38MPa，主要是因为折叠程度越高缠绕产生的褶皱现象越明显，导致部分膜单元变形较大。此区域的应力情况与不减少驱动点的模型的分析结果有较大的差别，减少驱动点的模型的应力会偏大一些。由此可以表明，不减少驱动点的模型的折叠过程可以有效地改善折叠过程中部分膜单元应力较大的情况。

参 考 文 献

［1］ Footdale J N，Murphey T W，Peterson M E. Design and testing of self-deploying membrane optic support structure using rollable composite tape springs［C］//54th AIAA/ASME/ASCE/AHS/ASC Structures，Structural Dynamics，and Materials Conference，F，2013.

［2］ Freeland R，Veal G. Significance of the inflatable antenna experiment technology［C］//39th AIAA/ASME/ASCE/AHS/ASC Structures，Structural Dynamics，and Materials Conference and Exhibit，F，1998.

［3］ GB/T 1040.3. 塑料　拉伸性能的测定　第 3 部分：薄膜和薄片的试验条件［S］. 2006.

［4］ 张骞，蔡建国，丁一凡，等．薄膜反射面结构新型折展方案设计［J］. 航空学报，2018，39

(z1):55-63.

[5] GB/T 1040.1. 塑料　拉伸性能的测定　第 1 部分:总则 [S]. 2018.

[6] 丁一凡. 薄膜反射面结构折展方案设计与理论研究 [D]. 南京:东南大学,2016.

[7] Fang H, Li S, Ji H, et al. Dynamics of a bistable Miura-origami structure [J]. Physical Review E, 2017, 95(5): 052211.

[8] Nishiyama Y. Miura folding: Applying origami to space exploration [J]. Osaka Kdai Ronshu, 2012, 60(79): 17-24.

[9] 蔡建国,钟一涵,王立武,等. 圆柱形可展柔性结构高收纳比折叠展开方案 [J]. 机械工程学报,2022,58(01):19-28.

[10] 潘粮今. 非连续薄膜折叠方法和拼接策略研究 [D]. 南京:东南大学,2021.

第 8 章

张拉式可展开薄膜结构的地面试验

8.1 概述

本章介绍了航天器张拉式可展开薄膜结构地面试验，包括模拟零重力展开试验、地面模态测试、精度测试试验等的常用方法，可以为张拉式可展开薄膜结构地面测试和试验提供参考和指导。

8.2 模拟零重力展开试验

航天器在轨道上运行时处于失重状态，其所处的重力环境与地球表面重力环境差异很大，一般其重力加速度量级在$(10^{-3}\sim10^{-4})g$。虽然可展开结构最终工作在微重力环境中，但其制造、测试都是在地球重力环境中进行的[1-2]。而张拉式可展开薄膜结构一般不具备克服重力自支撑的能力，即使可以自支撑，地球重力场将对可展开结构的展开运动特性产生很大的影响，因此需要对其在地面所受到的重力进行补偿，以实现在地面模拟空间实际工作的重力环境，也就是常说的“零重力”。在这个模拟“零重力”环境下进行的展开试验就是“模拟零重力展开试验”[3-4]。

8.2.1 地面重力补偿设备的设计原则

在地面实现重力补偿的方法和形式多种多样，但其共同点都是向试验对象施加一个或多个集中力来实现对分布式重力的部分或全部补偿。地面展开试验时增加的这些集中力边界条件在实际空间飞行时是不存在的，这就必然会对可展开结构的运动特性产生一定的影响[5]。因此，需要尽量减少在地面展开试验时的附加影响，使地面试验尽可能地反映张拉式薄膜结构在空间微重力环境下的运动特性。

(1)影响可展开结构地面试验时运动真实性的因素

可展开薄膜结构在地面进行展开试验时将受到下列因素的影响：

① 空气阻力；

② 部件在受到外部作用力时产生内应力而导致的结构变形；

③ 地面设备附加的惯性负载；

④ 作用力的大小与被平衡部分重量的偏差；

⑤ 作用力偏离质心所产生的弯矩；

⑥ 地面设备的摩擦阻力。

(2)地面重力补偿设备的设计原则

通过前面的分析,对地面重力补偿设备的设计原则总结如下,这些原则实际上也是判断地面重力补偿设备设计是否成功的准则。

① 在可展开薄膜结构运动全过程,作用力应在规定范围内缓慢波动;

② 作用力或合力应始终通过试验对象的质心,或在质心附近规定的范围内;

③ 作用力不能使结构部件产生影响运动性能的变形;

④ 尽量减小对空间机构运动有影响的附加惯性负载和摩擦阻力作用;

⑤ 重力补偿后的剩余重力、地面设备的附加弯矩、附加惯性负载和摩擦阻力等对可展开薄膜结构运动的影响应在可展开结构驱动能力范围内。

8.2.2　模拟零重力方法

在地面实现模拟零重力的方法有很多种,主要有物理法、浮力法、悬吊法等。通过物理法实现模拟零重力的方式主要有跌落和抛物线飞行;浮力法主要是利用空气浮力、水的浮力或气垫来部分或全部抵消地球重力以模拟失重环境;悬吊法是通过拉力与重力平衡以模拟零重力。由于可展开薄膜结构的尺寸一般比较大,工作时间也比较长,因此跌落法和抛物线飞行是不适用的。而水浮法需要专门的设施,负载能力比较小,比较适用于较轻机构的重力补偿,也不太适合用于空间张拉式薄膜机构模拟零重力。

气球浮力法、气垫法、悬吊法这三种方法在使用时没有作用时间和空间限制,比较容易实现,并且资金需求少,比较适合于可展开薄膜结构的模拟零重力,可以根据情况单独使用或组合使用。

(1)气球浮力法

氦气密度为 0.1786kg/m^3,空气密度为 1.293kg/m^3,由于氦气密度约是空气的 13.8%,因此氦气球在空气中将获得较大的向上的浮力,将这个力作用在试验物体上就可以与重力相互抵消。

(2)气垫法

气垫也称气浮装置,由气源、承载平台和若干个气垫单元组成。利用气垫单元将被平衡的结构部件托起,气垫单元与承载平台之间的流动空气层使移动阻力系数降到 0.001～0.005,从而可以实现近乎无摩擦的移动。

通气前,气垫单元与承载平台接触,压缩空气进入气垫单元后,经由气垫单元内部的气道到达气垫单元底部并由小孔排出,当产生的浮托力与结构部件重力相等时结构部件即被托起。不断补充足够的压缩空气可使气垫单元保持 0.02mm 以上的气隙,空气即由气隙逸出,气隙内的气压一般可达 0.1～0.35MPa。可以用调节阀来调节供气量,从而调节气隙的大小。供气量要合适,供气量过多会产生颤动，过少则会使气垫单元离地不足，移动阻力增大。气垫的工作原理如图 8.1 所示。

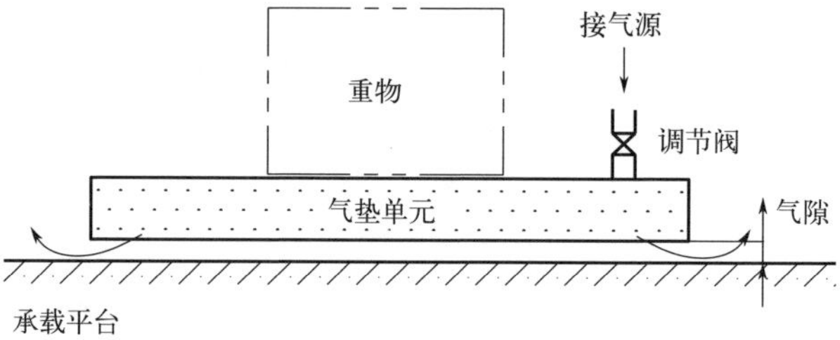

图 8.1 气垫工作原理

由于气垫离开承载平台的间隙很小，要求承载平台平整无缝，平台的宏观起伏和微观粗糙度都不允许超过规定值，否则会因漏气而导致托不起重物。

(3)悬吊法

悬吊法是在地面实现重力补偿最常用的方法，是通过悬吊系统给被试验物体施加一个通过其质心的集中力来抵消全部或部分重力。

图 8.2 是一个典型的悬吊系统，由绳索、滑车、导轨、滑轮、配重等组成。悬吊系统作用在试验件上的拉力的大小可以通过配重来调整。滑车可以在导轨上滚动，以保证在试验件运动的全过程都可以抵消重力的影响。

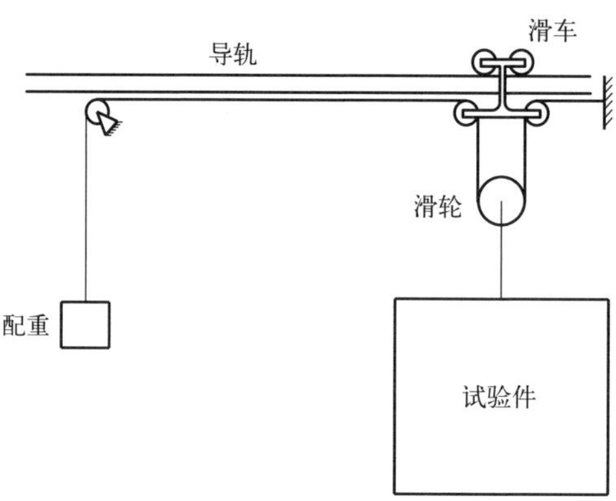

图 8.2 典型悬吊系统的组成和原理

8.2.3 张拉式薄膜可展开结构模拟零重力展开设计实例

本节主要以图 8.3 所示的可展开薄膜结构样机为例，对典型张拉式可展开薄膜结构样机的零重力展开试验设计进行介绍。

可展开薄膜结构样机主要由两套展开与锁定机构、四根豆荚杆、若干张拉杆和恒拉力装置、一套薄膜等组成，薄膜通过恒拉力装置与张拉杆相连，张拉杆通过夹紧机构连接在豆荚杆上。

在收拢状态下，张拉杆收纳在展开与锁定机构的导向支撑架内，薄膜折叠在张拉杆之间；豆荚杆压扁卷绕在展开与锁定机构中，收拢结构形式与卷簧类似。

可展开薄膜结构展开时，两套展开与锁定机构驱动四根豆荚杆向两侧伸出；豆荚杆伸展到预定长度时，触发夹紧机构运动并将最外侧的张拉杆与豆荚杆连接在一起；豆荚杆继续带着最外侧张拉杆伸展，重复将其余张拉杆与豆荚杆夹紧连接的动作，直至全部展开。薄膜随着张拉杆的运动被拉开，通过恒拉力装置张拉在可展开结构上。

8.2.3.1 模拟零重力理论计算

可展开薄膜结构样机的运动部件主要包括豆荚杆、张拉杆和薄膜，豆荚杆为类

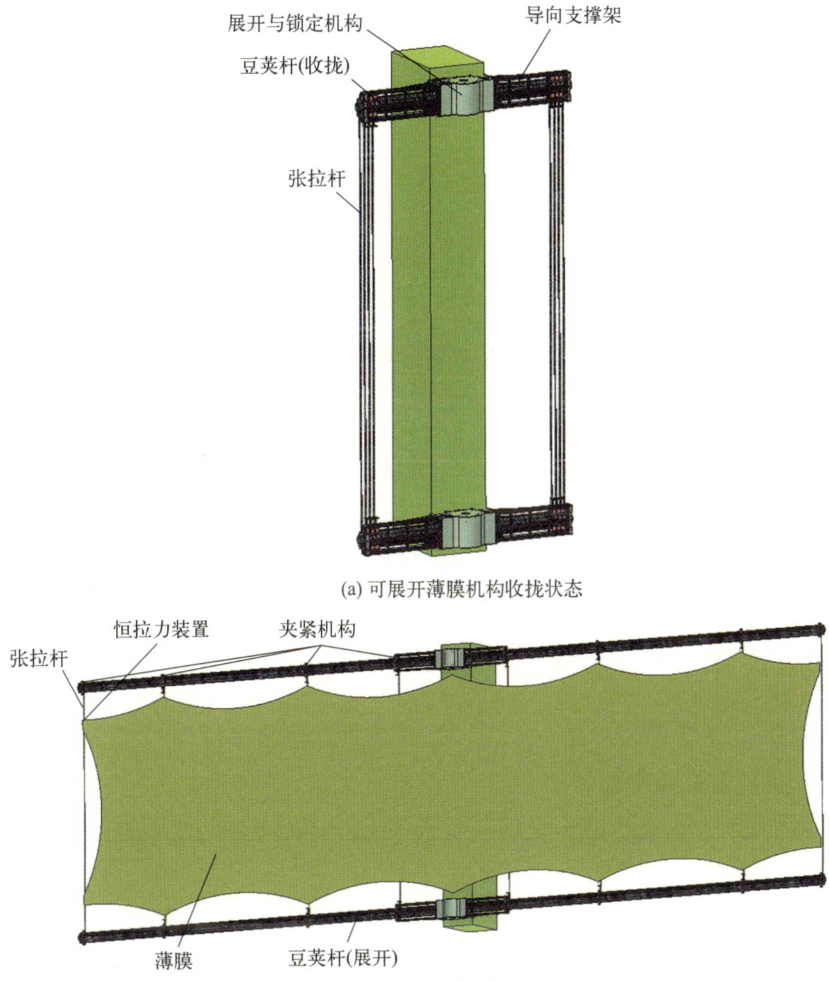

图 8.3 可展开薄膜机构收拢与展开状态

似卷簧的卷绕式收拢展开，张拉杆为直线平动展开，薄膜为Z形折叠展开。这些部件基本是沿水平方向运动的，质心在竖直方向上不发生变化。结合张拉杆、豆荚杆、薄膜等部件的运动规律和质量特性，进行模拟零重力理论分析。

(1)卸载方式的确定

对上述运动部件可采用悬吊方式卸载，悬吊点设置在各张拉杆上。

单侧可展开薄膜结构的四根张拉杆 A、B、C、D 的分布距离如图8.4所示。在张拉杆 A、B、C、D 上设置悬吊点，各悬吊点的卸载力为该悬吊点需要分担的张拉杆、薄膜和豆荚杆的重力之和。

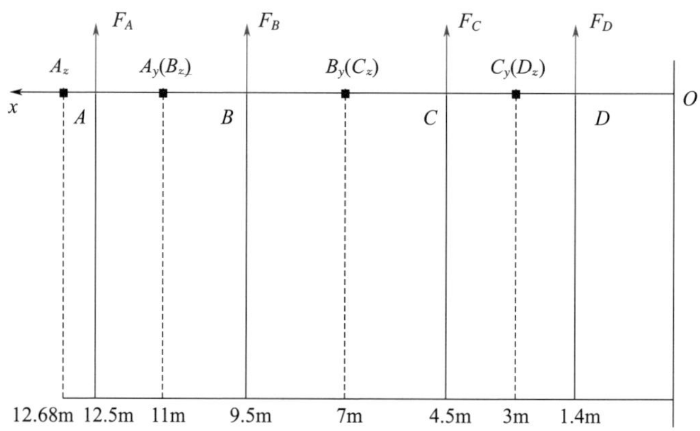

图8.4 张拉杆间距(平行于展开方向)

(2)卸载力的确定

张拉杆 A 悬吊点的卸载力为 F_A，其卸载重量包括张拉杆 A 重量、A_z—A_y 段的2根豆荚杆重量和薄膜重量。

张拉杆 B 悬吊点的卸载力为 F_B，其卸载重量包括张拉杆 B 重量、B_z—B_y 段的2根豆荚杆重量和薄膜重量。

张拉杆 C 悬吊点的卸载力为 F_C，其卸载重量包括张拉杆 C 重量、C_z—C_y 段的2根豆荚杆重量和薄膜重量。

张拉杆 D 悬吊点的卸载力为 F_D，其卸载重量包括张拉杆 D 重量、D_z—O 段的2根豆荚杆重量和薄膜重量。

根据张拉杆、豆荚杆和薄膜的质量特性以及相关尺寸，可以计算得到 $F_A=130N$、$F_B=172N$、$F_C=172N$、$F_D=154N$。

显然，上述设计的卸载力与被平衡质量的重力并不重合，故而会对可展开结构产生薄膜平面的面内残余弯矩。经评估，由于该可展开结构的面内刚度较大，弯矩所产生的变形对展开过程的影响可接受。如果残余弯矩的影响较大，可设计工装，将悬吊点的位置转移到被平衡质量的合质心上方附近，使残余弯矩影响可接受。

(3)卸载力的精度分析

影响卸载力精度的因素主要包括：滑车与产品间的距离变化、水平方向摩擦力、附加质量的惯性力。

① 滑车与产品间的距离变化影响分析

如图 8.5 所示，产品放置时理论展开轨迹的水平度误差 θ_c 和导轨水平度误差 θ_d，会导致在不同的展开位置时悬吊点与产品间的距离发生变化。为适应此距离变化，一般会在滑车与产品间的悬吊绳中串联低刚度弹簧，以减小距离变化而导致的卸载力值的变化量影响。

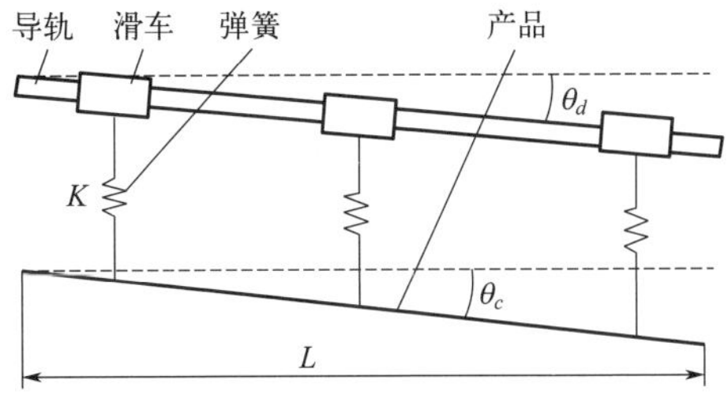

图 8.5　导轨与产品平行度偏差示意图

由于滑车与产品间的距离变化引起的卸载力误差可用式(8.1)进行计算。

$$\begin{cases}\Delta h = L \times \tan(\theta_c - \theta_d) \\ \Delta F = \Delta h \times K\end{cases} \tag{8.1}$$

式中　Δh——悬吊点与产品间距离变化量；

ΔF——卸载力误差；

K——弹簧刚度；

L——产品展开长度；

θ_c——产品展开轨迹水平度误差；

θ_d——导轨水平度误差。

设计产品展开轨迹水平度为 0.2mm/m、导轨水平度约为 0.1mm/m、弹簧刚度 K 为 1.0N/mm，产品展开长度为 12.68m，则悬吊力的变化量约为 3.8N。

② 水平方向摩擦力影响分析

悬吊滑车在跟随产品运动时，与导轨之间会产生水平方向的摩擦力，该水平力会引起悬吊绳索的偏斜，进而影响悬吊绳张力的大小。悬吊绳张力 F、水平方向摩擦力 f 的关系如图 8.6 所示。

根据工程经验，滑车与导轨间的摩擦系数约为 0.01，172N 的卸载力引起的摩擦力仅有 1.72N，引起卸载力 F 在竖直方向分力的数值变化约为 0.01N，影响极小。

③ 惯性力影响分析

在可展开结构运动加速和减速阶段，滑车也会加速和减速，以水平方向惯性力的形式影响卸载力的大小。卸载力 F、滑车惯性力 $F_{惯}$ 如图 8.7 所示。

假设运动部件与滑车之间的加速度差 $\Delta a = 10\text{m/s}^2$，设计滑车质量 $m = 0.3\text{kg}$，则滑车惯性力 $F_{惯}$ 的大小为 3N，引起卸载力 F 的数值变化不足 0.03N，影响也极小。

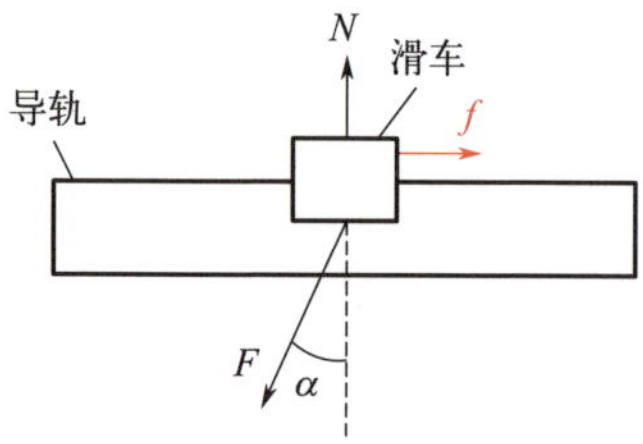

图 8.6 滑车摩擦力示意图

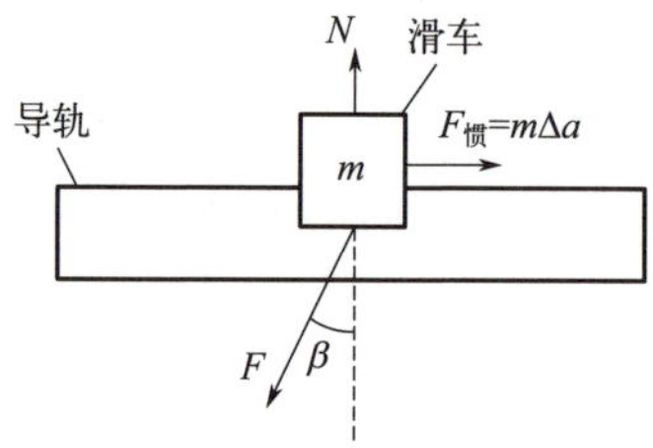

图 8.7 惯性力示意图

8.2.3.2 重力补偿装置设计

(1)总体方案设计

如图 8.8 所示，重力补偿装置主要由桁架结构、水平二维滑车系统、悬吊系统组成。各部分的功能是：桁架结构，是重力补偿装置的基础结构，具有承载、提供安装接口的功能；水平二维滑车系统，为可展开薄膜结构提供水平两方向运动自由度；悬吊系统，实现产品部件在水平二维滑车系统上的滑动和一定刚度的连接、卸载力的测量。

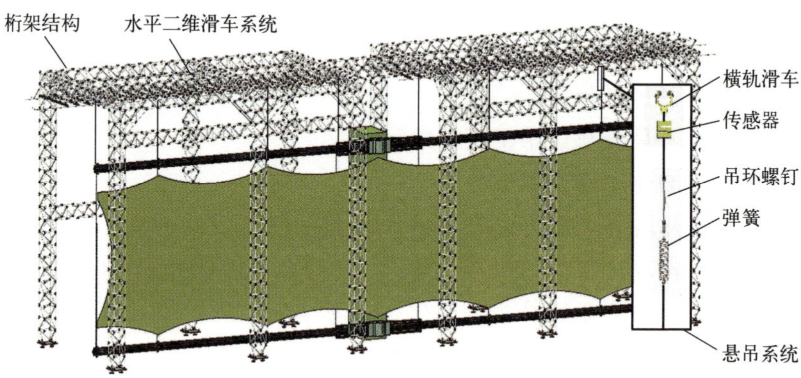

图 8.8 薄膜天线样机重力补偿装置

(2)导轨布置方案

单侧水平二维滑车系统由 2 根纵向导轨和 4 根横向导轨组成，纵向导轨安装在桁架结构上，横向导轨通过纵向滑车连接在纵向导轨上，其布局如图 8.9 所示。

设计横向导轨是为了适应可展开薄膜结构的运动方向与纵向导轨方向的偏差所引入的横向位移量。

(3)导轨的刚度计算

为控制导轨在悬吊力作用下的弯曲变形影响，可用式(8.2)对导轨直径进行计算。

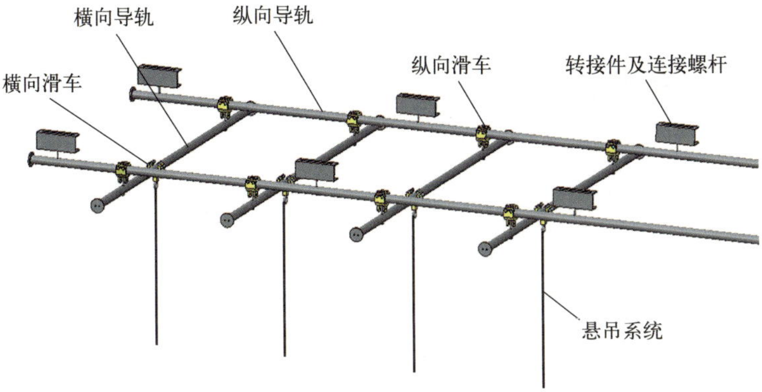

图 8.9　导轨布局图

$$d \geqslant \sqrt[4]{\frac{4PL^3}{3E\pi Y}} \tag{8.2}$$

式中　P——滑车自重及负载，按 300N 计算；

L——导轨两个固定点的间距，取 0.5m；

E——材料弹性模量，此处取结构钢 $E=2.1\times10^{11}\mathrm{N/m^2}$；

Y——允许的导轨最大变形，取 0.1mm。

计算得到导轨直径 d 需大于 29.5mm，最终设计选取 30mm 直径导轨。

(4)悬吊系统干涉分析

在可展开薄膜结构收拢状态下，由于滑车间距较小易产生干涉问题。检查水平二维滑车系统在产品收拢状态下两相邻纵轨滑车、横轨滑车和悬吊系统间均不干涉，如图 8.10 所示。

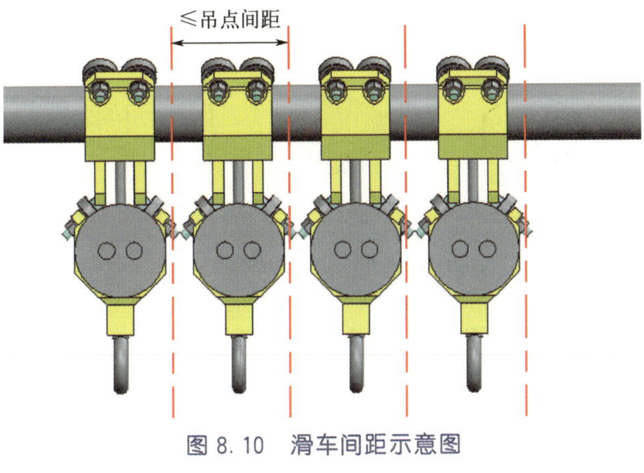

图 8.10　滑车间距示意图

若由于空间过小而出现了滑车干涉问题，可考虑设计双层纵轨，交错布置纵向滑车即可解决干涉问题。

8.3 地面模态试验

航天器产品开展模态试验的主要目的是确定产品结构的固有动态特性，即模态参数（主要包括固有频率、模态阻尼和振型等）是否满足实际使用要求。结构基频是产品结构本身最小的固有频率，它关系到产品结构是否易于遭受某种频率外载荷的共振破坏，是反映产品特性的一项重要参数。

对于大型空间张拉式可展开薄膜结构，通常先要通过软件工具进行计算，分析产品收拢状态及展开状态下的模态，并利用实际产品的基频测试结果对分析模型加以验证和修正[6]。

8.3.1 模态测试方法及测试程序

模态测试的方法主要是使用激励装置对被测结构进行激励，同时采用数采设备采集激励信号和结构的响应信号，通过试验软件识别被测结构的固有频率、阻尼和振型等动力学参数。进行模态测试使用的仪器和设备包括：激励设备、振动采集传感器及线缆、数据采集仪和计算机。

传统模态测试的激励方法主要有两种：锤击法和激振器激励法。在进行张拉薄膜结构阵面模态测试时可选用锤击法进行激励。锤击法进行模态测试较为常见，本节就不再赘述，测试系统连接如图 8.11 所示。

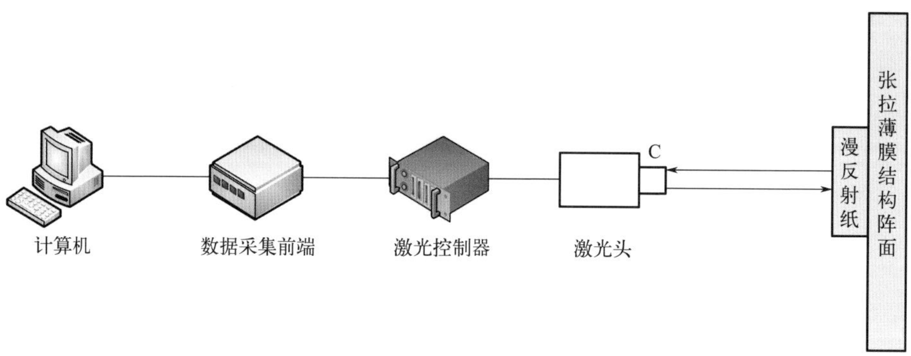

图 8.11 测试设备连接示意图

张拉式薄膜结构属于柔性结构，由于传感器和线缆附加质量，传统的加速度计测试方法不太适合。本节采用激光测振仪对薄膜膜面模态进行非接触式测量，具体操作步骤如下。

(1)安装激光测振仪

① 平稳坚实地架设设备三角架；

② 将激光测振仪稳固安装到三脚架上；

③ 调整三角架高度，使得激光测振仪与被测件中心高度一致。

(2)在被测点粘贴漫反射纸

① 打开激光测振仪，调整激光点在薄膜阵面上的位置并聚焦；

② 在测点位置上粘贴一漫反射纸。

(3)设备连接

① 激光测振仪连接数采前端；

② 数采前端连接电脑。

(4)设置通道参数和测试参数

① 设置激光测振仪，选择合适的滤波方式，并选择合适的量程范围；

② 设置测试的频率带宽和分辨率、激励幅值、扫描方向、扫描次数、扫频速度，并设置触发通道和触发电平。

(5)开始测试

① 通过击锤对薄膜阵面进行激励，等待测试系统完成测试、采集和计算工作；

② 确认测试数据后，将仪器设备关机断电，整理设备；

③ 从试验件上取掉漫反射纸，各自归位，整理工具。

(6)数据处理

8.3.2　张拉式薄膜结构模态测试实例

本节以长度为 10m 的薄膜阵面为例，对薄膜结构非接触式模态测量方法进行介绍。10m 薄膜阵面的模态测试状态如图 8.12 所示。

图 8.12　薄膜测试状态

(1)薄膜阵面张拉状态

圆弧花边索套内的 Kevlar 索在张拉点处穿出，每段索预留约 40mm 的长度。

将从张拉点处穿出的索绕过滚轮V形槽后系到机械式弹簧秤末端，调整滚轮位置使索与索套延长线相切，如图8.13所示。

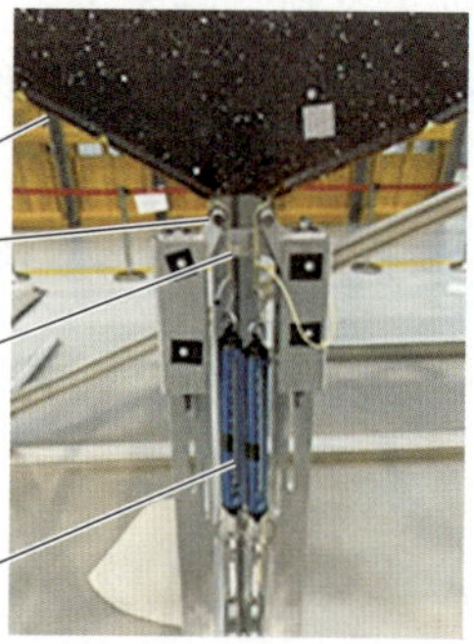

图8.13 张拉点处索、滑轮及索套的位置

调整弹簧秤后部的螺丝，使索的张力达到设计值，实际的索张力可以通过弹簧秤上读数读出，索张力设计值和实际值如表8.1所示。

表8.1 10m薄膜阵面张拉点处张拉力设计值与实际值

张拉点位置	工况1张力/N（膜面预张拉力）		工况2张力/N（理论标准张拉力）		工况3张力/N（2倍理论标准张拉力）	
	设计值	实际值	设计值	实际值	设计值	实际值
1	0.425	2	4.193	4	8.362	7.6
1′	0.425	1	4.193	5	8.362	7.6
2	2.918	5	34.055	34	68.554	63.6
2′	2.918	5	34.055	35	68.554	63.6
3	1.381	3	32.518	34	67.284	63.2
3′	1.381	3	32.518	35	67.284	63.2
4	0.105	1.5	29.710	31.5	62.865	59
4′	0.105	2	29.710	32	62.865	59
5	0.443	1	4.817	4	8.992	8.3
5′	0.443	1	4.817	4.8	8.992	8.3
6	5.068	7	34.872	33	69.331	64.8
6′	5.068	9	34.872	36	69.331	64.8
7	4.985	8.5	35.003	36	69.340	65.3
7′	4.985	8.5	35.003	36	69.340	65.3
8	7.116	9.5	33.778	33.8	66.435	62
8′	7.116	10	33.778	33.8	66.435	62

续表

张拉点位置	工况 1 张力/N（膜面预张拉力）		工况 2 张力/N（理论标准张拉力）		工况 3 张力/N（2 倍理论标准张拉力）	
	设计值	实际值	设计值	实际值	设计值	实际值

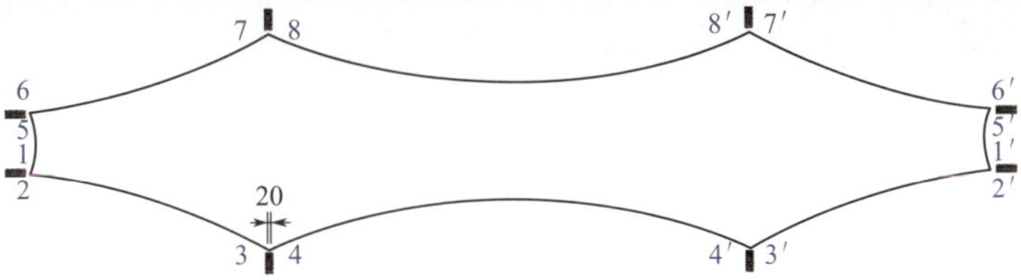

注：对于工况 1：张拉点预张力设计值＝10％理论标准张拉力＋重力引起的索张拉力；
对于工况 2：理论标准张拉力设计值＝理论标准张拉力＋重力引起的索张拉力；
对于工况 3：2 倍理论标准张拉力设计值＝2 倍理论标准张拉力＋重力引起的索张拉力。

（2）试验测试

采用激光测振仪对薄膜阵面进行模态测试。膜面的激振点为 C_1、C_2 和 C_3 三个点，C_2 为膜面中心点，C_1、C_3 位于 C_2 左右两侧各 2500mm 处。激振方式采用在 C_1、C_2 和 C_3 三个激振点人工敲击激励方式，表 8.2 所示为激振工况。模态测试激振现场如图 8.14 所示。

表 8.2　模态测试激振状态表

激振状态	各激振点面外位移		
	C_1	C_2	C_3
1	$+z_0$	/	$+z_0$
2	$+z_0$	/	$-z_0$
3	$+z_0$	$-z_0$	$+z_0$

注：z_0 为初始位移，＋为吸，－为斥。

图 8.14　10m 薄膜阵面试验件模态测试

(3)数据处理及分析

各工况模态测试结果如表 8.3 所示。

表 8.3 模态测试结果

<table>
<tr><th>激振序号</th><th>激振位置</th><th>激振时间间隔</th><th>测点个数</th><th>单点测量时间</th><th>测试结果</th><th>数值结果</th></tr>
<tr><td>1</td><td>C_1、C_3</td><td>4s</td><td>126</td><td>8s</td><td>第三阶振型
$f_3=0.875\mathrm{Hz}$</td><td rowspan="8">$f_1=0.685\mathrm{Hz}$
$f_2=0.744\mathrm{Hz}$
$f_3=0.902\mathrm{Hz}$
$f_4=1.050\mathrm{Hz}$
$f_5=1.277\mathrm{Hz}$
$f_6=1.289\mathrm{Hz}$</td></tr>
<tr><td>2</td><td>C_2</td><td>6s</td><td>63(一半点数)</td><td>8s</td><td>第五阶振型
$f_5=1\mathrm{Hz}$</td></tr>
<tr><td>3</td><td>C_1、C_2、C_3</td><td>6s</td><td>63(一半点数)</td><td>16s</td><td>第一阶振型
$f_1=0.625\mathrm{Hz}$</td></tr>
<tr><td>4</td><td>C_1、C_2、C_3</td><td>6s</td><td>126</td><td>16s</td><td>第三阶振型
$f_3=0.812\mathrm{Hz}$</td></tr>
<tr><td>5</td><td>C_1、C_2、C_3</td><td>6s</td><td>90</td><td>8s</td><td>一阶和二阶耦合
$f=0.628\mathrm{Hz}$</td></tr>
<tr><td>6</td><td>C_1、C_2、C_3</td><td>6s</td><td>90</td><td>16s</td><td>一阶和二阶耦合
$f=0.690\mathrm{Hz}$</td></tr>
<tr><td>7</td><td>C_1、C_2、C_3</td><td>30s</td><td>水平中心线稍上 15 个点</td><td>64s</td><td>$f=0.590\mathrm{Hz}$</td></tr>
<tr><td>8</td><td>C_1、C_2、C_3</td><td>15s</td><td>水平中心线稍上 15 个点</td><td>64s</td><td>一至三阶振型
$f_1=0.610\mathrm{Hz}$
$f_2=0.770\mathrm{Hz}$
$f_3=0.890\mathrm{Hz}$</td></tr>
<tr><td>9</td><td>C_1、C_2、C_3</td><td>15s</td><td>删减后的 60 个点</td><td>64s</td><td>第一阶振型
$f_1=0.5\mathrm{Hz}$</td><td>$f_1=0.517\mathrm{Hz}$
$f_2=0.537\mathrm{Hz}$
$f_3=0.678\mathrm{Hz}$
$f_4=0.759\mathrm{Hz}$
$f_5=0.862\mathrm{Hz}$
$f_6=0.923\mathrm{Hz}$</td></tr>
</table>

模态振型结果如表 8.4 所示。

表 8.4　10m 试验件模态试验与仿真结果

<table>
<tr><th>激振序号</th><th>试验结果</th><th>仿真结果</th></tr>
<tr><td>1</td><td>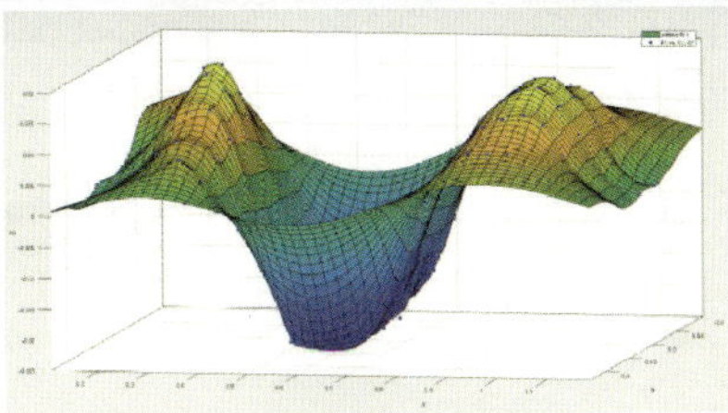
f_3=0.875Hz(试验结果)</td><td>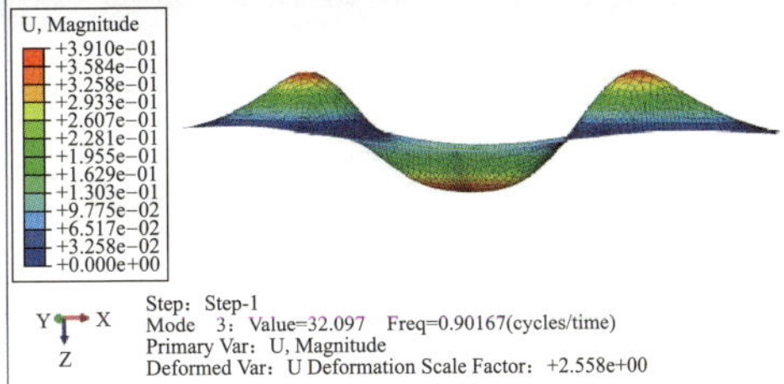

f_3=0.902Hz(仿真结果)</td></tr>
<tr><td>2</td><td>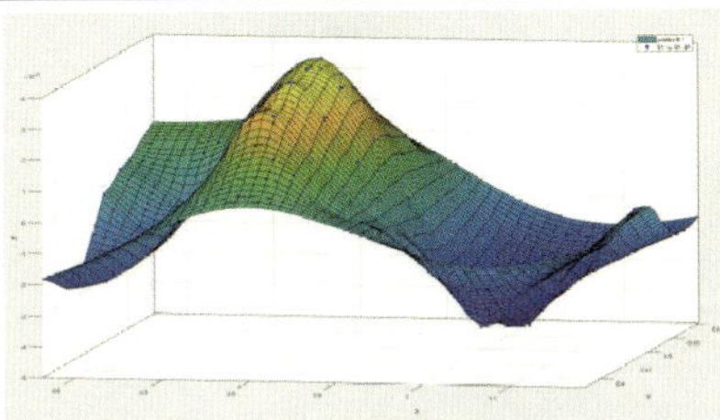
f_5=1Hz(试验结果：一半振型)</td><td>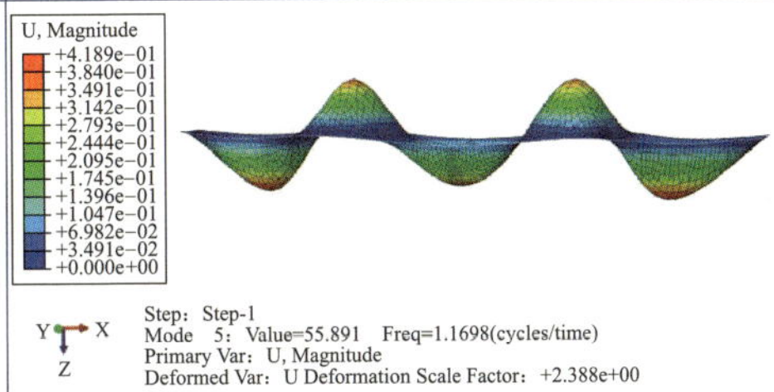

f_5=1.277Hz(仿真结果)</td></tr>
<tr><td>3</td><td>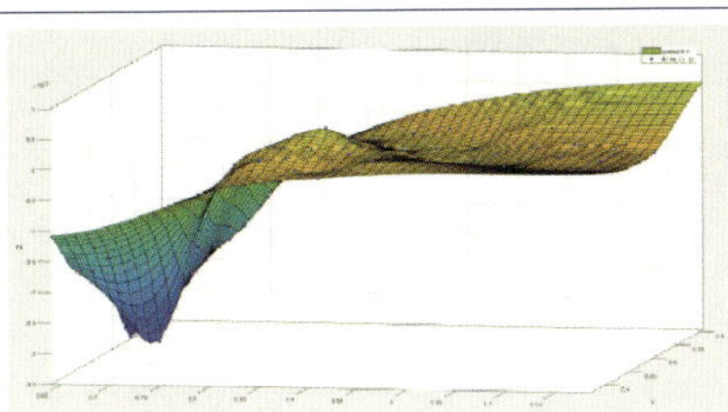
f_1=0.625Hz(试验结果：一半振型)</td><td>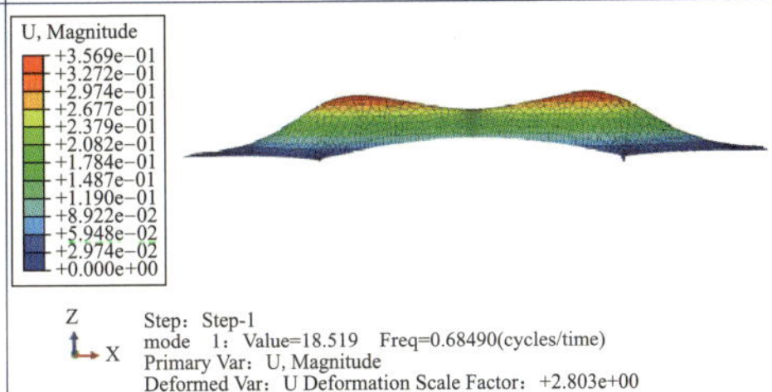

f_1=0.685Hz(仿真结果)</td></tr>
<tr><td>4</td><td>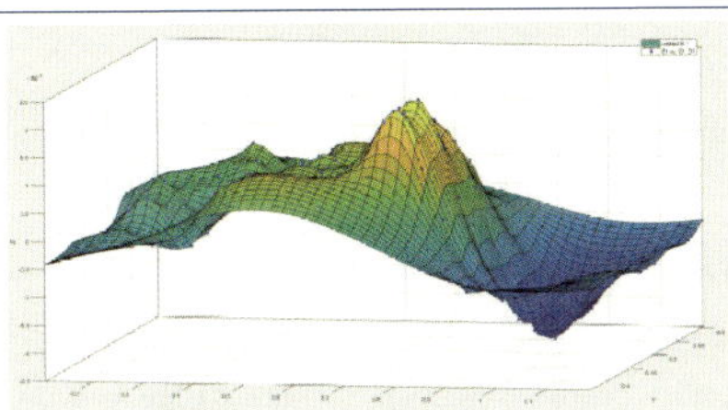
f_3=0.812Hz(试验结果)</td><td>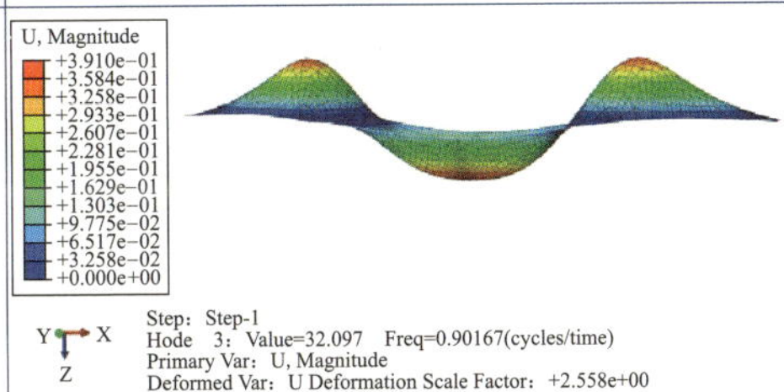

f_3=0.902Hz(仿真结果)</td></tr>
<tr><td>5</td><td>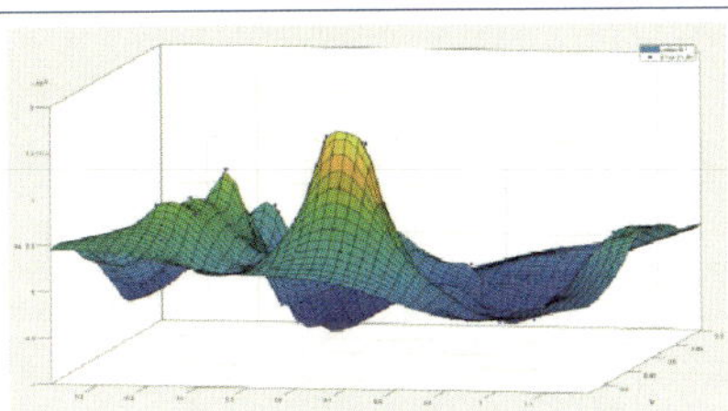
一阶和二阶耦合
f=0.628Hz(试验结果)</td><td>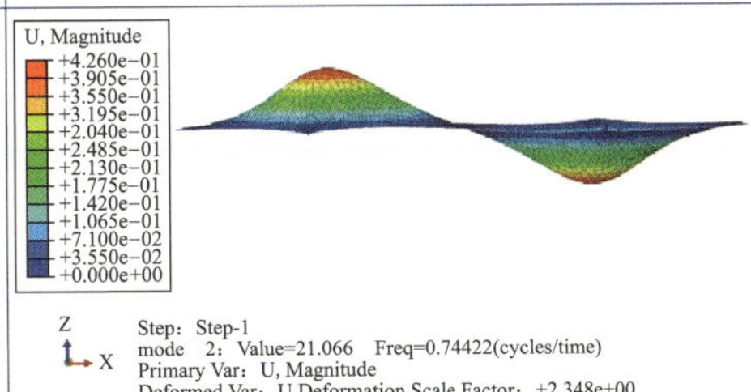

f_2=0.744Hz(仿真结果)</td></tr>
</table>

续表

激振序号	试验结果	仿真结果
6	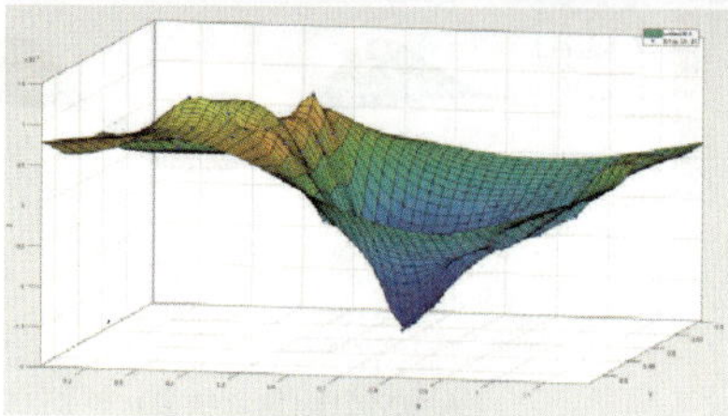 一阶和二阶耦合 f=0.690Hz(试验结果)	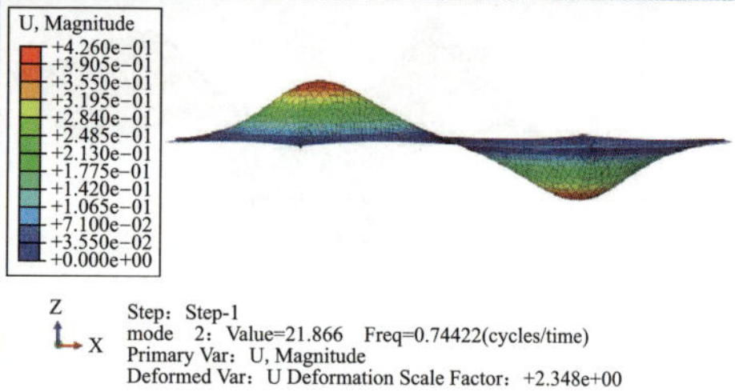 f_2=0.744Hz(仿真结果)
7	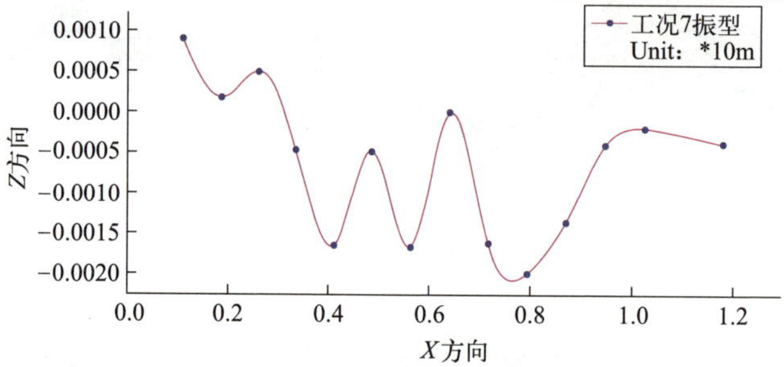 f=0.590Hz(试验结果)	
8	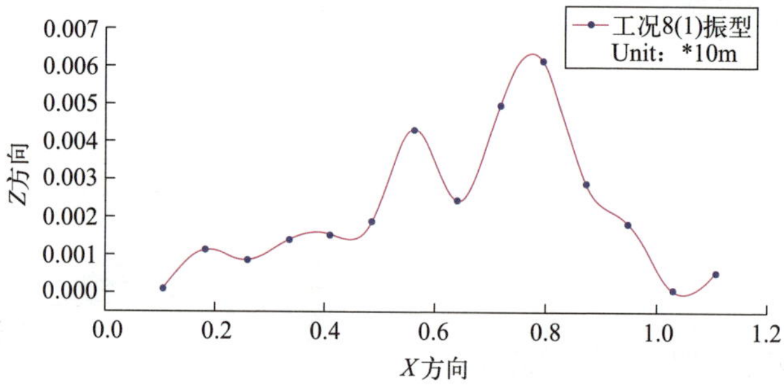 f_1=0.610Hz(试验结果) 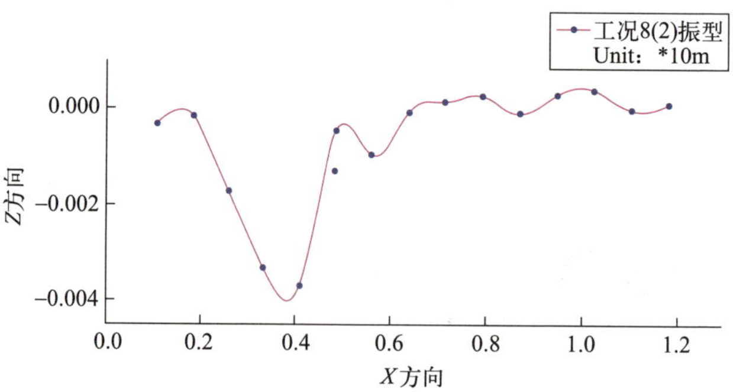 f_2=0.770Hz(试验结果)	

模态测试一共进行了九次，第三阶振型较容易测得，而对于一阶和二阶振型，试验得到的结果通常是这两种振型的叠加。模态振型测试结果与仿真结果基本一致，偏差均在 10%以内，误差来源主要有以下三点：

① 在大气环境中进行测试，仿真分析虽考虑了大气，但是模拟仍具备一定偏差；

② 张拉点处的拉力不是理想恒张拉力，在膜面激励过程中拉力会有一定的变化，张拉力的变化会一定程度上影响膜面的模态测试结果；

③ 试验环境仍存在一定的环境振动源，对膜面基频测试结果会产生一定的影响。

8.4 精度测试

8.4.1 精度测试要求及常用测试方法

航天器可展开结构的精度参数一般是指结构的型面精度、指向精度以及重复展开精度。

随着工业测量技术的发展，精度测量方法和手段得到了长足的发展。但无论测量原理的不同还是测量设备选用的差异，工业测量的根本都是对产品表面能表征一定参数特征的离散点进行接触式或者非接触式的测量，再通过一定算法的数据计算，将离散点拟合成直线、平面、圆柱、曲面等形体，随后可以通过形体特征的计算来得到产品结构几何参数或多部件之间的位置关系。

考虑到大型产品测量精度与测量效率，目前对航天器可展开结构常用的精度测量方法主要包括数字摄影测量法、激光跟踪测量法等[5]。在张拉式可展开薄膜结构集成过程、集成后的产品展开参数测量中，也会使用这两种非接触测量方法[7]。

(1)数字摄影测量法

数字摄影测量是通过在不同的位置和方向获取同一物体的 2 幅以上的数字图像，经计算机图像匹配等处理及相关数学计算后得到待测点精确的三维坐标。这种测量方法具有非接触式测量、测量效率高、测量精度高等优点。

摄影测量主要依靠对被测物上非连续的目标点测量来获取被测面形数据，测量时首先要在被测物上布置测点，通常采用定向回光反射标志点，然后用一台或多台相机从不同角度对物体拍照，再利用图像处理程序获得被测物上目标点的坐标，测量原理如图 8.15 所示。

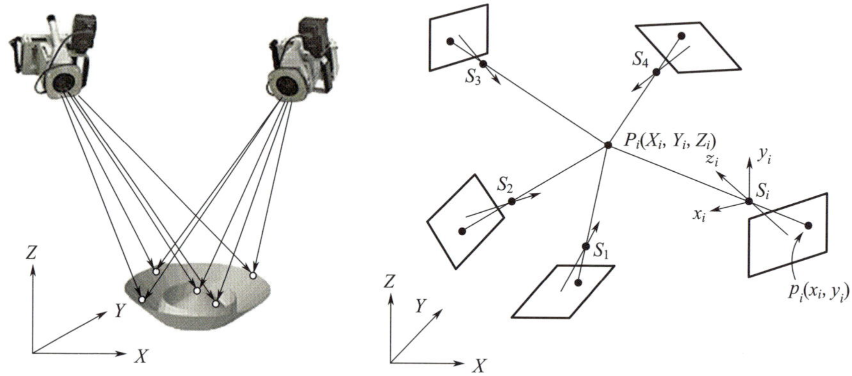

图 8.15 数字摄影测量基本原理

按照数字摄影测量采用相机数量的多少，可以分为两种测量模式：测量模式 1 是基于单台相机移动多个位置拍摄多张相片的单相机测量；测量模式 2 是基于多台相机固定位置并同步拍摄相片的多相机测量。两种测量模式针对不同的测量对象，且具有不同的技术特点和优势。

对于张拉式薄膜结构产品，其产品测量面积通常较大，使用多台相机固定位置测量的硬件成本较高，且搭建测量系统的周期较长，在测量效率上不好保证，因此我们常选用单台相机移动多个位置的方式进行测量。

图 8.16 LEICA T3 激光跟踪仪

(2)激光跟踪测量法

激光跟踪测量法是一种新型空间大尺寸坐标测量的方法，其使用的设备为激光跟踪仪，图 8.16 是 LEICA T3 激光跟踪仪。激光跟踪测量系统综合了计算机、电子、机械、控制技术，具有测量效率高、测量精度高、设备便携等优点。

激光跟踪测量系统的基本测量原理是以极坐标方式实现对被测物体空间三维坐标的测量。坐标系由激光跟踪头的水平回转轴线和竖直回转轴线及其交点组成。进行测量时将测量目标（激光反射器）放置于工件上的被测点 p，激光头反射并接收反射器返回的激光，通过测得激光头偏转的两个角度参量 α、β 以及由激光头中心到被测点 p 的一个距离参量 r，由式 $\sin\alpha=\dfrac{ma}{F}$ 求得被测点的空

间坐标 $p(x,y,z)$。

$$\begin{cases} x = r\sin\beta\sin\alpha \\ y = r\sin\beta\cos\alpha \\ z = r\cos\beta \end{cases} \tag{8.3}$$

(3)测量方案制定时的注意事项

测量方案设计上，通常要根据被测产品的特点、被测参数的特点综合选择测量方案，测量方案的制定包括测量环境、测量设备的选择、测量点位置与数量的选择、测量设备与产品相对位置的布置、测量结果的处理方法和判定等，测量原理、测量器具、标准间误差、测量误差等均需满足测量精度要求。

制定测量方案时还应考虑测量时产品表面承受的测量压力的影响，由于各种材料在受力后都会产生变形，这种变形量看起来“微乎其微”，但是在精密测量中就不可忽略。尤其对于近年来快速发展的薄膜类大型结构产品等柔性产品，测量过程中则应选择非接触式的测量方式，且在测量过程中尽量减小人员走动、实验室空调风机等对产品的影响。

充分考虑测量时的外界条件，如测试要求的温度、湿度、气压、振动、气流、灰尘等因素。随着测量精度的提高，对这些环境因素的控制也要求越严。

8.4.2　精度参数测量方法及数据处理

可展开薄膜结构研制过程主要关注结构型面精度、指向精度、重复展开精度这三个指标[6,7]，下面分别对其测试及数据处理方法进行介绍。

(1)结构型面精度测量

结构型面精度测量是指测量可展开结构展开后所形成结构表面的面形精度。图 8.17 为型面几何参数测试示意图。示意图对测量点数量进行了简化处理，为详细反映产品结构特征，在实际测量过程中测量点数量要布置得相对均匀且密度加大。

对于平面薄膜可展开结构，综合考虑被测产品的面积较大、测量效率与测量精度等几个因素，常选用数字摄影测量方法进行结构型面精度的测量。测量前在被测结构表面相对均匀地粘贴反光标志点以及用于图像拼接的公共点，采用单相机多站位的测量方式对产品上的测量点进行图像采集，然后计算所有被测点通过最小二乘法拟合成平面的平面度。

(2)指向精度

若无特殊定义，薄膜结构指向精度通常是指阵面展开后形成的结构平面法线方向与结构安装基准平面法线间的角度偏差。对于刚性结构，测量时可采用数字摄影测量方法，也可使用激光跟踪测量方法；对于柔性结构，应尽可能使用数字摄

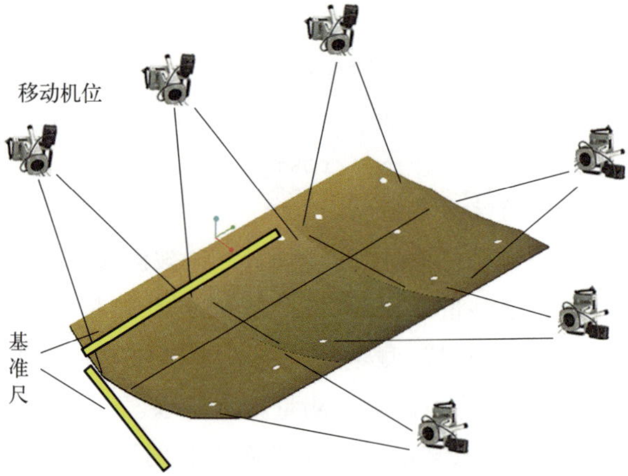

图 8.17 图像采集站位示意图

影测量方法。与结构型面精度测量方法相同，在分别测量得到薄膜结构平面法线和结构安装基准平面法线之后，计算两平面法线的空间夹角，即可得到薄膜阵面的指向精度。

(3)重复展开精度

重复展开精度是指多次重复测量指向精度，计算多次指向精度结果的均方根。在考察大型可展开薄膜结构重复展开精度时，每展开一次，测量一次有效结果，通常指向精度测量次数不少于 5 次。

数据处理的常用公式如式(8.4)～式(8.6)所示：

$$\text{平均值}\ \overline{x}=\frac{\sum_{i=1}^{n}x_i}{n} \tag{8.4}$$

$$\text{试验标准差}\ s=\sqrt{\frac{\sum_{i=1}^{n}(x_i-\overline{x})^2}{n-1}} \tag{8.5}$$

$$\text{方差}\ s^2=\frac{1}{n}\left[\sum_{i=1}^{n}(x_i-\overline{x})^2\right] \tag{8.6}$$

8.4.3 张拉式薄膜结构型面精度测试实例

以展开长度为 10m 的薄膜结构为例，对张拉式薄膜结构的平面度采用非接触式方法进行测量。

(1)型面精度测试测点布置

如图 8.18 所示，在模型索套边缘及平面薄膜阵面上均匀粘贴 242 个靶点(图中蓝色圆圈，索套边缘 78 个＋平面区域 164 个)，长度方向测点间距为 350mm，宽度方向测点间距为 150mm。

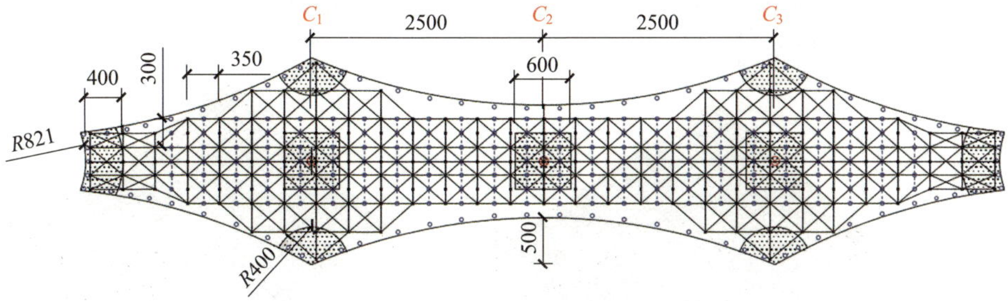

图 8.18　薄膜阵面型面精度测试测点布置图

(2)薄膜张拉型面精度测量结果

表 8.5 所示为工业摄影测量系统及其软件处理得到的平面度测量结果，同时表中给出了工况 2、3 下的平面度相对于工况 1 的变化量。

表 8.5　10m 试验件型面精度测量结果

工况	张力状态	全部测点计算得到的薄膜结构平面度		去除边缘测点计算得到的薄膜结构平面度	
		峰-峰值/mm	RMS 值/mm	峰-峰值/mm	RMS 值/mm
工况 1	膜面预张拉	22.06	3.74	14.57	2.48
工况 2	理论标准张力	4.74 (−78.51%)	0.84 (−77.54%)	3.79 (−76.05%)	0.60 (−75.81%)
工况 3	两倍理论标准张力	5.15 (−76.65%)	0.66 (−82.35%)	4.23 (−70.97%)	0.52 (−79.03%)

注：摄影测量设备的标称精度为(5μm＋5μm)/m(固定误差＋比例误差)，由拍摄距离 3～5m 可知，测量误差约为 30μm。

(3)数据处理及测试结论

依据型面精度试验所给的靶点空间坐标原始数据，利用软件对膜面所有靶点进行平面拟合，求得三种工况下全膜面的平面度 RMS 值和去除索套边缘靶点的平面度 RMS 值。处理后得到的平面度结果如表 8.6、表 8.7 所示。

表 8.6　不同工况所得的膜面 RMS 值

工况	全膜面平面度 RMS 值/mm	去除索套边缘测点的膜面平面度 RMS 值/mm
1	3.74	2.48
2	0.84	0.60
3	0.66	0.52

表 8.7 不同工况 MATLAB 拟合的平面

工况	全膜面靶点拟合	去除索套边缘靶点拟合
工况 1	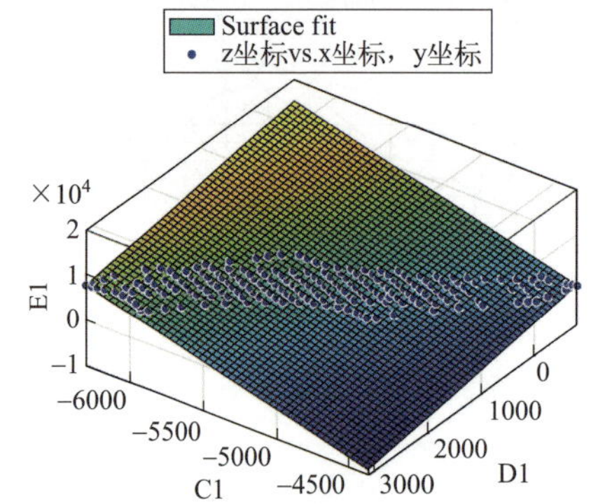	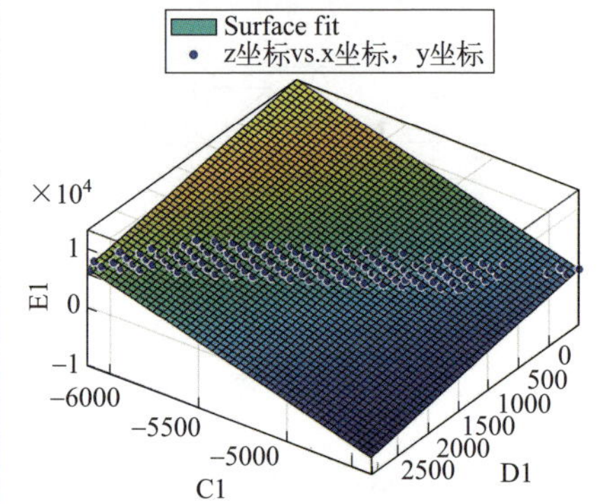
工况 2	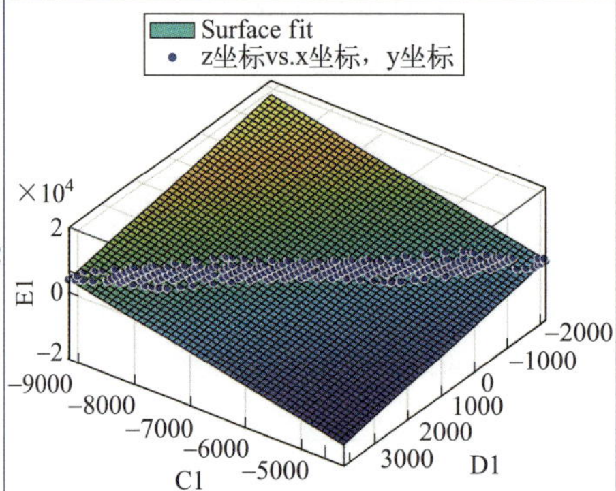	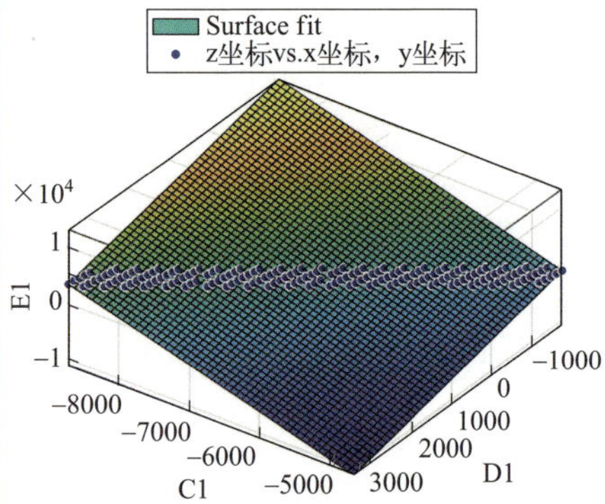
工况 3	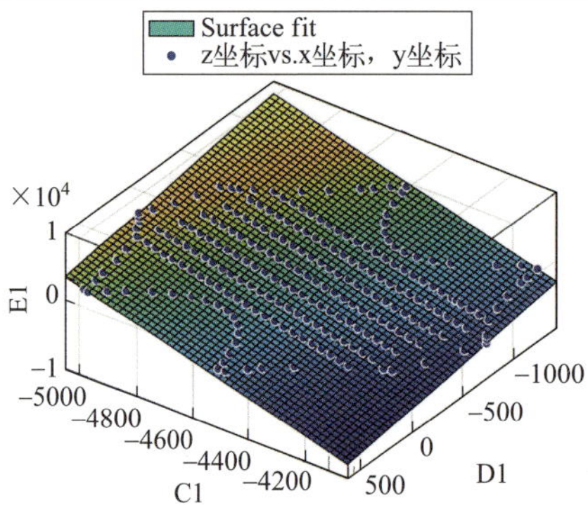	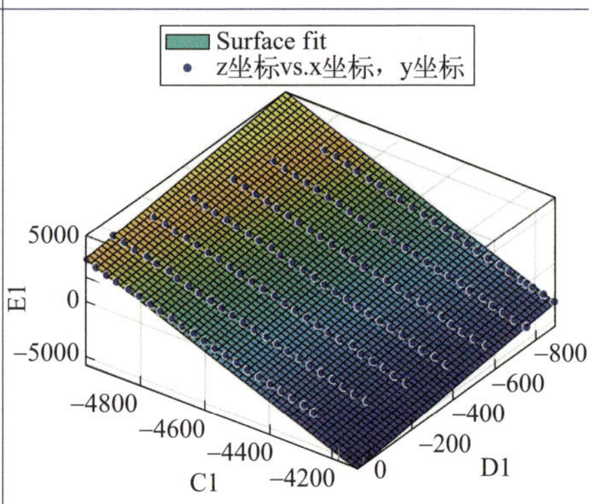

通过数据对比分析可以发现：相比于工况 1，工况 2 和工况 3 中薄膜整体平面度数值分别降低了 78.51%和 76.65%，RMS 值分别降低了 77.54%和 82.35%。相比于工况 1，工况 2 和工况 3 薄膜去除索套边缘测点的平面度数值分别降低了 76.05%和 70.97%，RMS 值分别降低了 75.81%和 79.03%。与工况 1 比较可知，标准张力和两倍标准张力薄膜的平整度大幅提高，在张拉式可展开薄膜结构设计中可以选取合适的张拉力，从而提高系统整体的型面精度。

参考文献

[1] Puntel E,Deseri L,Fried E. Wrinkling of a stretched thin sheet [J]. Journal of Elasticity, 2011,105:137-170.

[2] Healey T J,Li Q,Cheng R B. Wrinkling behavior of highly stretched rectangular elastic films via parametric global bifurcation [J]. Journal of Nonlinear Science,2013,23:777-805.

[3] Li Q,Healey T J. Stability boundaries for wrinkling in highly stretched elastic sheets [J]. Journal of the Mechanics Physics of Solids,2016,97:260-274.

[4] Liu F,Xu F,Fu C. Orientable wrinkles in stretched orthotropic films [J]. Extreme Mechanics Letters,2019,33(100579).

[5] 从强. 空间机构地面重力补偿设备跟踪研究[J]. 航天器环境工程,2012,29(1):92-99.

[6] 郭宏伟,刘荣强,李兵. 空间可展开天线机构创新设计[M]. 北京:科学出版社,2019.

[7] 陈烈民. 航天器结构与机构[M]. 北京:中国科学技术出版社,2005.